RAÚL RIVAS

Historia de los microbios

La formidable historia de la microbiología

GUADALMAZÁN

Primera edición: octubre de 2023

Guadalmazán • Colección Divulgación Científica
Director editorial: Antonio Cuesta
Edición al cuidado de: Bibiana García Visos y Alfonso Orti

www.editorialalmuzara.com
pedidos@almuzaralibros.com - info@almuzaralibros.com

Talenbook, s. l.
C/ Cervantes 26 • 28014 • Madrid

Imprime: Liberdúplex
ISBN: 978-84-17547-99-8
Depósito legal: M-27731-2023
Hecho e impreso en España - *Made and printed in Spain*

A mi suegra, Salud; a mi cuñada,
Pilar; y a la memoria de Juan,
porque dan sin esperar recibir.

Índice

Presentación

Conozco a algunos tipos, de apunte fino y sesera descongestionada, que declaran, con cierta holgura y sin coartadas previas, que el cartón *Muchachos trepando a un árbol* pintado por el maestro español Francisco José de Goya y Lucientes es una pieza de *gourmet*. Dicho sea de paso, no piensen que es una *rara avis* en la trayectoria del pintor. Goya realizó cartones a cascoporro, la mayoría destinados a engalanar los tapices de la Real Fábrica de Tapices de Santa Bárbara. Y qué quieren que diga, del primero al último, el óleo entreverado que rezuman anuncia una pinta exquisita. Aun así, no soy mucho del lienzo escabechado o del tapiz estofado al estilo goyesco. Cojeo de ese palo, por lo que, para entrar a valorar el arrastre de los paladares diestros, no me quedó otra que hincarle el ojo a la susodicha obra.

Resulta que la pintura muestra a tres chavalines, vestidos de pobre, trepando a un árbol, tal vez con la idea de coger nidos. El fondo combina el paisaje montañoso de la izquierda con la mole de un castillo medieval a la derecha. El tapiz resultante de este cartón, encuadrado en la séptima serie, fue encargado en 1790 y estaba destinado, como sobrepuerta, a la decoración «de asumptos de cosas campestres y jocosas», del despacho de Carlos IV en la zona palaciega de San Lorenzo de El Escorial. Era el último proyecto de este género realizado por Goya.

A primera vista hay poco que destacar, un tema popular y rural, acorde al gusto del monarca que iba a pagar el paño. Sin embargo, al aguzar la mirada, es posible atisbar que uno de los niños, el que está agachado sirviendo de apoyo a la escalada, tiene la cabeza rapada y muestra las típicas lesiones alopécicas circulares de la *tinea capitis*. La tiña del cuero cabelludo o *tinea capitis* es una infección fúngica del cabello del cuero cabelludo y es causada, casi siempre, por especies de hongos dermatofitos pertenecientes a los géneros *Microsporum* y *Trichophyton*. Los hongos pueden penetrar la vaina externa de la raíz del folículo piloso y después invadir el tallo del cabello. Clínicamente, la tiña de la cabeza puede ser dividida en dos tipos, el inflamatorio y el no inflamatorio. El tipo no inflamatorio, por lo general, no tendrá complicaciones. El tipo inflamatorio puede resultar en un querion de Celso, un nódulo doloroso con pus y alopecia cicatricial.

Muchachos trepando a un árbol [Francisco de Goya, 1791-1792].

La tiña de la cabeza ocurre, de forma principal, en niños de tres a catorce años, pero puede afectar a cualquier grupo de edad. Lo que hizo Goya en el cartón fue representar una afección común de la época.

Más de cien años de investigación biológica han demostrado la influencia que poseen los microorganismos en la salud y la enfermedad de los organismos superiores, pero también en numerosas cuestiones adicionales. Isaac Asimov comentaba que todo sobre la vida microscópica es terriblemente perturbador. ¿Cómo cosas tan pequeñas pueden ser tan importantes? De hecho, hasta las ciudades disfrutan de microbiomas urbanos únicos. Un estudio publicado en la revista *Cell* el 24 de junio de 2021 presentó un atlas global de 4728 muestras metagenómicas recogidas, durante tres años, de sistemas de transporte masivo en sesenta ciudades. En el trabajo fueron identificadas 4246 especies conocidas de microorganismos urbanos, además de un conjunto consistente en treinta y un especies encontradas en el 97 % de las muestras, que eran distintas de los organismos comensales humanos. Uno de los autores del estudio afirmó con rotundidad que, si le diéramos nuestro zapato, sobre la base de los microorganismos que contiene la suela, podría decir, con un 90 % de precisión, la ciudad del mundo de donde venimos.

Siempre ha habido microorganismos en las ciudades. En realidad, han estado, están y estarán en todas partes, del pico de un pingüino antártico al asfalto de Nueva York, pasando por la flor más escondida del Amazonas. Antes de que la civilización sumeria empleara la escritura cuneiforme y de que los egipcios levantaran pirámides imponentes, los microorganismos ya provocaban transformaciones profundas en las sociedades de cada continente y condicionaban, en gran medida, los cambios más significativos de nuestra existencia. Atufamos a microorganismos desde que aparecimos como especie en el planeta. Este libro recoge algunos encontronazos sonados que hemos tenido con ellos. Choques imprevisibles, situaciones alucinantes, coyunturas disparatadas, tesituras atribuladas, cooperaciones excepcionales, relatos dantescos, crónicas inconcebibles o avances inusitados protagonizados por bacterias, virus, hongos y otros entes de tamaño diminuto. Ahora bien, para evitar sospechas arbitrarias, previo al paso de página y a la apertura de esta piñata de sorpresas, quiero avisar: desde este momento, pese a quien pese, no tenga duda de que la historia de los microbios es la historia de la humanidad.

El astronauta Edwin E. Aldrin Jr., Buzz Aldrin. 16 de abril de 1969 [NASA].

1. LA GRAN OXIDACIÓN. CUANDO EL SER HUMANO TODAVÍA ERA UNA UTOPÍA

«Marte está ahí, esperando a que lo alcancen», dijo el astronauta estadounidense Buzz Aldrin. Aldrin fue el piloto del módulo lunar de la misión Apollo 11, y el segundo ser humano, tras el comandante Neil Armstrong, en pisar la superficie de la Luna el 20 de julio de 1969. Aldrin y Armstrong cumplieron con el mandato del presidente John F. Kennedy de enviar estadounidenses a la Luna antes del final de la década. Pasaron unas veinte horas en el satélite, antes de regresar al módulo de comando del Apollo en órbita. Aproximadamente seiscientos millones de personas, en ese momento la audiencia televisiva más grande de la historia, fueron testigos de este heroico esfuerzo sin precedentes. Acto seguido a las pisadas y los paseos lunares, hubo una conversación telefónica, la de mayor distancia histórica, entre el presidente Richard Nixon y los astronautas del Apolo 11 en la Luna. La felicitación presidencial fue así:

> *Hola, Neil y Buzz, hablo con vosotros por teléfono desde el despacho oval de la Casa Blanca, y esta tiene que ser sin duda la llamada telefónica más histórica jamás realizada desde la Casa Blanca.*
>
> *No puedo deciros lo orgullosos que estamos todos de lo que han hecho. Para todos los estadounidenses, este debe ser el día de mayor orgullo de nuestras vidas, y para las personas de todo el mundo, estoy seguro de que ellos también se unen a los estadounidenses para reconocer la inmensa hazaña que significa esto.*

Por lo que han hecho, los cielos se han convertido en parte del mundo del hombre, y, mientras nos hablan desde el mar de la Tranquilidad, nos inspiran a redoblar nuestros esfuerzos para traer paz y tranquilidad a la Tierra.

Por un momento invaluable en toda la historia de la humanidad, todas las personas en esta tierra son verdaderamente una, una en su orgullo por lo que han hecho, y una en nuestras oraciones para que regresen a salvo a la Tierra.

La misión del Apollo 11 facilitó el desarrollo de sorprendentes innovaciones para la vida cotidiana, como herramientas eléctricas inalámbricas; mejores cronómetros; novedosos sistemas de purificación de agua; zapatillas deportivas más flexibles, estables y con alta capacidad de absorber impactos; nuevos tipos de telas ignífugas; la manta térmica para emergencia; o la comida liofilizada. Por ejemplo, en 1969, la NASA necesitaba taladros especiales para obtener muestras de la Luna. El fabricante estadounidense de herramientas Black & Decker había lanzado un taladro sin cable en el año 1961 y proporcionó la herramienta adecuada a la compañía aeroespacial. Los conocimientos adquiridos con el desarrollo del motor y las baterías permitieron a Black & Decker emprender la aventura de comercializar toda una gama de nuevos dispositivos, incluida la Dustbuster, la primera aspiradora comercial inalámbrica del mundo. La aspiradora de mano Dustbuster, presentada en 1979, tuvo un éxito inmediato. Vendió más de un millón el primer año. Era económica, liviana y la ausencia de cables permitía que pudiera ser utilizada en cualquier lugar. En treinta años, la empresa vendió más de ciento cincuenta millones de unidades de Dustbuster.

La nave espacial y los exploradores lunares regresaron a la Tierra el 24 de julio de 1969. Buzz Aldrin fue condecorado con la Medalla Presidencial de la Libertad y recogió numerosos premios por todo el mundo. El nombre de Buzz fue puesto al asteroide 6470 Aldrin y al cráter lunar Aldrin. Aldrin también es la persona en la que está inspirada el superhéroe de juguete Buzz Lightyear, uno de los dos personajes principales de las cuatro películas de *Toy Story*.

Según Aldrin, el próximo gran objetivo de la humanidad en el espacio debería ser colonizar Marte. Entre los últimos intentos orquestados para tomar Marte, y desentrañar algunas de las incógnitas que guarda, destaca la misión con el Perseverance, un vehículo motorizado, diseñado y fabricado por el Laboratorio de Propulsión a Reacción para la NASA. Perseverance tiene como objetivo explorar el cráter Jezero del planeta rojo. La máquina fue lanzada desde Cabo Cañaveral el 30 de julio de 2020 y aterrizó en Marte el 18 de febrero de 2021. Misiones anteriores al Perseverance exploraron la posible habitabilidad del planeta y descubrieron que en Marte existía agua líquida en un pasado remoto. Así, el rover Curiosity aterrizó el 6 de agosto de 2012 en el cráter Gale de Marte, y allí encontró los componentes químicos de la vida y las fuentes de energía que potencialmente podrían haber sido usadas por microbios. Fruto del hallazgo, pudo establecerse que el planeta tenía regiones que pudieron resultar amigables con la vida hace miles, o quizás millones, de años. En esta ocasión, el Perseverance ha buscado lugares en el cráter Jezero habitables en un pasado lejano; ha estudiado la evolución del clima, la superficie y el interior del planeta; ha analizado si alguna vez existió actividad vital allí; y ha buscado signos de vida antigua.

El Perseverance, segundos antes de aterrizar sobre la superficie marciana, el 18 de febrero de 2021 [NASA].

Pastillas de espirulina. La espirulina es un suplemento dietético hecho con cianobacterias del género *Arthrospira* [Perdita].

El cráter Jezero fue seleccionado como lugar de aterrizaje del Perseverance porque los científicos habían observado que el boquete albergaba un arcaico delta inundado de agua. Allí, los minerales arcillosos y los carbonatos, que se forman solo en presencia de agua, son visibles desde órbita. Los carbonatos también son un excelente material para registrar el clima antiguo. En la Tierra, los organismos vivos producen carbonatos de forma común, y se sabe que conservan la evidencia de ello. Esto hace que el cráter Jezero sea un lugar prometedor en el que buscar signos de vida pretérita. Otro de los objetivos del Perseverance es buscar materiales con un alto potencial de conservación de biofirmas, analizando depósitos que podrían haber conservado signos de vida microbiana antigua. El cráter Jezero encaja con algunas ideas sobre el lugar donde la vida podría haberse originado, tanto en Marte como en la Tierra.

Existe una evidencia emergente que ha causado que muchos investigadores abandonen la idea de que la vida emergió en los océanos y que, en su lugar, opten por una hipótesis enfocada a los ambientes terrestres, en lugares que fueron alternativamente húmedos y secos, como pueden ser los lagos superficiales y las balsas de agua someras. El cambio no es unánime, pero los científicos que apoyan la idea de un comienzo terrestre apuntan a que ofrece solución a una paradoja reconocida desde hace mucho tiempo, y que recoge el hecho de que, aunque el agua es esencial para la vida, también es destructiva para los componentes centrales de la vida.

La investigación sobre los orígenes de la vida en la Tierra cogió cuerpo en la década de 1950, y muchos investigadores asumieron que la vida surgió en el mar, a partir de una rica mezcla de productos químicos a base de carbono que fue denominada «sopa primigenia». Esta idea fue propuesta de forma independiente en 1920 por el bioquímico soviético Alexander Oparin y el genetista británico J. B. S. Haldane. Cada uno imaginó la Tierra joven como una enorme fábrica de sustancias químicas que, tras ser producidas, quedaban disueltas en las aguas de los primeros océanos. Oparin razonó que, con el tiempo, comenzaron a formarse partículas complicadas, culminando en la aparición de carbohidratos y proteínas. Oparin se refirió a este proceso como «el fundamento de la vida».

En 1953, un joven investigador llamado Stanley Miller describió, en la Universidad de Chicago en Illinois, un experimento, ahora famoso, que fue publicado el 15 de mayo de 1953 en la revista *Science*, con el título «Producción de aminoácidos bajo posibles condiciones primitivas de la Tierra». En el experimento, Miller dispuso un recipiente con agua para imitar el océano, y otro matraz conteniendo metano, amoniaco e hidrógeno para simular la atmósfera primitiva. Unos tubos conectaban los matraces y un electrodo emulaba la acción de las tormentas eléctricas. Fueron suficientes unos pocos días de calefacción y descargas eléctricas para producir glicina, el aminoácido más simple y un componente esencial de las proteínas. El resultado final del experimento fue un rendimiento sustancial de una mezcla de aminoácidos, junto con hidroxiácidos, ácidos alifáticos cortos y urea. Sorprendentemente, los productos obtenidos no eran una mezcla aleatoria de compuestos orgánicos, sino que más bien se produjo un número relativamente pequeño de compuestos con insólitos altos rendimientos. Además, con algunas excepciones, los compuestos eran de importancia bioquímica, lo que proporcionaba apoyo a la teoría heterotrófica del caldo primitivo propuesta en el año 1920 por Oparin y Haldane. Con este experimento histórico comenzó la era moderna en el estudio del origen de la vida.

Stanley Miller junto al diseño con el que confirmó las teorías de Oparin y Haldane sobre el origen de la vida en la Tierra [NASA].

Reconstruir la historia geológica y de la evolución de la vida en nuestro planeta está entre los principales desafíos científicos de nuestro tiempo. El nivel de oxígeno atmosférico sin duda jugó un papel clave en la transformación del sistema terrestre, ejerciendo una gran influencia en la biosfera, especialmente en la evolución de los metazoos. En este sentido, las cianobacterias ocupan una posición privilegiada en la historia de la vida en la Tierra. Como productores primarios, estos microorganismos juegan un papel importante en el ciclo del carbono de la Tierra, y como fijadores de nitrógeno también ocupan un lugar destacado en el ciclo de este elemento. Además, como maravillosos organismos que han desarrollado fotosistemas acoplados que recolectan electrones del agua y producen dioxígeno como subproducto, también ocupan un lugar importante en la historia redox de nuestro planeta.

La atmósfera primigenia terrestre compuesta por nitrógeno, hidrógeno, dióxido de carbono y metano contenía muy poco oxígeno abiogénico. Sin embargo, hace entre 2450 y 2230 millones de años, aconteció una transformación radical de la Tierra, debido a un suceso de oxigenación global. Esta alteración de un estado reducido a oxidado de la geosfera, llamado el Gran Evento de Oxidación (GOE), con suma probabilidad, estuvo asociado a la aparición de cianobacterias productoras de oxígeno. La hipótesis más aceptada es que el desarrollo de las cianobacterias en el Proterozoico temprano resultó en la presentación de un contenido de oxígeno atmosférico cercano al nivel actual, que proporcionó las condiciones para la evolución de los microorganismos aeróbicos y originó un cambio radical en la Tierra.

La otra gran contribución de las cianobacterias a la formación de la biosfera es el origen de las algas y de los cloroplastos vegetales, que, junto con los microorganismos, determinaron el panorama global de la vida en la Tierra. En el año 2007, a partir de muestras de microbialitos, tomadas del lago alcalino Alchichica en México, fue descrita una nueva cianobacteria que recibió el nombre de *Gloeomargarita lithophora*. Los microbialitos del lago Alchichica están compuestos principalmente de hidromagnesita y aragonito, y la comunidad microbiana que los habita está dominada en gran medida por cianobacterias muy diversas. Después de varios años de crecimiento en acuarios de laboratorio, las microbialitas recolectadas en 2007 todavía estaban habitadas por una gran diversidad de cianobacterias similar a la encontrada en el lago, lo que sugiere que esta comunidad es altamente resistente. En la actualidad, algunos investigadores proponen que un antepasado directo de *Gloeomargarita* habría originado, hace unos 1900 millones de años, un evento endosimbiótico singular que generó la aparición de un cloroplasto primitivo que dio lugar al comienzo de la fotosíntesis en eucariotas.

Los estudios paleontológicos más valiosos sobre la vida antigua en el Arcaico se basan en fósiles de células bacterianas conservadas en sílex o en los famosos estromatolitos, unas estructuras laminares formadas por microorganismos, principalmente cianobacterias, y carbonato cálcico precipitado a causa de la actividad metabólica de estos organismos. Esos fósiles y los estromatolitos han sido encontrados en las rocas de sílice o carbonato más antiguas, pero en las últimas décadas se ha experimentado un especial interés hacia las modernas áreas costeras arenosas y las esteras microbianas que contienen. La interacción de las modernas esteras microbianas con las olas y las corrientes crea estructuras sedimentarias en la arena. Esas formaciones son denominadas «estructuras sedimentarias inducidas por microbios (MISS)» y también pueden ser encontradas en el registro fósil. Tanto los ejemplos modernos como los fósiles son parecidos, a la vez que muy diferentes a los estromatolitos. Algunos estudios comparativos entre las antiguas y modernas estructuras sedimentarias inducidas por microbios sugieren no solo la existencia de cianobacterias hace 3000 millones de años, sino que también respaldan la tesis de que los microorganismos tenían la misma diversidad que en la actualidad.

La producción de oxígeno mediante la fotosíntesis es, con mucho, el proceso global dominante que repone el oxígeno atmosférico y oceánico esencial para sustentar toda la vida aeróbica. Los registros geoquímicos de óxidos terrestres indican que la presencia masiva de oxígeno fue facilitada por los ancestros de las cianobacterias hace aproximadamente 2800 millones de años. Es evidente que las bacterias provocaron la acumulación de oxígeno en la atmósfera. La creación de un aparato fotosintético capaz de dividir el agua en oxígeno, protones y electrones fue la innovación fundamental en la evolución de la vida en la Tierra. Por primera vez, la fotosíntesis tenía una fuente ilimitada de electrones y protones al usar agua como

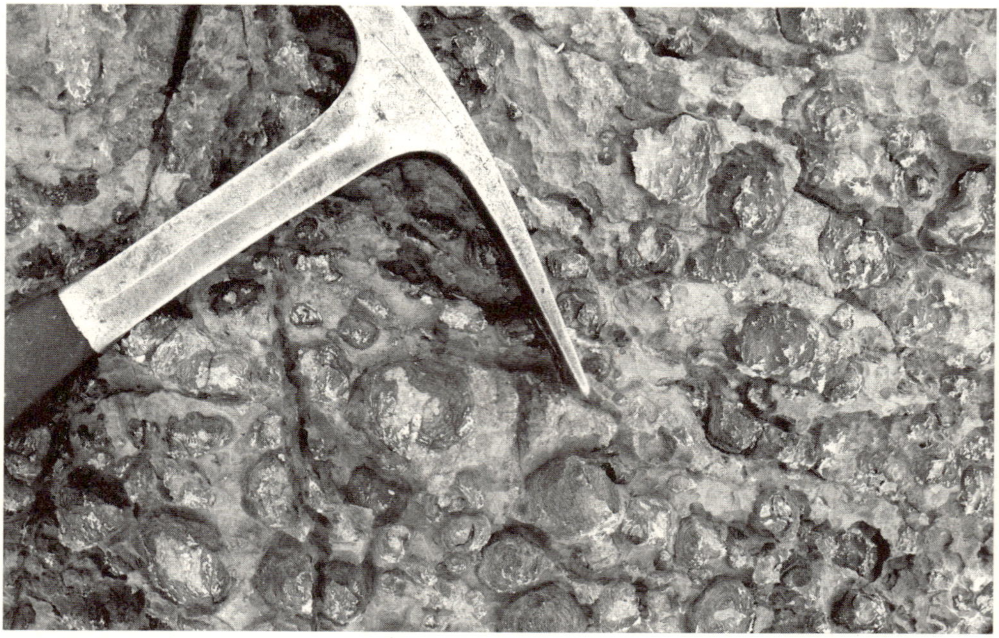

Oncolitos cerca de la cumbre del monte Hancock, en la cordillera Pahranagat, Nevada, EE. UU. (formación Guilmette, Devónico Superior, Frasniano). Los oncolitos son estructuras sedimentarias compuestas por oncoides, que son formaciones en capas modeladas por el crecimiento de cianobacterias. Son muy similares a los estromatolitos, pero, en lugar de formar columnas, configuran estructuras aproximadamente esféricas [Mark A. Wilson].

reductor. Al liberar la fotosíntesis de la disponibilidad de sustancias químicas reducidas, la producción global de carbono orgánico podría incrementarse enormemente y abrir nuevos entornos para que ocurriera la fotosíntesis. Este evento literalmente cambió la faz y el devenir de la Tierra. La acumulación de oxígeno en la atmósfera condujo a la innovación biológica de la respiración aeróbica, que aprovecha la fuente de energía metabólica más poderosa. Debido a que el metabolismo aeróbico genera dieciocho veces más energía por entrada metabólica que el metabolismo anaeróbico, el motor de la vida se sobrecargó. La transformación era inminente. Esta secuencia de pasos evolutivos permitió la aparición de organismos eucariotas complejos, multicelulares y energéticamente eficientes. Llegado el momento, los microbios transformaron y favorecieron la presencia de la vida en la Tierra.

🕮 PARA LEER MÁS:

Demoulin, Catherine. 2019. «Cyanobacteria evolution: Insight from the fossil record». *Free Radical Biology and Medicine* 140: 206- 22

Hao, Weiduo. 2021. «The kaolinite shuttle links the Great Oxidation and Lomagundi events». *Nature Communications* 12: 2944.

Marshall, Michael. 2020. «The water paradox and the origins of live». *Nature* 588: 210-213.

Moreira, David. 2017. «Description of *Gloeomargarita lithophora* gen. nov., sp. nov., a thylakoid-bearing basal-branching cyanobacterium with intracellular carbonates, and proposal for *Gloeomargaritales* ord. nov». *International Journal of Systematic and Evolutionary Microbiology* 67(3): 653-658.

Noffke, Nora. 2011. «A Modern Perspective on Ancient Life: The Question of the Rise of Cyanobacteria in Earth History». *Journal of Earth Science* 21: 9-10.

Soo, Rochelle. 2017. «On the origins of oxygenic photosynthesis and aerobic respiration in Cyanobacteria». *Science* 355, 1436-1440.

Thompson, Maggie. 2022. «The case and context for atmospheric methane as an exoplanet biosignature». *Proceedings of the National Academy of Sciences (PNAS)* 119 (14): e2117933119.

Warke, Matthew. 2020. «The Great Oxidation Event preceded a Paleoproterozoic "snowball Earth"». *PNAS* 117 (24): 13314-13320.

Restauración de una mujer neandertal limpiando una piel
de reno, 14 de agosto de 1930 [Wellcome Collection, CC BY 4.0].

2. LA EXTINCIÓN DE LOS NEANDERTALES, 40.000 AÑOS A. C.

Los neandertales eran grandes, robustos y estaban adaptados a su entorno, pero a pesar de ello, desaparecieron hace unos 40.000 años. Los escenarios que apuntan a causas externas e internas como motivo de la extinción de los neandertales son incontables y comprenden alternativas como un genocidio perpetrado por el *Homo sapiens*; descenso en la fecundidad de la especie; inferioridad cognitiva frente al *Homo sapiens*; cáncer cutáneo; inversión del campo magnético de la Tierra; cambio climático; dieta restringida que provocó periodos de hambruna; o infecciones víricas y bacterianas. Las hipótesis son variopintas y quizás no exista una razón única.

Los neandertales habitaron Eurasia desde hace aproximadamente 250.000 años y coincidieron con el *Homo sapiens* durante unos 5000 años en Europa, cuando nuestros ancestros llegaron allí desde África. Al igual que el *Homo sapiens*, los neandertales fabricaban herramientas, controlaban el fuego, utilizaban ropa, estaban organizados socialmente y enterraban a sus muertos. Además, los neandertales comparten con los humanos modernos dos cambios evolutivos en FOXP2, un gen implicado en el desarrollo del habla y del lenguaje, por lo que es probable que tuvieran la capacidad de hablar.

La cultura neandertal, en particular la del periodo más antiguo, es poco conocida, ya que se han conservado escasos artefactos, la mayor parte herramientas hechas de hueso. Por fortuna, en el año 2016, investigadores belgas y franceses publicaron en la revista *Nature* la inusual datación de dos estructuras anulares halladas en la cueva Bruniquel, ubicada en el suroeste de Francia (44° 4' N, 1° 41' E). Las particulares figuras están hechas de estalagmitas enteras y rotas, acompañadas de numerosos rastros de fuego. La geometría regular de los círculos de estalagmitas, la disposición de las estalagmitas rotas y varios rastros de fuego demuestran el origen antropogénico de estas construcciones. Sin embargo, desde su cierre natural durante el Pleistoceno y hasta su descubrimiento en 1990, ningún ser humano entró en la cueva Bruniquel. Las estructuras están ubicadas a 336 metros de la entrada y la datación de los recrecimientos de las estalagmitas en las estructuras y en el hueso quemado, combinada con la datación de las puntas de las estalagmitas en las figuras, dan una edad confiable de unos 175.000 años, lo que hace que estos anillos de piedra, atribuidos a los neandertales, se encuentren entre los ejemplos más antiguos conocidos de construcciones humanas.

En el año 2010 fue publicado el borrador de la secuencia del genoma neandertal. Los datos revelaron que los humanos que viven fuera de África tienen una pequeña proporción de ascendencia neandertal, el 2 % de su genoma. Las comparaciones genómicas han identificado varias regiones de similitud genética entre humanos y neandertales que se cree surgieron de la mezcla entre estos dos homínidos. Después de su divergencia hace 500.000 a 800.000 años, los humanos modernos y los neandertales se cruzaron al menos en dos ocasiones. La primera vez hace 100.000 años y la segunda hace 50.000 años. El primer episodio de mestizaje dejó segmentos introgre-

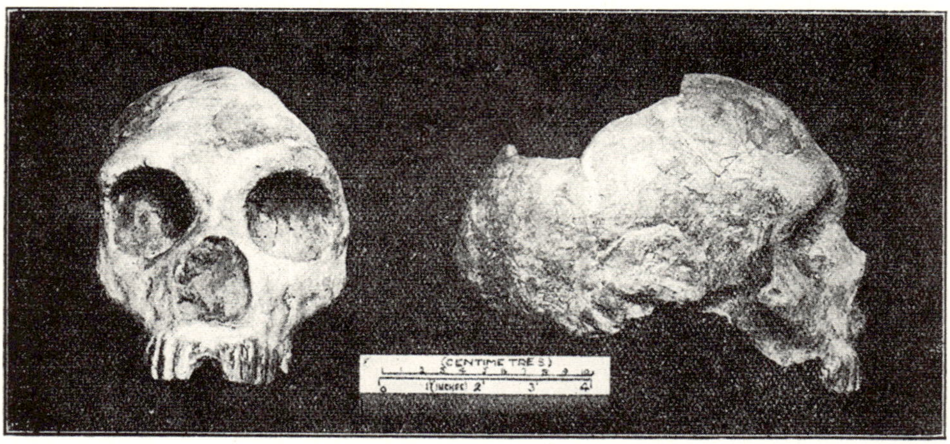

Cráneo Gibraltar, descubierto en 1848. Se trata de uno de los pocos fósiles de *Homo neanderthalensis* hallados antes (más de diez años) de la publicación de *El origen de las especies* por parte de Charles Darwin. Años 30 [Wellcome Collection, CC BY 4.0].

sados (IS) de la ascendencia humana moderna dentro de los genomas neandertales, como revela el análisis de ADN antiguo, secuenciado en el año 2014, de los restos de una mujer neandertal hallados en la galería este de la cueva de Denisova, en el macizo de Altai, en Siberia. Este primer evento de mestizaje parece no haber dejado ningún segmento detectable de ascendencia neandertal en los genomas humanos modernos existentes. Por el contrario, el segundo episodio de mestizaje dejó un IS detectable de ascendencia neandertal dentro de los genomas de los humanos modernos no africanos. Los avances recientes en la detección de la introgresión han llevado al descubrimiento de que la mayoría de los segmentos genómicos inicialmente introgresados desde los neandertales hasta los humanos modernos, se eliminaron rápidamente mediante la selección purificadora. Algunos investigadores han estimado que la proporción de ascendencia neandertal en los genomas humanos modernos se redujo con rapidez, del 10 % a los niveles actuales del 2 % al 3 %, en los asiáticos y europeos modernos.

Muchos de los genes arcaicos supervivientes son dañinos para los humanos modernos y están asociados con la infertilidad y con un mayor riesgo de enfermedad, pero algunos son beneficiosos. Los ejemplos incluyen la versión similar de un gen llamado EPAS1, que ayuda a los tibetanos modernos a sobrellevar la vida en altitudes extremadamente altas; un gen neandertal que aumenta nuestra sensibilidad al dolor; y otros que nos ayudan a repeler los virus. En este sentido, hay evidencia de que los neandertales contribuyeron al sistema inmunológico de los humanos modernos. Algunos investigadores especulan que el haplotipo derivado del neandertal es un contribuyente sustancial al riesgo de covid-19 en varios grupos específicos. Esta hipótesis está respaldada por datos hospitalarios de la Oficina de las Estadísticas Nacionales del Reino Unido, que indican que las personas de origen bangladesí en el país tienen el doble de probabilidades de morir de covid-19 que los miembros de la población general, aunque, por supuesto, a estas estadísticas contribuyen otros factores de riesgo.

Además de la reproducción sexual, el movimiento de información genética entre entidades biológicas, conocido como transferencia horizontal de genes (HGT), también ha ocurrido en el linaje humano. Algunas de estas transferencias genéticas sucedieron hace tanto tiempo que es difícil clasificar con precisión la entidad que contribuye a la secuencia transferida horizontalmente, de acuerdo con las taxonomías existentes. Este es el caso de las bacterias ahora representadas como nuestros genomas mitocondriales.

Otras transferencias han ocurrido más recientemente. Por ejemplo, aproximadamente el 8 % del material genético humano deriva de retrovirus endógenos humanos (HERV), que entraron en el linaje genético humano a través de la infección retroviral de la línea germinal, y después desarrollaron ciclos de replicación intracelular similares a transposones. Los transposones son secuencias de ADN que pueden moverse e integrarse en diferentes ubicaciones dentro del genoma. La más reciente entre estas integraciones retrovirales ocurrió hace menos de un millón de años. Muchas tienen un rol clave en la supervivencia de la especie humana. Por ejemplo, la proteína sincitina-1, que es esencial en la formación de la placenta de los humanos, es originada por un gen que proviene de un antiguo retrovirus integrado en la línea germinal humana hace unos veinticinco millones de años.

Los herpesvirus humanos 6A y 6B también se han transferido horizontalmente a algunos genomas humanos durante el Holoceno. Estas observaciones muestran que los virus adquiridos durante la vida de un organismo individual, incluidos los humanos, a veces han contribuido al material genético transmitido a su descendencia, violando, en apariencia, la barrera Weismann. Este principio, propuesto por el biólogo alemán August Weismann, menciona que la información hereditaria solo se mueve desde los genes a las células del organismo y nunca al revés.

Hasta hace poco tiempo, la superioridad intelectual del *Homo sapiens* sobre los neandertales era citada como la principal causa de la extinción de los neandertales. Esta hipótesis es cuestionable, ya que los descubrimientos recientes muestran que los neandertales tenían un comportamiento similar al de nuestros ancestros, y eran mucho más competentes de lo que se pensaba en el uso de herramientas y en la preparación de armas. Además, se acepta que los neandertales eran físicamente más fuertes que los *Homo sapiens* y que estaban mejor adaptados a las condiciones europeas durante la Edad de Hielo, ya que habían vivido allí durante 200.000 años, mientras que los antepasados humanos, en contraste, habían emigrado de ambientes subtropicales desde el noreste de África a los que estaban más adaptados. Teniendo esto en cuenta, ¿por qué somos descendientes del *Homo sapiens* y no de los neandertales que estaban mejor acondicionados al entorno?

En el año 2006 quedó demostrado que una población de neandertales sobrevivió hace 28.000 años en el punto más al sur de Europa, en la cueva de Gorham de Gibraltar, en refugios aislados mucho después de la llegada de los *Homo sapiens* a Europa. La asociación entre los neandertales y Gibraltar se remonta a 1848, cuando se descubrió un cráneo de neandertal en la cantera de Forbes. La excavación realizada por Dorothy Garrod entre 1925 y 1926, en un refugio rocoso de la torre del Diablo, produjo un segundo cráneo neandertal asociado a la industria musteriense. Desde entonces se ha establecido, más allá de toda duda, que los neandertales fueron los creadores del Musteriense en Europa occidental. En Gibraltar, en la roca de seis kilómetros de largo y 426 metros de altura, hay actualmente ocho sitios de ocupación neandertal. La presencia de tecnología musteriense en la cueva de Gorham se estableció durante las excavaciones realizadas entre 1948 y 1954. El sitio fue revisado a partir de 1995, con miras a establecer el momento de la transición del Paleolítico Medio al Superior. Es manifiesto que la coexistencia durante miles de años del *Homo sapiens* y los neandertales en Europa proporciona una evidencia vigorosa contra la hipótesis que propone la extinción neandertal por conflictos violentos entre las dos poblaciones de homínidos. Sin embargo, es muy posible que la presencia del *Homo sapiens* sí fuera definitiva para provocar la extinción.

Núcleo de sílex procedente del nivel TD-11 del yacimiento de Gran Dolina en Atapuerca (Burgos, España). Herramienta de comienzos del Musteriense, un complejo tecnológico y estilístico englobado dentro del Paleolítico Medio [José-Manuel Benito Álvarez].

Esta situación viene dada porque el origen evolutivo de varios patógenos virales puede ser correlacionado con los datos genéticos y paleontológicos del primer contacto estrecho entre el *Homo sapiens* y neandertales. Es probable que los *Homo sapiens* introdujeran sin intención un agente infeccioso, derivado de África oriental, en la población neandertal. Por supuesto cabe esperar que los neandertales fueran extremadamente vulnerables a la mayoría de las enfermedades introducidas, porque dada su falta general de diversidad genética, es probable que carecieran de variabilidad genética inmune, lo que los puso en mayor riesgo de desarrollar enfermedades en relación con los *Homo sapiens*.

El potencial patógeno que exterminó a los neandertales debió de tener una serie de características concretas, como ser abundante en África y que el *Homo sapiens*, con frecuencia y facilidad, entrara en contacto con él antes de migrar hacia Europa; que no dependiera de vectores como los artrópodos para su transmisión, porque hubiera sido muy difícil que los insectos emigraran junto al *Homo sapiens* a los glaciares europeos; que circulara entre los *Homo sapiens* causando una infección persistente o crónica; que se transmitiera por contacto social; que no afectara de forma desproporcionada a la salud de los *Homo sapiens*; y que el patógeno apareciera, o al menos siguiera evolucionando, en África después de que los antepasados neandertales abandonaran el continente. Muchas infecciones virales cumplen todos los requisitos anteriores y algunos investigadores especulan que un virus del orden *Herpesvirales* y de la familia *Herpesviridae* podría haber sido ese agente contagioso. Los virus del herpes tienen algunas propiedades y características que los convierten en uno de los candidatos más probables. Existe la hipótesis de que el agente podría haber sido un herpesvirus perteneciente a la subfamilia *Alphaherpesvirinae* y al género *Varicellovirus*, como el actual virus varicela-zóster, que es el agente causante de la varicela y del herpes zóster (culebrilla). El virus varicela-zóster es capaz de infectar persistentemente a los seres humanos durante toda su vida. La infección primaria por el virus varicela-zóster puede provocar varicela que es extremadamente contagiosa, ya que más del 90 % de las personas no vacunadas se infectan, mientras que el herpes zóster ocurre solo en personas que han tenido una infección primaria por el virus. Hoy en día, la mayoría de los casos de herpes zóster ocurren en personas que tienen más de 45 años y es también la infección oportunista más temprana observada en pacientes positivos al virus de la inmunodeficiencia humana (VIH). Cada año, en los Estados Unidos de América, la varicela causa alrededor de cuatro millones de casos, unas 10.600 hospitalizaciones y de 100 a 150 muertes. En los países de clima templado, como los del sur y el centro de Europa, en ausencia de vacuna, la varicela afecta a la práctica totalidad, alrededor del 90 %, de las personas antes de los catorce años. A nivel mundial se estima que la incidencia de los casos de varicela es de unos sesenta millones al año, de los que cincuenta y siete millones corresponderían a niños menores de diez años. La tasa de mortalidad en pacientes inmunocompetentes es de 2 por cada 100.000 habitantes, con un riesgo de hospitalización de 1 por cada 600-1000 enfermos. En los países desarrollados, durante la era prevacunal la mortalidad era de 3 por cada 100.000 casos. Un 15-20 % de las personas que pasan la varicela sufrirán una reactivación en forma de herpes zóster en la edad adulta. Este hecho sucede con más frecuencia a partir de los 60 años, ya que con la edad van disminuyendo las defensas naturales contra el virus. En la actualidad, cada año son contabilizados más de cinco millones de episodios de herpes zóster.

En casos comprometidos de herpes zóster, se producen graves complicaciones neurológicas, como encefalitis, meningitis, mielitis y herpes zóster oftálmico. Incluso después de un tratamiento agresivo, los pacientes pueden tener secuelas a largo plazo, incluida la pérdida de la visión. Por lo tanto, incluso si la letalidad por el virus varicela-zóster hubiera sido baja en los neandertales, los efectos a largo plazo, como los trastornos neurológicos, pudieron perjudicar gravemente a los individuos infectados. Otros herpesvirus como el virus del herpes simple 1 (VHS-1), el virus del herpes simple 2 (VHS-2), el citomegalovirus humano, el herpesvirus humano tipo 6, el herpesvirus humano tipo 8, el virus de Epstein-Barr o los roseolovirus también podrían ser considerados candidatos a convertirse en los verdugos de los neandertales. Los virus de otros órdenes, como los poliomavirus, los hepadnavirus, los retrovirus, los togavirus o los parvovirus también podrían ser aspirantes, aunque por diversas razones, cada uno de estos parece menos probable que los herpesvirus. El análisis molecular de los genomas de los herpesvirus indica que estos microorganismos surgieron en paralelo con la evolución de los primates y los humanos, probablemente hace cientos de miles de años. Respecto al virus varicela-zóster, es probable que la diferenciación de los clados del virus se iniciara en el momento de la dispersión de los ancestros del *Homo sapiens* fuera de África, hace unos 100.000 años. El grupo de antepasados primitivos que abandonó África para recolonizar Europa era al menos un grupo parcialmente aislado en su camino hacia el norte, pero hay que considerar que, entre los herpesvirus, el virus varicela-zóster muestra una estrategia de supervivencia única. Se ha demostrado en varias ocasiones que el virus varicela-zóster puede transmitirse en poblaciones aisladas durante períodos prolongados de tiempo. Por ejemplo, se han localizado individuos seropositivos para infecciones pasadas por el virus varicela-zóster en pequeñas tribus de la cuenca del Amazonas en Brasil, que tenían poco o ningún contacto con los pueblos vecinos. También a principios de la década de 1900, en las islas Shetland, frente a la costa escocesa, donde las poblaciones insulares vivían en pequeñas aldeas y las comunidades estaban aisladas entre ellas, hubo varios casos de varicela en niños que siguieron a un solo caso de herpes zóster de un adulto. Un modo eficaz de transmisión en sociedades aisladas depende de la reactivación del virus como herpes zóster en adultos y su posterior transmisión a los niños como varicela.

El análisis de los genomas de neandertales, de los homínidos arcaicos y del ADN introgresado adaptativo que llevan los humanos modernos pro-

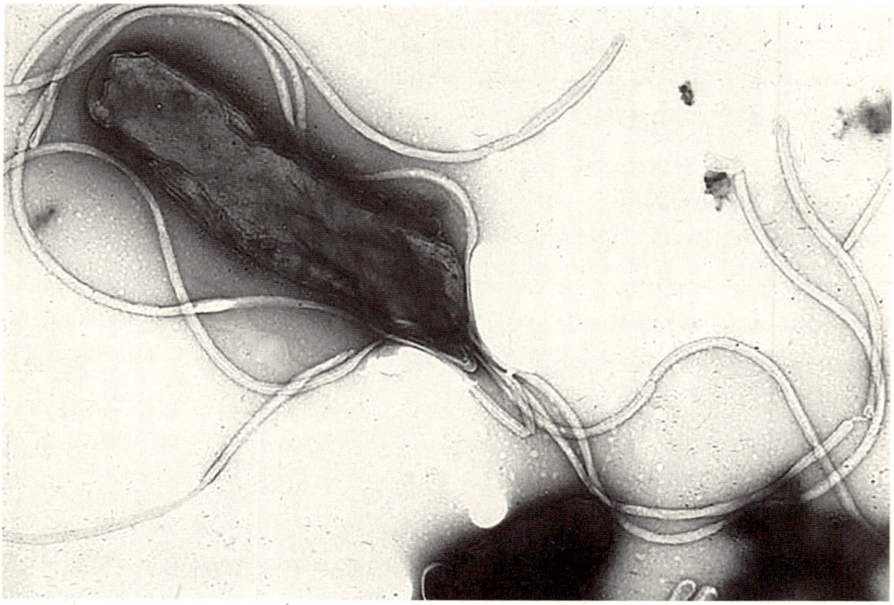

Helicobacter pylori, un patógeno causante de úlceras estomacales y cáncer gástrico, que llegó de África a Europa y el resto del mundo hace más de cincuenta mil años y que pudo ser fatal para el hombre de Neandertal [Yutaka Tsutsumi].

porciona evidencia de que los patógenos actuaron como una presión de selección. Existe la convicción de que los neandertales tenían inmunidad genética a ciertas enfermedades infecciosas. Algunos investigadores consideran que los parásitos, la tuberculosis, la neumonía y las enfermedades diarreicas fueron habituales y características en la era agrícola temprana del Holoceno, denominada «la era de la peste y del hambre». Los datos antropológicos y epidemiológicos sugieren que muchas infecciones agudas requieren el mantenimiento de poblaciones grandes y sedentarias, o un grupo disponible de animales de pastoreo para actuar como huéspedes intermediarios, lo que impidió la propagación de muchas enfermedades infecciosas en el Pleistoceno. En contraste, los datos genéticos del huésped y del patógeno apoyan una hipótesis modificada de enfermedades respiratorias agudas, de tejidos blandos y diarreicas que tienen una asociación preholocena con los ancestros del *Homo sapiens* y los neandertales. Muchos de los patógenos que se cree que tuvieron su origen en animales de pastoreo, en realidad pudieron originarse en humanos, incluidos lo que causan la brucelosis, el tifus, la fiebre tifoidea, la tosferina y quizás la tuberculosis. Posteriormente, varias de estas infecciones pasaron a rumiantes y a aves de corral durante la transición a la agricultura y la intensificación de las prácticas agropecuarias. El aumento de la densidad de población, el sedentarismo y el auge de la agricultura durante el Holoceno pudo intensificar el impacto de algunos patógenos en la salud humana moderna, cambiando la dinámica de transmisión de enfermedades y aumentando las tasas de mortalidad. La lista de patógenos que ya estaban presentes en el Pleistoceno es amplia e incluye bacterias como *Borrelia*, causante de la enfermedad de Lyme; *Brucella*, de la brucelosis; *Salmonella typhi*, de la fiebre tifoidea; *Bordetella pertussis*, de la tosferina; *Francisella tularensis*, de la tularemia; micobacterias responsables de la lepra y de la tuberculosis; *Helicobacter pylori*, que origina úlceras y cáncer gástrico; *Staphylococcus*, causante de endocarditis y otras infecciones graves; *Treponema* de sífilis y pian; e incluso patógenos orales como *Streptococcus mutans*, que provoca caries dentales. Por supuesto, también existía una considerable diversidad de virus patógenos como son los adenovirus, los coronavirus, los flavivirus, los papilomavirus, los poliomavirus, el virus de la rabia, el virus de la hepatitis A o los herpesvirus, como el virus varicela-zóster. Desde luego, para la desprevenida población de neandertales de Eurasia, la exposición a nuevos patógenos humanos procedentes de África pudo resultar catastrófica.

🕮 PARA LEER MÁS:

Asward, Amr. 2021. «Evolutionary History of Endogenous Human Herpesvirus 6 Reflects Human Migration out of Africa». *Molecular Biology and Evolution* 38 (1): 96-107.

Enard, David. 2018. «Evidence that RNA Viruses Drove Adaptive Introgression between Neanderthals and Modern Humans». *Cell* 175, 360-371.

Houldcroft, Charlotte. 2016. «Neanderthal Genomics Suggests a Pleistocene Time Frame for the First Epidemiologic Transition». *American Journal of Physical Anthropology* 160: 379-388.

Jaubert, Jacques. 2016. «Early Neanderthal constructions deep in Bruniquel Cave in southwestern France». *Nature* 534 (7605): 111-114.

Kojima, Shohei. 2021. «Virus-derived variation in diverse human genomes». *PLoS Genetics* 17 (4): e1009324.

Krause, Johannes. 2007. «The Derived FOXP2 Variant of Modern Humans Was Shared with Neandertals». *Current Biology* 17: 1908-1912.

Luo, Yang. 2020. «Neanderthal DNA raises risk of severe COVID». *Nature* 587: 552-553.

Underdown, Simon. 2017. «Network analysis of the hominin origin of Herpes Simplex virus 2 from fossil data». *Virus Evolution* 3 (2): vex026.

3. «LOS LAMENTOS DE IPUUR» Y LA MOMIA DEL DOCTOR GRANVILLE, AÑO 3180 A. C.

Entonces Jehovah dijo a Moisés: «El corazón del faraón se ha endurecido y rehúsa dejar ir al pueblo. Ve por la mañana al faraón, cuando él salga al río. Ponte frente a él a la orilla del Nilo. Toma en tu mano la vara que se transformó en serpiente y dile: "Jehovah, el Dios de los hebreos, me ha enviado a ti para decirte: 'Deja ir a mi pueblo para que me sirva en el desierto. Pero he aquí que hasta ahora no has querido escuchar'"». Éxodo 7:14

El libro del Éxodo narra las diez plagas bíblicas, y cómo estos desastres fueron enviados por Dios para convencer al faraón egipcio de que liberase a los esclavos hebreos de la servidumbre y la opresión, que habían soportado durante 430 años de estancia en Egipto. Es probable que las diez plagas transcurrieran en el siglo XIII a. C. Los detalles ofrecidos en el Pentateuco o Torá sobre las plagas son insuficientes para realizar una identificación puntillosa, pero parece factible que en algunas de ellas, como por ejemplo la sexta, caracterizada por la aparición de forúnculos causantes de úlceras en la piel, intervinieran microbios responsables de provocar una epidemia. La teoría naturalista más popular de las plagas de Egipto comenzó en 1957 con Greta Hort, una estudiosa de la literatura y la religión inglesas medievales, quien publicó una hipótesis explicando las plagas como una serie interconectada de eventos naturales catastróficos que habrían transcurrido como consecuencia de la puesta en marcha de un particular dominó ecológico. Según Hort, las plagas habrían echado a andar con la aparición de afloramientos masivos de cianobacterias que tiñeron el Nilo de color rojo

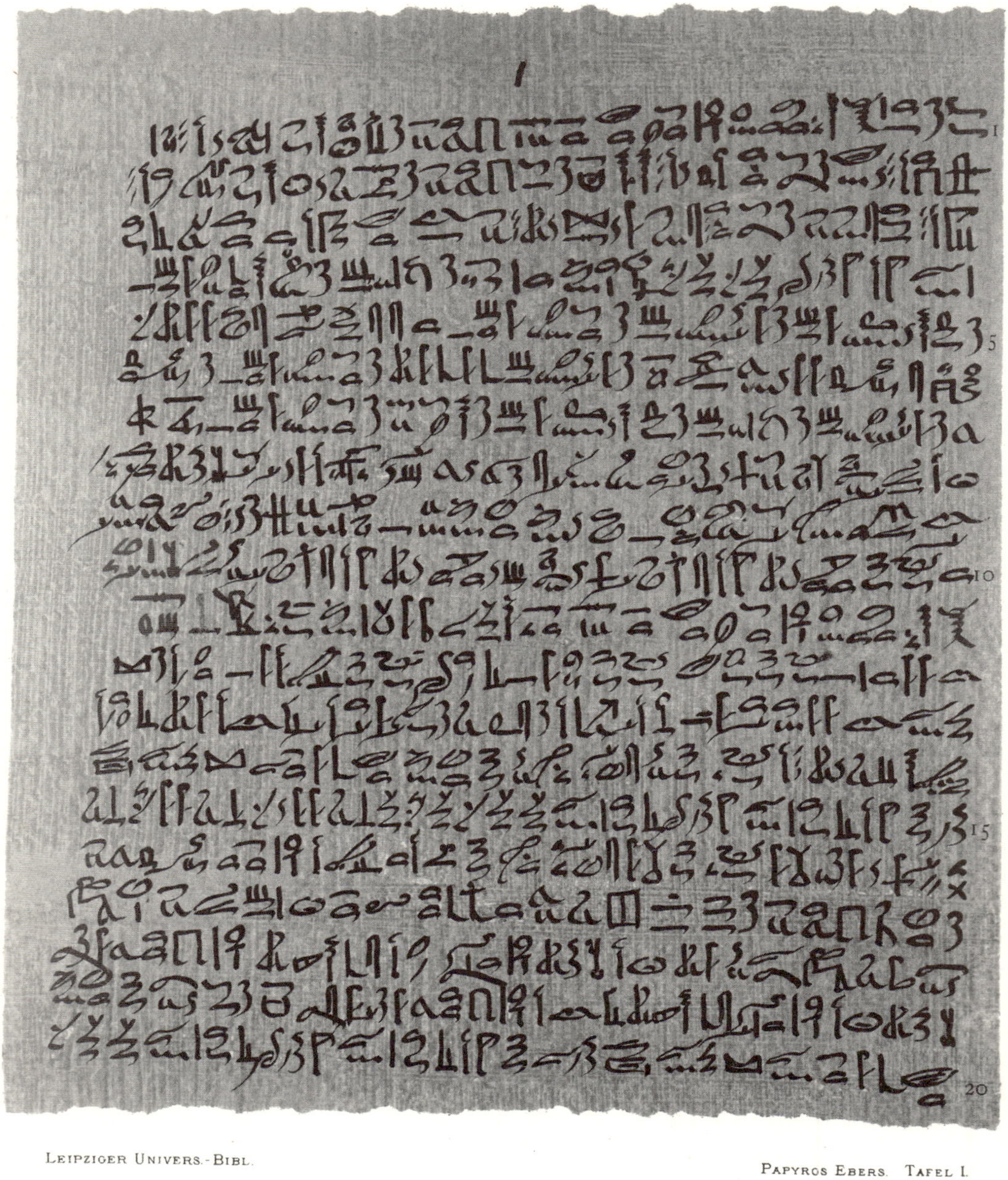

«Papiro Ebers: el libro hermético sobre las medicinas de los antiguos egipcios en escritura hierática». Reproducción de la primera lámina del Papiro Ebers, 1875. Uno de los documentos médicos más antiguos conservados, fechado en torno al 1500 a. C., es un rollo de 110 páginas que mide unos veinte metros de largo [Wellcome Collection].

sangriento. Después vendrían brotes de ántrax cutáneo, viruela, lepra u otras enfermedades microbianas transmitidas por insectos.

Bien cierto es que los egipcios no eran nuevos en estas lides. La primera epidemia registrada en la historia de la humanidad ocurrió en Egipto en el año 3180 a. C., durante el reinado del faraón Mempses de la dinastía I, y fue apodada como la «gran pestilencia». Según algunos historiadores, el éxodo de Moisés pudo haber tenido lugar al final del Nuevo Reino, bajo el mandato de Ramsés XI, o quizás algo más tarde, pero algunas fuentes literarias, como *Los lamentos de Ipuur*, recogidos en el Papiro Leiden I 344, apuntan datos que establecen la presencia de importantes epidemias catastróficas al final del antiguo Egipto. El supuesto entierro masivo de varias reinas durante el reinado de Mentuhotep II, en la dinastía XI (aproximadamente en el 2000 a. C.), puede ser un indicio potencial de la aparición de una epidemia. Todas las reinas parecen haber muerto en un período muy corto, y fueron enterradas en un pozo, en el templo mortuorio del rey en Deir el-Bahari. En esa misma época, los egipcios se instalaron en el oasis de Fayún y crearon canales de agua estancada, lo cual pudo propiciar la emergencia de brotes de malaria, ocasionados por el protozoo *Plasmodium falciparum*, porque esta enfermedad ha sido esporádicamente diagnosticada en momias del Imperio Nuevo (aproximadamente 1800 a. C.).

El Papiro Edwin Smith, que data de la dinastía XVIII de Egipto y está expuesto en la Academia de Medicina de Nueva York, también delinea enfermedades anuales recurrentes vinculadas a estallidos poblacionales de mosquitos. El documento describe una brisa pestilente que es propagada por el aire. Desde luego, es tentador asociar agua estancada, mosquitos y malaria, aunque bien podrían estar referidas a otras enfermedades transmitidas por insectos.

Otro escrito histórico, el Papiro Ebers, que es un documento médico fechado en el octavo año del reinado de Amenhotep I, describe fiebres epidémicas e identifica una enfermedad que produce bubones con pus petrificado. Es lógico suponer que aquella enfermedad, desconocida entonces y temida siglos más tarde, fuera la peste bubónica, una pesadilla que ocasiona la bacteria *Yersinia pestis*.

El Papiro Ebers fue hallado en 1862, entre los restos de una momia, en la tumba de Assasif en Luxor, y puesto a la venta en 1869. En 1872, el egiptólogo y novelista alemán Georg Ebers descubrió y compró el papiro en Tebas. Los papiros Edwin Smith y Ebers poseen distinta información científica, inclinándose el primero hacia la cirugía y siendo el segundo un tratado médico contenedor de 877 recetas dirigidas a diversas enfermedades y síntomas. De hecho, en el Papiro Ebers aparecen las primeras descripciones de la tuberculosis.

En 1821, el eminente médico y obstetra italiano Augustus Bozzi Granville desenvolvió y diseccionó una momia egipcia, presentando los resultados de su examen a la Royal Society en 1825. Fue la primera momia egipcia en ser sometida a una autopsia científica y recibió el apelativo de «la momia del doctor Granville». En realidad, la momia eran los restos de una mujer llamada Irtyersenu, de unos cincuenta años, procedía de la necrópolis de Tebas y estaba fechada hacia el 600 a. C. Granville atribuyó la causa de la muerte a un tumor de ovario, pero investigaciones histológicas posteriores indicaron que la neoplasia era un cistoadenoma benigno.

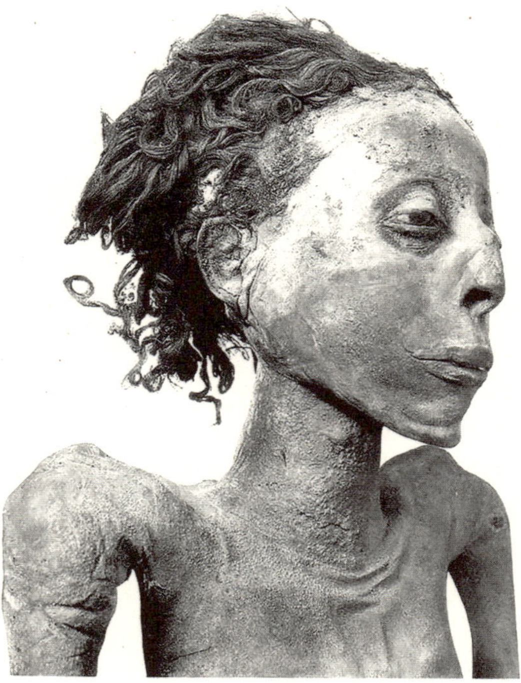

Momia de la dama Nesitanebetashru, de la dinastía egipcia XXI. Nesitanebetashru era hija de Pinedyem II, sumo sacerdote de Amón, en Tebas, del 990 al 969 a. C. [*Catalogue général des antiquités égyptiennes du Musée du Caire: The Royal Mummies*, 1912].

Sin embargo, la histología de los pulmones descubrió un exudado pulmonar potencialmente mortal. Estudios posteriores obtuvieron ADN de *Mycobacterium tuberculosis*, la bacteria que causa la tuberculosis, de tejido pulmonar y de la vesícula biliar. Muestras recogidas de pulmones y fémures también fueron positivas para ácidos micólicos específicos de la pared celular de *Mycobacterium tuberculosis*, por lo que es probable que la tuberculosis fuera la principal causa de muerte de Irtyersenu. La paleopatología y los análisis de ADN antiguo han demostrado que la tuberculosis estaba muy extendida en el antiguo Egipto.

Entre las medicinas mencionadas en el Papiro Ebers destacan, por curiosas, algunas variopintas, como el hígado de buey contra la ceguera nocturna; el beleño en polvo para expulsar el dolor causado por gusanos; y una pomada estrambótica para combatir la calvicie que contenía, a partes iguales, grasas de león, hipopótamo, cocodrilo, ganso, serpiente e íbice.

La ingesta de hígado de buey para combatir la ceguera estaba apuntalada en factores empíricos y veraces. La deficiencia de vitamina A ocasiona ceguera nocturna y es la principal causa de ceguera evitable en los niños en el mundo. Se calcula que entre 250.000 y 500.000 niños quedan ciegos cada año debido a una deficiencia de vitamina A. La vitamina A preformada o retinol es una vitamina soluble en grasa que se encuentra únicamente en productos animales, siendo abundante en el hígado vacuno, aceites de hígado de pescado, yema de huevo y productos lácteos. La carencia de vitamina A puede estar influida por otros factores, por ejemplo, infecciones parasitarias intestinales, gastroenteritis o malabsorción.

Por otro lado, el beleño contiene alcaloides como la hiosciamina, la atropina, el tropano y la escopolamina, y cuando es aplicado como medicamento puede provocar intoxicación accidental o intencionada. El beleño tiene efectos farmacológicos y consigue actuar como broncodilatador, antisecretor, relajante de la vejiga, espasmolítico, hipnótico, alucinógeno, dilatador de la pupila, antidiarreico y sedante, propiedad esta última que con probabilidad buscaban los egipcios. Por desgracia, las manifestaciones clínicas de la intoxicación aguda por beleño son muy amplias e incluyen midriasis; taquicardia; arritmia; agitación; convulsiones y coma; boca seca; sed; dificultad para hablar; disfagia; piel enrojecida; pirexia; náuseas; vómitos; dolor de cabeza; visión borrosa; fotofobia; retención urinaria; distensión de la vejiga; somnolencia; hiperreflexia; alucinaciones auditivas, visuales o táctiles; confusión; desorientación; delirio; y agresividad y conducta combativa. Hace algunas décadas, en la región turca de la Anatolia central, había un popular juego infantil en el que se comían varias partes de plantas. En los años 1982 y 1983 fue llevado a cabo un estudio en el que participaron setenta y seis niños turcos que consumían plantas de beleño psicoactivas durante estos pasatiempos. El estudio mostró que la mayoría de los niños (81,6 %) comían plantas de beleño durante sus juegos para experimentar sensaciones agradables o para probar los efectos de las plantas. Consecuencia de esta actividad, veinte niños de los incluidos en el estudio se intoxicaron gravemente, cinco entraron en estado de coma y dos murieron. En cuanto a los remedios egipcios contra la calvicie, parece que la grasa de cocodrilo y otros adláteres no funcionan ni mucho ni poco.

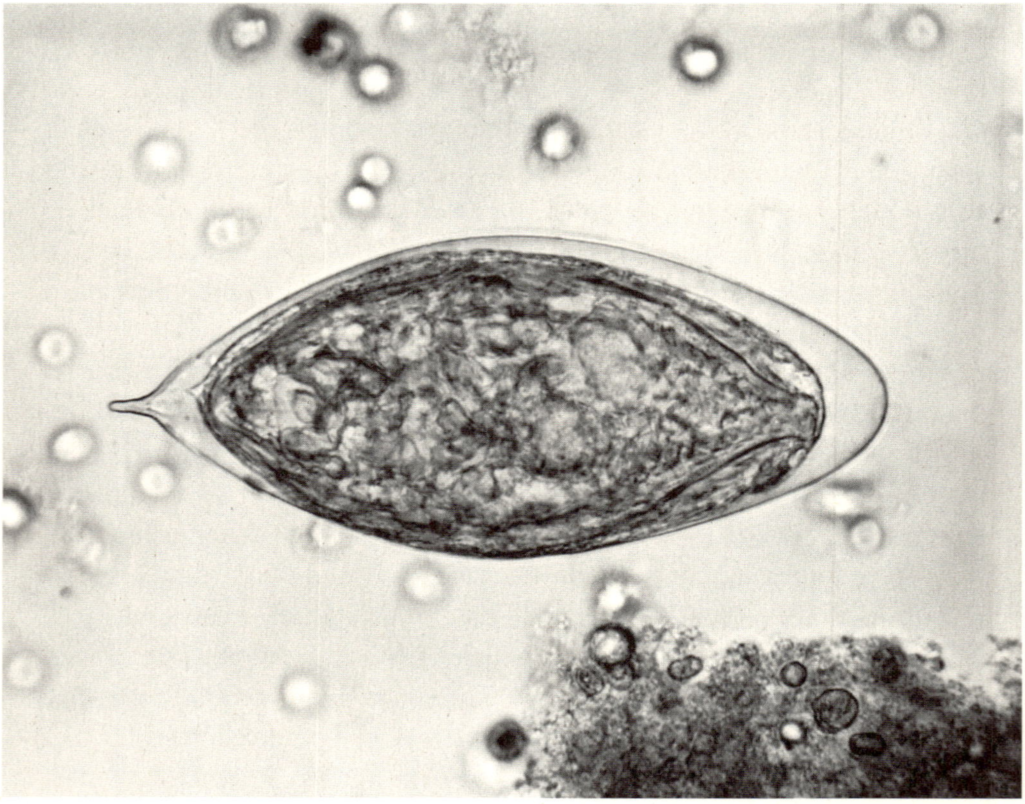

«Con un aumento de 500x, esta microfotografía muestra un huevo del parásito trematodo *Schistosoma haematobium*» (1966) [CDC, doctor D. S. Martin; Public Health Image Library, PHIL].

En numerosos papiros egipcios, como los de Ebers, Berlín, Hearst, Londres y Lahun, aparecen jeroglíficos reiterativos cuya interpretación es un desafío, pero que han sido traducidos como símbolos de la esquistosomiasis hematobia, una infección causada por el helminto *Schistosoma haematobium*. La esquistosomiasis es una enfermedad parasitaria aguda y crónica causada por duelas sanguíneas (trematodos) del género *Schistosoma*. Las tres especies principales que infectan a los seres humanos son *Schistosoma haematobium*, *Schistosoma japonicum* y *Schistosoma mansoni*. Otras tres especies, con una localización geográfica más puntual, son *Schistosoma mekongi*, *Schistosoma intercalatum* y *Schistosoma guineensis*. También ha habido algunos informes de esquistosomas híbridos de origen bovino (*Schistosoma haematobium*, x *Schistosoma bovis*, x *Schistosoma curassoni*, x *Schistosoma mattheei*) que infectan a los seres humanos. A diferencia de otros trematodos, que son hermafroditas, las especies de *Schistosoma* son dioicas, es decir mantienen individuos de sexos separados.

Hay constancia de la transmisión de la enfermedad en setenta y ocho países y se estima que al menos 229 millones de personas necesitaron tratamiento profiláctico en 2018. En el año 2000, la OMS calculó que la tasa anual de mortalidad fue de 200.000 muertes a nivel mundial. El signo clásico de la esquistosomiasis urogenital es la hematuria (sangre en la orina). Varios papiros egipcios recogen numerosos remedios para la hematuria (nueve en el papiro Hearst, once en el papiro Berlín, veinte en el papiro Ebers), quizás implicando que la condición era grave y generalizada. Lo cierto es que la esquistosomiasis estaba presente en Egipto desde principios de tiempos faraónicos (3200 a. C.), porque ha sido demostrada la presencia de huevos de esquistosoma y antígenos del parásito en momias. El Papiro de Ebers menciona gusanos en el cuerpo y el Papiro Hearst cita el disulfuro de antimonio como uno de los remedios aplicados contra la hematuria. Curiosamente, hasta mediados del siglo XX, los compuestos de antimonio eran los fármacos más eficaces contra la esquistosomiasis. Parece probable que, durante un período de muchos siglos, en el antiguo Egipto, la esquistosomiasis fuera una condición generalizada de gravedad suficiente para requerir atención médica.

PARA LEER MÁS:

Brawanski, Alexander. 2012. «On the myth of the Edwin Smith papyrus: is it magic or science?». *Acta Neurochirurgica* 154:2285–2291.

Clark, Katherine. 2013. «Organic chemistry of balms used in the preparation of pharaonic meat mummies». *PNAS* 110 (51): 20392-20395.

Habicht, Michael. 2021. «A critical assessment of proposed outbreaks of plague and other epidemic diseases in Ancient Egypt». *International Journal of Infectious Diseases* 103: 217-219.

Mazokopakis, Elias. 2019. «Environmental and Medical Aspects Related to the Sixth Plague of Egypt». *MAEDICA - A Journal of Clinical Medicine* 14 (3): 310-313.

Riggs, Christina. 2016. «An autopsic art: drawings of "dr. Granville's mummy" in the Royal Society Archives». *Notes and Records* 70: 107-133.

Stiefel, Marc. 2006. «The Edwin Smith Papyrus: The Birth of Analytical Thinking in Medicine and Otolaryngology». *Laryngoscope* 116 (2): 182-188.

4. EL «LIBRO DE LA VACA SAGRADA», AÑO 1350 A. C.

El *Libro de la Vaca Sagrada* es un texto dividido en cinco partes que desglosa el conflicto de la humanidad con el dios Ra. La obra forma parte del corpus de composiciones funerarias reales del Reino Nuevo y está representada en el primer sarcófago de Tutankamón, y en las tumbas de los faraones Ramsés II, Ramsés III, Ramsés IV y Sethy I. La narración relata cómo Ra descubre una conspiración de la humanidad para derrocarlo e, indignado, decide destruir a todos los seres humanos que habitan la Tierra. Ra encarga a su hija, la diosa Hathor, el exterminio y esta complace al padre cumpliendo la tarea con eficacia, arrasando comunidad por comunidad, masacrando a la gente y bebiendo la sangre de las víctimas. El horror embadurnaba las aldeas y las ciudades a medida que Hathor mataba a más y más personas, convirtiéndose poco a poco en la salvaje y vengadora Sekhmet. El panorama debió de ser bastante gore, incluso para Ra que, conmovido y arrepentido, revocó la decisión. Además, los otros dioses señalaron que, si Sekhmet persistía, no quedarían humanos para ofrecer sacrificios o adorar a los dioses y tampoco habría ninguno para transmitir la lección que el castigo de Ra quiso enseñar. Observando a Sekhmet con viento en popa a toda vela, no había más que pensar. El panorama tenía mala pinta y Ra quería pararlo a toda costa, pero Sekhmet estaba consumida por la sed de sangre y no parecía existir forma humana o divina de detenerla. Cavilando diferentes opciones, Ra concibió una treta y ordenó que una gran cantidad de cerveza fuera teñida de rojo y entregada en la ciudad de Dendera, ubicada en el camino mortífero que estaba recorriendo Sekhmet. La diosa encontró la cerveza y, creyendo que era sangre, la bebió con ansia. La cerveza cumplió con la tarea esperada y emborrachó a la aniquiladora, insu-

El dios Ra detiene el castigo desmedido de su pueblo y marcha rumbo al cielo. Allí se sitúa sobre Nut, la diosa celestial, representada como una vaca que sostienen los dioses Heh [*Les chapelles de Tout-Ankh-Amon*, Alexandre Piankoff, 1952].

Representación egipcia de una mujer sirviendo cerveza a otra [*Ancient Origins*].

flando un delicioso sueño de seda. Tras dormir la mona, la jaqueca debía de ser de aúpa, pero, cuando la diosa despertó, a dios gracias, ya no era Sekhmet. En su lugar había vuelto de nuevo la amable y gentil Hathor. Ra salvó la partida por el canto de un duro.

En los primeros días del mundo, la cerveza fue uno de los muchos dones que los dioses otorgaron a la humanidad. Según el mito, el propio dios Osiris dio a la humanidad los dones de la cultura y enseñó a la gente el arte de la agricultura. Al mismo tiempo, también instruyó a las personas en el oficio de elaborar cerveza. En el antiguo Egipto, la cerveza y el pan eran alimentos básicos, tanto para adultos como para niños, y eran consumidos por pobres y ricos. Desde la Antigüedad, diferentes tipos de bebidas alcohólicas han jugado un papel importante en las sociedades, siendo utilizadas en las ceremonias religiosas, la vida cotidiana, las fiestas o con fines medicinales. La evidencia arqueológica sugiere que el origen del alcohol se remonta al período Neolítico, hace unos diez mil años, y que los elixires alcohólicos estaban relacionados con las deidades, por los misteriosos poderes que insuflaban a los que los ingerían. Los arqueólogos han encontrado evidencias moleculares de que la producción de bebidas fermentadas se remonta al año 7000 a. C., en el pueblo neolítico de Jiahu en China. Evidencias similares fechadas en el periodo 5400-5000 a. C. provienen de Hajji Firuz Tepe, en el norte de las montañas de Zagros, en Mesopotamia. En Asia, las bebidas fermentadas fueron hechas principalmente de arroz. En el antiguo Egipto y Mesopotamia las bebidas más utilizadas fueron las elaboradas a base de frutas (vino), de miel (hidromiel) y de cereales malteados (cerveza). En el mismo periodo, existe evidencia en el antiguo Egipto de consumo de pan elaborado con levadura. La hipótesis actual es que las uvas fueron domesticadas, durante el período 7000-4000 a. C., en una región localizada entre el mar Negro e Irán. Las primeras evidencias de la elaboración de vino provienen de la presencia de ácido tartárico en una jarra antigua, datada sobre el 5400-5000 a. C., encontrada en el yacimiento neolítico de Tepe, en Mesopotamia, y de los restos de extracto de jugo de uva hallados en el yacimiento neolítico de Dikili Tash, en Grecia, datados en el año 5000 a. C.

La cerveza hecha de cebada fermentada aparentemente fue la primera bebida alcohólica consumida con asiduidad por los humanos, siendo elaborada desde el sexto milenio a. C. El proceso implicó remojar el grano de un cereal, a menudo cebada malteada, en agua y fermentar esta mezcla con levadura para producir alcohol. La cerveza fue mencionada por primera

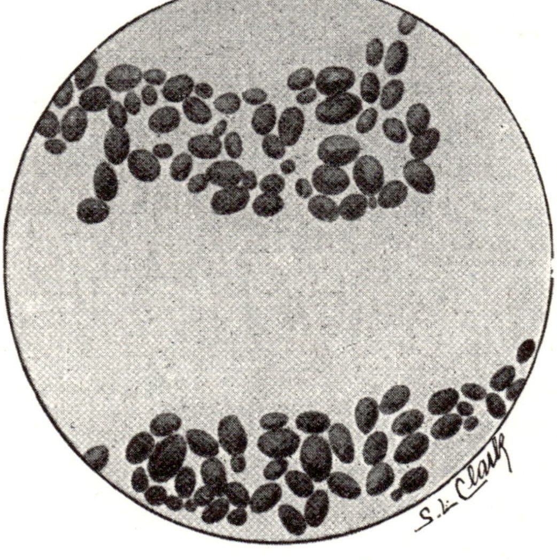

Arriba: retrato de trabajadores de la fábrica de cerveza Münchenbryggeriet en Estocolmo, Suecia (1890) [Stockholms stadsmuseum]. Abajo: células de la levadura *Saccharomyces cerevisiae*, usada industrialmente en la fabricación de pan, cerveza y vino [*Practical bacteriology, hematology, and parasitology*; E. R. Stitt, 1911].

vez en la epopeya mesopotámica de Gilgamesh, una de las primeras obras de la literatura. Según el poema, Enkidu, compañero de aventuras del rey y héroe mitológico Gilgamesh, comió hasta saciarse, bebió siete jarras de cerveza y cantó de alegría. El registro arqueológico indica que la producción rutinaria de cerveza puede incluso remontarse al período predinástico egipcio (4000-3100 a. C.).

La producción de cerveza ha tenido dos procesos divergentes, dependiendo de la temperatura y de la levadura utilizada durante los pasos fermentativos. La tecnología para la producción de cerveza tipo *ale* está caracterizada por una fermentación alta a 15-20 °C, que es seguida, en algunos casos, de procesos de envejecimiento. Este tipo de procedimiento fue adquirido de Oriente Medio por los germánicos y las tribus celtas alrededor del siglo I d. C. El otro proceso es la tecnología para la producción de cerveza tipo *lager*, caracterizada por una fermentación baja a 5-14 °C y un periodo de maduración más extenso. Este proceso apareció durante la Edad Media en Europa. En la obtención de cerveza *ale* se usa principalmente levadura de la especie *Saccharomyces cerevisiae*, mientras que, para la cerveza *lager*, la levadura utilizada suelen ser un grupo de cepas estrechamente relacionadas con las especies *S. pastorianus* y *S. carlsbergensis*. En el Neolítico, es factible que las fermentaciones fueran iniciadas por levaduras naturales, ocurriendo probables intercambios de levaduras entre alimentos y bebidas fermentadas. ¿En qué período de tiempo el ser humano comenzó a agregar conscientemente la levadura seleccionada en cualquiera de estos procesos? Aún es desconocido, pero el cultivo puro de levadura para uso industrial quedó establecido a principios de la década de 1880, con un éxito práctico inmediato para la levadura de cerveza *lager*.

Existe amplia evidencia arqueológica y epigráfica de las instalaciones, implementos y vasos para beber asociados con la producción y el consumo ancestral de cerveza. Aunque la mera presencia de granos de cereales en un sitio arqueológico solo permite especulaciones sobre el método de su consumo previsto, ahora es comúnmente aceptado que grandes cantidades de granos, brotados de forma uniforme, pueden ser considerados como el resultado de un proceso de malteado intencionado. Tan pronto como estos granos germinados, y posiblemente horneados, se trituran o muelen, la morfología y los rasgos de la malta como germen identificable desaparecen y la cerveza obtenible parece menos clara. Otros procesos como la sacarificación y la fermentación son difíciles de trazar, ya que la evidencia no siempre queda con-

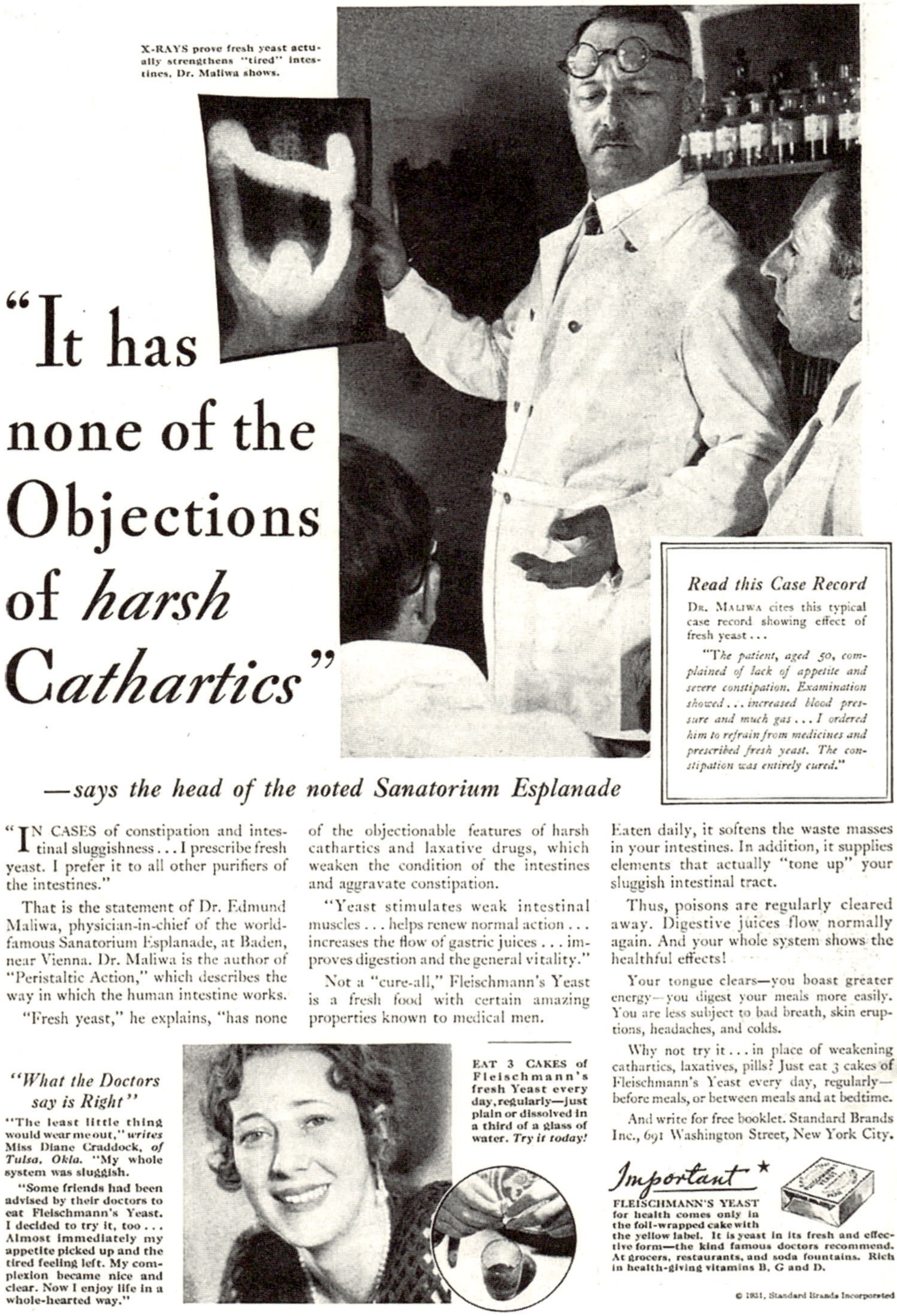

Anuncio de levadura Fleischmann, de Standard Brands, en 1932 [*Good Housekeeping*, 105].

servada o deja una interpretación demasiado ambigua. Numerosos metabolitos primarios directamente relacionados con la fermentación, como el ácido láctico o el ácido acético, tampoco sobreviven a los siglos. Por tanto, algunos enfoques están centrados en buscar nuevos indicadores, como la presencia de gránulos de almidón de residuos de cerveza desecados en Egipto, porque algunos tienen rastros de degradación típicos del ataque con enzimas amilasas, sirviendo así como claro indicador del proceso de malteado. Los mismos materiales desecados han proporcionado evidencia directa de la acción de células de levadura. Los cristales de oxalato de calcio, que se pueden formar durante el macerado y la fermentación, también han sido sugeridos como marcadores para la elaboración de cerveza.

A pesar de las dificultades ocasionadas por el tiempo transcurrido, varias instalaciones, relacionadas con la producción de cerveza, han sido detectadas por excavación y teledetección en el centro de la población principal de la antigua Hieracómpolis. Los restos de la ciudad de Hieracómpolis están ubicados en la ribera occidental del Nilo, a diecisiete kilómetros al norte de la ciudad moderna de Edfu, en el Alto Egipto. Hieracómpolis se extendió por más de tres kilómetros a lo largo del Nilo, siendo una de las poblaciones más amplias y vastas del período predinástico. Las excavaciones en Hieracómpolis, en una parte del emplazamiento conocido como localidad HK11C, revelaron un establecimiento de cervecería que constaba de cinco cubas de cerámica independientes, colocadas junto a segmentos de pared baja. Solo han quedado conservadas las partes inferiores de las tinas, pero los restos aún se mantienen en pie, a una altura de 40 a 60 centímetros, con diámetros oscilando entre 60 y 85 centímetros. El exterior de las tinas había sido cubierto con barro y tiestos de cerámica para protegerlas del choque térmico y promover un calentamiento uniforme. La rubificación de los materiales de construcción y la gran cantidad de carbón y cenizas en los alrededores no dejan lugar a dudas de que estas tinas funcionaban como instalaciones de calefacción. Adherida al interior de cada tina había una capa gruesa, de hasta tres centímetros, de un residuo dispuesto como una piel negra brillante. Los exámenes botánicos de la sustancia indicaron que los ingredientes principales eran trigo esmerilado con algo de cebada. Estos granos fueron triturados o molidos gruesos y luego calentados en agua junto con los granos que habían sido malteados. Además, el análisis de microscopía electrónica de barrido reveló la presencia de granos de almidón perforados, lo que sugiere que existió acción enzimática antes de la fermentación. Estos hallazgos indican que las tinas sirvieron para preparar cerveza. La prueba de radiocarbono de una muestra del residuo proporcionó una fecha de 3764-3537 a. C., lo que implica que esta instalación es la fábrica de cerveza más antigua de Egipto y quizás de la historia. Calculando a partir del tamaño y el número de cubas, el enclave podría haber producido un total de 325 litros de cerveza de una vez. Esta cantidad equivale aproximadamente a 650 botellas modernas, lo cual indica una escala de producción, hasta la fecha, categórica e indocumentada en otras partes del mundo. Hieracómpolis era un lugar extraordinario, una gran urbe del mundo antiguo. En el año 2009, durante la temporada de excavaciones, en Hieracómpolis aparecieron restos de extraños entierros de animales, apuntando a la existencia de una gran colección de animales exóticos alrededor del 3500 a. C. El recuento de los animales ascendió hasta las 112 criaturas, incluidos dos elefantes, tres hipopótamos, once babuinos, seis gatos monteses, antílopes, leopardos y dos cocodrilos. Los entierros de animales aparecieron en el cementerio de élite de la ciudad, donde los

«Un cliente del Sammy's Bowery Follies, un bar del centro, durmiendo en su mesa mientras el gato residente lame su cerveza». Nueva York, diciembre de 1947 (detalle) [National Archives].

gobernantes y sus familiares, junto con los criados, algunos posiblemente sacrificados, fueron enterrados. Los babuinos, un gato salvaje y un hipopótamo muestran signos de fracturas óseas que solo pueden haberse curado en un entorno protegido. Un elefante macho de diez años había comido ramitas de acacias, así como plantas silvestres y cultivadas de diversos entornos, lo que sugiere que estaba siendo alimentado. Por tanto, existen patentes evidencias de que los poderosos gobernantes de la ciudad mantenían a los animales en cautiverio, en lo que habría sido el primer zoológico de la historia conocido.

En el caso de los microorganismos, la levadura fue probablemente el primer microbio en ser explotado por los seres humanos, y la elaboración de bebidas alcohólicas y la fermentación del pan con levadura representan las biotecnologías más antiguas e importantes conocidas. Los primeros registros del uso de levadura datan de antes del 6000 a. C. cuando los sumerios y los babilonios explotaron, aunque inconscientemente, el microorganismo para la producción ocasional de cerveza. El uso de levadura para leudar pan mediante la producción de dióxido de carbono fue desarrollado más tarde, en Egipto, cerca del 4000 a. C. Los antiguos egipcios ampliaron su tecnología de panificación a la producción de una cerveza ácida llamada *boza* o *boozah* a partir de un «pan» de grano germinado, ligeramente horneado. Más tarde, llegó la producción de licor destilado, originada probablemente en China o en el Medio Oriente, pero que, alcanzado el siglo XIV d. C., logró ser común en todo el mundo conocido.

PARA LEER MÁS:

Aouizerat, Tzemach. 2019. «Isolation and Characterization of Live Yeast Cells from Ancient Vessels as a Tool in Bio-Archaeology». *mBio* 10 (2): e00388-19.

Farag, Mohamed. 2019. «Revealing the constituents of Egypt's oldest beer using infrared and mass spectrometry». *Scientific Reports* 9: 16199.

Gorter de Vries, Arthur. 2019. «Lager-brewing yeasts in the era of modern genetics». *Fems Yeast Research* 19 (7): foz063.

Heiss, Andreas. 2020. «Mashes to Mashes, Crust to Crust. Presenting a novel microstructural marker for malting in the archaeological record». *PLoS One* 15(5): e0231696.

Sicard, Delphine. 2011. «Bread, beer and wine: Yeast domestication in the *Saccharomyces* sensu stricto complex». *Comptes Rendus Biologies* 334: 229-236.

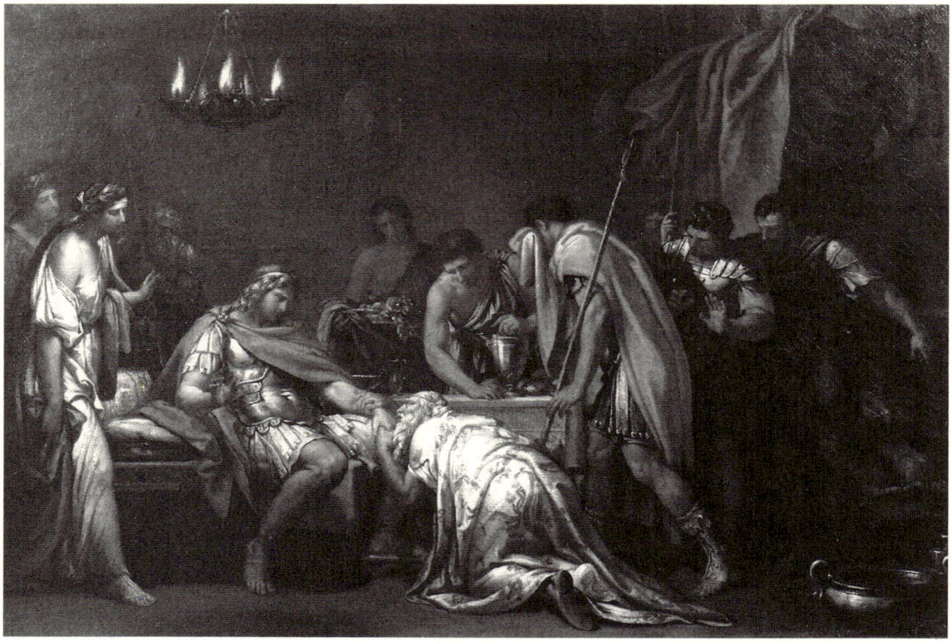

Príamo suplicando a Aquiles por el cuerpo de Héctor [Gavin Hamilton, 1775].

Ejemplar del primer tomo de las *Obras completas* de Homero en una edición grecolatina de Samuel Clarke, dedicado a la *Ilíada* [Ámsterdam, 1743].

5. TROYA Y LA MUERTE DE ALEJANDRO MAGNO, AÑO 1190 A. C.

Las palabras *epidemia* y *pandemia* son de origen griego y apuntan a la preocupación que causaban las enfermedades en la sociedad helena, tanto en su sentido puramente médico como metafórico de la conducta en los asuntos humanos. Lo que los griegos llamaban la «plaga» (*loimos*) aparece en algunos pasajes memorables de la *Ilíada*, en los albores de la literatura occidental.

La *Ilíada* y la *Odisea* de Homero son las piedras angulares de la literatura griega clásica y, por tanto, también de la literatura de la civilización occidental. La *Ilíada*, en particular, se considera una obra destacada y representativa de la tradición de la poesía épica griega antigua. Mediante una descripción vívida e insuperable de la guerra de Troya, Homero presenta en su obra las batallas y las refriegas que tuvieron lugar durante los últimos meses de esta contienda, que duró diez años, y que tuvo lugar en el siglo XII a. C. La narración cuenta la historia del enfrentamiento entre los troyanos y los aqueos, en un ambiente sórdido, de insoportable impaciencia y desesperación. El poema desentraña y deshilacha la historia de una guerra rabiosa, inoportuna y vacilante, que enmarca combates despiadados y destructivos, en los que los troyanos, agotados por el prolongado asedio de los aqueos, terminan derruidos, abanderando, según parece, el banquillo perdedor. Entre todos, Aquiles despunta en combate, pero cuenta Homero que, cansado y angustiado, llega un momento en que decide retirarse, dejando huérfanas a las tropas griegas. Homero narra cómo las vicisitudes de los griegos en el combate con los troyanos y la muerte de Patroclo, compañero de Aquiles, a manos de Héctor, líder troyano, proporcionó la justificación oportuna para el eventual regreso al combate del caudillo heleno. Enrolado de nuevo, Aquiles lideró la refriega manando una ira afilada que laceró las huestes troyanas sin compasión, separando el trigo de la paja para buscar a Héctor, al que encuentra, enfrenta y asesina sin piedad. Si la historia fuera plana y estuviera garabateada únicamente con tonos blancos o negros, es posible que pudiéramos mencionar bandos ganadores y perdedores, o proclamar quienes eran los buenos y cuales los malos, e incluso creer a pies juntillas a Santos Trinidad en la película dirigida por Enrique Urbizu y mascullar que no habrá paz para los malvados. No es el caso, más allá de victorias pírricas y escarceos triunfales, el ánimo de troyanos y aqueos entró en bancarrota desde el primer momento.

El poema épico de la *Ilíada* es un recurso invaluable que proporciona una idea de la estrategia militar, las costumbres y los anales de las antiguas civilizaciones mediterráneas, suministrando comprensión acerca de la cultura de la Edad del Bronce. No hay lugar a duda de que la epopeya de Homero es una de las primeras fuentes de literatura escrita en la cultura occidental y es anterior, en unos cientos de años, a la era de la medicina hipocrática griega, por lo que es una rica fuente de material para estudiar el estado del conocimiento anatómico y patológico de los griegos durante la primera mitad del primer milenio a. C. Este conocimiento, consciente y presente, ha aleteado convulso a través de las numerosas y vívidas descripciones que Homero realizó de las lesiones en el campo de batalla y de sus consecuencias. El poeta a menudo proporciona detalles anatómicos notables, lo que sugiere un grado relativamente significativo de conocimiento médico, por lo que algunos autores han insinuado que Homero pudo tener formación médica. Múltiples estudios han examinado la amplitud de las heridas descritas por Homero, anotando lesiones específicas de múltiples regiones anatómicas, incluido el tórax; las extremidades superiores e inferiores; el plexo branquial; y la cara, demostrando que el poeta no solo proporcionó descripciones anatómicas detalladas de estas lesiones, sino también información sobre las complicaciones médicas posteriores. Desde 1879, diversos artículos han clasificado las 147 lesiones diferentes producidas en el campo de batalla y que fueron descritas en la *Ilíada*. Un estudio mostró que el poema recoge un total de cincuenta y cuatro referencias a lesiones en la cabeza y en el cuello que suelen conducir a la muerte, por lo que el traumatismo craneoencefálico es una causa importante de morbilidad y mortalidad en la *Ilíada*. Se ha sugerido que las descripciones detalladas de Homero sobre las lesiones en la cabeza proporcionaron algunos de los primeros informes escritos sobre neurotraumatología en la historia registrada.

Más allá de la ristra de mamporros craneales y de la manía de apalear cabezas, la literatura clásica griega contiene numerosas referencias a plagas y pestilencias. Según Homero, durante la guerra de Troya, en el campamento aqueo, estalló una pestilencia mortal que atacó a mulas y a perros y después se cebó con los hombres. Varias enfermedades infecciosas podrían causar una epidemia tanto en la población animal como en la humana, pero podemos descartar diversos patógenos comunes en la época como los causantes de la malaria, la peste bubónica o el tifus, porque, a pesar de que los tres afectan con ganas al ser humano, los perros y las mulas no son susceptibles.

La transmisión entre especies e individuos se produce principalmente a través de insectos como los mosquitos y, a veces, del suelo; del aire; de las plantaciones; de mamíferos, como ratas y murciélagos; de las excreciones y fluidos de animales muertos; o bien debido a la rotura de la barrera cutánea; a la falta de higiene; a un sistema inmunológico comprometido; y a fuentes de agua contaminadas. Sin embargo, en el mundo antiguo se creía que la ira de los dioses desencadenaba las infecciones.

Al parecer, el dios Apolo se posicionó del lado de los espartanos durante la guerra del Peloponeso. Durante el asedio de Troya, Apolo fue invocado dos veces y en ambas se produjo una peste. En el pasado, la mayoría de las plagas tenían como puertas de entrada los puertos, y como vectores a las ratas. Los barcos que transportaban roedores infectados diseminaron la peste bubónica y otras enfermedades infecciosas que, en general, tenían costumbre de iniciar correrurías en los muelles. En el canto I de la *Ilíada*, Homero menciona a la ciudad de Crisa, en la antigua región de Tróade, como el lugar donde se rendía culto a Apolo Esminteo, nombre que podría ser traducido como Apolo, señor de los ratones. Los roedores vivían debajo del altar y eran alimentados y protegidos. Todos los templos dedicados al dios ratón Apolo y mencionados por Homero y por el historiador griego Estrabón estaban en islas o en la costa. Lo más probable es que los templos estuvieran estratégicamente ubicados cerca de los puertos, de modo que los devotos pudieran suplicar al dios que los protegiera contra las plagas que traían las embarcaciones. Hay que tener en cuenta que el dios que controla a los roedores puede infligir no solo una pestilencia, sino también el hambre y la derrota en la batalla. Como muestra, hubo un tiempo en que los eolios, que la tradición consideraba descendientes de Eolo, y los troyanos estuvieron amenazados por el hambre, porque los ratones comían sus cultivos, pero, según las crónicas, la situación cambió después de realizar un sacrificio para Apolo Esminteo, que, complacido, redujo la población de roedores. Ojo, que Apolo Esminteo no se andaba con chiquitas.

En la epidemia durante el asedio de Troya, los roedores no jugaron ningún papel. El transmisor directo de la enfermedad infecciosa fueron las flechas lanzadas por la mano del dios Apolo. La versión es gloriosa, pero seamos realistas, tiene alguna que otra fisura por la que rezuma un tufillo difícil de orear. Los equinos y los perros fueron las primeras víctimas, mientras que los humanos murieron en un intervalo posterior. Homero describe el sonido aterrador que producían las flechas disparadas por Apolo como una especie de vibración. ¿Existieron las flechas u Homero utilizó una metáfora para enfatizar el poder de los dioses? Teniendo en cuenta el principio de la navaja de Ockham, en el que, en igualdad de condiciones, la explicación más sencilla suele ser la más probable, el tema de las flechas y de los dioses arqueros rechina como las uñas rascando un encerado. ¿Qué sería la vibración mencionada por Homero? ¿Y si el sonido fue producido por miles de alas de mosquito? Los mosquitos fueron reconocidos como transmisores de virus durante el siglo XIX, y desde luego, en época de Homero esa concepción era impensable, entre otras cosas porque la existencia de los microorganismos era desconocida, por lo que el poeta, en lugar de escribir sobre un inexplicable ataque de insectos voladores portadores de la infección, pudo haber imaginado y concebido la intervención divina.

La presencia de los miles de mosquitos podría ser explicada en primer lugar por la posición donde los griegos establecieron su campamento, en las orillas del río Escamandro, que es el actual río Karamenderes turco. En segundo lugar, cerca del campamento, a setecientos metros de la conjunción entre el río Escamandro y el río Simois, existía una plétora de pantanos, como muestra el mapa del libro de Heinrich Schliemann, el arqueólogo prusiano que descubrió Troya. Los pantanos son un entorno ideal para la reproducción y presencia de mosquitos. En tercer lugar, todos los sistemas de alcantarillado y desechos de los campamentos y de Troya eran criaderos de cualquier especie de mosquito. Todos los ingredientes capaces de provocar una epidemia estaban presentes. El agua, los pantanos, la mala higiene y los mosquitos formaban un cóctel pestilente y peligroso. Homero incluyó mulas y perros para enfatizar la severidad y el terror de la epidemia, y para dar una descripción más detallada del suceso. ¿Qué virus misterioso y mortal capaz de transmitirse a humanos, equinos y perros fue el responsable de la epidemia entre los aqueos y puso en peligro la victoria en la contienda?

El arqueólogo Heinrich Schliemann (1822-1890), descubridor de Troya [Ed. Schultze; University Library Heidelberg, CC BY-SA 4.0].

Si recapacitamos sobre un posible patógeno que actúa con rapidez y que afecta a perros, mulas y seres humanos, de inmediato, en el estrado de los sospechosos sentamos al virus de la rabia. La rabia es una enfermedad viral que causa encefalitis aguda en mamíferos. La enfermedad es zoonótica, lo que significa que puede transmitirse de una especie a otra, como de perros a humanos o de perros a ratas, y al contrario, comúnmente a través de la mordedura de un animal infectado. El período de incubación entre los equinos es de seis semanas. La exposición es solo del 5 % entre sus poblaciones, y los síntomas, en general, progresan rápidamente durante cinco a siete días y derivan en consecuencias fatales. El período de incubación entre los seres humanos es de unos pocos meses, con resultados mortales si no es administrado ningún tratamiento. Sin embargo, la rabia no es transmitida por mosquitos y el extenso período de incubación, sumado a la ausencia en la narración de Homero de mordeduras de animales, hacen que la rabia no sea un candidato para la epidemia aquea.

Al igual que el virus de la rabia, el virus de la estomatitis vesicular también está incluido en la familia *Rhabdoviridae* y puede ser postulado como agente responsable de la epidemia que afectó a los aqueos. El virus de la estomatitis vesicular (VEV) es un miembro del género *Vesiculoris*. Actualmente, se conoce que cuatro virus causan estomatitis vesicular: virus tipo Indiana de la estomatitis vesicular (VSV-EN, anteriormente conocida como subtipo Indiana 1 del VEV), estomatitis vesicular virus tipo New Jersey (VEV-NJ), estomatitis vesicular virus tipo Alagoas (VEV-AV; antes Indiana 3) y el virus tipo Cocal (antes Indiana 2). Los dos principales serotipos son New Jersey e Indiana. La estomatitis vesicular afecta principalmente a caballos, burros, mulas, ganado y cerdos. Los camélidos sudamericanos, ovinos y caprinos ocasionalmente presentan síntomas clínicos, pero ha sido encontrada evidencia serológica de infección en muchos otros animales, incluidos venados, antílopes, murciélagos, mapaches, zarigüeyas, linces, osos, coyotes, zorros, perros, primates no humanos, conejos, roedores, pavos y patos, entre otros. La transmisión de la estomatitis vesicular, y la importancia relativa de las diferentes vías de transmisión para cada virus, no está completamente entendida. Los insectos vectores parecen introducir el virus de la estomatitis vesicular en poblaciones de animales domésticos. Algunos vectores biológicos importantes incluyen moscas de la arena (*Lutzomyia* sp.) y

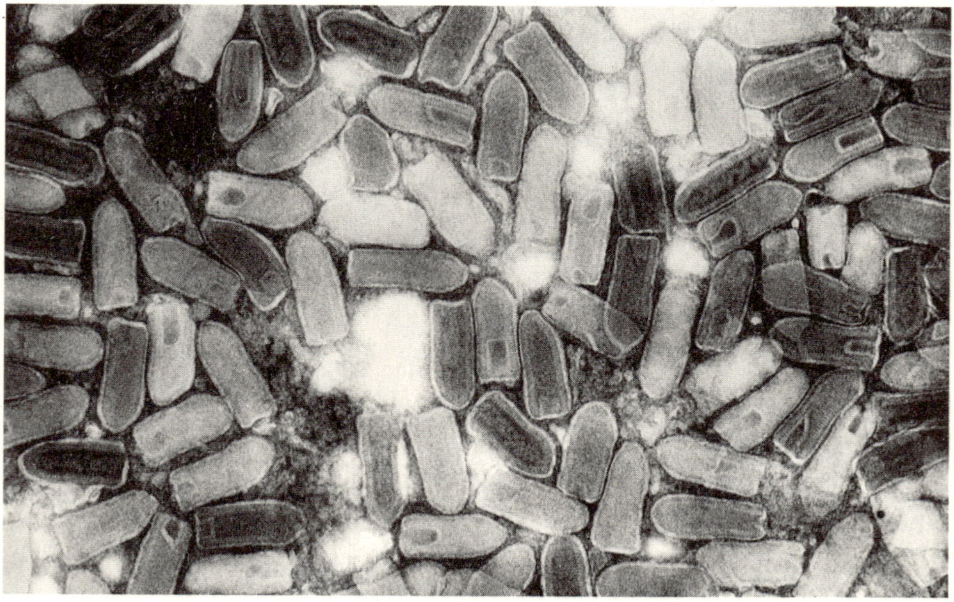

Micrografía electrónica del vesiculovirus, responsable de la estomatitis vesicular (VS) en caballos, bovinos y cerdos. La imagen muestra la forma característica de bala de los miembros de la familia *Rhabdoviridae* [CDC, doctor Fred. A. Murphy; Public Health Image Library, PHIL].

moscas negras (familia *Simuliidae*), pero el virus también ha sido aislado de mosquitos, como los del género *Aedes*, por lo que estos insectos pueden actuar como vectores mecánicos. La presentación clínica de la estomatitis vesicular se asemeja a la de la fiebre aftosa, con lesiones vesiculares que aparecen en la boca, la lengua, los pezones y las pezuñas. Los animales pueden mostrar signos sistémicos como anorexia, letargo y pirexia. La enfermedad comúnmente queda resuelta en dos semanas, y los animales, en general, se recuperan por completo. Las muertes por estomatitis vesicular son raras y suelen ser debidas a complicaciones secundarias, por lo que, debido a la baja letalidad, podríamos excluir al virus como responsable de la infección aparecida en las tropas aqueas que asediaron Troya.

Otro aspirante es el virus Hendra, que fue descubierto en septiembre de 1994, tras causar una enfermedad respiratoria grave y la muerte de trece caballos y de un entrenador, en un establo del extrarradio de Brisbane en Australia. Desde entonces, han surgido cuarenta brotes afectando a más de setenta y cinco caballos y siete casos humanos que han dado lugar a cuatro muertes. Todas las personas infectadas habían estado en contacto directo con líquidos corporales de caballos infectados, debido a que realizaron intervenciones invasivas y/o a que no llevaban un equipo de protección personal completo. El virus Hendra tiene capacidad de afectar a caballos y a seres humanos, pero también existe la posibilidad de que otras especies puedan ser infectadas, como demostró el caso detectado en el año 2013 en Australia, donde fue localizado un perro infectado. El cánido había estado en contacto con un caballo portador del virus Hendra. La autopsia del perro reveló anomalías y ARN viral en el riñón, el cerebro, los ganglios linfáticos, el bazo y el hígado. Los murciélagos frugívoros, y en especial los denominados «zorros voladores», que son miembros del género *Pteropus*, son portadores del Hendra y desarrollan una viremia para luego excretar el virus en la orina, las heces y la saliva durante aproximadamente una semana. Los murciélagos son reservorios conocidos de virus emergentes y altamente patógenos, algunos con potencial pandémico. Han sido detectados más de sesenta virus en tejidos de murciélagos y muchos son transmisibles a los seres humanos, incluidos los virus Nipah, Hendra, Ébola, Lyssavirus y Coronavirus. El comercio de vida silvestre puede facilitar la exposición de virus con potencial zoonótico que pueden tener consecuencias socioeconómicas catastróficas, como lo demostró el brote de SARS de 2003, la epidemia de Ébola en 2013-2016 y la pandemia mundial de covid-19.

El comercio mundial de recuerdos de murciélagos es poco conocido. En junio de 2021 investigadores australianos publicaron una investigación basada en una lista de 237 artículos de murciélagos, ofrecidos, entre el 11 y el 25 de mayo de 2020, en la plataforma de comercio electrónico eBay. Los objetos eran ofertados para Australia, Canadá, Italia, Suiza, Reino Unido y EE. UU., y tenían un precio medio por artículo de 38,50 dólares estadounidenses. La mayoría de los artículos eran especímenes de taxidermia (61,2 %) o cráneos (21,1 %). En total, los objetos provenían de treinta y dos especies diferentes de murciélagos, la mayoría de las cuales figuran como «preocupación menor» en la Lista Roja de la Unión Internacional para la Conservación de la Naturaleza (UICN), pero algunos artículos correspondían a la especie *Nycteris javanica*, que es clasificada como «vulnerable»; a la especie *Eidolon helvum*, considerada como «casi amenazada»; o al género *Pteropus*, que incluye especies catalogadas de «en peligro crítico». El análisis reveló que la oferta en línea de productos para murciélagos es diversa, abundante y facilitada por vendedores en todo el mundo, aunque la mayoría de las especies de murciélagos que son ofrecidas proceden del sudeste asiático y un tercio de los artículos provenían de Indonesia. Con algunas excepciones, las especies ofrecidas eran de poca preocupación para la conservación actual, sin embargo, muchas incógnitas permanecen en el potencial bienestar animal, la bioseguridad, las implicaciones legales y, lo que es más importante, los riesgos para la salud pública asociados con este comercio oscuro.

De hecho, las especies del género *Pteropus* pueden transmitir el virus Hendra. Este microorganismo provoca una enfermedad respiratoria grave en los caballos que con mucha frecuencia es mortal. Las infecciones humanas son debidas a la exposición directa a tejidos y secreciones de caballos infectados. Los síntomas de la infección por el virus Hendra en humanos pueden ser respiratorios, incluyendo hemorragia y edema de los pulmones, o encefalíticos, resultando en meningitis. En los caballos, la infección suele causar edema pulmonar, congestión y/o signos neurológicos. El período de incubación de nueve a dieciséis días, y la no intervención de los mosquitos durante el proceso de infección sugiere que la epidemia fatal entre los aqueos en Troya no fue causada por el virus Hendra.

Una situación parecida a la del virus Hendra ocurre con el virus Nipah, que ha causado una baja mortalidad entre los cerdos de Malasia desde 1996, pero que permaneció desconocido hasta 1999, año en el que surgió como agente causal de un brote de encefalitis en humanos que había comenzado en 1998. El virus Nipah, también miembro de la familia *Paramyxoviridae*, está relacionado, pero no es idéntico al virus Hendra. La enfermedad causada por el virus Nipah se presenta principalmente como encefalitis aguda, y en general tiene un período de incubación corto de algunos días a menos de dos semanas, con síntomas de fiebre, dolor de cabeza y mareos seguidos de convulsiones e incapacidad para mantener la respiración, que desemboca en coma y finalmente la muerte. Los signos clínicos distintivos incluyen arreflexia, hipotonía, hipertensión, taquicardia y mioclonías segmentarias. Estos signos y síntomas pueden progresar al coma en 24 a 48 horas. El virus Nipah se transmite a humanos, gatos y perros a través del contacto cercano con cerdos y murciélagos infectados, o por el consumo de frutas contaminadas. El virus Nipah podría matar equinos, humanos y perros, y tiene un período de incubación corto, por lo que representa un agente potencialmente mortal para la epidemia que mató a los griegos, aunque de nuevo en este caso los mosquitos quedan fuera de circulación.

Puestos a meditar, el virus de la encefalitis japonesa podría entrar en la lista de seleccionados. Este virus es un patógeno zoonótico transmitido por mosquitos y es capaz de causar una infección grave del sistema nervioso central de los seres humanos. La tasa de mortalidad es de hasta el 20-30 %, el período de incubación es de cinco a quincee días y los cerdos, que actúan como amplificadores del virus, son muy susceptibles a la infección, pero los caballos y los perros se infectan con poca frecuencia, por lo que, como candidato, el virus de la encefalitis japonesa camina por la cuerda floja.

Entre los postulantes, no podemos obviar a la gripe equina, que es una enfermedad causada por cepas víricas de influenza A. La gripe equina se caracteriza por una tasa de transmisión muy alta entre los caballos, y tiene un tiempo de incubación relativamente corto, de uno a cinco días. La tasa de mortalidad es baja. El virus de la gripe canina también es causado por cepas de influenza A. Es posible que los virus crucen la barrera de las especies para causar una enfermedad epizoótica en los seres humanos. Los síntomas de la gripe humana suelen incluir fiebre, tos, dolor de garganta, dolores musculares, conjuntivitis y, en casos graves, problemas respiratorios severos y neumonía, que pueden ser mortales, aunque las tasas de mortalidad no respaldan que las cepas del virus de la influenza A hayan sido la razón principal de la epidemia.

Teniendo en cuenta los diversos factores expuestos hasta el momento, un alfavirus perteneciente a la familia de los virus *Togaviradae* podría ser una opción interesante a tener en cuenta. Los miembros de esta familia son el virus de la encefalitis equina del este, el virus de la encefalitis equina occidental y el virus de la encefalitis equina venezolana. Los alfavirus provocan una enfermedad viral aguda que causa enfermedad intensa en equinos y humanos, con síntomas que van desde un síndrome leve similar a la gripe, mialgia, fatiga, vómitos, náuseas, diarrea, faringitis, hipertensión intracraneal y fiebre hasta encefalitis, hemorragia gastrointestinal, cerebral y pulmonar e incluso la muerte. La mortalidad entre los humanos es del 38 %, con un período de incubación que va desde las 27,5 horas hasta los cuatro días. La mortalidad equina comienza desde el 35 % y puede llegar al 83 %. Otros animales, como el ganado vacuno, los cerdos y los perros también pueden infectarse. Un virus de este tipo que causa epidemias equinas y humanas, y que también podría infectar a los perros, siendo hipotéticamente transmitido de mulas, con altos niveles de viremia, a humanos a través de focos enzoóticos de mosquitos asentados en un terreno propicio, y con un período de incubación de casi dos días, podrían ser un candidato perfecto para la epidemia que mató a los aqueos en el sitio de Troya, aunque sin obviar otras opciones de relevancia como el virus del Nilo Occidental.

La fiebre del Nilo Occidental es una infección zoonótica importante causada por el virus del Nilo Occidental, un miembro de la familia *Flaviviridae*. Las infecciones por el virus del Nilo Occidental en humanos y equinos, que ocurren al mismo tiempo, podrían manifestarse como infecciones del sistema nervioso central. Las enfermedades neurológicas específicas que pueden presentarse son la encefalitis del Nilo occidental, la meningitis del Nilo occidental y la poliomielitis del Nilo occidental, que pueden causar parálisis flácida aguda. La misma infección ocurre en caballos y en ocasiones también en perros. El período de incubación suele ser de entre dos y quince días, y la significativa tasa de mortalidad combinada con la rareza de la infección canina hacen que el virus del Nilo Occidental sea un candidato factible para la epidemia en Troya.

El virus del Nilo Occidental también ha sido involucrado en otro acontecimiento histórico ocurrido en el periodo helenístico varios cientos de años después del asedio a Troya, la muerte de Alejandro Magno.

Alejandro Magno murió en la antigua ciudad mesopotámica de Babilonia, el 10 de junio del 323 a. C., tras sufrir una enfermedad febril durante dos semanas. El conquistador macedonio falleció en circunstancias opacas, y el deceso impidió consolidar un imperio incipiente y dominante, por lo que su muerte ha fascinado a los eruditos antiguos y a los investigadores médicos contemporáneos, quienes han postulado varios diagnósticos basados en la escasa información clínica, y en algunos signos y síntomas registrados. Los retrodiagnósticos han incluido envenenamientos, intoxicaciones y enfermedades infecciosas y no infecciosas.

La teoría del envenenamiento deriva de que muchos tenían razones de peso para deshacerse de Alejandro, pero pocos venenos inducen fiebre y casi ninguno de estos estaba disponible en la época del rey de Macedonia, excepto los salicilatos de plantas, que alteran la regulación de la temperatura; los alcaloides vegetales, que interfieren con la transpiración; y las micotoxinas del cornezuelo de centeno, que producen una sensación subjetiva de calor. Plutarco menciona que Aristóteles, el tutor de Alejandro, adquirió arsénico para envenenar a su alumno, pero las plantas, las micotoxinas y el arsénico no son las causas probables de la muerte, ya que ninguna de estas sustancias habría causado la fiebre alta y sostenida que sufrió el conquistador.

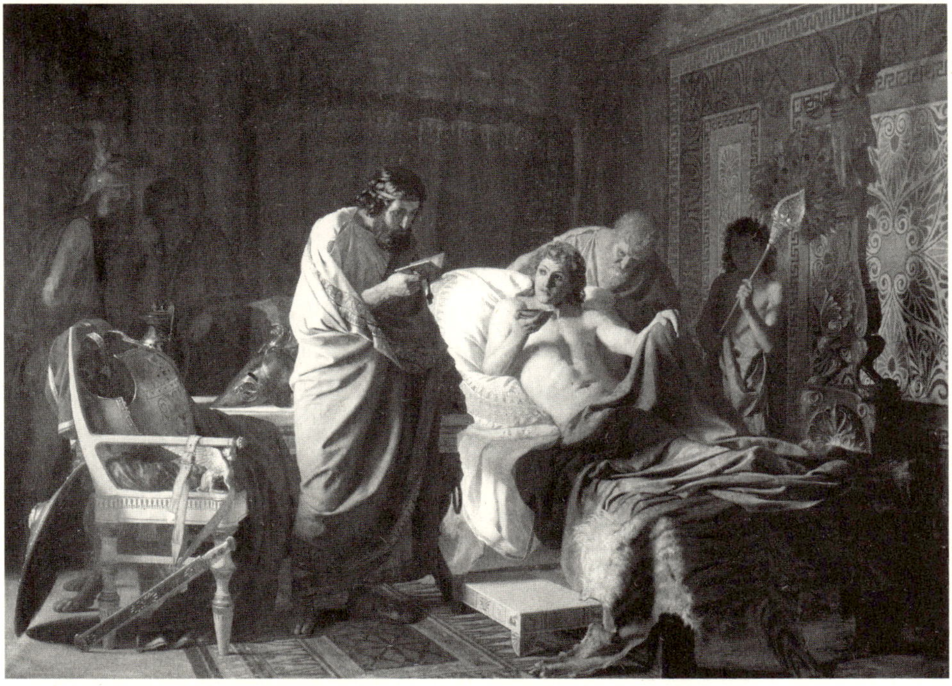

La confianza de Alejandro Magno en el doctor Felipe [Henryk Siemiradzki, 1870].

La muerte de Alejandro ocurrió a finales de la primavera, de regreso a Babilonia desde el subcontinente indio. Las condiciones ambientales eran normales. Babilonia, ubicada en el río Éufrates, a 90 kilómetros al sur de la actual Bagdad, estaba bordeada al este por un pantano. Los animales, incluidas las aves, eran abundantes y probablemente también había poblaciones numerosas de artrópodos. Las enfermedades endémicas de la zona, ubicada en la actual Irak, eran la leishmaniasis, la peste bubónica y las fiebres hemorrágicas, pero no fueron mencionadas por los cronistas de la muerte de Alejandro. Tampoco se informó sobre la enfermedad entre sus tropas, principalmente macedonios y reclutas locales. Las descripciones de la enfermedad de Alejandro no incluyen signos de enfermedades comunes como por ejemplo erupciones cutáneas, ictericia, vómitos, diarrea o disentería, hematuria y convulsiones. La malaria, que ha sido un diagnóstico postulado por diferentes autores, existió en Mesopotamia y es común en el Medio Oriente actual. Algunos de los síntomas de Alejandro Magno, la fiebre continua, los escalofríos, la diaforesis, la postración, la mialgia, la debilidad progresiva, el estupor, la disminución sensorial y el delirio, son compatibles con la malaria. Sin embargo, no hay datos que informen de la presencia de orina oscura, la llamada «fiebre de aguas negras» o «fiebres intermitentes». Hoy en día, la mayor parte de la malaria en Irak es debida a *Plasmodium vivax*, pero dado el historial de viajes de Alejandro Magno, si su enfermedad hubiera sido malaria, se habría debido con probabilidad a *Plasmodium falciparum*. Sin embargo, la ausencia de la espectacular curva de fiebre característica ocasionada por *Plasmodium falciparum* disminuye la posibilidad de que la malaria fuera causante de la muerte del conquistador.

La fiebre tifoidea y sus complicaciones también han sido consideradas como posible causa de la muerte Alejandro Magno. Al igual que la encefalitis, la endocarditis, la neumonía neumocócica, la psitacosis, las enfermedades por rickettsias y tularemia, la fiebre tifoidea causa fiebre sostenida o continua. Alejandro tuvo una enfermedad febril de dos semanas que culminó en encefalopatía terminal. El curso típico de la fiebre tifoidea dura un mes. En los casos fatales, la muerte suele ocurrir al final de la segunda semana, y las manifestaciones neurológicas de la fiebre tifoidea, que también incluyen delirio y comportamiento inexpresivo, se observan en la tercera semana. Otros signos de la enfermedad incluyen tos, diarrea, epistaxis y heces con sangre, pero Plutarco no documentó en Alejandro Magno ninguno de estos signos u otras enfermedades similares. Además, la mayoría de las otras infecciones entéricas no tienen secuelas neurológicas.

Diversos autores han ofrecido listas con diferentes enfermedades infecciosas que podrían ser consideradas como candidatas a provocar la muerte de Alejandro Magno. Sobre la base de los datos recabados y a la información analizada, cuando los síntomas clínicos del conquistador fueron enumerados en la red global de la epidemiología de las enfermedades infecciosas (GIDEON), la gripe ocupó el lugar más alto, con un 41,2 % de probabilidad, en la lista de diagnósticos diferenciales. Si bien la gripe podría haber matado a Alejandro, lo cierto es que es poco probable, porque no existen menciones a que otros individuos enfermaran o tuvieran síntomas compatibles con la gripe. Recientemente ha sido propuesta otra hipótesis alternativa y sólida que vincula la muerte de Alejandro Magno con la fiebre del Nilo Occidental.

El virus del Nilo Occidental fue aislado por primera vez en 1937 de un paciente febril en Uganda, y es uno de los muchos virus que causan encefalitis. La infección está caracterizada por la presencia de fiebre y el desarrollo de encefalitis o meningoencefalitis. Hasta principios de la década de 1990, el virus se limitaba en gran medida a África, Europa y Asia. En 1941, se produjo un brote en Tel Aviv, sin que se informaran muertes. Durante los siguientes 60 años, ocurrieron siete brotes en Israel y sus alrededores. En 1957, durante un brote en un campamento del Ejército, se reconoció un solo caso de encefalitis en un grupo de 300 soldados. En el año 2000, se produjo un brote en todo el país, con una tasa de letalidad del 8,4 %. En 1999, el virus del Nilo Occidental fue introducido en los Estados Unidos de América y en el año 2002 ocurrieron 4156 casos humanos de infección confirmados. La media de edad en los casos mortales fue de 72 años, aunque la enfermedad neurológica se presentó en personas de todas las edades. También fue reconocida en casos fatales y no fatales la parálisis flácida en pacientes con encefalitis. En el año 2020 España registró un crecimiento sin precedentes de infecciones por el virus del Nilo Occidental, al detectar setenta y siete casos en humanos, siete de los cuales fallecieron. En España los vectores más frecuentes del virus del Nilo Occidental son las especies de mosquitos *Culex pipiens* y *Culex perexiguus*. La especie *Culex pipiens* es denominada mosquito común en muchas zonas y es una especie cosmopolita y muy habitual en la península ibérica. Los caballos también padecen la enfermedad, al igual que los humanos, son hospedadores finales del virus y la tasa de mortalidad de los animales con síntomas clínicos alcanza el 33 %. Los caballos representan el 96,9 % de todos los casos notificados de enfermedad por virus del Nilo Occidental en mamíferos no humanos. La detección previa en caballos tiene un gran valor epidemiológico y permite poner en marcha los posibles protocolos de actuación, principalmente en aquellas zonas alejadas de humedales.

En realidad, las infecciones por el virus del Nilo Occidental en vertebrados pueden haber estado ocurriendo en el Medio Oriente durante siglos, pero en las últimas décadas el virus se ha extendido a nuevas áreas del mundo y a modernas poblaciones. Las respuestas a las epizootias y epidemias recientes han mejorado nuestra comprensión de la enfermedad. En la epidemia surgida en el año 2000 en Israel hubo encefalitis en casi el 59 % de los 417 casos humanos. De los 233 pacientes hospitalizados la tasa de letalidad fue del 14 %, más del 98 % tenía fiebre, un 46 % sufrió cambios cognitivos y el 17 % padeció dolor abdominal o mialgias. Casi el 18 % entró en

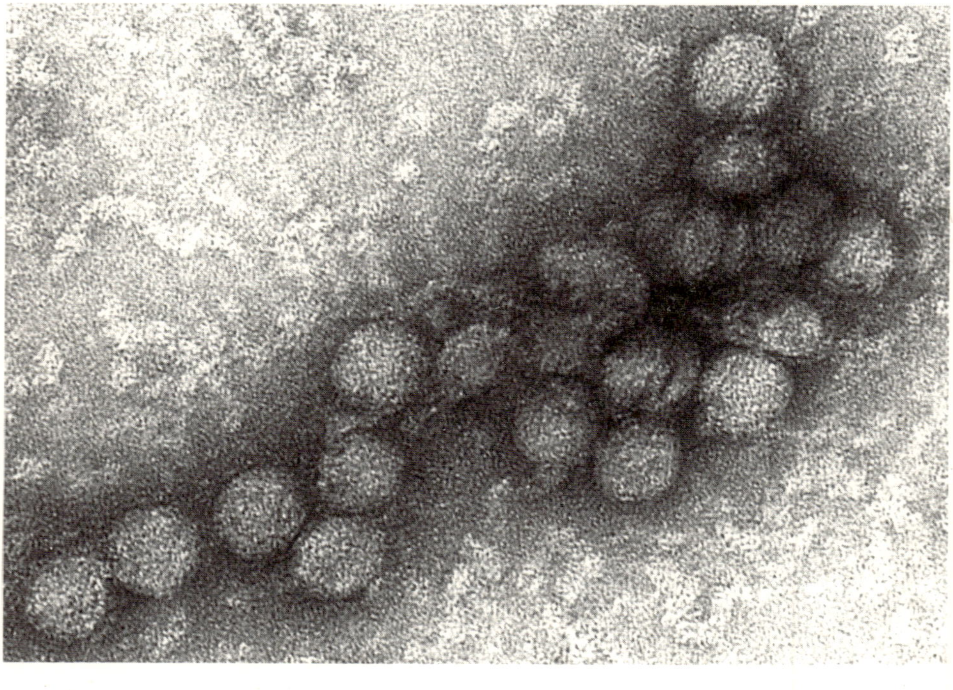

Imagen de microscopio electrónico de transmisión (TEM) del virus del Nilo Occidental (WNV) [CDC, doctor P. E. Rollin; Public Health Image Library, PHIL].

coma. Cuando las hembras de mosquitos del género *Culex*, infectadas por el virus del Nilo Occidental, ingieren sangre de un vertebrado susceptible para continuar con su ciclo reproductivo, el virus puede ser transmitido de manera incidental. Las aves sirven como huéspedes amplificadores, y el grado de amplificación depende de las especies de aves, de las condiciones ambientales y de otros factores. La sangre de aves con viremia alimenta a los mosquitos que actúan de puente entre la infección por el virus del Nilo Occidental y los seres humanos.

En 1999 fue reconocida la actividad del virus por primera vez en aves silvestres y cautivas en los Estados Unidos de América, y, en el año 2002, George Ludwig y otros investigadores de la División de Sistemas de Diagnóstico del Instituto de Investigación Médica de Enfermedades Infecciosas del Ejército de los Estados Unidos publicaron un estudio en el que examinaron a 437 aves del Zoológico y Parque de Conservación de Vida Silvestre del Bronx, durante la epizootia y epidemia del virus del Nilo Occidental de 1999 en la ciudad de Nueva York. Aunque el 58 % de las aves analizadas eran aves del Viejo Mundo, 14 de las 17 muertes ocurrieron en aves del Nuevo Mundo, lo que sugiere que las aves del Viejo Mundo podrían haber tenido inmunidad innata en virtud de sus antecedentes coevolutivos con el virus. Las aves enfermas manifestaron varios síntomas, que incluyeron una postura anormal de la cabeza y el cuello, ataxia, temblores, círculos, desorientación y problemas de visión. La mayoría de las aves con síntomas murieron.

En Irak, varias especies de mosquitos, incluidas *Culex tritaeniorhynchus*, *Culex theileri* y *Aedes caspius*, han sido implicadas en la transmisión del virus del Nilo Occidental. Los mosquitos colonizan todo Irak de marzo a diciembre y tienen varios hábitats larvarios. Las primaverales crecidas anuales de los ríos Tigris y Éufrates proporcionan las condiciones ideales para el asentamiento y reproducción de los mosquitos. Las especies de mosquitos que habitaron Babilonia son desconocidas, pero los hábitos de reproducción de estos insectos están bien establecidos y son antiguos, por lo que se considera que han permanecido estables durante siglos. Alejandro Magno enfermó en mayo, coincidiendo con la época de cría de los mosquitos en la zona y con la estacionalidad infectiva en áreas templadas, como era Babilonia, del virus del Nilo Occidental en humanos.

Plutarco escribió un pasaje sobre la entrada de Alejandro a Babilonia en el que describe que cuando llegó ante los muros de la ciudad vio una gran cantidad de cuervos volando y picoteándose unos a otros, cayendo algunos de ellos muertos frente a él. Los observadores de aves eran comunes en Asia Menor en ese momento, y algunas antiguas tablillas griegas y babilónicas mencionan augurios basados en el comportamiento de las aves, particularmente en los pájaros que luchan, para predecir el futuro, por lo que los adivinos de la época consideraban a las aves auténticos oráculos. Quizás por esa razón, Plutarco pensó que era digna de mencionar la presencia de córvidos enojados y desorientados, aunque es imposible determinar si este evento se agregó más tarde como un presagio metafórico necesario de la muerte de Alejandro. La distribución geográfica actual de los córvidos indica que probablemente eran cuervos (*Corvus corax*) y no cor-

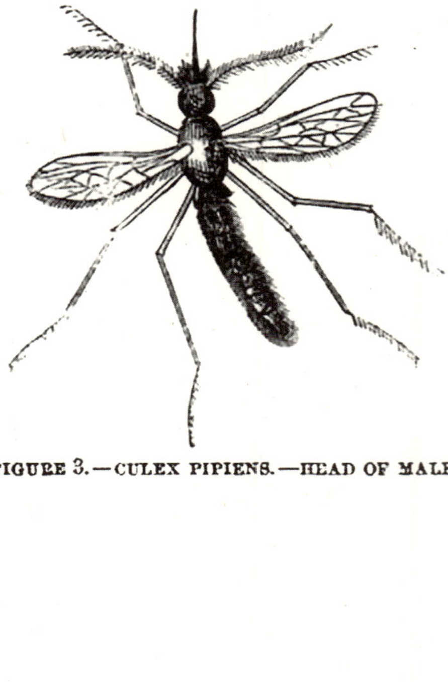

FIGURE 3.—CULEX PIPIENS.—HEAD OF MALE.

THE RAVEN. (*Corvus Corax.*)

Un cuervo (*Corvus corax*), en un grabado de Whimper [Wellcome Collection], y un ejemplar macho del mosquito *Culex pipiens* [*Harper's New Monthly Magazine*, 103, diciembre de 1858].

nejas (*Corvus corone*) u otras especies de córvidos. No había cuervos en el Zoológico del Bronx en 1999. Sin embargo, en los Estados Unidos de América, hoy en día, los cuervos del Nuevo Mundo, como el cuervo americano (*Corvus brachyrhynchos*) y el cuervo pescador (*Corvus ossifragus*), se encuentran entre las aves más susceptibles a infecciones fatales por el virus del Nilo Occidental. Es posible que la afluencia de aves migratorias pudiera haber servido como reservorio del virus del Nilo Occidental, infectando indirectamente a través de mosquitos a los cuervos en Babilonia y causando una muerte masiva.

La patogenicidad del virus del Nilo Occidental para los córvidos fue establecida en 1955 por Telford H. Work y otros investigadores, que habían sido asignados por la Fundación Rockefeller para estudiar los arbovirus en Egipto. Work y sus colegas aislaron veintitrés cepas del virus del Nilo Occidental de muestras de sangre de niños febriles en el área de Sindbis, y también localizaron al patógeno por primera vez en una especie de cuervo (*Corvus cornix sardonius*), demostrando la infección experimental de aves que alcanzaron tasas de mortalidad del 100 %. Durante el invierno, el 80 % de estos cuervos fueron seropositivos y los investigadores asumieron que, durante la temporada de transmisión, las tasas de muerte de los cuervos eran muy altas. Los estudios experimentales mostraron que los mosquitos podrían infectarse al alimentarse de los cuervos, incluso con los que tenían niveles de viremia muy bajos y, posteriormente, actuar como vectores del virus del Nilo Occidental para humanos de cualquier edad. Este trabajo epidemiológico temprano proporcionó una pista precoz en la ciudad de Nueva York en 1999, cuando tanto las aves exóticas como las domésticas señalaron la introducción de la enfermedad por el virus del Nilo Occidental en los Estados Unidos de América. Antes de 1998, el virus no era reconocido como una causa importante de muerte en aves silvestres, por lo que fue sorprendente averiguar que la cepa israelí de 1998 era la misma que infectó a las aves en el Zoológico del Bronx.

El 30 de enero de 2018, de repente, en el barrio King de la ciudad de Portland, en los Estados Unidos de América, comenzaron a llover cuervos del cielo. El espectáculo era dantesco y aterrador. Los cuervos muertos y moribundos cubrían calles, aceras y patios en un radio de varias manzanas. Los vecinos alucinaban. Personal municipal y voluntarios recogieron decenas de aves. Dos semanas más tarde, la causa de la muerte fue identificada. En este caso ningún virus o agente patógeno intervino en el suceso.

El responsable fue una neurotoxina llamada Avitrol®. El mismo producto provocó eventos muy similares en el centro de Portland en el año 2014. El Avitrol® es un pesticida de uso restringido que solo puede ser utilizado por un aplicador de pesticidas certificado debido a la toxicidad aguda oral y dérmica para aves y mamíferos. El Avitrol® contiene entre un 0,5-1 % de 4-aminopiridina, que es un potente convulsivo utilizado en algunos países para controlar las poblaciones de mirlos, zarcillos, tordos, palomas y estorninos en diversas áreas, como zonas de corrales de engorde, vertederos y aeropuertos. En concentraciones adecuadas, la 4-aminopiridina o dalfampridina también se usa en humanos para tratar disfunciones neurales y musculares asociadas con la esclerosis múltiple, ya que mejora la transmisión en las sinapsis, incluida la unión neuromuscular, y ayuda a mejorar la marcha en los pacientes. La 4-aminopiridina también ha sido utilizada para tratar los signos clínicos asociados con el síndrome de Eaton-Lambert, el botulismo y la miastenia gravis. El medicamento está disponible en tabletas de 10 mg bajo la marca AMPYRA™. Sin embargo, la 4-aminopiridina es altamente tóxica para mamíferos, peces y aves y, por lo tanto, está clasificada como pesticida de uso restringido.

La Agencia de Protección Ambiental estadounidense (EPA) aprobó el uso de Avitrol® en 1972 clasificándolo como avicida, es decir, un plaguicida que mata aves. Según la National Audubon Society, el Avitrol® es empleado principalmente en los Estados Unidos y Canadá, porque es el único avicida comercial aprobado por la EPA que está disponible, aunque varias ciudades ya han prohibido su empleo. A finales de agosto de 2020, numerosos residentes y vecinos de Ontario (Canadá), relataron que habían visto sufrir a numerosas palomas aleteando mientras convulsionaban, respiraban con dificultad y morían. Las aves habían sido envenenadas con Avitrol®. Hay pruebas evidentes de que el Avitrol® es un producto peligroso y que no solo afecta a las aves. En el año 2013, investigadores del Centro de Control de Envenenamiento Animal de la Sociedad Estadounidense para la Prevención de la Crueldad contra los Animales (ASPCA) publicaron un estudio que demostraba la intoxicación con Avitrol® de veintinueve mamíferos, entre los que constaban veinticinco perros, tres gatos y un bóvido. Varios animales murieron. Al igual que el Avitrol®, el virus del Nilo Occidental también derriba aves en pleno vuelo y tiene capacidad de afectar mortalmente a algunas especies de mamíferos entre las que destaca el ser humano. Es muy probable que los cuervos que caían muertos de los cielos cuando Alejandro

Magno llegó a Babilonia supusieran una gigantesca sorpresa para los presentes. Aquel escenario, quizás, también supuso un augurio inverosímil del futuro que esperaba al conquistador, que acabó vencido por un microorganismo. Un virus que posiblemente cambió el curso de la historia, porque la muerte de Alejandro derivó en el desmoronamiento del Imperio macedonio y la apertura del llamado período helenístico, cuyo final llegó, casi trescientos años más tarde, con el suicidio de Cleopatra y Marco Antonio.

🕮 PARA LEER MÁS:

Apostolakis, Efstratios. 2010. «The reported thoracic injuries in Homer's Iliad». *Journal of Cardiothoracic Surgery* 5: 114.

Chaber, Anne-Lise. 2021. «Bat E-Commerce: Insights Into the Extent and Potential Implications of This Dark Trade». *Frontiers in Veterinary Science* 8: 651304.

Chicco, Maria. 2021. «War trauma in Homer's Iliad: a trauma registry perspective». *European Journal of Trauma and Emergency Surgery* 47: 773-77

Kirkland, Peter. 2015. «Hendra Virus Infection in Dog, Australia, 2013». *Emerging Infections Diseases* 21 (2): 2182-2185.

Ludwing, George. 2002. «An outbreak of West Nile virus in a New York City captive wildlife population». *American Journal of Tropical Medicine and Hygiene* 67 (1): 67-75.

McLean, Mary. 2013. «A Review of 29 Incidents Involving 4-Aminopyridine in Non-target Species Reported to the ASPCA Animal Poison Control Center». *Journal of Medical Toxicology* 9: 418-421.

Swinney, Chrisian. 2016. «Helmet Use and Head Injury in Homer's Iliad». *World Neurosurgery* 90:14-19.

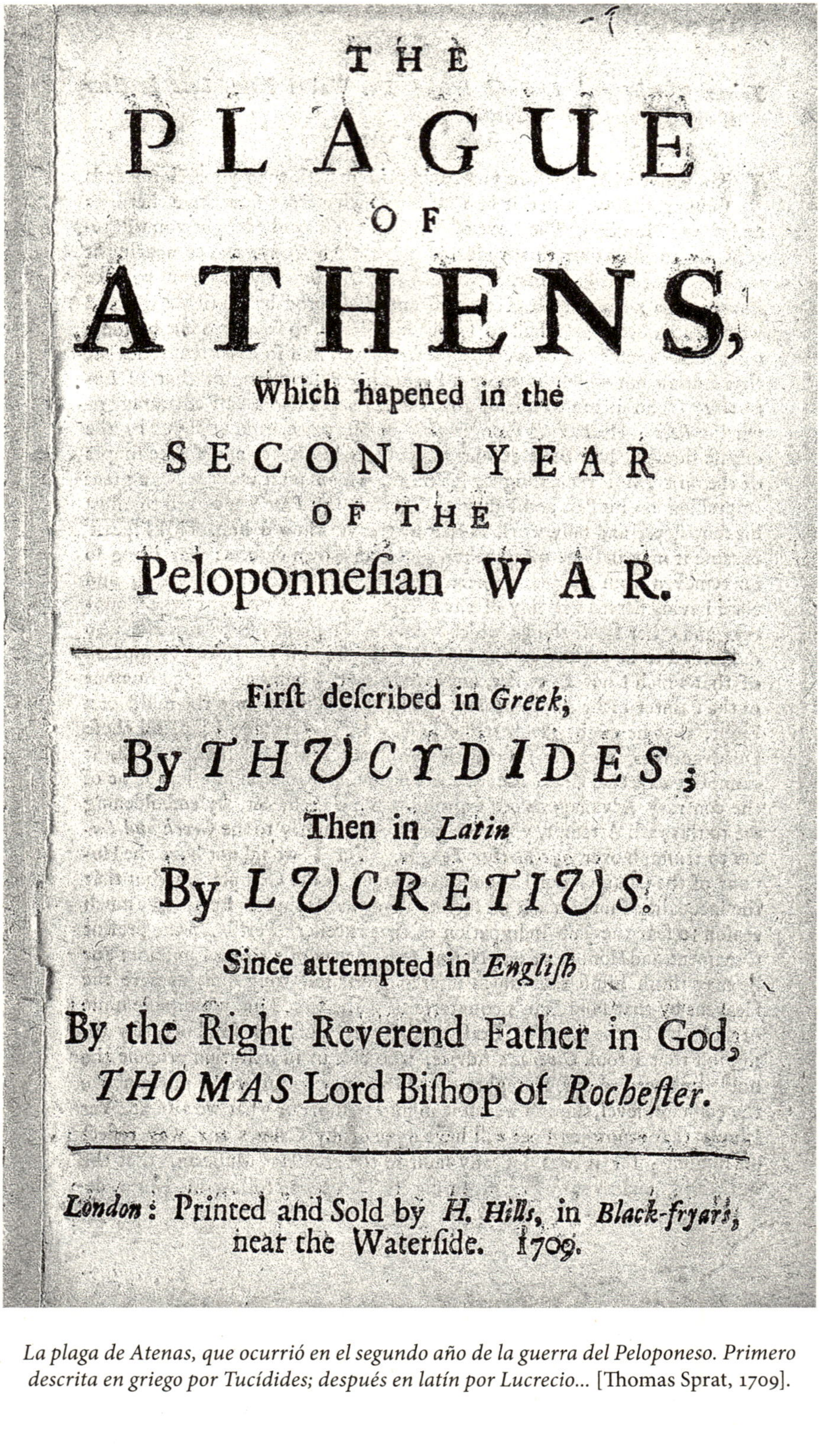

THE

PLAGUE

OF

ATHENS,

Which hapened in the

SECOND YEAR

OF THE

Peloponnesian WAR.

First described in *Greek*,

By *THUCYDIDES*;

Then in *Latin*

By *LUCRETIUS*.

Since attempted in *English*

By the Right Reverend Father in God,

THOMAS Lord Bishop of *Rochester*.

London: Printed and Sold by *H. Hills*, in *Black-fryars*, near the Waterside. 1709.

La plaga de Atenas, que ocurrió en el segundo año de la guerra del Peloponeso. Primero descrita en griego por Tucídides; después en latín por Lucrecio... [Thomas Sprat, 1709].

6. LA PLAGA DE ATENAS, AÑO 430 A. C.

La descripción que realizó el inconmensurable historiador Tucídides de la plaga que azotó Atenas en el 430 a. C. es uno de los grandes pasajes de la literatura griega. Tucídides nació en Alimanta, aldea de Ática, nueve años después de la famosa batalla naval de Salamina. Con el tiempo logró ser un analista científico de la historia. Tucídides, que era curioso, puntilloso y riguroso en los detalles, dejó, con su *Historia de la guerra del Peloponeso*, escrita en ocho libros, un magnífico modelo concebido como un discurso racional basado en hechos conocibles y entendibles por la razón y alejado de las explicaciones mítico-religiosas.

Desde el primer momento, Tucídides comprendió que la guerra del Peloponeso, librada entre Atenas y Esparta, y sus respectivos aliados, entre el 431 y el 404 a. C., sería la más importante y de mayores consecuencias de las habidas hasta entonces en Grecia, y decidió historiar la contienda con precisión e imparcialidad. En aquella época, la medicina era empírica y los síntomas del paciente eran utilizados para inferir la causa de la enfermedad. Tucídides aplicó, a la narración historiada de la batalla, conceptos relacionados con que la enfermedad no era un castigo divino, sino que provenía de desajustes fisiológicos provocados por el entorno, la dieta u otros factores. Esta concepción particular es reconocida de modo evidente en la descripción que hace Tucídides de la pestilencia que fue declarada en Atenas, durante el segundo año de las guerras del Peloponeso, y que causó una mortalidad espantosa en la población ática, que estaba hacinada en las barracas situadas entre las Murallas Largas.

Al final del primer año de la guerra, durante el invierno, fueron celebradas las honras y exequias de los muertos, encabezadas por el célebre discurso fúnebre de Pericles, gobernante de Atenas, que comenzaba mencionando que muchos de aquellos que antes de ese momento habían hecho oraciones en aquel mismo lugar y asiento, alabaron en gran manera la costumbre antigua de elogiar delante del pueblo a aquellos que murieron en la guerra, más a su parecer las solemnes exequias que públicamente hicieron aquel día son la mejor alabanza de aquellos que por sus hechos las merecieron. Inmediatamente después al reputado relato de Tucídides sobre la oración funeraria de Pericles, el historiador describe la plaga. La exposición completa de la plaga en el Libro 2 está redactada en unas pocas páginas, aunque la escritura parece más larga por la intensidad narrativa.

Tucídides menciona que al comienzo del verano del segundo año de la guerra del Peloponeso, los peloponesios y sus aliados entraron otra vez en territorio rival llevando por capitán a Arquidamo, hijo de Zeuxidamo, rey de los lacedemonios, y habiendo establecido su campo, robaban, quemaban y talaban las tierras llanas. Según Tucídides, pocos días después sobrevino a los atenienses una epidemia gigante, que primero sufrieron en la ciudad

Plaga en una antigua ciudad (identificada como referida a Atenas) [Michiel Sweerts, 1652-1654].

de Lemnos y después en otros muchos lugares. Al parecer, jamás fue vista en parte alguna del mundo una pestilencia tan grande, ni que a tanta gente matase. Los médicos no acertaban el remedio, porque al principio desconocían la enfermedad, y muchos de ellos morían los primeros al visitar a los enfermos. El mismo Pericles murió a consecuencia de la plaga en el 429 a. C. y también Tucídides fue atacado por la enfermedad, pero sobrevivió.

La vivencia del mal permitió a Tucídides ofrecer una generosa cantidad de detalles de los síntomas que ocasionaba la enfermedad, narrando en su relato que los damnificados primero sentían un fuerte y excesivo calor en la cabeza; los ojos se les ponían colorados e hinchados; la lengua y la garganta, sanguinolentas; el aliento hediondo y difícil de salir producía un continuo estornudar y la voz tornaba ronca. Descendiendo el mal al pecho originaba gran tos, que causaba un dolor muy agudo, y, cuando la materia venía a las partes del corazón, provocaba un vómito de cólera, que los médicos llamaban apocatarsis, por el cual, con un dolor vehemente, lanzaban por la boca humores hediondos y amargos. En algunos, la enfermedad discurría en un sollozo vano, que les producía un pasmo, prolongado en unos y más corto en otros. El cuerpo de los afectados por fuera no estaba muy caliente ni amarillo, y la piel tomaba apariencia como rubia y cárdena, llena de pústulas pequeñas. Los contagiados, por dentro sentían tan gran calor, que no podían aguantar un lienzo encima de la carne, por lo que permanecían desnudos y descubiertos. El mayor alivio era meterse en agua fría, de manera que muchos que no tenían guardas, se lanzaban dentro de los pozos, forzados por el calor y la sed, aunque tanto les aprovechaba beber mucho como poco, porque la enfermedad no remitía. Sin reposo en sus miembros, no podían dormir, y aunque el mal se agravase, el cuerpo no enflaquecía demasiado y resistían a la dolencia más de lo que uno puede pensar. Algunos morían de aquel gran calor, que les abrasaba las entrañas a los siete días, y otros dentro de las nueve jornadas conservaban alguna fuerza y vigor. Si pasaban de este término, descendía el mal al vientre, causándoles flujo con dolor continuo, muriendo muchos de extenuación.

Según Tucídides la infección se engendraba primero en la cabeza, y después discurría por todo el cuerpo. La vehemencia de la enfermedad, en los que curaban, era manifiesta en las partes extremas del cuerpo, porque descendía hasta las zonas vergonzosas y a los pies y a las manos. Algunos perdían las extremidades, otros los ojos y algunos, cuando les dejaba el mal, habían perdido la memoria de todas las cosas, y no conocían a sus deudos ni a sí mismos. En conclusión, este mal afectaba a todos los sectores del cuerpo, era más grande de lo que decirse puede y más doloroso de lo que las fuerzas humanas podían sufrir.

El historiador reconoce que lo más grave era la desesperación y la desconfianza del hombre al sentirse atacado por la enfermedad, pues muchos, teniéndose ya por muertos, no hacían resistencia ninguna al mal. Tucídides proporciona cifras aproximadas de los fallecidos y cita que murieron unos 4400 hoplitas (ciudadanos-soldados), 300 jinetes y un número desconocido de gente corriente. Desde luego, nada hizo tanto daño a los atenienses ni redujo tanto sus fuerzas para la guerra como la plaga, ya que se estima que aniquiló al 25 % de la población de Atenas.

El impacto de la plaga ateniense tuvo enormes repercusiones. El Gobierno democrático de Atenas colapsó. El libertinaje reinaba entre la ciudadanía. Allanaron las casas de los muertos, cometieron actos de violencia entre ellos y dieron la espalda a las instituciones establecidas. La religión implantada se disolvió. ¿Por qué suplicar a los dioses cuando todas las peticiones y sacrificios quedaron sin respuesta? La plaga golpeó en el peor momento durante la guerra del Peloponeso, que estableció un gran *ring* en el que luchaban los espartanos autocráticos y los atenienses democráticos. Con una población diezmada y una moral debilitada, los espartanos aplastaron a la liga ateniense, y Atenas perdió el estatus de superpotencia durante siglos.

Tucídides menciona que la epidemia comenzó en las tierras altas de Etiopía, después descendió a Egipto y a Libia, extendiéndose largamente por los territorios y señoríos del rey de Persia, y luego entró en la ciudad de Atenas, iniciando el hostigamiento en el Pireo, por lo que los primeros afectados sospecharon, al principio, que los peloponesios habían emponzoñado sus pozos, porque por entonces no tenían fuentes. Al poco, desparramándose maligna, la enfermedad invadió la ciudad alta, y luego, sin contención alguna, se esparció por todas partes, provocando la muerte de multitudes.

Los estudiosos han debatido mucho la etiología de esta epidemia y algunos posibles candidatos incluyen al tifus, la peste o el sarampión, pero existen evidencias convincentes, basadas en estudios paleopatológicos de registros dentales, de que la infección fue ocasionada por una forma de fiebre tifoidea.

Hasta el año 2005, todos los datos relativos a la causa de la plaga que devastó Atenas en los años 430-426 a. C. estaban basados en el relato de la epidemia que realizó el historiador Tucídides, pero a pesar de la descripción detallada, los investigadores no lograron ponerse de acuerdo sobre la identidad de la enfermedad. Varios patógenos han sido implicados en la aparición y propagación de la enfermedad, incluidos el virus del Ébola; la bacteria *Rickettsia prowazekii*, que es el agente causal del tifus; la bacteria *Bacillus anthracis*, que origina el ántrax; el síndrome de choque tóxico estafilocócico, como complicación de la influenza; o *Yersinia pestis*, que es el microorganismo causante de la peste. Otros autores, basados en las descripciones de Tucídides, apoyaban que los signos y síntomas de la enfermedad soportaban la idea de que los agentes causales más probables de la plaga de Atenas hubieran sido la viruela, la fiebre de Lassa, la tuberculosis, la escarlatina o el sarampión.

En cualquier caso, la falta de datos microbiológicos definidos o de evidencia paleopatológica provocó que el enigma médico sobre la causa real de la plaga de Atenas, que adelantó la muerte de Pericles y precipitó el final de la edad de oro de Atenas, permaneciera durante siglos sin resolver.

Entre los años 1994 y 1995, fue excavado, en el antiguo cementerio de Kerameikos de Atenas, un sitio de entierro masivo en el que había al menos ciento cincuenta muertos. La fosa común constituía un pozo simple de forma bastante irregular, con dimensiones que alcanzaban los 6,50 metros de largo y 1,60 metros de profundidad. Los cuerpos de los muertos habían sido colocados de manera desordenada, formando más de cinco capas sucesivas, sin suelo entre los estratos de cadáveres. En el momento de la excavación, los restos más cercanos a la superficie estaban a una profundidad de 4,30 metros, ya que muchas capas de tierra se habían acumulado en los siglos precedentes. La mayoría de los cuerpos fueron colocados en posiciones extendidas, pero muchos fueron ubicados con la cabeza dirigida hacia la circunferencia y con los pies hacia el centro del pozo. Los cadáveres de los niveles inferiores fueron acomodados más distantes entre sí, aunque la forma de emplazamiento se mantuvo más o menos tan desordenada como en las capas superiores. En general, parecía que el entierro de los cadáveres había sido más cuidadoso en los niveles más bajos de la fosa, es decir en los que murieron primero. En los niveles superiores aparecían los restos virtualmente amontonados unos sobre otros, salvo en el caso de los bebés, ocho en total, para los que parecía que se había tenido especial cuidado en el entierro.

Las ofrendas halladas en la tumba comprendieron un total de treinta pequeños vasos esparcidos entre los cuerpos de las capas inferiores del pozo. La calidad y cantidad de las ofrendas era extremadamente pobre y absolutamente desproporcionada, a la baja, para un número tan grande de personas enterradas. La mayoría de los vasos que se descubrieron en la fosa común fueron fechados alrededor del 430 a. C., algunos en la década del 420 a. C., y solo unos pocos en el último cuarto del siglo v a. C. La forma apresurada e impía de enterramiento de los aproximadamente ciento cincuenta muertos, así como la cronología de las pocas ofrendas funerarias, han vinculado este sitio con el estallido de la plaga de Atenas durante los primeros años de la guerra del Peloponeso, entre el 430 y el 426 a. C. Durante décadas, muchos arqueólogos, desconcertados, se han preguntado por la ausencia de evidencia arqueológica relacionada con las víctimas de la plaga ateniense. Sin embargo, parece lógico no encontrar tales cementerios relacionados con la epidemia ya que, en la mayoría de los casos, los familiares del fallecido emprendieron otras formas de enterramiento más comunes, como las cremaciones e inhumaciones individuales. Además, las fosas comunes son bastante raras en el mundo griego antiguo. Los pocos ejemplos conocidos de entierros masivos en el período clásico se han relacionado con circunstancias extremas, como el brote de epidemias letales. Evidentemente, el entierro masivo de Kerameikos no tuvo un carácter monumental. En este caso, una gran cantidad de cuerpos fueron arrojados uno sobre otro, en lugar de enterrarlos, en formatos de colocación que fueron dictadas principalmente por la forma y el tamaño del hoyo irregular y toscamente cavado. La fosa común de Kerameikos fue completada de una manera tan apresurada, impropia y sacrílega, que queda excluida cualquier posibilidad de que los muertos fueran tratados como víctimas de la guerra.

En cambio, parece más probable que el Estado de Atenas enterrara apresuradamente a un gran número de desventurados y pobres muertos como un medio para proteger a la población que aún sobrevivía a una hipotética epidemia. Por tanto, el entierro masivo en el pozo de Kerameikos ha ofrecido las bases para un enfoque biomédico, a través del estudio de los restos esqueléticos humanos recuperados. Las herramientas de biología molecular han permitido la detección de fragmentos de ADN microbiano en material esquelético antiguo, haciendo posible el diagnóstico retrospectivo de enfermedades antiguas. En tales casos, la pulpa dental, en virtud de su buena vascularización, durabilidad y esterilidad natural, ha demostrado ser una muestra adecuada para la recuperación de material genético apto de microorganismos causantes de bacteriemia. Las fracciones recuperadas de ADN microbiano antiguo se pueden amplificar mediante la reacción en cadena de la polimerasa (PCR) y después ser secuenciadas para evaluar el porcentaje de similitud entre partes de los genomas de microorganismos antiguos y los de sus homólogos modernos, depositados en bases de datos electrónicas.

En el caso de la plaga de Atenas, parece claro que la tumba de Kerameikos tiene relación directa con la epidemia ateniense, por lo que en el año 2005, investigadores de la Universidad de Atenas y del Ministerio de Cultura griego, que intentaban desentrañar el misterio, publicaron un análisis realizado en la pulpa dental de tres dientes antiguos e intactos recuperados de la fosa común. Dos dientes modernos intactos recogidos de un consultorio dental privado en Atenas sirvieron como control negativo. En las tres muestras de dientes antiguos pudieron ser amplificados fragmentos de ADN que contenían partes muy similares a los genes *osmC*, *clyA* y *narG* de la bacteria *Salmonella enterica* serovar *typhi*, que es el principal agente causal de la fiebre tifoidea.

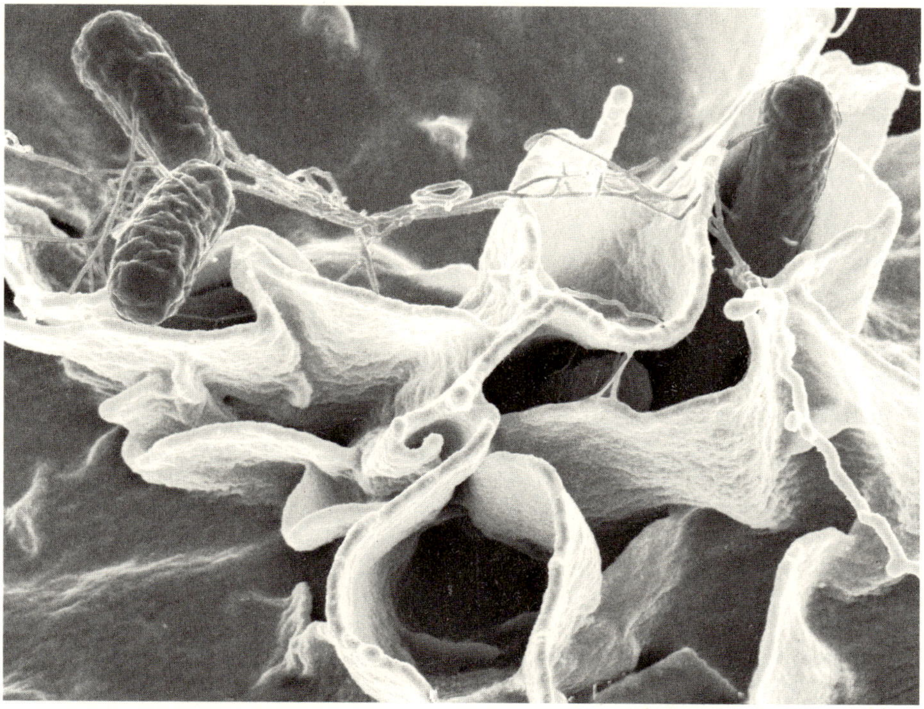

Micrografía electrónica de barrido que muestra a la bacteria *Salmonella enterica* serovar *Typhi*, con forma de bacilo en la zona superior de la imagen, invadiendo células humanas cultivadas [NIAID].

Los resultados de este estudio demuestran que una cepa antigua de *Salmonella enterica* serovar *typhi* estaba presente en la pulpa dental de tres individuos seleccionados al azar que fueron enterrados en una fosa común, cuya época se remonta a la era de la plaga de Atenas. El hecho de que la preservación de las secuencias de ADN microbianas estudiadas fuera lo suficientemente buena para la detección y el análisis molecular en los tres dientes, podría reflejar la posible gran cantidad de células de la bacteria debido a que existía bacteriemia. Es conocido que la pulpa dental es apropiada para la detección de patógenos que causan bacteriemia, y la fiebre tifoidea es de hecho una enfermedad septicémica mortal. Por lo tanto, es factible concluir que una cepa de *Salmonella enterica* serovar *typhi*, o alguna especie bacteriana muy estrechamente relacionada con ella, participaran en la epidemia que devastó Atenas en el periodo 430-426 a. C. Las diarreas infecciosas descritas en textos arcaicos implican que enfermedades como la fiebre tifoidea eran un problema endémico en el mundo antiguo, y la infección por salmonela es consistente con algunas de las características

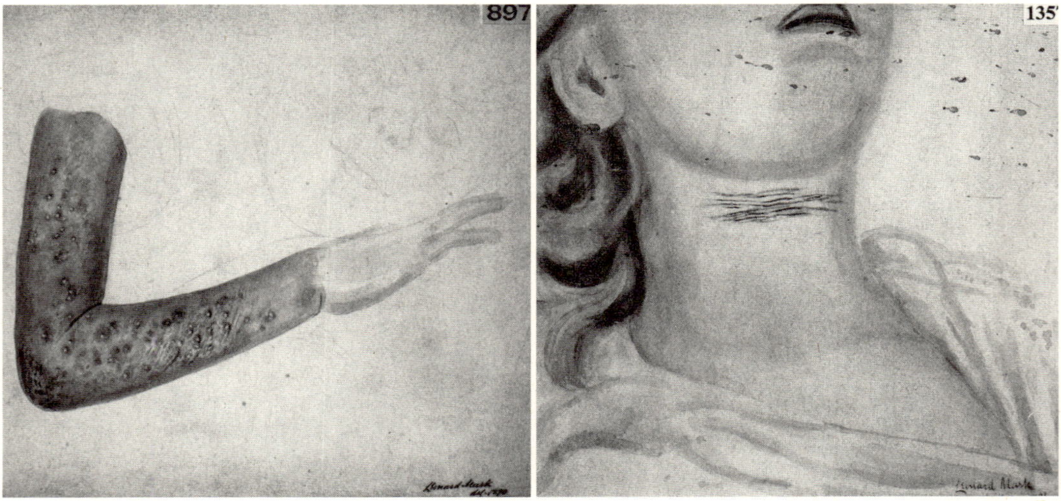

Izqda.: brazo de un niño con una erupción peculiar de vesículas pequeñas; «el niño estaba gravemente enfermo y en la llamada condición "tifoidea"». Dcha: cuello y parte inferior de la cara «de una mujer de 27 años que, en un ataque de delirio durante la fiebre tifoidea, hizo un débil intento de suicidio...». Ca. 1890 [Leonard Portal Mark; Wellcome Collection, CC BY 4.0].

clínicas claves informadas por Tucídides para la plaga de Atenas, incluyendo la fiebre, el sarpullido y la diarrea. Es cierto que otras características de la enfermedad citadas por Tucídides, como la agudeza inicial, son incompatibles con la típica forma actual de la fiebre tifoidea. Esta inconsistencia puede ser explicada por una posible evolución de la fiebre tifoidea durante el tiempo, lo que significa que la enfermedad puede no manifestarse de la misma manera hoy de como lo hizo en el pasado. La virulencia de las enfermedades infecciosas varía entre poblaciones y con el tiempo, a medida que las poblaciones son sometidas repetidamente a sucesivos ataques de la enfermedad. Las diferencias genómicas entre las cepas antiguas y las actuales de *Salmonella enterica* serovar *typhi* pueden ofrecer una explicación razonable a las disparidades en las características clínicas entre la plaga de Atenas y la forma actual de fiebre tifoidea.

La fiebre tifoidea es frecuente en entornos con saneamiento deficiente y sin agua de bebida salubre, por lo que, considerando las condiciones de hacinamiento e insalubridad, en especial respecto a los suministros de agua dentro de los muros sitiados de Atenas, es probable que en la urbe surgiera una terrible epidemia de fiebre tifoidea. En la actualidad la bacteria sigue causando estragos, según las estimaciones de la OMS cada año enferman de fiebre tifoidea entre once y veinte millones de personas, de las que mueren entre 128.000 y 161.000. En diciembre de 2017, la OMS precalificó la primera vacuna conjugada contra la fiebre tifoidea y pidió que fuera dada prioridad a la introducción de estas vacunas en los países con mayor carga de fiebre tifoidea o de resistencia de *Salmonella enterica* serovar *typhi* a los antibióticos.

Durante la guerra del Peloponeso, la aparición de la epidemia de fiebre tifoidea, combinada con la destrucción de los cultivos y el exterminio del ganado realizado por los espartanos, creó una atmósfera de desesperación dentro de la ciudad de Atenas. La enfermedad acechaba a ricos y pobres por igual, sumando víctimas de cualquier clase y condición. Dado que, en medio de la desesperanza, todo, incluido el dinero y el poder, parecía efímero, la autocomplacencia y el placer se pusieron a la orden del día. El honor era dejado de lado, nadie obedecía las leyes y solo era valorado el placer del momento. Este tipo de comportamiento contrasta dramáticamente con los atenienses idealizados que Pericles describió en su discurso fúnebre, lo que enfatiza la profundidad de la decadencia moral de los ciudadanos ante un sufrimiento y una pérdida tan inimaginable e incontrolable. En parte, el escenario ateniense en el que una sociedad templada y civilizada abandonó sus valores recuerda a algunos de los momentos vividos durante la pandemia de covid-19 y nos permite intuir que los sentimientos de desesperanza y negación forman parte de la reacción humana natural y universal ante un peligro devastador y novedoso, aunque este sea temporal.

📖 PARA LEER MÁS:

Battin, Jacques. 2020. «Pandemics: Lessons from the past». *Bulletin de l'Academie Nationale de Medecine* 204: 737-740.

Baziotopoulou-Valavani, Effie. 2002. «A mass burial from the cemetery of Kerameikos». *Recent Archaeological Discoveries in Greece. Studies in Classical Archaeology I*. BAR International Series 1031. Oxford, England: Archaeopress: 187-201.

Doolittle, Benjamin. 2021. «Are we Athens or Florence? COVID-19 in historical context». *Family Medicine and Community Health* 9: e000811.

Kousoulis, Antonis. 2012. «The Plague of Thebes, a Historical Epidemic in Sophocles' Oedipus Rex». *Emerging Infectious Diseases* 18 (1): 153-157.

Malbeuf, Jilene. 2021. «The Plague of Athens Shedding Light on Modern Struggles with COVID-19». *The Journal of Classics Teaching* 22: 47-49.

Papagrigorakis, Manolis. 2006. «DNA examination of ancient dental pulp incriminates typhoid fever as a probable cause of the Plague of Athens». *International Journal of Infectious Diseases* 10: 206-214.

7. LA PESTE ANTONINA, AÑO 165 D. C.

Se dice que todos los hombres que desde el principio poblaron la Tierra fueron creados en todas partes al mismo tiempo, y todos niños, y fueron alimentados de abejas, cabras y palomas a la manera que los poetas fabularon la educación de Júpiter.

Así imaginó Giacomo Leopardi, al comienzo de su majestuosa obra *Operetas morales*, cómo fue la era primordial, primitiva y fundacional. Leopardi fue un crisol humanístico. Filólogo, filósofo, erudito y el mayor poeta lírico de la Italia del siglo XIX, compaginó el pesimismo profundo que caracterizó a sus escritos con una vida enfermiza estigmatizada por la enfermedad. La afección hizo acto de presencia a los quince años y permaneció fiel al poeta, en lo bueno y en lo malo, en la riqueza y en la pobreza. Los achaques eran peliagudos y cabalgaron procaces durante la adolescencia de Leopardi, que creía que aquellas dolencias infaustas eran debidas a los «estudios enloquecidos y furiosos» que había realizado a deshoras y en pésimas condiciones. En aquel momento, los médicos le diagnosticaron raquitismo, pero, examinado el caso con la perspectiva lúcida que ofrece el desarrollo médico y científico, parece de justicia pensar que el padecimiento que martirizaba a Leopardi era en realidad, o bien la enfermedad de Pott, o quizás la espondilitis anquilosante.

La espondilitis anquilosante es una enfermedad inflamatoria, crónica y progresiva que afecta fundamentalmente a las articulaciones de la columna vertebral, las cuales tienden a soldarse entre sí, provocando una limitación de la movilidad. De ahí el término anquilosante, que proviene del griego *ankylos*, y que significa soldadura o fusión. Como resultado final de la enfermedad, la columna pierde flexibilidad hasta quedar rígida y fusio-

La plaga en Roma [Jules-Élie Delaunay, 1869].

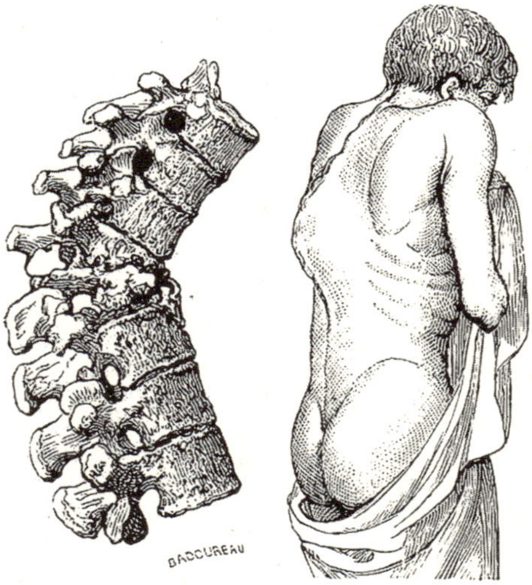

Fig. 1257.
Gibbosité du mal vertébral ou mal de Pott.

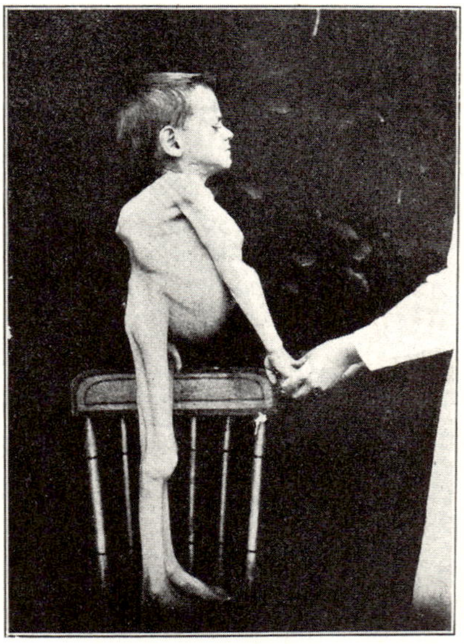

«Gibosidad de mal vertebral o mal de Pott» [*Dictionnaire populaire de médecine usuelle d'hygiène publique et privée*, Paul Labarthe, 1887] y «Deformidad extrema en enfermedad dorsal» (mal de Pott) [*Orthopaedic surgery for students and general practitioners*, R. Tunstall Taylor, 1907].

nada. La etiología es desconocida, pero la alta prevalencia, en muchos de los pacientes afectados, del marcador HLA-B27, sugiere un origen genético.

Por el contrario, la enfermedad de Pott tiene un origen infeccioso. La enfermedad de Pott, también llamada mal de Pott, espondilitis infecciosa u osteomielitis vertebral, es una infección con tres formas clínicas que afectan a vértebras y espacios intervertebrales, y que suele estar definida como la afección vertebral de la tuberculosis extrapulmonar. Es una de las enfermedades más antiguas de las que se tiene conocimiento, habiendo sido documentada en restos espinales de la Edad del Hierro y en momias antiguas de Egipto y Perú. En 1779, el cirujano británico Percivall Pott, de quien la enfermedad arrebañó el nombre, presentó la descripción clásica de la tuberculosis espinal. Hasta entonces, entre los siglos XVI y XVIII, el mal de Pott era confundido con otras enfermedades como el raquitismo, la poliomielitis, la malnutrición, los traumatismos y las alteraciones congénitas que pueden presentar síntomas similares, y por tanto anquilosar el diagnóstico diferencial. La infección comienza en el cuerpo vertebral y con frecuencia se disemina a las vértebras adyacentes, donde produce un estrechamiento del disco intervertebral. Sin tratamiento, las vértebras pueden colapsar y comprimir la médula espinal. Los síntomas consisten en dolor progresivo o continuo en los huesos comprometidos y artritis crónica o subaguda. En la enfermedad de Pott, la compresión medular produce deficiencias neurológicas.

La enfermedad dejó a Leopardi hecho unos zorros. Solo por mencionar de refilón algunas de las dadivas que le habían sido concebidas, no veía tres en un burro, estaba impotente, sufría oftalmia, conjuntivitis, insuficiencia respiratoria, estreñimiento y trastornos digestivos. Y como suele pasar, que a perro flaco todo son pulgas, para colmo, le brotaron, a modo de enseñas, dos deformidades bien floridas, una en la espalda y otra en el pecho. Qué queréis que os diga, poco pesimismo destila su obra para lo que llevaba encima. Indispuesto y fastidiado hasta las trancas, en el otoño de 1836, Leopardi intentó huir, con relativo éxito, de la epidemia de cólera que asediaba Italia. Buscó refugio en la Ginestra, una villa en las laderas del volcán Vesubio, entre Torre del Greco y Torre Annunziata. Allí, el poeta pasó parte de sus últimos días, contemplando las ruinas de Pompeya y Herculano, y alumbrando alguno de los poemas centrales de su legado como es *La ginestra o il fiore del deserto* (*La retama o la flor del desierto*). A pesar de las precauciones, el cólera otorgó tan solo unos pocos meses de cortesía a Leopardi, que murió por la enfermedad en Nápoles, el 14 de junio de 1837.

Los escritos de Leopardi recogen la idea de que, en los albores de la sociedad, los humanos eran alimentados por animales. Este motivo es recurrente en la biografía de héroes y personajes históricos. Ciro, rey de los persas, fue amamantado por una perra. Habis, mítico rey de Tartessos, fue alimentado por fieras y por una perra, una cerda y una cierva. Semíramis, reina asiria que gobernó durante cuarenta y dos años el Imperio babilónico, fue alimentada por palomas. El profeta Elías fue sustentado por cuervos y la leyenda afirma que los mellizos Rómulo y Remo fueron amamantados, en una guarida del monte Palatino, por una loba llamada Luperca. En el año 2013, investigadores belgas publicaron un trabajo en el que presentaron a dos nuevos virus, bautizados como Rómulo y Remo, que representaban un clado distinto dentro del género *Twortlikevirus* y que mostraban propiedades adecuadas para ser aplicados en terapia con fagos contra bacterias patógenas de la especie *Staphylococcus aureus*.

La historia de Rómulo y Remo vinculada a la fundación de la ciudad de Roma es uno de los mitos más conocidos de la capital italiana. Roma fue fundada, en torno al siglo VIII a. C., como un pequeño pueblo a orillas del río Tíber. Al comienzo de la tercera centuria a. C. ya era una ciudad-Estado que, a través de una serie de guerras y alianzas, había obtenido la hegemonía sobre toda la península italiana. La derrota de Cartago en el 202 a. C. puso a Roma en contacto y, por tanto, en competencia con los reinos helenísticos del Mediterráneo oriental, que eran el legado del imperio de Alejandro Magno. A medida que caían en rápida sucesión, cada victoria traía decenas de esclavos a Roma e Italia, aumentando la población de la península. Además, el botín de la conquista militar y las nuevas oportunidades comerciales trajeron prosperidad económica a las ciudades de Italia y permitieron a la élite financiar innumerables proyectos de construcción pública. En este clima económico favorable, la población de romanos nacidos libres y sus aliados italianos despuntó con brío. Algunos autores estiman que la población libre de Italia aumentó de unos 4,5 a 12 millones entre los años 175 a. C. y 28 a. C., con más de un millón de italianos adicionales asentados fuera de la península. Si la estimación es precisa, tal tasa de aumento promedio de la población rara vez ha sido igualada por otras sociedades premodernas.

La paz, la prosperidad y la tolerancia del Imperio romano desataron un estallido de creatividad cultural comparable con la revolución científica y tecnológica del siglo XX y principios del siglo XXI. Durante el gobierno de los Césares se sentaron las bases culturales para los siguientes 1500 años de la civilización europea, especialmente para el arte, la arquitectura, la literatura, el derecho, la ciencia y la medicina. Los relieves escultóricos de la Columna de Trajano en Roma representan el surgimiento de formas artísticas que crearon el modelo para las glorias del arte narrativo cristiano en los mosaicos, frescos y esculturas de Bizancio y de la Europa occidental medieval. El Panteón de Adriano en Roma presagia la arquitectura del espacio que recibe su declaración más triunfal en las catedrales góticas europeas en la Edad Media. El emperador Adriano y los juristas del siglo II convirtieron el derecho romano en un vehículo que aún rinde justicia en la mayor parte de Europa y de América Latina. En la Alejandría romana, Ptolomeo trazó el curso de la astronomía y la geografía europeas hasta la época de Cristóbal Colón.

Durante el reinado de Marco Aurelio, la medicina grecorromana alcanzó su apogeo en la práctica y los escritos de Claudio Galeno Nicon de Pérgamo, más conocido simplemente como Galeno (131-200 d. C.). Junto con Hipócrates, Galeno se ubica como uno de los dos escritores médicos más importantes de la Antigüedad. Galeno reconoció su deuda con Hipócrates, pero superó a este médico del 400 a. C. combinando un enfoque holístico de la medicina con una cuidadosa investigación fisiológica y anatómica. Galeno comenzó la carrera médica como médico de gladiadores y llegó a convertirse en el médico personal del emperador Marco Aurelio. Los voluminosos escritos que produjo formaron la base del conocimiento médico en Europa y el mundo islámico hasta el siglo XVI, la era de Andreas Vesalius, fundador de la anatomía moderna y autor de *De humani corporis fabrica libri septem* (*De la estructura del cuerpo humano en siete libros*), uno de los libros científicos más influyentes de todos los tiempos.

En el periodo que gobernó Marco Aurelio, el Imperio romano fue golpeado por una epidemia prolongada y destructiva que recibió el nombre de peste antonina y que comenzó a finales del año 165 d. C. o principios del 166 d. C. en Mesopotamia, durante la campaña parta de Lucio Vero. La epidemia se extendió con rapidez a Roma, martirizando y atemorizando a todos los ciudadanos.

Existen varias versiones de cómo comenzó la epidemia. Una de las más populares fue difundida por *La Historia Augusta*, colección de biografías de los emperadores romanos escrita en latín, que sitúa el origen en la ciudad de Seleucia, actual Irak, donde un soldado insensato profanó el templo de Apolo al abrir un cofre prohibido del cual salió un vaho pestilente.

Es decir, típica maldición de guion peliculero de sobremesa. En realidad, la fuente más relevante de información sobre la enfermedad la constituye Galeno, porque presenció la epidemia al trabajar junto con Marco Aurelio y el Ejército en el momento en que la peste alcanzaba su punto álgido en las guerras marcománicas. Galeno trató a los pacientes que padecieron la enfermedad, a la que denominó «plaga febril», pero las observaciones sobre la epidemia son breves y están dispersas a lo largo de sus escritos médicos. Los pacientes aseguraban sentir gran calor y tenían una sed insaciable, pero no estaban calientes al tacto. Muchos vomitaban. La diarrea era común y los excrementos eran negros, lo que podría ser un signo de hemorragia gastrointestinal. El aliento fétido fue un síntoma en muchos casos. Había tos con catarro y, en al menos un caso, ulceración de tráquea y laringe. El síntoma más característico fue un exantema, ulcerado y seco, que cubrió todo el cuerpo. Según Galeno, algunos de los enfermos que ulceraron y después sanaron, exhibieron cicatrices cuando las costras se desprendieron. Esta observación, unida a otras menores, ha llevado a la conclusión de que la viruela pudo haber sido la responsable de causar la peste antonina. Aunque la descripción de Galeno de la plaga es incompleta, es lo suficientemente adecuada para permitir la identificación firme de la enfermedad como viruela, debido a la excelente descripción del signo diagnóstico más importante, el exantema. La naturaleza hemorrágica del exantema y el sangrado intestinal sugieren con firmeza que hubo una incidencia muy alta de la fase hemorrágica de la viruela, así como de la fase purpúrica, que es la forma más virulenta de la enfermedad. En el brote de Minneapolis de 1924-25 se produjeron 164 muertes de 196 casos de hemorragia y viruela purpúrica.

La viruela es una enfermedad infecciosa muy contagiosa y grave causada por el virus de la viruela, un *orthopoxvirus*. Gracias a la vacunación mundial no se han informado de casos de viruela humana en todo el mundo desde finales de la década de 1970, por lo que es considerada una enfermedad erradicada. Los síntomas iniciales incluían cuadros de fiebre y vómitos, seguidos de la formación de llagas en la boca y erupciones cutáneas. La última muerte por viruela registrada en el planeta fue la de la fotógrafa médica británica Janet Parker, que falleció el 11 de septiembre de 1978 al contagiarse accidentalmente debido a una mala manipulación del virus en un laboratorio. El 8 de mayo de 1980, la trigésimo tercera Asamblea Mundial de la Salud declaró oficialmente que el mundo y todos sus habitantes se habían liberado de la viruela.

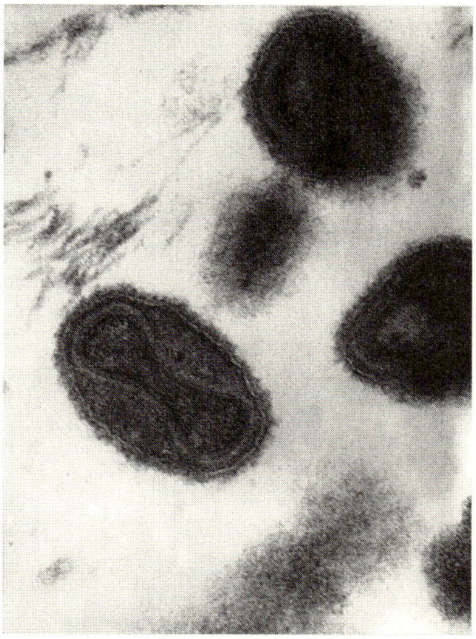

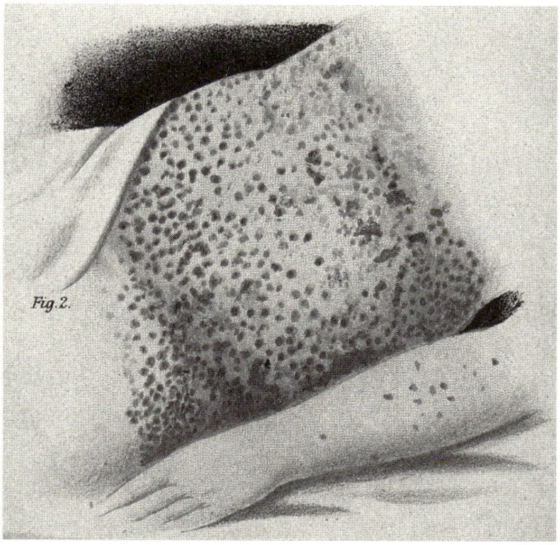

Izqda.: micrografía electrónica de transmisión (370.000x) con varios viriones del virus de la viruela [CDC, doctores Fred Murphy y Sylvia Whitfield; Public Health Image Library, PHIL]. Dcha.: erupción de viruela en abdomen [*On fevers*, Alexander Collie, 1887].

Siglos antes, la viruela golpeaba duro y la humanidad encajaba los envites como podía. El impacto de la peste antonina fue prolongado, generalizado y severo porque provocó un gran número de muertes que acarrearon importantes ramificaciones económicas, sociales y políticas. La severa pérdida de vidas condujo a una disminución del número de contribuyentes, reclutas para el Ejército, candidatos a cargos públicos y miembros de las corporaciones. La tierra se dejó en barbecho porque no había gente suficiente para cultivarla. En poco tiempo la epidemia influyó decisivamente en el reclutamiento militar, la economía agrícola y urbana y agotó las arcas del Estado. La enfermedad también afectó a las antiguas tradiciones romanas, dejando huella en la expresión artística y registrando una renovación de la espiritualidad y de la religiosidad. Estos eventos crearon las condiciones adecuadas para la propagación de religiones monoteístas, como el mitraísmo y el cristianismo. Marco Aurelio fomentó la creencia de que la epidemia era el resultado de la ira divina. Supervisó una abundante variedad de ritos religiosos, romanos y extranjeros, destinados a purificar la ciudad. También instituyó una persecución de los cristianos, un blanco favorito de la acusación de provocar la ira divina por su negativa a adorar a los dioses de Roma.

«Envía lejos el sonido discordante de la plaga furiosa, transportado por el aire... dolor infiltrante, pesado, desgastante, fundente, desde las cavidades de las venas. Gran IAO, gran Sabaoth, proteged al portador. Febo [Apolo], el de los cabellos sin cortar, arquero, ahuyenta la nube de peste. IAO, Dios Abrasax, trae ayuda... Señor Dios, cuida a Demetrios». Esta hoja de plomo y estaño, rayada en griego, se enrolló y usó como amuleto para proteger al usuario, un hombre llamado Demetrios, de morir en la epidemia de peste antonina (165-180 d. C.). Fue hallada en el río Támesis. En su expansión por las tierras del Imperio romano y Occidente, la peste habría alcanzado también Britania [propiedad del Museum of London; ID: VRY89(0)<941>, 130 x 50 mm].

Este período epidémico, caracterizado por crisis sanitarias, sociales y económicas, allanó el camino para la entrada en el Imperio romano de las tribus bárbaras vecinas y el reclutamiento de tropas bárbaras para el Ejército, favoreciendo el crecimiento cultural y político de estas poblaciones, pero también creando las condiciones idóneas para el declive del Imperio romano y posterior caída en Occidente en el siglo v d. C. Animadas, quizás por la pérdida de soldados y de mano de obra resultantes de la epidemia, las tribus germánicas formaron nuevas coaliciones y comenzaron a atacar y a devastar el Imperio romano. Un total de 160.000 ciudadanos romanos fueron hechos prisioneros. En última instancia, consecuencia de la epidemia que diezmó al Imperio de Roma, las invasiones germánicas fueron una de las causas más directas del colapso del poder romano en Europa occidental. El sufrimiento causado por la epidemia tuvo un papel central en el establecimiento de un nuevo clima religioso en el que el cristianismo finalmente emergió como la religión oficial del Imperio romano. Roma gobernó el mundo, pero un pequeño virus, por entonces indomable, la doblegó y venció.

El curso del Imperio. Destrucción [Thomas Cole, 1836].

PARA LEER MÁS:

Galassi, Francesco. 2021. «Smallpox in art: considerations on some of its medical and social aspects». *Journal of the European Academy of Dermatology and Venereology* 35 (8): 1612-1613.

Haas, Charles. 2006. «The Antonine plague». *Bulletin* de l'*Académie Nationale de Médecine* 190 (4-5): 10931098.

Jones, Christopher. 2016. «An amulet from London and events surrounding the Antonine Plague». *Journal of Roman Archaeology* 29: 469-472.

Levine, Jeffrey. 2021. «Smallpox vaccination in the 19th century». *Journal of the American Geriatrics Society* 69 (4): 1103-1104.

Mitrofan, Dragos. 2014. «The Antonine Plague in Dacia and Moesia Inferior». *Journal of Ancient History and Archaeology* 1 (2): 9-13.

Vandersteegen, Katrien. 2013. «Romulus and Remus, Two Phage Isolates Representing a Distinct Clade within the *Twortlikevirus* Genus, Display Suitable Properties for Phage Therapy Applications». *Journal of Virology* 87 (6): 3237-3247.

8. LEÓN VI EL SABIO Y EL BOTULISMO, AÑO 886 D. C.

La mutilación era un castigo común en el Imperio bizantino. Un dedo por aquí, una mano por allá. La sanción apareció por primera vez en la colección de leyes *Ecloga* del emperador León III el Isaurio (717-741 d. C). Sin embargo, hay indicios de que esta represalia ya estaba establecida y generalizada en la época de Justiniano I (527-565 d. C.), porque algunos cronistas de aquel periodo afirmaban que era aplicada a jugadores que usaban dados y a homosexuales. Este acto fue el principal castigo utilizado contra los rebeldes y contra los emperadores bizantinos y miembros de la familia real que, tras sufrir una insurrección exitosa, eran destituidos del trono. En realidad, por grotesco que parezca, esta pena bárbara fue impuesta por razones de indulgencia, para evitar sanciones más severas como era la pena de muerte. La colección de leyes de León VI el Sabio (886-912 d. C.) aplicó este castigo a una gran variedad de delitos como el robo, el incesto, el adulterio, el intento de asesinato o el sacrilegio.

León VI fue uno de los emperadores más importantes de Bizancio. Varias fuentes históricas revelan que durante la era bizantina, de ochenta y seis monarcas, siete emperadores y emperatrices, pertenecientes a varias dinastías, tuvieron urolitiasis. León VI fue uno de los agraciados. La litiasis renal o urolitiasis es una enfermedad caracterizada por la aparición de cálculos en el aparato urinario superior. La manifestación más frecuente de esta patología es el cólico nefrítico. La urolitiasis es una enfermedad conocida desde la Antigüedad, ya que se han hallado numerosos cálculos urinarios en momias y tumbas de todas las civilizaciones. La medicina bizantina, heredera de la medicina griega, helenística y romana, constituyó el vínculo vital con la medicina de Europa occidental y se ocupó extensamente de la

Izqda.: sólido de León VI, acuñado entre el 886 y el 908 en Constantinopla [Dumbarton Oaks]. Dcha.: una mujer rellenando longanizas bromea con un hombre acerca del tamaño (según Marteen van Cleve, ca. 1570) [Wellcome Collection].

Belladona (*Atropa belladonna*) [*Medical Botany*, John Stephenson y James Morss Churchill, 1836].

litiasis de los riñones y de la vejiga. Las teorías sobre la formación de cálculos y las descripciones de los cólicos renales están incluidas en los textos médicos bizantinos, que también sugieren métodos conservadores de curación, como mantener una dieta líquida, la venesección, el cateterismo o la ingesta de una abundante cantidad de sustancias analgésicas, espasmolíticas y litontrípticas, principalmente de origen herbal. El tratamiento quirúrgico está representado por técnicas para la extracción de los cálculos pequeños de la uretra, utilizando un instrumento llamado litulcos.

Además de cálculos, el emperador León VI poseía una excelente educación que le procuró los sobrenombres del Sabio y el Filósofo. León VI escribió con profusión y fue autor de muchos tratados militares y teológicos; obras literarias; himnos; homilías; poemas; y de una compilación de leyes, denominada *Basilika*, que influyó profundamente en la legislación europea. Entre las leyes y normas emitidas por el emperador, destaca, por singular, curioso y pionero, un edicto dietético en el que León VI anunció que la fabricación de morcillas quedaba prohibida y que en caso de infracción sería impuesta una sanción. Supongo que, teniendo en cuenta las potenciales y manidas prácticas de mutilación de la época, no habría ni pizca de ganas de desobedecer al emperador, por lo que el populacho debió cumplir la norma a rajatabla. En la Antigüedad no existía un conocimiento generalizado sobre la relación causal entre el consumo de alimentos en mal estado y el desarrollo de una enfermedad, pero el edicto de León VI puede tener su origen en el reconocimiento de circunstancias relacionadas con casos de intoxicación alimentaria. Varios sucesos de intoxicación por *Atropa belladonna* recogidos en la literatura médica antigua, con alta probabilidad, fueron casos de botulismo transmitido por alimentos, porque la combinación de las pupilas dilatadas y la parálisis muscular fatal no puede atribuirse a una intoxicación por atropina.

Fórmulas antiguas, sugeridas por los chamanes a los marajás indios para matar enemigos personales, pueden dar una pista de qué era lo que podía pasar si las morcillas mencionadas por León VI no eran producidas de forma correcta. Según los chamanes, un polvo insípido, extraído de morcillas secadas en condiciones anaeróbicas, debía ser agregado a la comida de los enemigos durante un banquete invitado. La muerte del consumidor no era inmediata y, al ocurrir una vez abandonado el lugar donde se había producido la comilona y con una latencia de varios días, nadie sospecharía del anfitrión.

El botulismo es una intoxicación alimentaria causada por las neurotoxinas producidas por la bacteria *Clostridium botulinum*. El patógeno es ubicuo y suele acampar a sus anchas tanto en el suelo como en el agua. La bacteria produce ocho subtipos serológicos de toxina botulínica (de A hasta H). Cinco de las toxinas (tipos A, B, E y, rara vez, F y H) afectan a los seres humanos. La toxina botulínica es una proteína de alto peso molecular (150.000 daltons) que actúa bloqueando la liberación de acetilcolina, un neurotransmisor necesario para producir la contracción muscular, lo que se traduce en parálisis muscular. La inhibición de la liberación de acetilcolina provoca síntomas como diplopía; debilidad bulbar; disfonía; trastorno de la ejecución motora del habla; sequedad de boca; y debilidad muscular generalizada que desemboca en insuficiencia respiratoria. Hasta el siglo pasado, se pensaba que el botulismo era causado exclusivamente por alimentos contaminados con toxinas preformadas. Este punto de vista ha cambiado durante los últimos sesenta años, debido al descubrimiento, en la década de 1970, de esporas de *Clostridium botulinum* en los intestinos de los bebés (botulismo del lactante) y, en la década de 1950, en heridas contaminadas (botulismo de heridas), donde la neurotoxina se elabora directamente en el tejido infectado. El botulismo del lactante suele ocurrir entre los dos y ocho meses de edad y acontece cuando las esporas bacterianas de *Clostridium botulinum* crecen dentro del tracto intestinal del bebé, provocando una situación potencialmente mortal, porque originan dificultad para tragar y respirar del afectado. Esta circunstancia suele estar asociada al consumo de miel por bebés. La Academia Estadounidense de Pediatría (AAP por sus siglas en inglés) recomienda no dar miel a un bebé menor de doce meses.

La toxina botulínica es una de las sustancias más mortíferas que existen. La dosis letal media para el ser humano ha sido estimada en unos dos nanogramos de toxina botulínica por kilogramo de peso corporal. Es decir, bastan unos 0,00000015 gramos de esta proteína para acabar con la vida de una persona adulta de complexión media, por lo que, algo más de un kilo de toxina sería suficiente para acabar con toda la humanidad. La toxina botulínica tipo H fue hallada en el año 2013 en la cepa *Clostridium botulinum* IBCA10-7060, originalmente aislada de las heces de un bebé con botulismo, y es tan letal que los editores de la revista *Journal of Infectious Diseases*, donde se publicó el hallazgo, por indicación expresa de los autores, previa consulta a las autoridades gubernamentales, decidieron censurar la secuencia genética de la proteína hasta que se encontrara un antídoto para esta nueva variante, con el fin de evitar su uso en ataques terroristas. Recientemente, en el genoma de una bacteria, llamada *Weissella oryzae*, que fue aislada de granos de arroz fermentados, ha sido identificada la primera proteína similar a la toxina botulínica encontrada fuera del grupo de los clostridiales. La nueva toxina ha sido denominada BoNT / Wo.

Desde tiempos primitivos, el botulismo se ha producido principalmente como resultado del consumo de alimentos mal conservados. Las esporas de *Clostridium botulinum* son muy resistentes al calor y pueden sobrevivir, durante varias horas, a la ebullición a 100° C. Por suerte, las toxinas son destruidas con facilidad mediante la exposición al calor y por la cocción de los alimentos a 80° C durante treinta minutos. Lamentablemente, aunque la toxina es sensible al calor, la capacidad de formación de endosporas de *Clostridium botulinum* ocurre con asiduidad después de la esterilización inadecuada de productos alimenticios, como por ejemplo al elaborar comida enlatada o conservas caseras. Si acontece una práctica incorrecta, las endosporas germinan y las bacterias quedan listas para generar una producción espectacular de toxina botulínica.

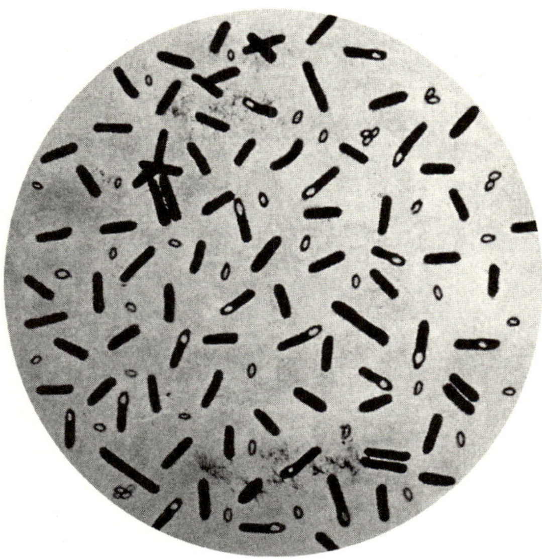

Microfotografía de la bacteria *Clostridium botulinum* teñida con violeta de genciana (con los grampositivos resaltados en oscuro) [CDC; Public Health Image Library, PHIL].

Clostridium botulinum puede producir la toxina E a temperaturas tan bajas como de 3° C, es decir, dentro de un frigorífico, como por ejemplo en un pescado ahumado conservado al vacío. Es probable que el botulismo transmitido por alimentos haya acompañado a la humanidad desde sus inicios. Las bacterias se reproducen en condiciones especiales, a saber, un nivel bajo o ausencia de oxígeno, como productos enlatados insuficientemente calentados y ambientes de baja acidez como en el agua de coco envasada. Desde que el ser humano ha intentado conservar y almacenar los alimentos, algunas de las condiciones elegidas en las diversas regiones del mundo han resultado óptimas para la presencia y el crecimiento de *Clostridium botulinum,* como por ejemplo, el almacenamiento de jamón en barriles de salmuera en Francia; arenque mal secado en el Báltico; trucha envasada para fermentar en cestas de sauce en Escandinavia; huevas de esturión aún no saladas y amontonadas sobre viejas pieles de caballo; pescado ligeramente ahumado en cámaras de ahumado mal calentadas; o salchichas de hígado colgando de las vigas de las chozas austriacas. Embutidos, pescado, verduras, frutas y multitud de otros alimentos mal conservados han podido erigirse como un excelente caldo de cultivo para el crecimiento de *Clostridium botulinum.* Las conservas caseras mal elaboradas, en particular las que tienen un pH superior a 4,5, son las fuentes más frecuentes de toxinas botulínicas ingeridas.

En la Antigüedad no se conocía la conexión entre el consumo de alimentos y la muerte posterior por una enfermedad paralítica como era el botulismo. La toxina botulínica no tiene sabor, no se puede ver ni oler, lo que repercute en que contemos con pocas fuentes históricas y escasos documentos sobre intoxicaciones alimentarias por botulismo antes del siglo XIX. Por tanto, el edicto de León VI es un hecho relevante y destacado de la historia porque constituye uno de los primeros intentos en poner freno a las intoxicaciones alimentarias por botulismo.

A pesar del edicto y de la actitud bienintencionada del emperador León VI, el botulismo no era flor de un día y permaneció activo e insidioso en Europa durante todo el Medievo, el Renacimiento, el Barroco y bien entrada la Ilustración. A finales del siglo XVIII, en todo el Reino de Würtemberg, localizado en el suroeste de la actual Alemania, tuvo lugar una intoxicación alimentaria, manifestada tras el consumo de salchichas y morcillas, que provocó numerosas muertes. La pobreza resultante de las devastadoras guerras napoleónicas (1795-1813) había llevado al descuido de las medidas sanitarias en la producción rural de alimentos. Debido a la combinación de midriasis y parálisis muscular progresiva en las víctimas, algunos médicos sospecharon de una intoxicación por atropina, pero aquello no terminaba de cuadrar, y otros relacionaron la enfermedad con el consumo de carne. En el mes de julio del año 1802, el Gobierno real de Stuttgart emitió una advertencia pública sobre el consumo nocivo de morcillas y salchichas ahumadas. En agosto de 1811, la sección médica del Departamento de Asuntos Internos del Reino de Württemberg abordó nuevamente el problema de la intoxicación salchichera, y consideró que era causada por ácido cianhídrico, conocido en aquel momento como ácido prúsico. Los miembros de la Facultad de Medicina de la Universidad de Tubinga recelaron de que el ácido prúsico pudiera ser el agente tóxico en las salchichas, y sospecharon de la existencia de un veneno biológico. No iban mal encaminados.

Varios años después, en 1817, un joven médico y poeta romántico alemán, llamado Justinus Kerner, informó sobre un caso de intoxicación alimentaria letal provocada por salchichas. Con la situación todavía fresca, Kerner volvió a cuestionar que un agente inorgánico, como el ácido cianhídrico, pudiera ser el agente tóxico en el alimento, sospechando de la existencia de un veneno biológico en su lugar. Tras observar otros casos, Kerner publicó, en 1820, una primera monografía, titulada «Nuevas observaciones sobre el envenenamiento letal que ocurre con tanta frecuencia en Württemberg debido al consumo de salchichas ahumadas», en la que resumió las historias clínicas de setenta y seis pacientes y proporcionó una descripción clínica completa de los síntomas que ahora reconocemos propios del botulismo. En 1822, Kerner publicó 155 informes de casos de pacientes con botulismo, incluidas hipótesis sobre que era el veneno de las salchichas, en una segunda monografía titulada «El veneno graso o el ácido graso y sus efectos sobre el sistema del cuerpo animal, una contribución al examen de la sustancia responsable de la toxicidad de las salchichas en mal estado». El tratado contenía una descripción precisa de todos los síntomas musculares y detalles clínicos de la amplia gama de trastornos autónomos que ocurren en el botulismo, como midriasis, disminución del lagrimeo, secreción de las glándulas salivales y parálisis gastrointestinal y de la vejiga. Kerner también experimentó con varios animales alimentándolos con extractos de salchichas en mal estado y, finalmente, incluso llevó a cabo experimentos de alto riesgo en sí mismo. Con base en los datos, Kerner dedujo, de los síntomas clínicos y de sus observaciones experimentales, que la toxina actuaba interrumpiendo la transmisión de la señal nerviosa motora y autónoma, y comentó que la capacidad de conducción nerviosa era interrumpida por la toxina del mismo modo que un conductor eléctrico por el óxido.

Kerner era un genio visionario. En el octavo capítulo de la monografía de 1822, especuló sobre el uso de la toxina con fines terapéuticos, concluyendo que pequeñas dosis serían beneficiosas en condiciones de hiperexcitabilidad patológica del sistema nervioso, aunque admitió, con autocrítica, que todas las posibles indicaciones que mencionaba pertenecían al reino de la hipótesis, y que deberían ser confirmadas o refutadas por observaciones en el futuro.

El tiempo dio la razón a Kerner. En 1981, el oftalmólogo Alan Scott fue pionero en el tratamiento del estrabismo con toxina botulínica, y allanó el camino a la investigación clínica y a su empleo en muchas especialidades. Hoy en día la toxina botulínica es usada en el tratamiento de vejiga hiperactiva, incontinencia urinaria, migrañas crónicas, espasticidad (contracciones que causan rigidez muscular), distonía cervical (los músculos del cuello se contraen involuntariamente), sudoración intensa en las axilas, espasmos de párpados, babeo excesivo y para el tratamiento de otros diversos trastornos oftalmológicos, gastrointestinales, urológicos, ortopédicos, dermatoló-

Justinus Kerner, en un retrato de Anton Duttenhofer, ca. 1828 [National Library of Medicine].

gicos, dentales, secretores o que se manifiestan por contracciones musculares anormales, excesivas o inapropiadas. La toxina botulínica incluso ha sido adoptada en el ámbito cosmético. En medicina estética, las inyecciones de toxina botulínica tipo A son conocidas con el término genérico de bótox, por el nombre comercial del primer producto que fue comercializado y que se denominó «BOTOX®». Este tipo de inyecciones se han convertido en uno de los procedimientos cosméticos más populares en todo el mundo. En los Estados Unidos de América, en el año 2003, solo un año después de que la toxina botulínica recibiera la aprobación de la Administración de Medicamentos y Alimentos (FDA por sus siglas en inglés) para el tratamiento de las líneas glabelares faciales, fue contabilizada la administración de más de dos millones de inyecciones cosméticas. Hoy en día es el procedimiento cosmético más común realizado para eliminar las arrugas del ceño, los pliegues de la frente y las patas de gallo cerca de los ojos.

No siempre ha sido así. El botulismo ha dado zarpazos a diestro y siniestro durante siglos. En 1870, el médico alemán John Muller acuñó el nombre de botulismo derivado de la palabra latina *botulus*, que significa «salchicha». Lo mires por donde lo mires, por aquellas fechas, las salchichas no debían estar en su mejor momento de popularidad. Al cabo de unos pocos años de ser bautizada la patología, en diciembre de 1895, aconteció en la pequeña localidad belga de Ellezelles un brote extraordinario de botulismo. El 14 de diciembre, los treinta y cuatro músicos de la banda de música local (Fanfare Royale «Les Amis Réunis»), después de haber actuado en el funeral de Antoine Creteur, participaron en una comida en Le Rustic, un pub local donde fue servido jamón crudo. Al día siguiente, veintitrés de los treinta y cuatro músicos enfermaron, y tres miembros jóvenes de entre quince y veintiún años murieron en un plazo de cinco a siete días. Otros diez músicos estuvieron a un pedo de mosquito de espichar. Todas las víctimas que habían comido jamón en escabeche y ahumado presentaban problemas de visión, acción incontrolada de los párpados, debilidad de los músculos, inflamación de las membranas mucosas y trastornos del habla. Los miembros de la banda que comieron tocino en lugar del jamón no mostraron síntomas. Esta coyuntura llevó a los médicos locales a la conclusión de que los síntomas eran debidos a la ingestión de carne de jamón en mal estado y el grave caso de intoxicación alimentaria dio lugar a una investigación judicial, que rastreó el origen del jamón, realizó un análisis químico del mismo y procedió a efectuar autopsias de las víctimas.

El microbiólogo de la Universidad de Gante, Emile Pierre Marie van Ermengem, que en 1883 había trabajado en el laboratorio de Robert Koch en Berlín, realizó una escrupulosa investigación del suceso, lo que condujo al aislamiento del organismo causante del botulismo, y a la conclusión de que era muy probable que el veneno en el jamón hubiera sido producido por un crecimiento anaeróbico de microorganismos específicos, durante el proceso de salazón. Emile Pierre Marie van Ermengem aisló la bacteria en el jamón y en los cadáveres de las víctimas, la cultivó, la utilizó para experimentos con animales, caracterizó sus requisitos de cultivo y describió su toxina. En consecuencia, van Ermengem definió el botulismo como una intoxicación y no como una infección, estableciendo que una bacteria anaerobia obligada formadora de esporas, que llamó *Bacillus botulinus*, era responsable de la producción de la toxina. Con posterioridad, para expresar mejor tanto la morfología de la bacteria como su metabolismo anaeróbico, el patógeno fue renombrado como *Clostridium botulinum*.

«Fue en las aceitunas que se sirvieron como condimento en la cena de la Sra. Sales donde el recién descubierto pequeño bacilo Botulinus había depositado un veneno virulento que en menos de una semana envió a cinco a la tumba» [*The Philadelphia Inquirer*, 30 de noviembre de 1919].

Conocido el patógeno, empezó un fuerte debate sobre la naturaleza de la toxina que producía. Aunque en 1925 el protocolo de Ginebra prohibió el uso de armamento químico y biológico en la guerra, la extrema toxicidad de la toxina botulínica provocó que fuera uno de los primeros agentes en ser considerado para el empleo como arma biológica. En 1939 ya eran conocidos cinco serotipos (A-E) de la toxina y los primeros métodos para el aislamiento en bruto de la toxina tipo A. El estallido de la Segunda Guerra Mundial abrió el comienzo a un nuevo período de investigación militar sobre la toxina botulínica, que condujo a una sucesión de fracasos y mitos alimentados por la desinformación difundida por los servicios de inteligencia.

En 1944, los informes de inteligencia sobre el posible uso de la toxina botulínica por parte de las tropas alemanas eran preocupantes. Al regresar de una visita a sus colegas estadounidenses y canadienses en abril de 1944, los científicos británicos informaron del temor a que los alemanes hubieran logrado un progreso considerable en el desarrollo de métodos para el uso de la llamada arma X, que no era otra que la toxina botulínica en polvo seco, lo que permitiría propagar el botulismo por inhalación. Ahora sabemos que toda esta información de los servicios de inteligencia aliados finalmente resultaría inexacta.

El tema de la guerra biológica ganó interés para los alemanes en junio de 1940, tras capturar unos laboratorios militares franceses en Le Bouchet, donde realizaban investigaciones con armas biológicas como la ricina y la toxina botulínica. El descubrimiento de algunos documentos sobre cultivos bacterianos acarreó la creación de un comité alemán informal, dirigido por el bacteriólogo Heinrich Kliewe, un especialista en desinfección. La información de los servicios de la inteligencia alemana confirmó el riesgo de un ataque biológico de los aliados. Existían rumores de que el Gobierno de los Estados Unidos de América planeaba dejar caer escarabajos de la patata de Colorado y garrapatas de la fiebre de Texas sobre Alemania.

El escarabajo de la patata de Colorado (*Leptinotarsa decemlineata*) fue descrito en 1824 por Thomas Say, un destacado taxónomo que murió de fiebre tifoidea en 1834 y fundó la entomología descriptiva en los Estados Unidos de América. En vida, Say describió siete especies de serpientes, más de 1.000 nuevas especies de escarabajos y más de 400 especies de insectos de otros órdenes. De todos los insectos de la patata, el más conocido y extendido quizás es el escarabajo de la patata de Colorado. Este insecto constituye una plaga notoria, tanto en campos comerciales como en huertos familiares. Exhibe un rango de hospedadores que abarca a todos los miembros de la familia de las solanáceas, como la patata, el tomate, el pimiento, la berenjena e incluso las que son consideradas malas hierbas. En algunas zonas de América del Norte el escarabajo es muy temido, porque defolia campos enteros de patata. En 1875, Francia, Alemania, Bélgica y Suiza prohibieron la importación de patatas estadounidenses por temor a introducir la plaga en sus territorios.

Como prueba testimonial de la dificultad que existe para controlar las plagas de *Leptinotarsa decemlineata*, la especie tiene el dudoso honor de haber sido la responsable del inicio de la industria de los pesticidas, porque en 1864, en un intento de controlar las plagas del escarabajo en los

Colorado Beetle (*Leptinotarsa* (*Doryphora*) *decemlineata*, Say).
a, eggs; *b*, larva, advanced stage; *c*, pupa; *d*, beetle; *e*, wing-cover, enlarged; *f*, leg, enlarged.

Leptinotarsa decemlineata [*The Century Dictionary. An Encyclopedic Lexicon of the English Language* (vol. 1), W. D. Whitney & B. E. Smith, 1914].

Bomba pulverizadora de insecticida comercializada en los años cuarenta y cincuenta del siglo XX.

Estados Unidos de América, fue aplicado, por primera vez, acetoarsenito de cobre contra el insecto. Hoy en día, la especie *Leptinotarsa decemlineata* es ampliamente reconocida por su capacidad para desarrollar, con decepcionante rapidez, resistencia a los insecticidas y también por su facilidad de colonización. Durante el siglo XX, el escarabajo consiguió cubrir todo el hemisferio norte y tuvo una expansión global que alcanzó los dieciséis millones de kilómetros cuadrados. En la actualidad, el escarabajo de la patata de Colorado es uno de los insectos herbívoros invasores de mayor éxito a nivel mundial. El control continuo de las plagas ocasionadas por el escarabajo de la patata de Colorado alcanza un gasto de decenas de millones de dólares anuales, con una potencial proyección de gasto, en ausencia de actuación contra el insecto, de miles de millones de dólares cada año.

A pesar de la información preocupante que llegaba a oídos de las autoridades, en marzo de 1943, Adolf Hitler promulgó nuevas directivas que reiteraban la prohibición inequívoca de realizar preparativos relacionados con armas biológicas ofensivas, pero ordenó el estudio intensivo de medidas defensivas. Algunos científicos nazis obviaron la directriz y recomendaron que fuera tomado en consideración el empleo de armas biológicas para iniciar sabotajes sutiles, pero inquietantes, como inyectar toxina botulínica en pasta de dientes o en alimentos.

«¡Alto, escarabajo yanqui!» (1950). Ya en el marco de la Guerra Fría, los países del Pacto de Varsovia también acusaron a Estados Unidos de introducir el insecto en el Este como arma biológica y lanzaron una campaña conocida como «guerra contra el escarabajo de la patata». Aquí la portada de uno de los *Dokumente zum Kartoffelkäferabwurf* que editó la República Democrática Alemana (RDA) para alertar a sus agricultores; el escarabajo aparece *vestido* con la bandera estadounidense.

Incluso teniendo en cuenta la totalidad de la actividad de investigación alemana sobre la guerra biológica, el programa alemán fue insignificante. No establecieron una cooperación real y organizada con otras potencias del Eje y nunca iniciaron una investigación activa sobre la guerra biológica. Al parecer, la Alemania nazi no poseyó armas bacteriológicas listas para ser utilizadas en el campo de batalla o en acciones aisladas. Los motivos de Hitler para prohibir tales investigaciones ofensivas siguen sin estar claros, pero incidieron en que la toxina botulínica no formara parte del arsenal militar alemán durante la Segunda Guerra Mundial. Sin embargo, los aliados desconocían esta situación y la información ofrecida por el servicio de inteligencia sobre el posible uso de la toxina botulínica por parte de los alemanes, como arma bacteriológica contra las tropas aliadas, especialmente en forma seca, fue muy alarmista y provocó una planificación más concienzuda y exhaustiva de la denominada operación Overlord, la operación militar que desembocó el 6 de junio de 1944 en el famoso desembarco de Normandía.

🕮 PARA LEER MÁS:

Cardon, Brandon. 2021. «Case Series of Botulinum Toxin Administered to Pregnant Patients and Review of the Literature». *Facial Plastic Surgery & Aesthetic Medicine* 23 (3): 187-190.

Dover, Nir. 2014. «Molecular Characterization of a Novel Botulinum Neurotoxin Type H Gene». *Journal of Infectious Diseases* 209: 192-202.

Kosenina, Sara. 2019. «Crystal structure of the catalytic domain of the *Weissella oryzae* botulinum-like toxin». *FEBS Letters* 593: 1403-1410.

Lonati, Davide. 2020. «Foodborne Botulism: Clinical Diagnosis and Medical Treatment». *Toxins* 12 (8): 509.

Palazón-García, Ramiro. 2021. «Botulinum Toxin: From Poison to Possible Treatment for Spasticity in Spinal Cord Injury». *International Journal of Molecular Sciences* 22: 4886.

Tatu, Laurent. 2021. «Botulinum Toxin in WW2 German and Allied Armies: Failures and Myths of Weaponization». *European Neurology* 84: 53-60.

Balduino de Boulogne entrando en Edesa en febrero de 1098 [Joseph-Nicolas Robert-Fleury, 1840].

9. LA PRIMERA CRUZADA, AÑO 1096 D. C.

En la vanguardia, Tancredo y Godofredo derramaron una cantidad increíble de sangre, y sus camaradas, pisándoles los talones, trajeron ahora sufrimiento a los sarracenos (...). Con la caída de Jerusalén y sus torres se podían ver obras maravillosas. Algunos de los paganos fueron decapitados misericordiosamente, otros atravesados por flechas lanzadas desde torres, y otros, torturados durante mucho tiempo, murieron quemados en llamas abrasadoras. Montones de cabezas, manos y pies yacían en las casas y calles, y de hecho había un vaivén de hombres y caballeros sobre los cadáveres (...). Así que basta con relatar que, en el Templo de Salomón y el pórtico, los cruzados cabalgaban con sangre hasta las rodillas y las bridas de sus caballos (...). Era una justicia poética que el Templo de Salomón recibiera la sangre de los paganos que blasfemaron a Dios allí durante muchos años.

El fragmento es parte de la obra *Historia Francorum qui ceperunt Iherusalem* (*Historia de los francos que tomaron Jerusalén*), una crónica latina de la Primera Cruzada que fue escrita entre 1098 y 1105 por Pons de Balazun y Raymond d'Aguilers. La ciudad de Jerusalén cayó, ahogada en una orgía de sed de sangre y celo religioso, ante las fuerzas cruzadas en 1099, cumpliendo el objetivo celestial de la Primera Cruzada, y estableciendo una presencia católica en el Medio Oriente durante los siguientes doscientos años. Esta expedición fue uno de los episodios mejor documentados de la historia de la Europa medieval. Los relatos de Guibert de Nogent, Raymond d'Aguilers, Petrus Tudebodus y la crónica anónima *De gesta francorum et aliorum hierosolimitanorum* (*De la gesta de los francos y los otros peregrinos de Jerusalén*) han proporcionado a los historiadores una gran cantidad de información sobre esta cruzada.

De gesta francorum et aliorum hierosolimitanorum, más conocida como *Gesta francorum*, fue escrita en latín hacia los años 1100-1101 y recoge las supuestas palabras emitidas por el papa Urbano II en noviembre de 1095, durante el Concilio de Clermont, cuando pronunció el sermón que instigó la Primera Cruzada. La presunta alocución de Urbano II contempla un mensaje espinoso que mezcla cuestiones incorpóreas con orgánicas y que dictamina lo siguiente: «Hermanos, conviene que debáis sufrir muchas cosas por el nombre de Cristo: miserias, pobrezas, desnudez, persecuciones, necesidad extrema, debilidades, hambre, sed y otras cuestiones semejantes».

La arenga de Urbano II no dirige el foco al propósito militar de la expedición, ni a la importancia de llegar a la ciudad de Jerusalén, sino más bien al sufrimiento corporal que los cruzados podían esperar soportar y a la recompensa espiritual que esto traería. El sermón, afilado y tajante, hizo mella en el pensamiento de la época y estimuló el desarrollo de una serie de campañas militares, impulsadas por la Iglesia católica en el Mediterráneo oriental, que tuvieron lugar durante un periodo de casi dos siglos, entre 1096 y 1291, y que llevaron al establecimiento efímero de un reino cristiano en Jerusalén y a la conquista temporal de Constantinopla. La lectura de las crónicas contemporáneas muestra que el enfoque de la *Gesta francorum*, relacionado con la resistencia física, fue profético, ya que cada expedición parece que estuvo marcada por experiencias calamitosas, enfermedades y sufrimiento.

Urbano II predicó en los diferentes países cristianos de la Europa occidental la necesidad imperiosa de conquistar la llamada Tierra Santa. Este ideal estuvo liderado por nobles, principalmente provenientes del Reino de Francia y del Sacro Imperio Romano Germánico, que nutrieron la hueste de caballeros, soldados y numerosa población que encontraron en su avance, originando un inusitado fenómeno de peregrinación armada masiva.

Resultó fácil persuadir a los francos occidentales de que abandonaran sus propias tierras y de que se unieran a la santa misión, porque durante varios años, numerosas penurias afligieron con dureza a las tierras galas e invitaron al pueblo a que hiciera las maletas con viento fresco. Primero levantamientos civiles, luego hambrunas y después enfermedades y plagas miserables aterrorizaron a la gente desesperada. Una de las enfermedades más temidas consistía en un fuego invisible que ardía en cualquier parte sensible del cuerpo, durante un período de tiempo indeterminado, causando un tormento indescriptible y en muchas ocasiones incurable. El suplicio era considerado un castigo divino, que solo terminaba con la pérdida de la vida o de un miembro ofensivo amputado. Las manos o pies cercenados de los afortunados supervivientes servían, cada día, como recordatorio de la crueldad y de la presencia ubicua de esta plaga. Durante los tiempos de enfermedad desenfrenada, muchos en Francia realizaron peregrinaciones masivas en busca de una cura sanadora. Nada parecía ser suficiente. Nada manifestaba ser eficaz.

La enfermedad, apodada coloquialmente como fuego de San Antonio o fuego de San Antón, era causada por comer pan de centeno elaborado con harina contaminada por el hongo *Claviceps purpurea*. Este hongo, conocido por los nombres de cornezuelo o ergot, infecta a gran variedad de cereales, entre los que destaca el centeno. *Claviceps purpurea* produce alcaloides tóxicos, como la ergometrina y la ergotamina que son sustancias especialmente activas como vasoconstrictoras de las arterias, por lo que pueden provocar necrosis de los tejidos y aparición de gangrena en las extremidades. Es decir, son responsables de originar un fuego interno lacerante que desazona a quien lo padece. Gran parte de los afectados procedían del centro y norte de Europa, donde era habitual el consumo de pan de centeno. En el año 1095, a punto de comenzar la Primera Cruzada, el noble francés Gaston de Valloire, con el apoyo del papa Urbano II, fundó la Orden de San Antonio, una congregación católica romana que tenía el propósito de atender a quienes padecían el fuego de San Antonio. Muchos acudieron a los hospitales antoninos buscando la salvación, otros huyeron del mal enrolándose en las tropas que avanzaban firmes en dirección a la Tierra Santa.

La Primera Cruzada fue una combinación de peregrinaje, penitencia y guerra santa, completamente ajena al pensamiento de los cristianos de Bizancio, que consideraban las guerras defensivas necesarias pero lamentables. Las razones para iniciar las cruzadas fueron complejas, pero la expansión musulmana fue uno de los motivos decisivos, ya que durante el siglo XI los turcos selyúcidas conquistaron Palestina, Siria y Anatolia, colocándolos a corta distancia de Constantinopla. Esta amenaza inminente sobre el Imperio bizantino llevó al emperador, Alexius I Comnenus, a apelar al papa Urbano II en busca de ayuda militar. Alexius centró su argumento en la religión cristiana, el único factor común que acortaba la brecha entre Europa occidental y el Imperio bizantino. La llamada de Alexius a Occidente desató una respuesta sin precedentes. A los pocos meses de la apelación, en noviembre de 1095, el papa Urbano II pronunció su famoso sermón en Clermont, que activó al instante el movimiento cruzado. La exitosa convocatoria a las armas propuesta por Urbano II benefició en demasía al papado, ya que contribuyó en exceso a la reconciliación del cristianismo entre Oriente y Occidente y a la reunificación de la Iglesia. En toda Europa fue adoptada la cruz como símbolo, pancarta o uniforme.

Los combates fueron cruentos, las contiendas épicas, los choques gloriosos y el regreso forzado y amargo. El monje benedictino y cronista Ordericus Vitalis apuntó en su obra *Historia Ecclesiastica,* descrita como la más grande historia social de la Inglaterra medieval, que en el año de nuestro Señor 1100, después de lograr todos sus objetivos al ir a Jerusalén, los nobles regresaron y reclamaron sus propias tierras como era debido. Numerosos autores modernos, con frecuencia, han culpado a diversas enfermedades del regreso apremiado y penoso de los cruzados a Europa. Los historiadores apuntan con tino en dirección a la aparición entre los soldados de posibles brotes de disentería, viruela, peste bubónica, malaria, fiebre tifoidea, esquistosomiasis o lepra, entre otras. Sin duda, el masivo regreso de los cruzados pudo suponer un componente de primer orden relacionado con la propagación de enfermedades en Europa.

En la época medieval, muchas enfermedades infecciosas eran endémicas en Europa y en Oriente Medio. Los síntomas han sido descritos en textos antiguos y los análisis de restos recuperados de excavaciones arqueológicas han apoyado la hipótesis de la existencia ordinaria de alguna de estas afecciones. De hecho, los requisitos básicos para la propagación de enfermedades infecciosas estaban presentes en el mundo mediterráneo medieval, a saber, un tamaño de población convenientemente grande, mala higiene, hacinamiento, comida insuficiente y contacto cercano con animales, lo cual facilitaba situaciones de zoonosis. En consecuencia, era de esperar que muchos de los participantes en la Primera Cruzada viajaran, ya fuera al ir o al volver, con algún tipo de enfermedad. Algunos de los enfermos eran atendidos en hospitales, como el que existía junto a la iglesia del Santo Sepulcro de Jerusalén y que fue fundado poco antes del inicio de la Primera Cruzada por la Orden de San Juan de Jerusalén. Cuando Jerusalén fue conquistada por los cruzados en el año 1099, el primer maestro de la Orden de San Juan, Gerard de Sant Genís, decidió extender la obra por Palestina, Siria y Europa, salpicando de hospitales la ruta de la peregrinación a Tierra Santa y adoptando el hábito negro y la cruz de paño blanco con ocho puntas, que simbolizan las ocho bienaventuranzas con las que, según el evangelio de San Mateo, comenzó Jesús de Nazaret el sermón de la montaña.

Sin dejar de atender a los enfermos, la Orden de San Juan de Jerusalén quedó convertida en una fuerza militar que intervino, en el entorno de la Tierra Santa, con rotundidad y de continuo contra el islam. Además de hospitales, la Orden de San Juan de Jerusalén también construyó letrinas en las que poder descargar las miserias terrenales. Algunas de ellas fueron construidas en Acre, una ciudad costera de Israel situada cerca de la bahía de Haifa, que fue tomada por los cruzados en el año 1104. Desde aquel momento, Acre empezó a ser el gran puerto del reino de Jerusalén, por el que transitaban todas las mercancías, en su mayoría genovesas. El ajetreo en Acre, entre los cruzados, los comerciantes, los despistados y la chusma de todo tipo, era para mear y no echar gota. Debieron pensar en la orden que, con tanto buscavidas suelto, la evacuación de boñigas en la ciudad podía ser antológica, y, para amortiguar la insana pestilencia que amenazaba a la urbe, decidieron construir un impresionante bloque de letrinas edificado en varios pisos, con treinta y cinco asientos de piedra y un sistema de riego con descarga de agua.

GATE OF THE HOSPITAL OF THE KNIGHTS OF ST. JOHN AT JERUSALEM.

Puerta del Hospital de los Caballeros de San Juan en Jerusalén
[*All round the world*, William Francis Ainsworth, 1872].

El análisis del suelo de las letrinas de Acre ha identificado huevos de lombrices intestinales, tricocéfalos (*Trichuris trichiura*) y tenia del pescado (*Diphyllobothrium latum*), que infectaron los intestinos de quienes usaron las letrinas en tiempos de las cruzadas. *Trichuris trichiura,* junto con la ascáride (*Ascaris lumbricoides*) y el anquilostoma (*Necator americanus* y *Ancylostoma duodenale*), es una de principales especies de helmintos transmitidos por el suelo que infectan al hombre. En todo el mundo, aproximadamente 1500 millones de personas, casi el 24 % de la población mundial, está infectada por helmintos transmitidos por el suelo. La tricuriasis, enfermedad provocada por *Trichuris trichiura,* es la tercera infección más frecuente por nematodos transmitida por el suelo y se estima que entre 604 y 795 millones de personas están afectadas en todo el mundo. En el año 2001, los delegados en la Asamblea Mundial de la Salud aprobaron por unanimidad una resolución (WHA54.19) en la que se instaba a los países endémicos a afrontar seriamente el problema de los helmintos, en particular la esquistosomiasis y las geohelmintiasis. En el año 2017, en los países

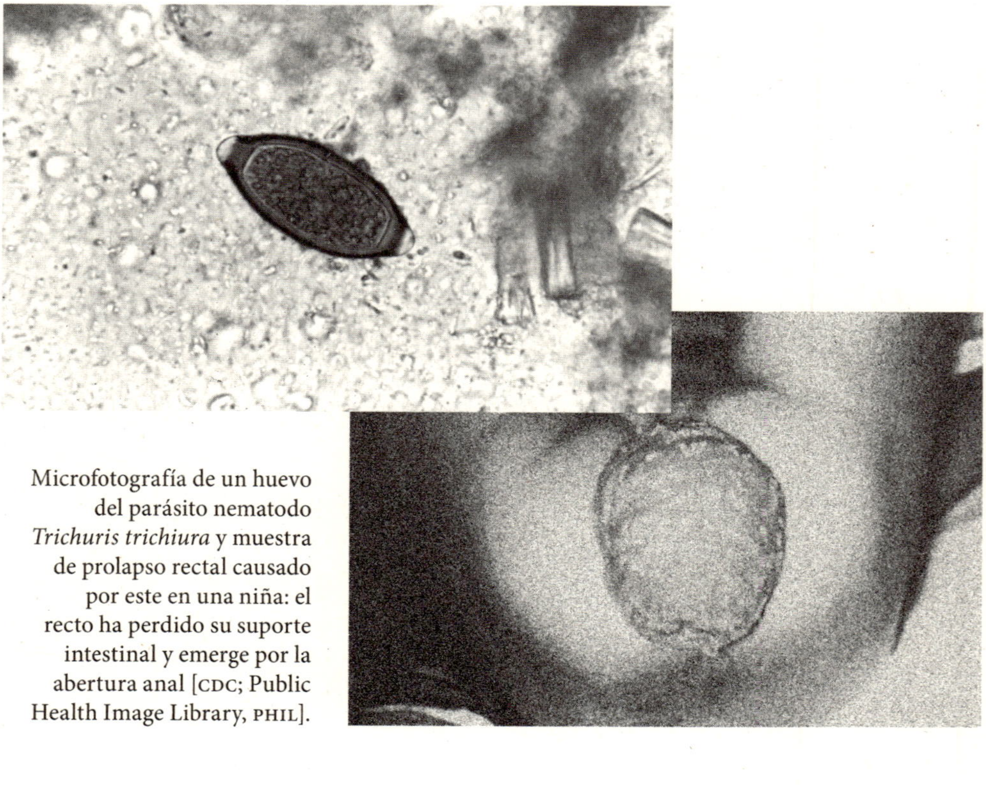

Microfotografía de un huevo del parásito nematodo *Trichuris trichiura* y muestra de prolapso rectal causado por este en una niña: el recto ha perdido su suporte intestinal y emerge por la abertura anal [CDC; Public Health Image Library, PHIL].

endémicos, se trató con antihelmínticos a más de 598 millones de niños, lo que supuso el 69 % de los niños en riesgo. La tricuriasis se disemina por la vía fecal-oral. Los huevos ingeridos son incubados en el duodeno e ingresan en las criptas como larvas. Después de madurar durante de uno a tres meses, los helmintos migran al ciego y el colon ascendente, donde se adhieren al epitelio superficial, se aparean y depositan sus huevos. La estimación es que los gusanos adultos viven de uno a dos años, aunque algunos pueden sobrevivir más tiempo.

El tricocéfalo presenta una distribución a nivel mundial, pero la tenia del pescado fue un hallazgo inesperado, ya que no ha sido identificada en letrinas anteriores del Medio Oriente y no aparece en la región en la actualidad. Por contra, la tenia del pescado es un hallazgo común en letrinas del norte de Europa durante el período medieval, y en particular en Gran Bretaña, el norte de Francia, Alemania y Escandinavia. El parásito presenta un tamaño descomunal y puede alcanzar hasta los diez metros de longitud. Infecta al ser humano después de que las personas ingieran pescado crudo o poco cocinado. En el agua dulce, los huevos de *Diphyllobothrium latum*, procedentes de heces humanas, se convierten en larvas capaces de nadar libremente, que luego son ingeridas por microcrustáceos. A su vez, los peces consumen los microcrustáceos y en ellos las larvas adquieren capacidad infecciosa. Cuando los humanos ingieren pescado infectado, el ciclo vuelve a comenzar. Las tenias del pescado absorben la vitamina B12 de la dieta y en ocasiones producen deficiencia de vitamina B12 y anemia megaloblástica. Parece probable que la tenia del pescado fuera transportada a Oriente Medio en los intestinos de los cruzados del norte de Europa, que luego utilizaron las letrinas de la Orden de San Juan en Acre.

Por otra parte, el análisis adicional de varias muestras de letrinas de la ciudad de Acre, que estaban en uso durante las cruzadas, dio un resultado positivo para *Entamoeba histolytica* y *Giardia lamblia*, dos microorganismos responsables de causar amebiasis y giardiasis con cuadros clínicos similares a la disentería bacilar. Todos los años, alrededor de cincuenta millones de personas en todo el mundo desarrollan colitis amebiana o enfermedad extraintestinal debida a la infección por *Entamoeba histolytica*, llegando a morir hasta 100.000 de ellas. La disentería amebiana causada por *Entamoeba histolytica* se manifiesta con episodios frecuentes de heces semilíquidas que suelen contener sangre, moco y trofozoítos vivos. Los trofozoítos son formas de *Entamoeba histolytica* que pueden adherirse a las células epiteliales del colon y a los leucocitos polimorfonucleares (PMN) y destruirlos, produciendo una disentería mucosanguinolenta. A menudo, la disentería es mencionada de soslayo en las fuentes bibliográficas del período cruzado. Terminada la Primera Cruzada, en 1118 o 1119, nueve caballeros franceses liderados por Hugo de Payns fundaron la Orden de los Pobres Caballeros de Cristo del Templo de Salomón, también llamada la Orden del Temple, cuyo propósito original era proteger las vidas de los cristianos que peregrinaban a Jerusalén. Según algunas crónicas, los miembros de la Orden del Temple que contrajeron disentería, debido al ruido y olor desagradables que desprendían, fueron atendidos en las enfermerías de la orden. Al final de la Séptima Cruzada, el rey Luis IX de Francia abandonó Egipto con sus ejércitos derrotados en 1250. Después de un comienzo auspicioso, en el que capturaron varias fortalezas en el camino a El Cairo, el ejército exhausto fue golpeado por la peste en Mansourah. Mientras se retiraban río arriba, los egipcios los alcanzaron, apresando a Luis IX y a muchos otros nobles. El rey fue rescatado pero el plan original tuvo que ser abandonado.

La campaña en Egipto fue calamitosa porque estuvo gravemente afectada por la disentería. Muchos de los soldados que huyeron en retirada aún estaban enfermos cuando partieron. En la desbandada, la flota francesa tomó rumbo al puerto franco de Acre y estuvo acompañada de la disentería como polizón insospechado. El rey Luis IX estuvo escoltado por Jean de Joinville, uno de los mayores cronistas durante el medievo en Francia, quien describió la aparición de una epidemia nefasta poco después de su llegada a Acre. Al parecer la disentería también actuó allí sin contemplaciones. Jean de Joinville escribió que sucumbió, junto a toda su gente, a una fiebre continua que le obligó a acostarse. El cronista mencionó que en todo ese tiempo de enfermedad no hubo alguien cerca que pudiera ofrecer ayuda. Sintió que la muerte estaba próxima, casi adosada a su oído, porque no hubo día en que veinte o más muertos no fueran llevados a la iglesia, y desde su cama, mientras cada difunto era acarreado, escuchaba el canto de *Libera me*, que es utilizado como responsorio en la absolución de los fallecidos. El texto pide a Dios que, en el Juicio Final, tenga misericordia de la persona difunta.

La historia de Luis IX de Francia, conocido como san Luis por los católicos, es que el piadoso monarca murió probablemente de disentería mientras dirigía la Octava Cruzada, en un intento de apuntalar el control de la Tierra Santa en nombre del cristianismo. Dieciséis años después de la

Séptima Cruzada, los Estados cruzados se vieron nuevamente amenazados, esta vez por mongoles procedentes del este. Luis IX planeó cruzar el Mediterráneo y capturar Túnez para luego atacar Egipto. El planteamiento se esfumó casi nada más empezar, porque Luis IX cayó enfermo. La descripción que realiza Jean de Joinville del rey enfermo es detallada y gráficamente descriptiva. Incapaz de controlar sus intestinos, el rey necesitaba que le cortaran los pantalones y que le montaran en un animal de carga. Al tiempo que perdió el control de su cuerpo, perdió el control de los militares. La campaña fue un desastre. La enfermedad contaminó la imagen del rey santo y puro, y su montura, indigna de soportar la carga real y a sabiendas de que el caballo de guerra era el símbolo de la caballería medieval y de la masculinidad, desanimó aún más al monarca. Por fin, incapaz de seguir adelante, Luis IX fue llevado a una casa y colocado, como si estuviera muerto, en el regazo de una mujer de París. Es probable que la susodicha fuera Hersende de Francia, cirujana real y médica personal del rey que asistió a Luis IX durante la cruzada.

Luis IX, enfermo y desahuciado, murió el 25 de agosto de 1270 sin haber conseguido su objetivo. Un estudio reciente de la mandíbula de Luis IX sugiere que, en el verano de 1270, el rey no fue derrotado y defenestrado por una enfermedad infecciosa, sino por la obstinada negativa a comer, durante su largo y exigente viaje, la comida local de Túnez. Al observar la mandíbula, los investigadores han apreciado signos contundentes de que Luis IX sufría de un caso grave de escorbuto, una enfermedad causada por la falta de vitamina C. La vitamina C es esencial para la formación, el crecimiento y la reparación de los huesos, de la piel, del tejido conjuntivo y para el funcionamiento normal de los vasos sanguíneos. En caso de carencia aguda, brota la enfermedad denominada escorbuto, que presenta síntomas como la aparición de hematomas; problemas dentales y gingivales; piel y cabello secos; y anemia. No comer suficientes frutas y verduras frescas puede causar esta carencia. El registro histórico respalda este diagnóstico. Jean de Joinville describió la terrible experiencia que soportaron los cruzados, afirmando que el ejército sufría de necrosis en las encías y que los médicos-barberos tuvieron que cortar el tejido necrotizante para permitir que los hombres masticaran la carne y la tragaran. Jean de Joinville manifestó que fue una pena escuchar a los soldados gritando y llorando, como si fueran mujeres pariendo, cuando les cortaron las encías.

Luis IX consuela a un leproso. Grabado de 1878 a partir de Albert Maignan [*Catalogue illustré des beaux-arts: 1789-1889*].

La cruzada no estuvo tan bien preparada como debería, porque no fueron llevadas ni agua ni frutas y verduras suficientes. La dieta del rey no era muy equilibrada, y estaba sometida a toda clase de penitencias y ayunos. El campo tunecino disponía probablemente de muchas frutas y verduras frescas, pero el rey no quiso consumirlas. El escorbuto pudo no haber sido la causa principal de la muerte de Luis IX, pero es muy probable que debilitara al monarca lo suficiente como para permitir que otro patógeno, quizás uno que provoca disentería, le abatiera. Parece obvio que la mala logística y el exceso de recelo sellaron el destino de Luis IX.

La piedad de Luis IX hacia los pobres, los afligidos y los leprosos le valió la santidad. Durante siglos, una de las enfermedades dermatológicas más importantes desde el punto de vista sociológico ha sido la lepra. Las personas afectadas fueron aisladas, excluidas de la sociedad y estigmatizadas. La lepra es una enfermedad humana crónica con consecuencias neurológicas potencialmente debilitantes que es causada por la infección de las bacterias *Mycobacterium leprae* y *Mycobacterium lepromatosis*. Los microorganismos afectan a los sistemas nervioso, motor, sensorial y autónomo. *Mycobacterium leprae* fue la única causa conocida de lepra hasta el año 2008, cuando la segunda especie, *Mycobacterium lepromatosis*, fue identificada en México. *Mycobacterium leprae* se acumula principalmente en las extremidades del cuerpo, donde reside dentro de los macrófagos e infecta a las células de Schwann del sistema nervioso periférico. La falta de producción de mielina por las células de Schwann infectadas y su destrucción por las reacciones inmunes mediadas por el huésped, provocan daño nervioso, pérdida sensorial y desfiguración que, lamentablemente, son las características distintivas de la lepra. La transmisión primaria de la enfermedad de persona a persona es producida a través de las gotitas expulsadas por la nariz y la boca de la persona infectada, que son inhaladas o tocadas por otra persona no infectada. El período de incubación es muy largo, en algunos casos hasta veinte años, antes de que los signos y los síntomas clínicos sean evidentes. Se considera que los seres humanos son el principal hospedador de *Mycobacterium leprae*, el agente etiológico de la lepra, pero a lo largo del tiempo se ha producido un contagio a otros mamíferos que ahora son hospedadores reservorio, como los armadillos de nueve bandas y las ardillas rojas. Recientemente, un grupo multidisciplinar de investigadores ha publicado en la revista *Nature* la descripción de lesiones similares a la lepra en dos poblaciones silvestres de chimpancés occidentales (*Pan troglodytes verus*) en el Parque Nacional Cantanhez, en Guinea-Bissau, y en el Parque Nacional Taï, en Costa de Marfil, ambos países en África occidental. El cribado de las muestras confirmó la presencia de *Mycobacterium leprae* como agente causante de las lesiones en cada localidad. Las comparaciones filogenómicas con otras cepas de humanos y otros animales mostraron que las cepas de los chimpancés pertenecen a genotipos diferentes y raros. Este hallazgo sugiere que *Mycobacterium leprae* puede estar circulando en más animales salvajes de los que había sospecha, ya sea como resultado de la exposición a humanos o a otras fuentes ambientales desconocidas.

La identidad genética de las bacterias que originan la lepra apunta a que las cepas europeas descienden de las que existían en Medio Oriente, la India y Egipto. Es evidente que las cruzadas, seguidas de las rutas comerciales

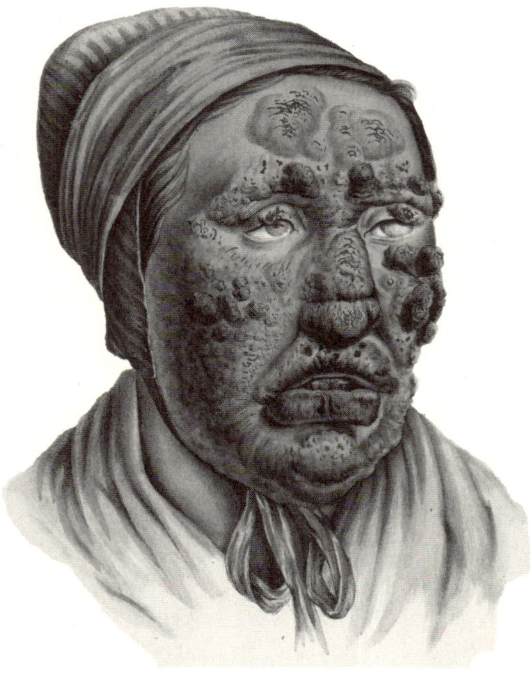

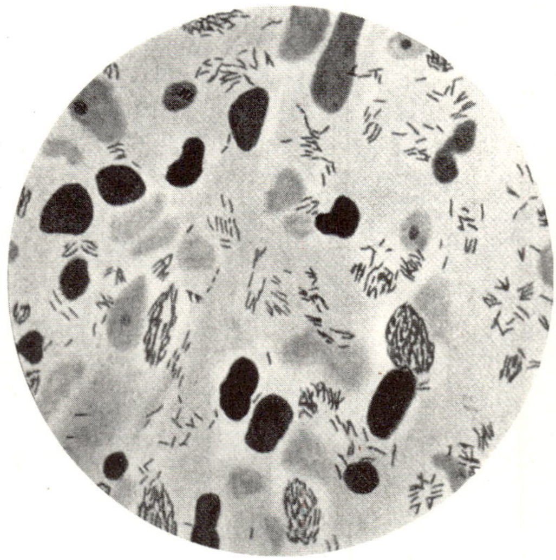

Izqda.: mujer de veintiocho años con lepra [*Om spedalskhed: Atlas*, Daniel Cornelius Danielssen, 1847]. Dcha.: fotomicrografía de un espécimen derivado de la lesión cutánea lepromatosa de un paciente que revela la presencia de bacterias *Mycobacterium leprae*, la causa de la lepra en humanos [CDC; Public Health Image Library, PHIL].

hacia y desde Oriente Medio, intensificaron la llegada de la lepra a Europa. De hecho, la orden militar de San Lázaro fue establecida en Jerusalén poco después de la Primera Cruzada, para permitir que los cruzados y los peregrinos que padecían la enfermedad vivieran juntos. Al mismo tiempo que las cruzadas eran libradas, en Europa hubo un aumento dramático en la prevalencia de la lepra durante los siglos XII y XIII, por lo que empezaron a ser construidos un gran número de leprosarios para albergar a las personas que habían contraído la enfermedad. El último leprosario abierto en Europa occidental es el Sanatorio San Francisco de Borja, más conocido como Sanatorio de Fontilles, que está situado en el municipio de Vall de Laguar, en la comarca de la Marina Alta, provincia de Alicante, en España. Este sanatorio fue fundado en 1909 por el abogado Joaquín Ballester Lloret y el padre jesuita Carlos Ferris Vila.

Con la muerte de Luis IX, los ejércitos, después de negociar un trato con el emir de Túnez, regresaron a Europa. Fue el principio de un final anunciado. La muerte de Luis IX extinguió el ímpetu de las contiendas cruzadas y, en 1291, la ciudad de Acre cayó, poniendo fin a la breve y turbulenta historia de los Estados cruzados en el Cercano Oriente.

🕮 PARA LEER MÁS:

Ankri, Serge. 2021. «*Entamoeba histolytica* - Gut Microbiota Interaction: More Than Meets the Eye». *Microorganisms* 9 (3): 581.

Charlier, Philippe. 2020. «The mandible of Saint-Louis (1270 AD): Retrospective diagnosis and circumstances of death». *Journal of Stomatology, Oral and Maxillofacial Surgery* 121 (2): 172-174.

Hockings, Kimberley. 2021. «Leprosy in wild chimpanzees». *Nature* 598 (7882): 652-656.

Mitchell, Piers. 2008. «Dysentery in the crusader kingdom of Jerusalem: an ELISA analysis of two medieval latrines in the City of Acre (Israel)». *Journal of Archaeological Science* 35 (7): 1849-1853.

Monot, Marc. 2005. «On the origin of leprosy». *Science* 308: 1040-1042.

Scholz, Tomáš. 2019. «Broad tapeworms (Diphyllobothriidae), parasites of wildlife and humans: Recent progress and future challenges». *IJP: Parasites and Wildlife* 9: 359-369.

Acuarela de un médico de la peste del siglo xvii. La tarea de un médico de la peste, además de tratar a las personas con la enfermedad, era recopilar registros públicos de las muertes que ocasionaba. Algunos usaban un traje especial que consistía en un abrigo largo hasta los tobillos y una máscara con forma de pico de ave, a menudo llena de sustancias aromáticas como lavanda o alcanfor. Los médicos creían que la máscara mantendría alejados los olores malignos, conocidos como miasmas, que se pensaba que eran el origen principal de la enfermedad [Wellcome Collection].

10. LA PESTE NEGRA, AÑO 1346 D. C.

Humana cosa es tener compasión de los afligidos, y aunque a todos conviene sentirla, más propio es que la sientan aquellos que ya han tenido menester de consuelo, y lo han encontrado en otros, entre los cuales, si hubo alguien de él necesitado o le fue querido o ya de él recibió el contento, me cuento yo. Porque desde mi primera juventud hasta este tiempo he estado de sobremanera inflamado por altísimo y noble amor.

El texto corresponde al inicio del *Decamerón*, un libro escrito por Giovanni Boccaccio entre 1351 y 1353 y que fue subtitulado *Príncipe Galeoto,* para hacer referencia a un personaje que ayudó a Lancelot del Lago, uno de los caballeros de la mesa redonda, a tener un encuentro amoroso con Ginebra, la esposa del rey Arturo.

El *Decamerón*, que significa «acontecimiento en diez días», es un pastelito de gloria y uno de los libros más importantes de la literatura universal, por su valor literario y por la amplia influencia que ejerció sobre otros textos importantes, como por ejemplo *Los cuentos de Canterbury* de Geoffrey Chaucer, la mejor obra de la Edad Media en Inglaterra. El *Decamerón*, constituido por cien relatos, ahonda mordaz en las relaciones humanas, narrando la vida cotidiana de la sociedad burguesa de la Europa medieval. La inteligencia humana, la fortuna y el amor, desde facetas eróticas y expresiones carnales hasta desenlaces trágicos, se imponen como los temas principales del *Decamerón.* Para engarzar las exquisitas decenas de historias, el libro diseña una narración apoyada en un grupo de diez jóvenes, siete mujeres y tres hombres, que refugiados en una villa a las afueras de Florencia, intentan huir, o al menos protegerse, de la peste bubónica que azotaba a la ciudad. Los jóvenes buscan distracción y desahogo del ánimo trágico que supura la población, y durante diez jornadas se reúnen por la tarde a contar relatos. Probablemente, Boccaccio concibió el *Decamerón* después de que comenzase la epidemia de peste negra de 1348.

Toda historia o toda epidemia, por esmirriada que sea, tiene un inicio. El punto de partida de la crónica que nos atañe fue Caffa, un hervidero humano en el que un terrible día llovieron cadáveres putrefactos. Aquella perversa lluvia, truculenta y mortal, llevó la peste a la ciudad.

La localidad de Caffa, actual Feodosia en la península de Crimea, fue establecida en 1266 por la república marítima de Génova, previo acuerdo con el kan de la Horda Dorada. Kan es, en origen, un título turco-mongol que significa máximo gobernante y la Horda Dorada fue un Estado mongol cuyo territorio abarcaba parte de las actuales Rusia, Ucrania y Kazajistán. La Horda Dorada se creó tras la ruptura del Imperio mongol en la década de 1240, poco tiempo después de la muerte del legendario Gengis Kan.

Desde el principio, la ciudad de Caffa quedó convertida en el puerto principal de los grandes buques mercantes genoveses, que conectaban allí, a través del río Don, con la industria del transporte costero hasta la localidad de Tana, en la región de la actual ciudad de Azov del óblast de Rostov, en el sur de Rusia. El comercio a lo largo del río Don enlazaba a Tana con la Rusia central, y las rutas de las caravanas terrestres la unían a Sarái Batú, la capital de la Horda Dorada, y de allí al Lejano Oriente. Sarái Batú llegó a ser una de las ciudades más importantes del mundo medieval, con una población estimada de 600.000 habitantes y una ubicación excepcional, justo en el centro del comercio euroasiático de la Ruta de la Seda.

Las relaciones entre los comerciantes italianos y sus anfitriones mongoles eran avinagradas, muchas veces escarpadas e incómodas, y estando como estaba el horno para pocos bollos, en 1307, Toqta, kan de la Horda Dorada, subió de improviso la temperatura, porque arrestó a los residentes italianos de Sarái Batú y sitió Caffa. Al parecer, el detonante fue el descontento de Toqta con el comercio italiano de esclavos túrquicos que eran vendidos como soldados al sultanato mameluco de Egipto.

Los genoveses resistieron durante un largo año, pero en 1308, exhaustos, prendieron fuego a la ciudad y la abandonaron. Convertidas en cenizas, las relaciones entre los italianos y la Horda de Oro siguieron tensas hasta la muerte de Toqta en 1312. Mohammad Öz-Beg, conocido como Öz-Beg Kan, sucedió a Toqta y resultó ser un soplo de aire fresco. Öz-Beg dio la bienvenida a los genoveses y también cedió tierras en Tana a los italianos para que expandieran su iniciativa comercial.

En la década de 1340, Caffa volvió a ser una ciudad próspera, fuertemente fortificada dentro de dos murallas concéntricas. El muro interior encerraba 6.000 casas y el exterior 11.000. La población de la ciudad era heterogénea y cosmopolita, e incluía a genoveses, venecianos, griegos, armenios, judíos, mongoles y turcos. Por desgracia, Öz-Beg falleció en 1341 y, con la muerte del kan, el recelo volvió a florecer en las praderas mongolas. En 1343, tras una pelea entre italianos y musulmanes, las tropas de Jani Beg, sucesor de Öz-Beg, alentadas por la República Serenísima de Venecia, que era el máximo rival de los genoveses por el control del comercio, sitiaron Caffa y el enclave italiano de Tana. Los comerciantes italianos en Tana huyeron a Caffa, porque en virtud de su ubicación en la costa, mantenía el acceso marítimo a pesar del asedio.

El cerco a Caffa duró hasta febrero de 1344, cuando se levantó después de que una fuerza de socorro italiana matara a 15.000 soldados mongoles y destruyera sus máquinas de asedio. Poco duró la calma, porque Jani Beg renovó el acoso en 1345 y, a la segunda, la situación fue bastante diferente. Durante meses, los mongoles sitiaron a Caffa, oprimiendo y asfixiando la urbe hasta amoratar sus entrañas. Transcurrieron cientos de días de asedio, con todas sus lunas y soles, hasta que una mala madrugada, sin ton ni son, una enfermedad atacó a las hostiles tropas invasoras, y desde aquel momento, sin que nadie pudiera prever los acontecimientos, comenzó una historia de terror que arrodilló a Europa.

Gabriele de Mussis, notario italiano de la Piacenza, dio un vívido relato de lo sucedido en la ciudad de Caffa en *Istoria de Morbo sive Mortalitate quae fuit Anno Dni.* MCCCXLVIII (*Historia de la enfermedad, o La gran muerte del año de nuestro Señor 1348*). La narración comienza con un discurso apocalíptico de Dios. Lamenta el Señor la depravación en la que había caído la humanidad y describe la retribución prevista, que por lo visto era más mala que la quina. Después, el texto continúa mencionando que, en 1346, en los países del Este, innumerables tártaros y sarracenos fueron abatidos por una misteriosa enfermedad que provocó su muerte súbita. Dentro de estos países, amplias regiones, provincias extensas, magníficos reinos, ciudades, pueblos y asentamientos, destruidos por la enfermedad y devorados por una muerte espantosa, pronto fueron despojados de sus habitantes. Al mismo tiempo, la ciudad de Tana, frecuentada por comerciantes italianos, fue asediada y atacada por hordas de tártaros. Los comerciantes cristianos, expulsados por la fuerza, estaban tan aterrorizados por el poder de los tártaros que, para salvarse a sí mismos y a sus pertenencias, huyeron en un barco armado a Caffa, la ciudad fundada por los genoveses.

De poco sirvió la escabullida, porque las tropas tártaras, codiciosas y virulentas, llegaron a Caffa por todos lados, para invadir, de repente y sin dilación, la ciudad. Los desafortunados cristianos quedaron allí, sitiados y atrapados durante casi tres años. Meses y meses rodeados por un inmenso ejército, angustiados y sin resuello, aunque con un pequeño atisbo de esperanza, porque, a pesar de las malas perspectivas, todavía podían recibir comida. Así estaban, enjaulados a mal recaudo, cuando, en un tris tras, todo el ejército usurpador se vio afectado por una enfermedad que invadió a los tártaros y mató, todos los días, a miles y miles de ellos. Era como si llovieran flechas invisibles del cielo, afiladas y certeras, que golpeaban y aplastaban, a las mil maravillas, la arrogancia tártara. No hubo consejo ni atención médica provechosa. Todo fue inútil. Al parecer, el apocalipsis había llegado a deshoras, pillando a los soldados mongoles en calzoncillos.

El triunfo de la muerte, de Pieter Brueghel, el Viejo. El cuadro fue realizado hacia el año 1562 y refleja la agitación social y el terror que desató la peste negra que devastó la Europa medieval.

Los tártaros no tenían defensa y morían tan pronto como aparecían los signos de la afección en sus cuerpos. La enfermedad cuajaba en forma de hinchazones, causados por humores coagulantes, en la axila o en la ingle, seguidos de una fiebre pútrida.

Según Gabriele de Mussis, los tártaros moribundos, aturdidos y estupefactos por la inmensidad del desastre provocado por la enfermedad, y al darse cuenta de que no tenían esperanza de escapar, perdieron el interés por el asedio. Los muy rastreros, antes de abandonar, ordenaron que los cadáveres fueran colocados en catapultas y arrojados a la ciudad, con la esperanza de que el hedor intolerable matara a todos los que estaban dentro. Lo que parecían montañas de muertos fueron arrojados a la ciudad, y los cristianos no pudieron esconderse, ni huir o escapar de ellos, aunque arrojaron tantos cuerpos como pudieron al mar. Sirvió de poco. Pronto los cadáveres en descomposición contaminaron el aire y envenenaron el suministro de agua, y el hedor fue tan abrumador que apenas uno entre varios miles estaba en condiciones de eludir a los restos del ejército tártaro. Además, un hombre infectado podría llevar el veneno a otros, y transmitir, según aseguraban, la enfermedad a personas y lugares con solo una mirada. Gabriele de Mussis afirmó que nadie conocía ni podía descubrir un medio de defensa. Así, casi todos los que habían estado en Oriente, o en las regiones del sur y del norte, fueron víctimas de una muerte súbita, después de contraer aquella enfermedad pestilente. Parecían alcanzados por una intangible saeta letal que les hubiera provocado un tumor fatal en el cuerpo.

La magnitud de la mortalidad y el disfraz dantesco que tomó la señora Muerte persuadieron a quienes sobrevivieron. Lloros y lamentos acompañaron en sonata fúnebre a los amargos acontecimientos que afectaron a casi todo Oriente entre 1346 y 1348. Ningún pueblo estaba a salvo y chinos, indios, persas, medos, kurdos, armenios, cilicios, georgianos, mesopotámicos, nubios, etíopes, turcos, egipcios, árabes, sarracenos y griegos pensaron que había llegado el juicio final.

En Caffa, las catapultas tártaras lanzaban cadáveres pestilentes que aterrizaban deshilachados en las tripas de la ciudad. La muerte quedaba desparramada en el suelo a la vista de todos. Escapar del purgatorio se convirtió en prioridad. Había que apostar al rojo o al negro, a desertar o a aguantar, y muchos, considerando que la terquedad era un boleto preferente para ir a criar malvas, a la mínima ocasión que cazaron, aunque fuera pillada de refilón, huyeron en barco con destino a Génova, Venecia y otras zonas cristianas.

Por desgracia, la enfermedad también compró billete para el crucero, ya que era una oportunidad única para conocer Europa de primera mano. Entre los navegantes, ya fueran comerciantes, fugitivos, marineros, oficiales o cualquier otro eslabón que formaba la cofradía de sálvese quien pueda, había desgraciados infectados. Cuando los contagiados arribaron, condenaron las localidades de acogida, al tomar contacto con los lugareños, mezclarse con las gentes de buen y mal vivir y regalar sin conocimiento el espíritu maligno que portaban. Cada puerto, cada asentamiento, cada ciudad y cada esquina que alcanzaron fue envenenada por una pestilencia contagiosa que afectó sin remilgos a los habitantes, tanto a hombres como a mujeres, que, como no podía ser de otra manera, empezaron a morir de repente.

Las personas enfermas contagiaban a familiares y allegados que caían unos tras otros en un círculo sencillo de enfermedad y muerte. No había tregua ni para enterrar a los difuntos y cuando menos se esperaba, entre palada y palada, la Parca trincaba el gaznate de los incautos y mordía hasta el alma. La enfermedad entraba en los hogares como Pedro por su casa y era normal ver a la Muerte asomada por una ventana o por una puerta entreabierta en busca de voluntarios. No hubo compasión y los pueblos y las ciudades quedaron despoblados.

La enfermedad se propagó por rutas marítimas desde el puerto de Caffa hasta Constantinopla y luego a todo el norte de África y a Europa occidental. Durante el siglo XIV, la gente que pudo sobrevivir dio testimonio claro y convulso de este primer asalto epidémico. El padre franciscano Michel Platensis de Piazza describió el envite informando que, en el mes de octubre de 1347, llegaron de Génova al puerto de Messina doce barcos huyendo de la plaga que el Señor había enviado como castigo por los pecados cometidos. Según el religioso, las naves portearon una enfermedad tan contagiosa que bastaba hablar con los afligidos para ser heridos de muerte sin esperanza de curación. Durante los primeros meses, fue sencillo seguir la ruta de la enfermedad y la cronología de las ciudades infectadas. Después, el rumbo de dispersión comenzó a ser más errático porque la plaga, fiel compañera de trayecto, siguió a los viajeros y a las mercancías allá donde iban, deteniéndose sin remilgos en cada uno de los puestos de parada que tachonaban el itinerario.

La mortalidad de los casos era altísima y la mayoría pensó que la mejor estrategia era emigrar, sin contemplaciones y a las bravas, pero esta maniobra solo sirvió para propagar la infección, de manera muy eficaz, por cierto.

La enfermedad avanzó, a través de Europa, como una ola hacia el norte, a una velocidad media de unos cuatro kilómetros por día, y alcanzó el círculo polar ártico en 1350. Si lo pensamos con calma, fue un progreso bastante loable, teniendo en cuenta que era una época en la que los medios de transporte estaban muy limitados.

En tan solo siete años, de 1346 a 1353, la enfermedad mató entre un cuarto y un tercio de la población europea. Aquella mala bicha es conocida históricamente como la peste negra. Algunos autores mencionan que el nombre de peste negra está referido a las manchas negras, causadas por hemorragias subcutáneas, que aparecían en las víctimas, pero otros apuntan que la expresión alude al significado figurativo del adjetivo, que vincula el impacto de la enfermedad con una situación lúgubre o espantosa. En realidad, el término «peste negra» no data del siglo XIV y es completamente anacrónico. La gente de la Edad Media usaba los términos «gran mortalidad», «pestilencia», «enfermedad de los bultos» y «epidemia» para describir la plaga. La primera persona en denominar a la enfermedad como la «peste negra» o la «muerte negra» fue la historiadora británica Elizabeth Penrose en 1823.

La peste en Elliant (J. Moynet, 1852, según L. Duveau). Francia, ss. XIV-XV [Wellcome Collecion].

Algunos lugares fueron afectados en varias ocasiones por epidemias recurrentes y según informó un cronista de la ciudad de Orvieto, la primera plaga general de la ciudad se produjo en 1348 y fue la más fuerte. Luego, agrega este autor, llegó la segunda plaga en 1363 y después una tercera plaga en 1374, la cuarta plaga en 1383, la quinta plaga en 1389 y la sexta plaga en 1410. Desde 1347 hasta al menos mediados del siglo XVII, la endemicidad y presencia de la peste se convirtió en un hecho común en las sociedades de Europa occidental.

Dada la desastrosa situación, algunos Gobiernos decidieron establecer medidas de contención para poder manejar los brotes y posibles epidemias recurrentes. En este sentido, un documento de 1377 establece que antes de entrar en la ciudad-Estado de Ragusa, en Dalmacia, la actual ciudad croata de Dubrovnik, los recién llegados debían pasar treinta días en un lugar restringido, habitualmente islas cercanas, esperando la aparición de los síntomas de la peste negra. Las autoridades sanitarias del norte de Italia siguieron el ejemplo, pero aumentando el periodo de vigilancia con diez días adicionales. Esta praxis dio lugar a la práctica conocida como cuarentena.

Así, la cuarentena comenzó durante el siglo XIV en un esfuerzo por proteger las ciudades costeras de las epidemias de peste, y quedó convertida en un estándar de oro para Europa continental en los siguientes trescientos años. El término «cuarentena» deriva de las palabras italianas «*quaranta giorni*», que significan cuarenta días. De este modo, los barcos que llegaban a la República de Venecia desde puertos infectados debían estar fondeados durante cuarenta días antes de desembarcar. En 1403, Venecia introdujo una política de aislamiento de marineros, cargamentos y residentes enfermos durante un requisito de cuarenta días, en la isla Santa María de Nazaret, que fue renombrada como Lazzaretto Vecchio, y que estaba ubicada en la parte central de la laguna de Venecia. En 1423, el Senado de la República de Venecia decidió crear en la isla, por primera vez en cualquier lugar, un hospital para aislar a los infectados con la peste. Desde entonces, fruto del acontecimiento, las estaciones de cuarentena recibieron el nombre genérico de lazaretos.

Las excavaciones arqueológicas en la isla Lazzaretto Vecchio han revelado la presencia de enterramientos masivos que contienen miles de cuerpos, víctimas de varias oleadas de peste negra durante los siglos XVI y XVII. Venecia celebró la extinción de cada epidemia de peste mediante la construcción de magníficas iglesias votivas. Las más notables de estas iglesias son Il Redentore (basílica del Santísimo Redentor), construida entre 1577 y 1592 por el arquitecto neoclásico Andrea Palladio, y la basílica barroca Santa Maria della Salute, que adorna la entrada al Gran Canal y que fue terminada en 1687.

La peste negra fue causada por la bacteria patógena *Yersinia pestis*. Las fuentes históricas en Europa han llevado a delinear tres pandemias de peste. La primera pandemia, conocida como la peste de Justiniano, devastó la cuenca del Mediterráneo desde el año 541 hasta el periodo comprendido entre los años 750 y 767, e invadió el norte de Europa hasta Alemania e Inglaterra. La segunda pandemia duró desde 1346 hasta el siglo XVIII, incluido el período de la denominada peste negra, que abarcó de 1346 a 1353. La tercera pandemia probablemente comenzó en 1772 en la provincia china de Yunnan y se extendió por todo el mundo en las vísperas del siglo XX, a raíz del acuciante movimiento humano a través de los barcos de vapor y el ferrocarril.

La infección por *Yersinia pestis* puede causar cinco formas principales de peste, incluidas la peste bubónica, septicémica, neumónica, meníngea y faríngea. Además, *Yersinia pestis* puede causar úlceras en la piel, a veces notificadas como ántrax, junto con pústulas, manchas, petequias, hematomas y gangrena.

La etiología de la peste fue resuelta en 1894 en Hong Kong por el médico suizo-francés Alexandre Yersin, que estaba afiliado al Instituto Pasteur y que también contribuyó a resolver parte del ciclo de transmisión de *Yersinia pestis*, el cual involucra a la rata y a sus ectoparásitos, la pulga de la peste (*Xenopsylla cheopis*), que por cierto es una joya, porque también actúa como vector del tifus murino. El reservorio natural de la bacteria son los roedores salvajes pertenecientes a diferentes especies según el territorio. Las áreas geográficas con mayor incidencia son los entornos rurales y semirurales de Asia, África y de los Estados Unidos de América, pero, como enfermedad de los animales, la peste está presente en todos los continentes, excepto en Oceanía. El reservorio habitual en Estados Unidos es el perro de las praderas (*Cynomys gunnisoni*); en África son la rata negra (*Rattus rattus*) y la rata parda (*Rattus norvegicus*); y en Asia central lo constituyen varias especies de marmotas. Madagascar, la República Democrática del Congo y Perú son los tres países más afectados por la peste. Según la Organización Mundial de la Salud (OMS), entre 2010 y 2015 fueron notificados 3.248 casos de peste en el mundo, 584 de ellos mortales.

Izqda.: pulga de la rata oriental (*Xenopsylla cheopis*), vector principal de transmisión de *Yersinia pestis* y responsable de la propagación de la peste bubónica en la mayoría de las epidemias de peste; tanto las pulgas masculinas como las femeninas se alimentan de sangre y pueden transmitir la infección [CDC; Public Health Image Library, PHIL]. Dcha.: rata negra o *Rattus rattus*, en diseño de W. S. Howitt (1808). Principal reservorio de la bacteria *Yersinia pestis* en África junto con la rata parda (*Rattus norvegicus*) [Wellcome Collection].

La peste bubónica es la forma más frecuente. Los síntomas de la peste bubónica pueden aparecer entre unas pocas horas y doce días después de la exposición. Las primeras manifestaciones de la enfermedad son los escalofríos y la fiebre de hasta 41 °C. Ambos síntomas surgen con brusquedad acompañados de un ritmo cardíaco acelerado y débil. La presión arterial baja y muchas personas afectadas por la enfermedad sufren delirios, estados de inquietud, confusión y descoordinación. Cuando llega la fiebre, o incluso un poco antes, los ganglios linfáticos cercanos a la picadura de la pulga, por regla general en la ingle o en la axila, se inflaman y duelen. Estos ganglios linfáticos inflamados son denominados bubones, tienen una consistencia firme, presentan color rojo, están calientes y son muy sensibles al tacto. Durante la segunda semana, los ganglios linfáticos supuran pus. El hígado y el bazo aumentan de tamaño, y en la zona de la picadura de la pulga puede formarse una protuberancia, una llaga o una costra negra. Las bacterias responsables de originar la peste bubónica pueden propagarse a través del torrente sanguíneo y afectar a los pulmones causando la peste neumónica. Sin tratamiento, fallecen más del 60 % de las personas enfermas, generalmente entre los días tercero y quinto.

El descubrimiento de los antibióticos fue crucial para poder luchar contra la peste. El tratamiento antibiótico contra la peste debe ser iniciado de inmediato en caso de infección, porque de esta manera el riesgo de muerte es reducido a menos del 11 %. A los adultos que han tenido contacto con una persona afectada por la peste neumónica se les suele administrar doxiciclina o ciprofloxacino, y a los niños trimetoprima-sulfametoxazol. Para evitar el desarrollo de la peste neumónica o de la septicémica, el tratamiento antibiótico debe ser iniciado dentro de las veinticuatro horas posteriores a la aparición de los síntomas. La estreptomicina o la gentamicina se administran mediante inyección durante diez días o hasta tres días después de que la temperatura corporal haya vuelto a la normalidad. También son eficaces otros antibióticos, como la doxiciclina, la levofloxacina y el ciprofloxacino.

La transmisión de la enfermedad a los humanos ocurre principalmente por picaduras de pulgas que han estado en contacto con animales infectados, aunque también son detectados un gran número de casos por la ingesta de animales portadores. De hecho, suelen aparecer casos de este tipo con asiduidad. Recientemente, el 29 de junio de 2020, el Ministerio de Salud de Mongolia declaró que un hombre de veintisiete años había dado positivo en una prueba diagnóstica frente a la peste bubónica después de comer marmota, pocos días antes, junto a familiares y amigos en Tsetseg soum, provincia de Khovd. Al poco apareció un segundo caso, el hermano del primer paciente, que también fue diagnosticado de peste bubónica. Los dos primeros pacientes entraron en contacto con noventa y seis personas y estas con otras 402, por lo que, desde el primer momento fue necesario realizar un seguimiento exhaustivo a un grupo de 498 posibles casos sospechosos. Consecuencia de este incidente, el Centro Nacional de Enfermedades Zoonóticas de Mongolia (NCZD) puso en cuarentena a la capital provincial y a algunos de los distritos de la región.

Los gustos culinarios de algunos habitantes de Mongolia pueden parecer estridentes o incluso aberrantes, pero están bastante arraigados en un porcentaje poblacional significativo. Escasas semanas después del incidente en Khovd, un adolescente de quince años murió de peste bubónica al oeste de Mongolia, pocos días después de contraer la enfermedad, tras cazar y comer marmota. Las marmotas han sido relacionadas históricamente con los brotes de peste acontecidos en la región durante siglos.

Yersinia pestis es una de las tres especies de *Yersinia* patógenas para humanos, junto con *Yersinia pseudotuberculosis*, responsable de causar la seudotuberculosis, y *Yersinia enterocolitica*, el agente causal de la yersiniosis, una infección que afecta al tracto intestinal y que suele ser contraída al comer carne poco cocida, especialmente la carne de cerdo, o al beber leche no pasteurizada o agua contaminada. En el año 2019, veintinueve países notificaron 7048 casos confirmados de yersiniosis en la Unión Europea. Finlandia, Lituania y Chequia notificaron las tasas más altas.

Los datos indican que *Yersinia pestis* evolucionó hace miles de años a partir de una especie ancestral de *Yersinia pseudotuberculosis* que adquirió patogenicidad y comenzó a transmitirse por pulgas. En este proceso, la bacteria adquirió un plásmido de ADN que codifica factores de virulencia que le confieren actividad antifagocítica y citotóxica y que le permiten evadir las defensas inmunitarias del hospedador y desencadenar una septicemia que puede llegar a ser mortal. Durante esta reciente divergencia evolutiva de *Yersinia pseudotuberculosis*, que es un patógeno leve incapaz de transmitirse por pulgas, *Yersinia pestis* adquirió un nuevo gen que codifica una enzima fosfolipasa llamada toxina murina de Yersinia (Ymt). Este fue un paso crítico en la transición a un ciclo de vida transmitido por insectos, ya que la actividad de Ymt mejora en gran medida la supervivencia bacteriana en el intestino de las pulgas. La secuenciación genómica reciente de cepas

Síntomas de peste negra en una mano: gangrena y necrosis en dedos distales y pulgar. Micrografía electrónica de barrido de *Yersinia pestis* en el intestino anterior de una pulga infectada [CDC; Public Health Image Library, PHIL].

antiguas de *Yersinia pestis* que circulaban en la Edad del Bronce reveló que algunas carecían de Ymt, lo que llevó a la conclusión de que estas cepas no se transmitían por picadura de pulga. Por tanto, la adquisición de Ymt permitió a *Yersinia pestis* expandir en gran medida su rango de hospedadores a un rango ecológicamente amplio de mamíferos y sus pulgas.

Hasta ahora, la mayor evidencia arqueológica asociada al inicio de la pandemia deriva de restos encontrados en los cementerios de Kara-Djigach y Burana, que están localizados en el Valle Chüy y ubicados cerca del lago Issyk-Kul, en el actual Kirguistán. Las excavaciones de estos cementerios entre los años 1885 y 1892 revelaron un conjunto arqueológico único, potencialmente asociado con una epidemia que afectó a la región durante el siglo XIV. En función de las inscripciones contenidas en las lápidas, estos cementerios mostraron un número desproporcionadamente alto de entierros, datados en los años 1338 y 1339, con epitafios que indican que la causa de la muerte fue debida a una pestilencia inespecífica. Datos arqueológicos, históricos y genómicos evidencian una clara participación de la bacteria *Yersinia pestis* en el evento epidémico que colmató de cadáveres los cementerios de Kara-Djigach y Burana y que supuso un nodo de diversificación masiva de cepas de *Yersinia pestis*.

La actividad desenfrenada de *Yersinia pestis* durante el brote de peste negra iniciado a mediados del siglo XIV dio fin a la conocida como Pax Mongolica, un término utilizado para describir el periodo de estabilidad social, cultural y económica que experimentaron los distintos pueblos nativos de Eurasia que fueron conquistados por el Imperio mongol durante los siglos XIII y XIV. La Pax Mongolica supuso una mayor riqueza e intercambio cultural a través de la reapertura de la Ruta de la Seda, pero también facilitó la extensión de la peste hacia el oeste desde su origen, al este de Asia central. Como resultado, el todopoderoso Imperio mongol comenzó a resquebrajarse y tambalearse hasta caer con estruendo a los pies de la enfermedad, y la peste, una vez despachados los tártaros y dispuesta a conocer mundo, campó a sus anchas por Europa, transformando radicalmente la cultura medieval.

La peste dejó un rastro inaudito de muerte y miseria. La plaga corrió desenfrenada entre la clase baja que buscaba refugio y ayuda en los conventos, iglesias y monasterios, extendiendo la plaga al clero, y desde la clerecía, la peste alcanzó con gusto a la nobleza. Directa o indirectamente, en Europa, la enfermedad arrasó con unos cincuenta millones de almas. Algunos murieron contagiados; otros, como ancianos, niños o personas dependientes, simplemente por el abandono y la falta de recursos básicos. El impacto demográfico fue brutal y la población tardó dos siglos en recuperarse. La peste arrasó con la estructura social de Europa. El paisaje era irreconocible y los supervivientes se vieron obligados a organizarse de manera distinta.

Durante la epidemia, la población rural emigró a las ciudades buscando alimento y compañía y dejando el campo despoblado. La elevada mortandad concentró las fortunas. Unos morían y otros heredaban. El enriquecimiento aglutinado revitalizó las ciudades, pero obvió al ámbito rural. Las cosechas se pudrían esperando a ser recogidas. La comida escaseaba y era cuestión de tiempo que las hambrunas aparecieran en el terreno de juego. Los señores feudales, sin apenas mano obrera, tuvieron que arrendar sus tierras a precios más bajos o explotarlas directamente, contratando a agricultores y pagándoles salarios cada vez más altos. Día tras día, los escasos jornaleros aumentaban en valor, por lo que recibían mejores sueldos y así consiguieron potenciar su capacidad adquisitiva y bienestar. De este modo la riqueza empezó a estar distribuida entre un porcentaje mayor de la población y la agricultura se revitalizó.

Resulta peculiar, y fue inesperado, pero la peste negra destruyó lentamente el feudalismo. Nada volvería a ser igual. Los ámbitos rural y urbano acumularon capitales alcistas que originaron nuevas etapas de emprendimiento. Consecuencia de ello, comenzaron a ser introducidas ideas innovadoras que reforzaron la actividad comercial. La escasez de mano obrera espoleó el progreso científico para desarrollar máquinas que redujeron la cantidad de fuerza y el trabajo necesarios para acometer un objetivo específico, por ejemplo, la construcción de una catedral. El ascenso técnico originó un cambio esencial de mentalidad. Ciencia y técnica comenzaron un idilio bucólico.

Durante el periodo en el que la peste negra martilleó a Europa, el estado de ánimo general era de pesimismo y, de hecho, muchos esperaban que el mundo acabara tarde o temprano. La enfermedad provocó la sensación aguda de que la vida era pasajera, tenía fecha de caducidad y de que todo momento de felicidad debía de ser aprovechado al instante. Esta percepción encaminó a muchos a buscar consuelo en el arte y la literatura y a alimentar el espectro secular frente al religioso. Las mujeres ganaron derechos tras la plaga y se les permitió poseer su propia tierra; cultivar los negocios anteriormente administrados por su esposo o hijo; y tener mayor libertad para elegir pareja. Las mujeres se unieron a gremios, dirigieron negocios de transporte y textiles e incluso pudieron ser propietarias de tabernas. El aumento sustancial de la riqueza, fruto del surgimiento de una economía más sofisticada, permitió a la élite, como los De Medicis en Florencia, convertirse en mecenas de grandes artistas como Miguel Ángel y Leonardo da Vinci. La corriente inundó Europa de cabo a rabo. Y así, de repente, sin siquiera intuir las consecuencias, en los países europeos, la maldita peste negra condujo a cambios socioeconómicos, sanitarios, culturales y religiosos que desataron los factores fundamentales que facilitaron el establecimiento del Renacimiento.

📖 PARA LEER MÁS:

Barbieri, Rémi. 2021. «*Yersinia pestis*: the Natural History of Plague». *Clinical Microbiology Reviews* 34 (1): e00044-19.

Bland, David. 2021. «Acquisition of yersinia murine toxin enabled *Yersinia pestis* to expand the range of mammalian hosts that sustain flea-borne plague». *PLoS Pathogen* 17 (10): e1009995.

Fancy, Nahyan. 2021. «Plague and the Fall of Baghdad (1258)». *Medical History* 65 (2): 157-177.

Keller, Marcel. 2019. «Ancient Yersinia pestis genomes from across Western Europe reveal early diversification during the First Pandemic (541-750)». *PNAS* 116 (25): 12363-12372.

Kelmelis, Saige. 2021. «Urban and rural survivorship in Pre- and Post-Black Death Denmark». *Journal of Archaeological Science: Reports* 38: 103089.

Mordechai, Lee. 2019. «The Justinianic Plague: An inconsequential pandemic?». *PNAS* 116 (51): 25546-25554.

Mussap, Christian. 2019. «The Plague Doctor of Venice». *Internal Medicine Journal* 49: 671-676.

Namouchi, Amine. 2018. «Integrative approach using *Yersinia pestis* genomes to revisit the historical landscape of plague during the Medieval Period». *PNAS* 115 (50): E11790-E11797.

Spyrou, Maria. 2022. «The source of the Black Death in fourteenth-century central Eurasia». *Nature* 606 (7915): 718-724

Whittles, Lilith. 2016. «Epidemiological analysis of the Eyam plague outbreak of 1665--1666». *Proceedings of the Royal Society B* 283: 20160618.

Rodrigo de Triana avista tierra, en una ilustración de Falgás [*Mundial Magazine*, octubre de 1913].

La llegada a América de Colón [Achille Guerra, 1872].

11. AMÉRICA, AÑO 1492 D. C.

«¡Tierra!», gritó Rodrigo de Triana. Bendito berrido. Antes del alarido, habían estado navegando hacia el «güesudueste», un punto del horizonte que está en el medio entre el oeste y el suroccidente. La expectativa de tocar tierra firme cuajaba poco a poco porque, aunque en las últimas horas tuvieron mucha mar, más que en todo el viaje, el avistamiento de pardelas y de un junco verde junto a la nao habían avivado los rescoldos de la esperanza. Los de la carabela Pinta animaron la verbena al atisbar una caña y un palo y al pescar en mitad del mar otro palillo labrado, a lo que parecía con hierro, una tablilla y una hierba que nace en suelo. Los de la carabela Niña también contribuyeron al jolgorio distinguiendo, ola arriba y ola abajo, un palo náufrago cargadito de escaramujos. Con estas señales, débiles pero firmes, la piara marinera, a pesar del tufo que desprendían, respiraron hondo, persiguieron abrazos y acto seguido se revolcaron sin miramientos y hasta los hocicos en la alegría.

El día en el que encontraron las huellas dejadas por la costa, navegaron veintisiete leguas hasta ponerse el sol. Después surcaron las aguas a una velocidad de doce millas cada hora y, dos horas pasada la medianoche, habían logrado cubrir noventa millas, unas veintidós leguas y media. La Pinta, que era más velera, iba delante del almirante y halló tierra, por boca y chillido del marinero Rodrigo de Triana. Hicieron las señas que el almirante había mandado y Colón, estando en el castillo de popa de la Santa María, la carabela mayor, vio lumbre, aunque no quiso afirmar que fuese tierra. Prudente, Colón llamó a Pedro Gutiérrez, repostero de estrados del rey, para comentar que parecía lumbre, pero que mirase él. Pedro Gutiérrez, envuelto en oscuridad y excitación, miró y también la vio. El almirante avisó a Rodrigo Sánchez de Segovia, persona de confianza de los Reyes Católicos y veedor de la expedición, para que confirmara el avistamiento de una luz en el horizonte. El representante real no atisbó nada, al estar ubicado en un emplazamiento inadecuado, pero tras la indicación de Colón de nuevo apareció la luz. Era como una candelilla de cera que se alzaba y levantaba. La llama, distante y minúscula, a pocos pareció indicio suficiente de tierra, pero el almirante tuvo por inequívoco que estaban cerca de alguna costa, fuera cual fuera.

La Salve surgió, a bote pronto, de las gargantas acostumbradas y dispuestas de los marineros. El almirante rogó y amonestó a cada uno de ellos para que hiciesen buena guarda al castillo de proa, y para que mirasen bien buscando la tierra, porque al que primero dijese que la veía le daría un jubón de seda, sin contar demás mercedes que los Reyes habían prometido, y que no eran otra cosa que diez mil maravedís. A las dos horas después de la medianoche apareció la tierra a unas dos leguas de distancia. Amainaron todas las velas, y quedaron con el treo, que es la vela grande, cuadrada o redonda, con que las embarcaciones latinas navegan en popa con vientos fuertes. Sin bonetas y poniéndose a la corda, temporizaron hasta el viernes 12 de octubre de 1492, día en que llegaron a una isleta de los lucayos, que en lengua nativa era llamada Guanahaní.

Primer homenaje a Colón (12 de octubre de 1492) [José Garnelo y Alda, 1892].

Enseguida vieron gente desnuda. El almirante salió a tierra en una barca armada junto con Martín Alonso Pinzón, capitán de la Pinta, y Vicente Yáñez Pinzón, hermano del anterior y capitán de la Niña. Colón llevó a tierra el estandarte real con el águila de San Juan y las armas de Castilla y Aragón, y los pinzones portaron, una cada uno, la bandera capitana de su nave, formada por una lustrosa cruz verde en el centro del paño que era escoltada, a derecha e izquierda, por las letras iniciales, ambas coronadas y en castellano medieval, de los Reyes Católicos, «F» por Fernando e «Y» por Ysabel.

Llegados a tierra, el grupo vio árboles muy verdes y mucha agua. También había fruta diversa. El almirante llamó a los dos capitanes, a Rodrigo de Escobedo, escribano de toda la Armada, y a Rodrigo Sánchez de Segovia, para que diesen fe y testimonio de cómo él tomaba ante todos, como de hecho tomó, posesión de la isla, por el rey y por la reina, sus señores. Un acto sencillo y presuntuoso con el que Cristóbal Colón avaló el desembarco y la ocupación de la por entonces desconocida América.

Cristóbal Colón, financiado por la Corona española, llegó a buen puerto de chiripa, porque en realidad navegaba hacia el oeste desde España con la esperanza de encontrar una nueva ruta marítima hacia el sur y sureste de Asia. Basta decir que tuvo una potra más grande que el Templo Mayor de Tenochtitlan porque, mira por dónde, con la expedición a punto de colapsar y con el océano rifando desgracias, a medio camino de la odisea, topó con un continente ignoto, virgen y cargadito de oportunidades.

El hallazgo superó los objetivos iniciales de la expedición, porque el descubrimiento sirvió para traer beneficios mucho mayores no solo a España, sino, con el tiempo, al resto de Europa y al mundo en general. Los climas y los hábitats eran sorprendentemente diversos y tan solo unos pocos millones de personas vivían en un área cinco veces mayor que el continente europeo, desarrollando una agricultura variada y productiva, quizás la más provechosa del planeta. La ávida colonización de aquellos territorios frescos inició un inusual trueque de personas, bienes e ideas que ahora es conocido popularmente como el intercambio colombino y que supuso la transformación radical del mundo.

Provenientes del nuevo continente llegaron a Europa importantes cultivos como, por destacar algunos, el maíz, la patata, el tomate, el frijol, el cacao, la calabaza, el boniato, el pimiento, la yuca, el girasol, la piña, el tabaco, la vainilla o el cacahuete, animales como el pavo y medicinas como la quinina. El uso de quinina como profiláctico fue descubierto por primera vez en 1841 por el doctor Thomas R. H. Thomson, que publicó sus hallazgos algunos años más tarde, el 28 de febrero de 1846, en la revista *The Lancet*. El Gobierno británico, en medio de la expansión de su imperio en muchas regiones pobladas de malaria, y viendo los beneficios potenciales de la quinina, alentó a la Royal Society a investigar las propiedades de la quinina y a explorar las posibilidades de cultivarla fuera de los Andes. En 1858, los jardines botánicos británicos, encabezados por los Kew Gardens de Londres, comenzaron el «proyecto de transferencia de cinchona», que tenía como objetivo garantizar un suministro de quinina estable, adecuado y rentable para los colonizadores del Imperio británico mediante la compra, el robo, el soborno o el contrabando de plantas y semillas de quina de los Andes a Londres y a los jardines coloniales en Ceilán y la India. Los británicos tuvieron éxito en la transferencia de plantas del género *Cinchona* a los Kew Gardens londinenses, a Calcuta y a las colinas Nilgiri de la India.

Frasco de sulfato de quinina del Depósito de Suministros Médicos de EE. UU. (s. XIX) y lámina de la *Cinchona officinalis* «o verdadera corteza jesuita» en *Act directs*, J. Wilkes, 1801 [Wellcome Collection].

Con el tiempo, la producción también se expandió a Singapur y a la colonia holandesa de Java. En la década de 1840, los soldados y ciudadanos británicos residentes en la India usaban setecientas toneladas anuales de corteza en polvo de cinchona. Las estimaciones sugieren que para 1880, la producción era suficiente para suministrar una dosis diaria de quinina a diez millones de personas, por lo que la evidencia insinúa que el alcaloide fue una importante herramienta del Imperio británico para luchar contra la malaria, y que mejoró significativamente la capacidad de Europa para colonizar las regiones tropicales del mundo.

El control británico de la India colonial exigía la capacidad de combatir la malaria, pero la quinina era amarga y de gusto desagradable, por lo que, para enmascarar el sabor, los oficiales y soldados británicos comenzaron a mezclarla con soda y azúcar, creando el agua tónica. La primera tónica comercial fue producida en 1858. Durante el siglo XIX, los oficiales británicos destinados en la India también tuvieron la brillante idea de agregar ginebra a su ración diaria de quinina tónica, lo que a la postre dio lugar a la creación del famoso *gin-tonic.* Al parecer, Winston Churchill llegó a decir que el *gin-tonic* había salvado la vida y la mente de más ingleses que todos los médicos del Imperio británico. La opinión habitual de la historiografía tradicional es que la colonización europea de África habría sido prácticamente imposible sin la quinina.

A cambio, desde el Viejo Continente, viajaron para hacer las Américas diversos alimentos como el trigo, la uva, el arroz, el plátano, el café, la cebada, la caña de azúcar, los cítricos, la lechuga, la cebolla, el melocotón y animales como el pollo, el cerdo, la oveja, la abeja melífera, el caballo, la temida rata y otros muchos. Antes de la llegada de Cristóbal Colón, las sociedades nativas americanas habían domesticado, en los altos Andes, llamas y alpacas, pero ningún otro animal que pesara más de cuarenta y cinco kilogramos porque ninguna de las otras veintitrés especies de mamíferos grandes presentes en el continente americano era apta para la domesticación. En contraste, Eurasia tenía setenta y dos especies de animales grandes, de las cuales trece eran aptas para la domesticación. De todos los animales introducidos por los europeos, el caballo tuvo un atractivo especial. La primera vez que los nativos americanos vieron un caballo lo percibieron como una temible bestia de guerra montada por los conquistadores españoles. Sin embargo, pronto aprendieron a montar y a criar caballos ellos mismos. En las grandes llanuras de América del Norte, la llegada del caballo revolucionó la vida de los nativos americanos, permitiendo a las tribus cazar bisontes de manera mucho más efectiva. Varios grupos de nativos americanos dejaron la agricultura para convertirse en nómadas cazadores de bisontes y, dicho sea de paso, en los enemigos más formidables de la expansión europea en las Américas.

Un año más tarde del desembarco inicial, Cristóbal Colón construyó la primera ciudad en la isla «Hispaniola» (La Española). Gonzalo Fernández de Oviedo y Bartolomé de las Casas documentaron que la isla era llamada Haití por los taínos. Por aquel entonces, los indígenas sumaban al menos 60.000 almas en la isla y, según algunas estimaciones, quizás alcanzaban el millón. Por desgracia, en 1548 la población taína se había desplomado a menos de quinientos individuos. Al carecer de inmunidad a los patógenos del Viejo Mundo portados por los españoles, los habitantes indígenas de La Española fueron víctimas de terribles epidemias de viruela, gripe o sarampión. Las Casas escribió en su *Historia de las Indias* que «vino sobre ellos tanta de [*sic*] enfermedad, muerte y miseria, de [*sic*] que murieron infelicemente de [*sic*] padres y madres y hijos, infinitos». En 1582, Pedro de Liévano, deán de la catedral de Guatemala, afirmó: «En lo que toca a morirse los indios e ir en disminución, son juicios secretos de Dios que los hombres no los alcanzan, y lo que este testigo ha visto en el tiempo que ha estado en estas provincias es que desde la provincia de México han venido tres o cuatro pestilencias con las cuales ha venido la tierra en grandísima disminución».

Sin duda, los microorganismos allanaron la conquista y posibilitaron el triunfo español. En abril de 1520, las fuerzas españolas desembarcaron en lo que hoy es Veracruz, México. Con ellas iba un esclavo africano infectado con viruela. Dos meses después, las tropas invasoras entraron en la capital del Imperio azteca, Tenochtitlán. A mediados de octubre la viruela estaba extendida por la ciudad y había matado a casi la mitad de la población, que los historiadores estiman hoy entre 50.000 y 300.000 personas. Entre los muertos se encontraban Cuitláhuac, gobernante azteca sucesor de Moctezuma, y muchos de sus principales asesores. El Imperio azteca estaba descabezado y cuando Hernán Cortés y sus tropas comenzaron el asalto final a Tenochtitlán, los enfermos superaban a los sanos y los cuerpos indígenas yacían esparcidos por la ciudad, lo que permitió que la pequeña fuerza española abrumara a los conmocionados supervivientes.

A la viruela se sumaron otras enfermedades importadas como el sarampión, la varicela, el tifus, la peste bubónica, la gripe o la escarlatina, para las que los nativos americanos carecían de inmunidad. Los patógenos ocasionaron un desastre. Es imposible demostrar el impacto exacto que tuvieron los microorganismos en las poblaciones indígenas americanas, pero los historiadores han estimado que, a causa de las epidemias, dentro de los primeros 100-150 años después de 1492, disminuyó el número de nativos entre un 80 % y un 95 %.

El riesgo que suponía el sarampión continuó latente durante siglos y fue particularmente peligroso para los habitantes de las islas del Pacífico cuando en el siglo XIX los comerciantes y viajeros recorrieron el mundo una y otra vez. En noviembre de 1823, el rey hawaiano Kamehameha II, acompañado de la reina Kamamalu, viajó a Londres con la intención de culminar

MORTAL SICKNESS AMONG THE INDIANS.

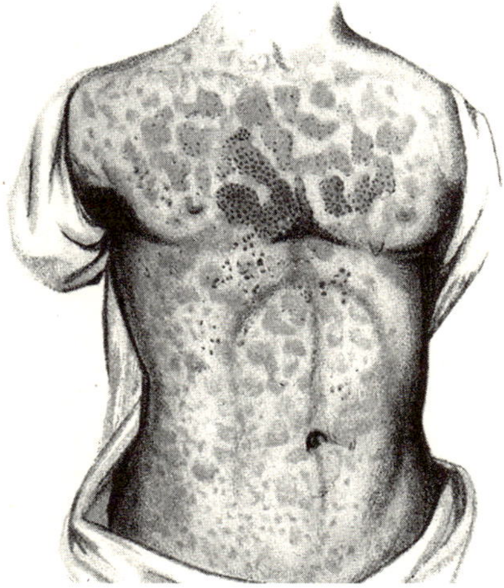

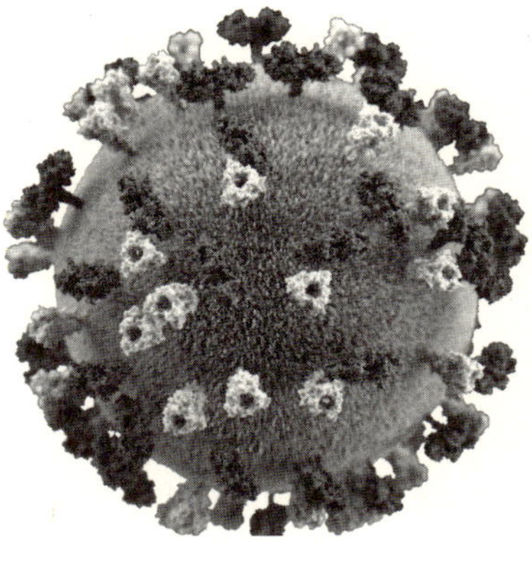

Arriba: ilustración de la mortandad registrada por una epidemia entre los indios de Plymouth y el este de los Estados Unidos durante las exploraciones francesas e inglesas que culminaron en las colonias puritanas de Nueva Inglaterra [*Historical, poetical and pictorial American scenes*, John y Elizabeth Barber, 1850]. Torso de una persona afectada por sarampión [*Meyers Konversations-Lexikon*, 1839]. Abajo: representación gráfica en 3D de una partícula del virus del sarampión de forma esférica, salpicada de tubérculos de glicoproteína [CDC; Alissa Eckert, Public Health Image Library, PHIL].

las negociaciones de una alianza entre Hawái y Reino Unido. Por desgracia, antes de encontrarse con el rey Jorge IV los monarcas hawaianos contrajeron el sarampión, frente al que no estaban inmunizados, y murieron en pocas semanas. El virus del sarampión, junto con varias otras enfermedades, golpeó a Hawái en 1848, matando hasta un tercio de la población nativa.

Poco antes, en los primeros meses del año 1846 estalló una severa epidemia de sarampión en las Islas Feroe, un pequeño archipiélago en el Atlántico Norte, entre Reino Unido, Noruega e Islandia, que consta de dieciocho islas de origen volcánico. Hasta allí viajó el joven médico danés Peter Ludvig Panum, que puso todo el empeño para tratar a los enfermos y conocer mejor las características de la enfermedad. El sarampión afectó a más del 75 % de los 7.782 residentes de las islas y mató como mínimo a 102 de ellos. El virus había atacado las islas algunas décadas antes, hacia el año 1781, y Panum descubrió que ningún residente anciano afectado por la epidemia antigua fue infectado por segunda vez. El informe final de la misión de Panum se convirtió en un clásico de la naciente especialidad en epidemiología y, junto con los estudios sobre el cólera de John Snow y de la fiebre tifoidea de William Budd, sentó las bases que derrocaron a la teoría miasmática de las enfermedades. La inmunidad observada por Panum fue clave para, décadas más tarde, desarrollar vacunas efectivas y doblegar al virus.

Lamentablemente la amenaza global del sarampión empeoró en el año 2021 porque más de veintidós millones de bebés no recibieron sus vacunas por causa de la pandemia de covid-19. El virus del sarampión es uno de los patógenos más contagiosos conocidos. Aunque disponemos de una vacuna segura y rentable, en el año 2018 hubo más de 140.000 muertes por sarampión en todo el mundo, principalmente entre niños menores de cinco años. Antes de la introducción de la vacuna contra el sarampión en 1963 y la vacunación generalizada, se producían epidemias importantes aproximadamente de cada dos a tres años, y el sarampión causaba unos 2,6 millones de muertes anuales. El principio rector que busca la erradicación del sarampión debe servir para fortalecer las áreas de atención primaria de salud, promover la cobertura universal sanitaria y ser pionero de una nueva visión y estrategia de inmunización durante la próxima década, como se establece en la Agenda de Inmunización 2030.

Los análisis históricos apuntan a que fueron unos diecisiete brotes epidémicos, de viruela y sarampión principalmente, los que ayudaron a debilitar las fuerzas aztecas e incas, las dos grandes civilizaciones que dominaban América. El extenso imperio andino subyugado por los incas, que iba desde el sur de Colombia hasta el norte de Chile, sufrió una epidemia de viruela, introducida por los españoles, que asoló a la población y mató al líder Huayna Cápac, a su hijo, que había destinado como heredero, y a muchos de los generales incas aposentados en Quito. La sucesión de Huayna Cápac produjo una guerra civil que escindió el imperio provocando la quiebra de la estructura política. Cuando llegó Francisco Pizarro, al mando de tan solo sesenta y dos hombres a caballo y 106 infantes, encontró un imperio frágil y enfermizo, sin resistencia militar seria, al que doblegó con relativa facilidad.

No hay duda de que las epidemias engrasaron convenientemente las campañas comandadas por Hernán Cortés en México y por Francisco Pizarro en Perú, facilitando, sin disimulo y en pocos años, la victoria de los conquistadores españoles sobre los ricos y poderosos imperios azteca e inca.

PARA LEER MÁS:

Ghio, Andrew. 2017. «Particle exposure and the historical loss of Native American lives to infections». *American Journal* of *Respiratory* and *Critical Care Medicine* 195(12): 1673.

Keehnen, Floris. 2021. «The roots of the Columbian Exchange: an entanglement and network approach to early Caribbean encounter transactions». *The Journal of Island and Coastal Archaeology* 16 (2-4): 261-289.

Moss, William. 2021. «Feasibility assessment of measles and rubella eradication». *Vaccine* 39 (27): 3544-3559.

Noymer, Andrew. 2011. «Population decline in post-conquest America: the role of disease». *Population and Development Review* 37 (1): 178-183.

Nunn, Nathan. 2010. «The Columbian Exchange: A History of Disease, Food, and Ideas». *Journal of Economic Perspectives* 24 (2): 163-188.

Rodríguez-Frías, Francisco. 2021. «Microorganisms as Shapers of Human Civilization, from Pandemics to Even Our Genomes: Villains or Friends? A Historical Approach». *Microorganisms* 9 (12): 2518.

Roper-Hall, Gill. 2008. «Historical vignette: peter ludvig panum (1820-1885), danish physician and physiologist». *American Orthoptic Journal* 58: 99-107.

Retrato del doctor Alphonse Leroy [Jacques-Louis David, 1783].

La muerte del emperador Carlos [Charles de Groux, 1860].

12. EL MÉDICO POETA, AÑO 1530 D. C.

Distinguido público, un poco de atención, si sois tan amables y que todos salgamos con bien, vosotros, yo y nuestra compañía y sus directores y organizadores. ¡A ver, tú, pregonero, haz que el público sea todo oídos!

De esta guisa arranca el prólogo de *La comedia de los asnos* (*Asinaria*), una obra escrita por el comediógrafo latino Plauto, autor notabilísimo y muy popular que dominó la escena romana a base de divertir al pueblo, en tiempos de crisis política y social, con pantomimas inspiradas en la comedia nueva griega.

El argumento de la comedia gira en torno al viejo Deméneto, padre de Argiripo, que vive tiranizado por su rica esposa, la cual controla el patrimonio familiar y que, asesorada por el administrador Sáurea, no da puntada sin hilo. Deméneto, hasta las narices de la situación, desea ayudar económicamente al joven y enamoradizo Argipiro, que está colado hasta las trancas por una doncella llamada Filenio. Lamentablemente, la muchacha es mercantilizada, día sí y noche también, por Cleéreta, madre de la zagala y alcahueta. Para conseguir el dinero con el cual liberar a Filenio, padre e hijo deciden hurtar las veinte minas acordadas por la venta de un par de asnos propiedad de la acaudalada esposa. El mercader que compró los animales entrega el dinero de los asnos a Leónidas, esclavo de Argipiro, que se hace pasar por Sáurea, con la colaboración de Deméneto. El carcamal de Deméneto entrega las ganancias a Argiripo con la condición de que este le ceda a la joven por una noche y que se haga una fiesta en casa de Filenio. ¡Vaya con Deméneto!, tan cándido que parecía. Diábolo, pretendiente de Filenio, desesperado al comprender que ha quedado fuera de juego, relata el contubernio, por medio de un comensal invitado, a la mujer del viejo

Con priuilegio imperial.

Libro intitulado Los pro-
blemas de Villalobos: q̃ tra-
cta d̃ cuerpos naturales y mo-
rales. y dos dialogos de medi-
cina. y el tractado de las tres
grandes. y vna cancion. y
la comedia de Amphytrion.

M. D. xliii.

«Libro intitulado *Los problemas* de Villalobos, que trata de cuerpos naturales y morales, y dos diálogos de medicina, y el tractado de las tres grandes, y una cancion, y la comedia de *Amphytrion* [de Plauto, que traducía el doctor]» [Francisco López de Villalobos, 1544].

que, de buena gana, se presenta en el burdel. Imaginen el golpe de efecto y la cara derretida del licencioso Deméneto al ver aparecer a la esposa.

El repertorio de Plauto, plagado de retruécanos, anfibologías, chistes, neologismos y parodias idiomáticas, es excelso e injurioso, a veces impúdico y grosero, pero siempre muy divertido. Las creaciones de Plauto, entre las que destacan *Cistellaria* (*La cestita*), *El soldado fanfarrón*, *Asinaria*, *El mercader*, *Los dos Menecmos*, *Aulularia*, *Mostellaria* o *Anfitrión*, están impregnadas de un estilo penetrante e inconfundible, ligero y sonoro como un enjambre de carcajadas, poco refinado, palmario y guasón. Entre todas, la comedia *Anfitrión* es una obra de teatro peculiar y original que inspiró a Molière, uno de los mejores dramaturgos de la lengua francesa y de la literatura universal, y que fue traducida del latín al castellano por Francisco López de Villalobos en 1515. La traducción fue publicada dos años después, y supuso la puerta de entrada de Plauto a la España del siglo XVI, lo que significó uno de los principales pasos en la difusión de la obra plautiana en la modernidad.

Francisco López de Villalobos, de familia judeoconversa, fue médico de la casa ducal de Alba, de Fernando el Católico y de Carlos I, pero también fue traductor de Plinio y Plauto, humanista y escritor prolífico, de estilo fino y llano, que dejó obras en verso y prosa, destacando en el género de la literatura epistolar. Apuntado queda que Francisco López de Villalobos ocupa un lugar más que respetable en la historia de la literatura española.

La primera obra de López de Villalobos parece haber sido *Sumario de la medicina. Con un tratado sobre las pestíferas buvas*, publicada en 1498, escrita en verso de arte mayor y dedicada a don Pedro Álvarez Ossorio, segundo marqués de Astorga, que sufragó los estudios médicos de Francisco en la Universidad de Salamanca. El *Sumario* está impregnado de la doctrina del galenismo arabizado medieval, que era dominante en las facultades de medicina españolas a finales del siglo XV y que estaba aupado por el *Canon* de Avicena, trascendental fuente de conocimiento médico de la época.

La obra da una definición de la medicina; describe los temperamentos y sus variedades; los cuatro humores; y los miembros, entre los que coloca el cerebro, el corazón, el hígado y los órganos genitales, que según López de Villalobos, con mucha diferencia, son los más importantes. Conozco a más de uno, y a más de dos o de tres, que opina igual que don Francisco. Después, el texto examina las patologías humanas en función del orden tradicional, comenzando por la cabeza y terminando en los pies (*a capite ad calcem*), y menciona diferentes enfermedades infecciosas como la erisipela, el carbunco, la lepra, la fiebre colérica, la viruela o el sarampión.

Es notable observar el arte de Francisco López de Villalobos para diferenciar la erisipela, que es una infección bacteriana aguda de las capas superiores de la dermis causada principalmente por estreptococos, del furúnculo. Lo hace, cómo no, en verso, escribiendo lo siguiente:

Erisipela es un apostema causado
de cólora y es más caliente y más fuerte,
y muy más bermejo quel antepasado,
quell otro es negrito, verde y colorado,
más hondo y de quien más materia se vierte;
después de purgado el humor abundante
con su cañafístola y çumo de rosas,
pornás defensiuos, como dicho de ante;
y desque mostrre el color denigrante,
pon molificantes y coma frías cosas.

Texto en popa, al poco de topar con la erisipela, encontramos varios versos protagonizados por el carbunco o ántrax y por la lepra en estos términos:

Carbúnculo es un apostema y tumor
de sangre muy gruesa, dañada y maligna,
es rúbeo y negrillo en mezclada color,
que da intolerable y terrible dolor
y haze vexiga royente y dañina.

La lepra es passión muy maldita y dañada,
de cólora adusta o de melancolía,
la cual por los miembros está derramada,
y no podrescida, mas es conculcada,
y así les podresce y corrompe y resfría,
la qual haze luego bermejo el color,
que tiende haza negro, y la voz enronqueze,
y hiédele el cuerpo y aliento y sudor,
y siente en el sueño tristeza y temor;
su pelo y cabello se pela y peresce.

También tiene cabida la sarna, a la que hace mención especial y dedica esta composición:

La sarna se engendra de sangre delgada
Mesclada con cólora y melancolía,
Çésta *es sarna seca y materia ingrossada;*
Hay otra con mescla de flema salada,
Y es húmida sarna do pobre se cría,
Y destos humores es la comezón,
Sino quanto son más subtiles y menos,
Y así no hazen sarna ni escoriación,
Mas entre dos cueros hacen mansión,
Y éste es paraíso de los sarracenos.

En realidad, la obra *Sumario de la medicina. Con un tratado sobre las pestíferas buvas* consta de dos partes perfectamente diferenciadas. La segunda, que es casi un anexo de la primera, está dedicada por completo a la sífilis. Desde el principio, el escritor descubre sus intenciones; inicia la pieza con la siguiente frase: «Del licenciado de Villalobos, sobre las contagiosas y malditas bubas, estoria y medicina»; y continúa añadiendo, en el cuerpo del escrito, la descripción de diversos aspectos de la afección y sugerir, aludiendo a la zona genital, la posible transmisión sexual de la enfermedad.

Fue una pestilencia no vista jamás
En metro, ni en prosa, ni en ciencia, ni estoria;
Muy mala y perversa, y cruel sin compás,
muy contagiosa y muy suzia en demás
muy brava y con quien no se alcança vitoria
la qual haze al hombre indispuesto y gibado
la qual en mancar y en doler tiene extremos
la qual escurce el color aclarado
es muy gran vellaca y assi a començado
por el mas vellaco lugar que tenemos.

La sífilis era una enfermedad desconocida, de síntomas alarmantes y graves consecuencias, que emergió con fuerza en Europa en los últimos años del siglo XV y en los decenios iniciales del siglo XVI. El origen europeo de la sífilis no está claro. La suposición más popular es la hipótesis colombina que afirma que los navegantes de la flota de Cristóbal Colón llevaron la afección a Europa a su regreso del Nuevo Mundo en 1493. Esta teoría está sustentada, entre otros indicios, en documentos pertenecientes a Ruy Díaz de Isla, médico castellano conocido por su obra *Tratado contra el mal serpentino*, que versa sobre la sífilis. En 1493, Ruy Díaz de Isla ejercía la medicina en Barcelona, ciudad donde, al poco de que Cristóbal Colón regresara de América, emergió el primer brote europeo de la enfermedad. Ruy Díaz de Isla reconoce a la sífilis como una enfermedad extraña, hasta entonces no vista y nunca descrita, que comenzó en Barcelona en 1493 y que procedía de la isla Española. El médico, además, afirma en un manuscrito que Martín Alonso Pinzón, capitán de la Pinta, y también otros miembros de la tripulación ya padecían sífilis a su regreso del Nuevo Mundo.

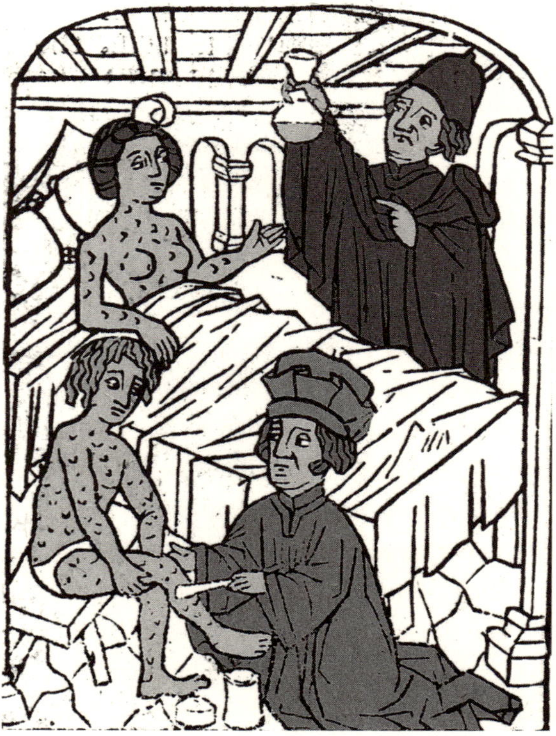

Tratamiento de pacientes con sífilis. Examen de orina y ungüentos (mercurio)
[*A malafranczos morbo Gallorum praeservatio ac cura*, Bartholomäus Steber, 1497].

Sin embargo, otros autores defienden que tanto la sífilis como las otras enfermedades treponémicas no venéreas siempre habían tenido una distribución global y que son variantes de las mismas infecciones, ocurriendo las diferencias clínicas solo debido a variaciones geográficas y climáticas y al grado de desarrollo cultural de las poblaciones dentro de áreas dispares. Según esta teoría, la pinta, el pian, la sífilis endémica y la sífilis venérea son consideradas respuestas adaptativas de la bacteria *Treponema pallidum* a los cambios en el medio ambiente, las diferencias culturales y el contacto entre varias poblaciones. Con base en esta hipótesis, en Europa, la mayoría de estas enfermedades fueron confundidas con la lepra. La teoría presume que el pian tuvo un punto de partida en África Central y Occidental, extendiéndose hacia la península ibérica junto con la captura y la venta de africanos como esclavos, cincuenta años antes del viaje de Colón. El pian, endémico en África, se habría mantenido inalterado en países con condiciones climáticas similares a las de los países de origen, pero habría evolucionado a sífilis endémica en países con clima más frío y seco, en los que la higiene personal era pasada por alto o ignorada, y en sífilis venérea en aquellas áreas donde los habitantes exhibían una sociedad civilizada y prestaban más atención al aseo individual. La hipótesis manifiesta que el pian apareció hacia el año 10.000 a. C., como consecuencia de mutaciones en la bacteria causante de la pinta, y se extendió por todo el mundo, excepto por el continente americano que estaba aislado. En consonancia, la pinta apareció en la zona afroasiática hacia el año 15.000 a. C, después de que la bacteria responsable saltara a los seres humanos desde un reservorio animal.

Los primeros europeos que describieron con rotundidad la nueva dolencia fueron el italiano Niccolò Leoniceno, el alemán Joseph Grünpeck y el español Gaspar Torrella, que fue médico del polémico papa Alejandro VI, también conocido como el papa Borgia. Antes de morir Alejandro VI nombró a Torrella obispo de Santa Giusta, un municipio situado en Cerdeña. Todavía existe un debate abierto sobre qué causa originó la muerte de Alejandro VI. Algunos apuestan por el veneno y otros por la malaria, enfermedad que había provocado numerosos casos en Roma en el verano de 1503 y que también sufrió su hijo, Cesar Borgia, figura política y militar que sirvió de prototipo a Nicolás Maquiavelo para diseñar la imagen desarrollada del gobernante en la obra *El Príncipe*. Algunos correveidiles insinúan que Cesar Borgia ejerció como presunta inspiración para el rostro de Cristo en la pintura *Salvator Mundi*, atribuida a Leonardo da Vinci.

Parece inequívoco que Cesar Borgia gastó una vida licenciosa y promiscua y que en 1497 contrajo la sífilis en Nápoles, tras un encuentro sexual con una prostituta. Por aquel entonces, el Reino de Nápoles actuaba como un ventilador para la enfermedad. Todo comenzó en 1494, cuando Carlos VIII de Francia alegó los derechos que, por su ascendencia genealógica, le correspondían para ocupar militarmente el Reino de Nápoles. Esta decisión dio comienzo a la primera guerra de Nápoles que enfrentó al Reino de Francia contra la llamada Liga de Venecia, formada por la República de Venecia, el Ducado de Milán, el Reino de Nápoles, los Estados Pontificios, el Sacro Imperio Romano Germánico y el Imperio español. Carlos VIII reunió en Lyon a una poderosa tropa de 38.000 hombres, muchos de ellos mercenarios, que iban armados hasta las cejas. Cuando el nutrido y temido ejército partió hacia Nápoles, le siguió otro, algo menos numeroso, pero de repercusión parecida, que estaba compuesto por más de 800 prostitutas, todas dispuestas a cubrir las necesidades carnales de los aguerridos soldados.

El sitio de Nápoles fue largo y, con la sífilis saltando de cama en cama, las posibilidades de contagio altas en ambos bandos. Tras la batalla de Fornovo, ocurrida el 6 de julio de 1495, y que propició la retirada del rey francés, comenzaron a aparecer casos de una enfermedad irreconocible. La recién llegada era una pesadilla que, según las crónicas, iniciaba los pesares con la aparición de unas pústulas como granos de mijo que solían brotar en el prepucio o en el glande. Los desmanes, las violaciones y la repatriación de las tropas extendieron el nuevo mal por Europa. Cavilando sobre el origen de la dolencia, que parecía acompañar a las huestes francesas, los napolitanos bautizaron a la enfermedad como «morbo gallico» o «mal francés». Los franceses, indignados con la nominación, optaron por usar otro nombre que no les relacionara directamente con la enfermedad y que, ya de paso, fastidiara a los napolitanos. «Mal de Nápoles» y «picazón napolitana» fueron los candidatos elegidos. Todos jugaban al yo no he sido, y la sospecha de un posible origen americano de la enfermedad, desembarcada en Europa por los españoles, alimentó la propuesta de nominar a la afección como «mal español».

Al final, la batalla por nombrar la enfermedad en la Europa renacentista, donde surgían los Estados como las setas en otoño, tomó evidentes e indeseables connotaciones nacionalistas, por lo que, poco a poco, comenzaron a aparecer apelativos más neutrales como el de «mal de bubas», que fue aplicado con profusión en España. La enfermedad estaba tan extendida que pareció conveniente crear una serie de instituciones asistenciales, denominadas hospitales de las bubas, que eran específicas para el tratamiento de la sífilis. La invención, pocas décadas antes, de la imprenta moderna con tipos móviles, obra de Johannes Gutenberg, facilitó la conservación de centenares de testimonios escritos que mencionan la difusión del temido «morbo gallico».

Ante el inesperado y desmesurado acontecimiento que supuso la enfermedad, Gaspar Torrella ofreció un estudio clínico y terapéutico de la sífilis en el libro *Tractatus cum consiliis contra pudendagram seu morbum gallicum*, publicado en Roma el 22 de noviembre de 1497. Al año siguiente, Francisco López de Villalobos publicó *Sumario de la medicina. Con un tratado sobre las pestíferas buvas*, que se convirtió en la primera obra sobre la sífilis escrita en España.

En realidad, la palabra *sífilis* nació décadas más tarde y deriva de un poema titulado *Syphilis sive morbus Gallicus*, que fue publicado en 1530 por el médico y erudito italiano Girolamo Fracastoro, quien dedicó la obra

«El sifilítico curado por el napolitano y su criado». Detalle de un grabado conmemorativo de la revuelta de 1647. Un español aquejado del «mal de Nápoles» es tratado con calor para expulsar las toxinas por medio del sudor [*Da l'empirismo verso la ragione*, Mousson-Lanauze, 1910].

al cardenal Pietro Bembo. A lo largo del poema, compuesto por tres libros, Fracastoro especula sobre el origen de la enfermedad, trata sus causas y manifestaciones, y sugiere remedios, especialmente el mercurio. También hay varias referencias a América, mencionando los poderes curativos de la madera de guayaco o palosanto. En el tercer texto que conforma el poema *Syphilis sive morbus Gallicus*, Fracastoro narra la historia alegórica de un pastor llamado Syphilus que, por adorar a un rey mundano, recibe el castigo del dios Sol y en consecuencia sufre la enfermedad.

El alquimista Paracelso, coetáneo de Fracastoro, criticó el empleo del palosanto, por inútil y costoso, y defendió el tratamiento con mercurio, aunque con prudencia y recomendando el uso externo. Siglos antes, tanto Dioscórides (40-90), como Galeno (129-216), habían mostrado oposición al empleo de mercurio, pero la medicina árabe utilizó el elemento químico para tratar algunas enfermedades de la piel, como la lepra, con inesperados y brillantes resultados, lo que contribuyó a encumbrar el uso frecuente del azogue. Por desgracia, el mercurio es altamente tóxico y tiene una eficacia muy, pero que muy, dudosa. Algunos avispados, entre los que destacó el médico, astrónomo y matemático francés Jean Fernel, más conocido como Fernelius, vislumbraron el peligro y desaprobaron el tratamiento con mercurio. Sin embargo, a pesar de la resistencia de algún que otro médico, y de la muerte por envenenamiento de muchos pacientes, la prescripción de mercurio como terapia de la sífilis continuó durante mucho tiempo.

Las recetas mercuriales exhibían diversas modalidades que variaban de las fricciones excesivas realizadas a ojo de buen cubero, a la aplicación de engorrosos y corrosivos emplastos, hasta las fumigaciones con sulfuro de mercurio dentro de una cabina donde los enfermos respiraban vapores asesinos. Las prácticas bárbaras, como era de esperar, provocaron numerosos accidentes y sustos del tamaño del Big Ben, en especial en asmáticos y tísicos, que suficiente tuvieron con sobrevivir, al menos los que lo consiguieron. Los graciosos vapores mercuriales tenían el hábito de suscitar lipotimias; accesos de asma; bronquitis; sofocaciones; caída de los dientes; dolores de cabeza; catarro pulmonar; producción de abundante saliva, viscosa y fétida; cuadros muy graves de convulsiones o parálisis; y, por supuesto, la muerte por intoxicación. Aun con todo lo sabido, a finales del siglo XVIII, la mayor parte de los médicos consideraban al mercurio el medicamento de elección frente a la sífilis, y el embarazo no era una contraindicación para su administración.

La sífilis es una enfermedad sistémica de evolución crónica y de distribución universal causada por la bacteria *Treponema pallidum*, y que cursa con periodos sintomáticos generalmente cortos, separados por periodos de latencia de duración variable. La bacteria es transmitida por vía sexual y materno-fetal. A lo largo de los siglos, la sífilis ha aparecido en cualquier tipo de estrato social, brincando en almacenes portuarios, casas burguesas modestas o en las cámaras de los reyes y gobernantes europeos. Dado que era común asociar la aparición de la enfermedad a la prostitución, cambió la percepción hacia «el oficio más antiguo del mundo». La tolerancia disminuyó y fueron establecidas órdenes de poner la prostitución bajo supervisión policial, junto con la obligación de que las mujeres fueran sometidas a un reconocimiento médico una vez por semana.

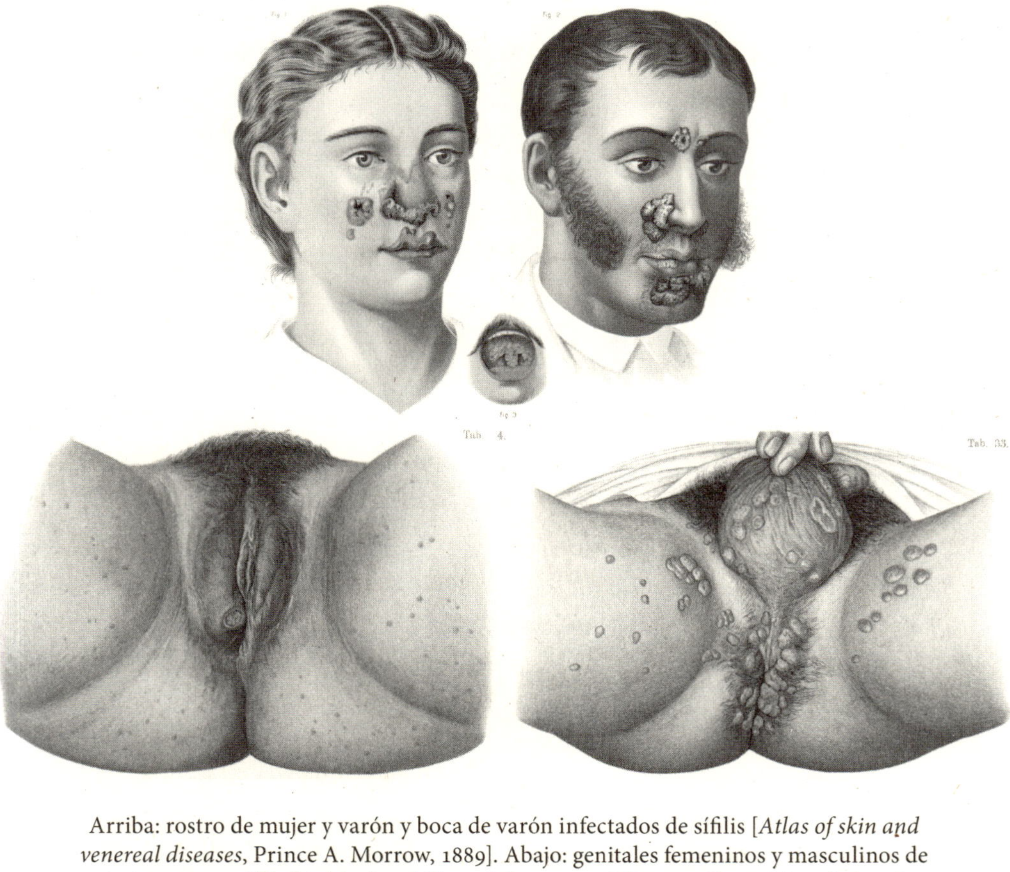

Arriba: rostro de mujer y varón y boca de varón infectados de sífilis [*Atlas of skin and venereal diseases*, Prince A. Morrow, 1889]. Abajo: genitales femeninos y masculinos de pacientes con sífilis [*Atlas of syphilis and the venereal diseases*, Franz Mracek, 1898].

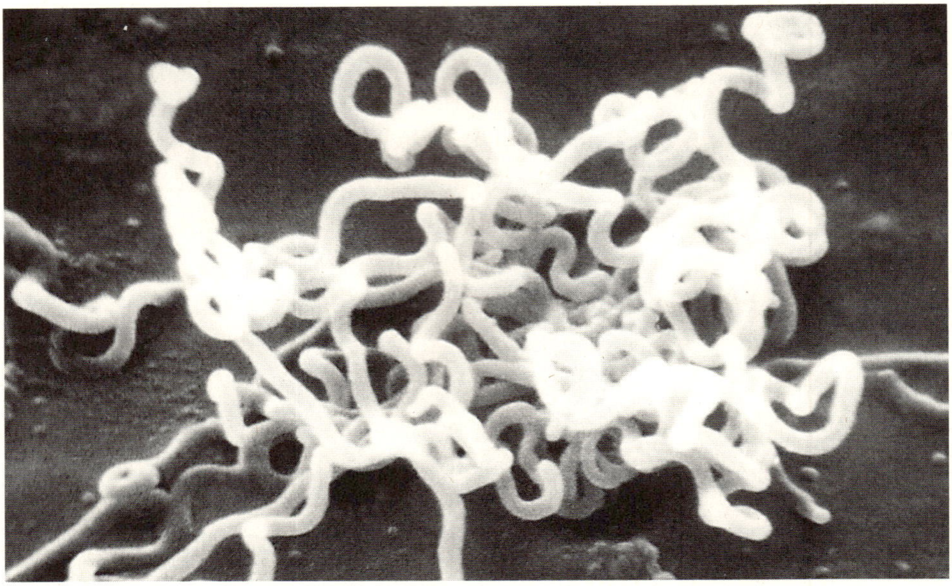

Microfotografía electrónica de la bacteria *Treponema pallidum* que muestra su típica morfología en espiral [CDC, doctor David Cox; Public Health Image Library, PHIL].

La bacteria responsable de la enfermedad tiene forma helicoidal, larga y fina, y fue observada por primera vez el 3 de marzo de 1905 por el zoólogo alemán Fritz Schaudinn, en una muestra recogida por el dermatólogo Erich Hoffman, mientras trabajaban en el Hospital de la Charité de Berlín. En un primer instante, el microorganismo fue denominado *Spirochaeta pallida*, por la escasa apetencia que mostraba a los colorantes, pero poco tiempo después, Schaudinn, en una carta del 14 de octubre de 1905 dirigida a Hoffmann, propuso el nombre definitivo de *Treponema pallidum*.

La sífilis se desarrolla en tres etapas, comenzando con una úlcera indolora que aparece en el punto de entrada de la infección, mientras que, en la segunda etapa, aparece erupción cutánea, fiebre, fatiga, cefalea e inapetencia. En ausencia de tratamiento, la tercera etapa de la enfermedad puede dañar la aorta, el cerebro, la médula espinal y otros órganos. La sífilis es muy contagiosa durante las fases primaria y secundaria. Un solo encuentro sexual con una persona que tiene sífilis en su fase inicial termina en infección en un tercio de los casos. La tasa de casos de sífilis primaria y secundaria ha aumentado casi todos los años desde principios del siglo XXI, en especial entre hombres que mantienen relaciones sexuales con hombres, y en particular entre los infectados por el virus de la inmunodeficiencia humana (VIH). En el año 2018, fueron notificados 33.927 casos de sífilis recién diagnosticados en los veintisiete Estados de la Unión Europea, lo que representa siete casos por cada 100.000 habitantes en países con un sistema de vigilancia integral. Las tasas más altas fueron observadas en Malta, Luxemburgo, Reino Unido y España, con 17,9, 17,1, 12,6 y 10,3 casos por cada 100.000 habitantes, respectivamente. Las tasas de incidencia de sífilis fueron nueve veces más altas entre los hombres que entre las mujeres, y la incidencia máxima fue registrada entre las personas de 25 a 34 años con cifras de veintinueve casos por cada 100.000 habitantes. Un estudio reciente, publicado en el año 2021 en la revista *The Lancet Global Health*, destaca la prevalencia global, inaceptablemente alta, de la sífilis entre los hombres que tienen sexo con hombres y subraya la necesidad de avanzar hacia la eliminación de la sífilis, como una amenaza para la salud pública, para el año 2030.

En el año 2019, al menos el 1 % de las personas que asistieron a la atención prenatal en 38 de los 78 países que ofrecieron información a la Organización Mundial de la Salud (OMS), dieron positivo por sífilis. La sífilis en el embarazo es la segunda causa principal de muerte fetal intrauterina a nivel mundial, y también ocasiona prematuridad, bajo peso al nacer, muerte neonatal e infecciones en los recién nacidos. Estos resultados adversos pueden ser prevenidos con una prueba rápida, sencilla y económica seguida de un tratamiento con penicilina G benzatínica. A nivel mundial, se estima que hubo siete millones de nuevas infecciones por sífilis en el año 2020. La OMS ha establecido metas ambiciosas para reducir en el año 2030 la incidencia de la sífilis en un 90 %, pero la respuesta mundial, de momento, está siendo lenta.

Aparte de *Syphilis sive morbus Gallicus*, el otro gran trabajo de Fracastoro es *De contagione et contagiosis morbis*. En esta obra, publicada en 1546, el italiano teorizó sobre la naturaleza del contagio de las enfermedades en general, sugiriendo que las semillas de ciertas afecciones eran partículas imperceptibles transmitidas a distancia, por contacto directo o por unos vectores de infección que denominó «fomes». El pensamiento científico de Fracastoro culmina y concluye con *De contagione et contagiosis morbis*, una obra que asegura al italiano un lugar perdurable en la historia de la epidemiología.

Girolamo Fracastoro muestra al pastor Sífilis y al cazador Ilceo una estatua de Venus para advertirles del peligro de infección por sífilis (Jan Sadeler I, 1588-1595) [Wellcome Collection].

El tratado de Fracastoro planteó la hipótesis de que las enfermedades contagiosas eran causadas por partículas diminutas, generadas espontáneamente a partir de ciertos tipos de putrefacción y que poseían las facultades de propagación y de movimiento. La obra está organizada en tres piezas. La primera explica el mecanismo del contagio y por qué solo algunas enfermedades son contagiosas. En la segunda, Fracastoro escribió sobre una serie de enfermedades contagiosas, distinguiendo la viruela del sarampión; dando la descripción precisa más temprana del tifus; demostrando que la tuberculosis era contagiosa; hablando de la rabia y de la sífilis; y comentando el diagnóstico diferencial de las enfermedades contagiosas de la piel. Finalmente, en la última sección, Fracastoro esbozó el tratamiento de las enfermedades mencionadas en la segunda parte y apuntó detalles sobre la propagación y el control de las epidemias. En definitiva, Fracastoro estableció la diferencia entre los conceptos de infección, como causa, y de epidemia, como consecuencia, y fue el primero en establecer el concepto de enfermedad contagiosa.

En tiempo de Fracastoro, la sífilis era una enfermedad muy contagiosa. Hoy en día la enfermedad sigue teniendo esa misma manía, pero ahora puede ser prevenida y curada con intervenciones sencillas y rentables. Uno de los desafíos más importantes que debemos afrontar es que, en las poblaciones con mayor riesgo de contraer sífilis, particularmente en los países de ingresos bajos y medianos, sea posible acceder fácilmente a los servicios sanitarios. Para lograr este objetivo es necesario desmontar las barreras estructurales, incluida la criminalización, los obstáculos políticos y legales, la discriminación y la violencia. Como recomienda la OMS, los Gobiernos tienen deberes claros y concisos, que consisten en priorizar el desmantelamiento de los impedimentos orgánicos que entorpecen el camino hacia la cobertura sanitaria universal.

PARA LEER MÁS:

Cavanaugh, Ray. 2017. «Dr Girolamo Fracastoro (1478-1553) and the poetry of Syphilis». *Journal of Medical Biography* 25 (1): 60-61.

Droixhe, Daniel. 2020. «Tracing tradition. The idea of cancerous contagiousness from Renaissance to Enlightenment». *History of European Ideas* 46 (6): 754-765.

Meng, Yin Wu. 2021. «Effect of syphilis infection on HIV acquisition: a systematic review and meta-analysis». *Sexually Transmitted Infections (STI)* 97:525-533.

Plagens-Rotman, Katarzyna. 2021. «Syphilis: then and now». *Advances in Dermatology and Allergology* 38 (4): 550-554.

Tampa, Mircea. 2014. «Brief History of Syphilis». *Journal of Medicine and Life* 7 (1): 4-10.

Tsuboi, Motoyuki. 2021. «Prevalence of syphilis among men who have sex with men: a global systematic review and meta-analysis from 2000-20». *The Lancet Global Health* 9 (8): E1110-E1118.

La reina Isabel I («el retrato Ditchley») [Marcus Gheeraerts, ca. 1592].

13. ISABEL I, LA REINA VIRGEN, AÑO 1562 D. C.

Anne Bradstreet, considerada la primera mujer poeta de los Estados Unidos y una de las figuras más relevantes de la historia de la literatura norteamericana, escribía textos intimistas, acunados por la soledad que imponían las ausencias laborales de su amado esposo, Simon Bradstreet.

Simon fue magistrado colonial, hombre de negocios, diplomático y el último gobernador de la colonia de la bahía de Massachusetts. Con Simon ausente, Anne cuidaba y educaba a los hijos, administraba el hogar y regurgitaba, desde las entrañas más profundas, escritos sencillos y humildes que estaban empapados de un vocabulario rico y de un característico código moral y espiritual. Los textos de Anne documentan, de primera pluma, las condiciones sociales de las mujeres de la época, y las costumbres puritanas de la Nueva Inglaterra colonial.

La poesía de Anne Bradstreet, basada en la observación de los valores tradicionales y cotidianos, es clara y espontánea, y refleja la lucha de la escritora por tolerar la adversidad de la vida en la colonia puritana, lugar en el que percibe las pruebas a la que es sometida como lecciones de Dios, contrastando las pérdidas terrenales de este mundo con las recompensas eternas en el próximo. Anne Bradstreet acepta, en gran medida, la definición puritana de los roles adecuados de hombres y mujeres, aunque pide una mayor aceptación de los logros de las mujeres y utiliza la poesía para cuestionar los puntos de vista sociales y religiosos de su comunidad.

En 1650, la obra *The Tenth Muse Lately Sprung Up in America*, de Anne Bradstreet, fue el primer libro escrito por una mujer publicado en los Estados Unidos de América. La obra incluye el poema «In Honor of that High and Mighty Princess Queen Elizabeth of Happy Memory», una elegía épica sobre la formidable monarca Isabel I. En el poema, Anne Bradstreet utiliza la estrategia de emplear representaciones míticas para resaltar los logros de una mujer increíble, y eternizar y glorificar la memoria de la reina. Con este poema, la escritora proporciona un ejemplo convincente del fenómeno de creación, tras la muerte de la soberana, del mito relacionado con la imagen de Isabel I.

Isabel I de Inglaterra nació el 7 de septiembre de 1533 en el palacio de Greenwich. Era la hija del rey Enrique VIII y Ana Bolena, segunda esposa del monarca. Enrique VIII desafió al papado y al emperador del Sacro Imperio Romano Germánico para contraer matrimonio con Ana Bolena, impulsado por el amor y por la necesidad de engendrar un heredero varón legítimo. Por tanto, el nacimiento de Isabel, considerado una inesperada tribulación por unos, lección divina por otros y una gigantesca y dolorosa decepción por el rey, fue uno de los acontecimientos políticos más apasionantes de la historia europea del siglo XVI.

La pasión de Isabel por la erudición era legendaria y, en una época en la que las mujeres eran consideradas inferiores a los hombres, ella fue una gloriosa excepción. Devoraba las materias clásicas como la retórica, los idiomas, la filosofía y la historia, pero también estudió teología y apoyó la causa protestante, convencida que solo los protestantes reconocerían el matrimonio de sus padres y por tanto su legitimidad como monarca. Desde temprano, Isabel mostró un carácter pragmático que fue clave para desplegar un gobierno exitoso.

Comenzó su reinado el 17 de noviembre de 1558, siendo una mujer joven de tan solo veinticinco años. Isabel I heredó una nación debilitada, casi en bancarrota, enclenque ante las vigorosas potencias de Francia y España, y desgarrada por la discordia religiosa. La posición en el trono de Isabel era considerada ilegítima por los adversarios, y peligrosa e incierta por los aliados. Los partidarios de Isabel aconsejaron un matrimonio rápido y selecto con un marido leal, en el que la reina encontrara apoyo, pero ella tenía otros planes. A pesar de todo, Isabel I era consciente de la vulnerabilidad que manifestaba como monarca soltera. Por esta razón, con cautela y brillantez, modeló y concibió la figura de una reina poderosa, que amaba a sus súbditos y que no representaba ninguna amenaza para las expectativas patriarcales de género. Gobernó sola durante casi medio siglo, deslumbrando, comprometida con la preservación de la paz y la estabilidad inglesas, mostrando un sentido del deber admirable y marcando una época gloriosa en la historia mundial.

A principios de 1559, pronunció su primer discurso ante el Parlamento, proclamando que le bastaría con que una piedra de mármol declarase que una reina, habiendo reinado tal tiempo, vivió y murió virgen. Isabel mantuvo este alegato hasta la muerte. Es probable que la monarca, con base en las experiencias personales sufridas y a sabiendas de la desastrosa elección de maridos de María Estuardo, la célebre reina María I de Escocia, que le acarreó la consecuente pérdida del trono y de la libertad, considerara que era más sabio vivir y morir virgen.

Virgen o no, en el otoño de 1562, a la edad de veintinueve años, la reina Isabel I sufrió un severo ataque de viruela que casi acaba con ella. El 10 de octubre de 1562, Isabel comenzó a estar mal de salud. Tontamente, según algunos cortesanos, tomó un baño. Para muchos era una decisión imprudente pues estaban convencidos de que el remojo haría a la reina más vulnerable a la infección. A los pocos días quedó claro que Isabel había contraído la viruela. Al principio, los síntomas aparecieron en forma de fiebre, debilidad y pérdida de la capacidad del habla. Los médicos creían que la muerte era inevitable. El Consejo incluso consideró nominar al conde de Huntingdon, descendiente del duque de Clarence, como sucesor. Dado que la reina no tenía hijos, existía una gran preocupación si Isabel moría de repente y se desencadenaba una cruenta lucha por la sucesión.

La reina, muy enferma, pero tenaz e inconformista, buscó ayuda en el doctor Burcot. El médico, de primeras, diagnosticó viruela y fue desterrado de los aposentos reales por temerario. Ante la evidencia fue llamado por segunda vez. Estuvo reacio a asistir, pero luego, sopesando las posibles consecuencias, terminó acudiendo a prestar auxilio. Burcot confirmó el diagnóstico inicial, viruela otra vez, y envolvió a la paciente real en color escarlata, la forma habitual de tratamiento. Muchos médicos medievales creían que ciertas dolencias podían ser tratadas exponiendo al paciente a diferentes luces y colores. Por ejemplo, la naturalista, médica y mística Hildegarda de Bingen afirmó, en el siglo XII, que aquellos con problemas oculares no podían hacer nada peor que pasar horas cada día mirando la hierba verde. Otro destacado defensor de la inverosímil terapia del color fue Johannes de Gaddesden, médico real de Eduardo I y autor de un tratado de medicina titulado *Rosa anglica medicinae seu Practica,* que es considerado el primer libro de texto médico en inglés. El manual de Johannes de Gaddesden está repleto de citas de Hipócrates, Galeno, Dioscórides, Rufo de Éfeso, Avicena, Averroes y de muchos otros, pero también contiene observaciones originales que ilustran el carácter del autor, más que conocimientos médicos trascendentes. El libro comienza con un relato de fiebres basado en la disposición de Galeno, luego menciona diversas enfermedades y lesiones y termina con un tratado sobre remedios. El tratamiento estándar, ejercido por Johannes de Gaddesden, para curar la viruela consistía en envolver al paciente en un paño rojo, llenar la habitación con decoración roja y proporcionar al infectado solo alimentos y bebidas de color rojo. Al parecer, el doctor Burcot empleaba prácticas similares a las de Johannes de Gaddesden. A pesar del absurdo procedimiento, fútil e insustancial, Isabel I sobrevivió a la enfermedad.

La viruela es, en efecto, una enfermedad muy contagiosa causada por el virus de la viruela, un orthopoxvirus. Han sido identificadas varias cepas de virulencia variable, y los análisis filogenéticos de muestras históricas indican que las variantes que circularon en Europa antes del siglo XX pertenecían a la cepa más letal, la variola major. La viruela se transmite de persona a persona, y en menor medida a través de objetos infectados, y confiere inmunidad de por vida a los supervivientes. Por esta razón, es considerada una clásica enfermedad de multitudes, ya que depende de poblaciones relativamente grandes, con numerosos huéspedes susceptibles, para que exista una transmisión continua.

RESULTS OF SMALL-POX

Resultados [efectos] *de la viruela* [*Atlas of Clinical Medicine*, 1892-93; National Library of Medicine].

La falta de registros abundantes sobre las causas de mortalidad antes del siglo XIX provoca que siga sin estar clara la cronología en que la viruela tornó a enfermedad endémica en las poblaciones europeas. En general, la viruela es descrita como una enfermedad antigua de los humanos, pero la evidencia filogenética histórica y molecular respalda un origen reciente de la cepa variola major que circuló entre los siglos XVII y XX. En Londres, la ciudad más grande de Europa en 1700, la viruela creció de un rango dentre el 4 % y el 6 % a mediados del siglo XVII, a más del 10 % en el tercer cuarto del siglo XVIII. La frecuencia de las epidemias también aumentó de unos cuatro años a apenas una docena de meses. Entre los cuáqueros de Londres, en el período comprendido entre 1650 y 1699, la viruela representó solo el 10 % de las muertes de niños de dos a cuatro años, pero el porcentaje ascendió hasta el 26-29 % en el siglo XVIII.

La enfermedad no mató a Isabel I, pero depositó una huella trascendente en el cuerpo de la monarca, un tropel de cicatrices en el rostro. Mary Sidney, leal dama de compañía de Isabel I, que pasó numerosas horas junto a la cama de la reina enferma, asegurándose de que tuviera suficiente agua y té y siendo un consuelo constante para ella, también contrajo la viruela, y quedó desfigurada de por vida. Tras coquetear con la muerte bailando con la viruela, la piel impecable de Isabel quedó mancillada para siempre. La sensación fue devastadora para la reina, que consideraba fundamental para mantener el poder la posesión de una presencia esbelta e inmaculada. Isabel buscó una solución y comenzó a cubrir las marcas de la viruela con un pesado maquillaje blanco denominado cerusa de Venecia. El cosmético estaba compuesto de un fino polvo de carbonato de plomo, molido a partir de escamas obtenidas por la oxidación de placas de plomo sumergidas en vinagre, al que era añadido clara de huevo para facilitar la adhesión permanente a la piel. El cerusa de Venecia era utilizado en farmacia para recetas y pociones, y en cosmética para ungüentos y maquillaje. Durante el Renacimiento, constituyó uno de los productos de exportación de lujo que, junto al vidrio, los espejos y las pieles, permitieron la dominación comercial de Venecia sobre Europa.

Durante el reinado de Isabel I, las mujeres buscaban detentar un rostro lo más blanco posible, porque simbolizaba la juventud, la fertilidad y la belleza. La reina usó el cerusa de Venecia con profusión para ocultar los indiscretos estigmas dejados por la viruela, y también para esconder las nacientes e impertinentes arrugas. Isabel I aplicaba capas gruesas de maquillaje en toda la cara, en la frente depilada, en el cuello y en el escote. Emplear maquillaje era un signo claro de distinción y poder. Por ello, Isabel también maquillaba sus ojos con kohl, un cosmético negro o gris obtenido a base de galena molida, y coloreaba sus labios y mejillas con carmín procedente de cera de abejas, extractos vegetales o de las costosísimas cochinillas traídas desde las Indias. El carmín obtenido de los insectos era intenso y brillante, y un claro testimonio de estatus social. El extracto de cochinilla, muchas veces denominado carmín o ácido carmínico, es el colorante rojo natural E-120 que se obtiene del escarabajo *Dactylopius coccus*. Para conseguir un kilogramo de pigmento son necesarios 160.000 escarabajos. El carmín de cochinilla posee características tecnológicas excelentes por lo que es utilizado como aditivo alimentario, excipiente farmacéutico y en la composición de numerosos cosméticos. La especie *Dactylopius coccus* es un parásito fitófago obligado de las especies del género *Opuntia* y, en las islas Canarias, en especial en la isla de Lanzarote, la cría de esta cochinilla para la producción de colorante ha pasado a formar parte de su patrimonio cultural.

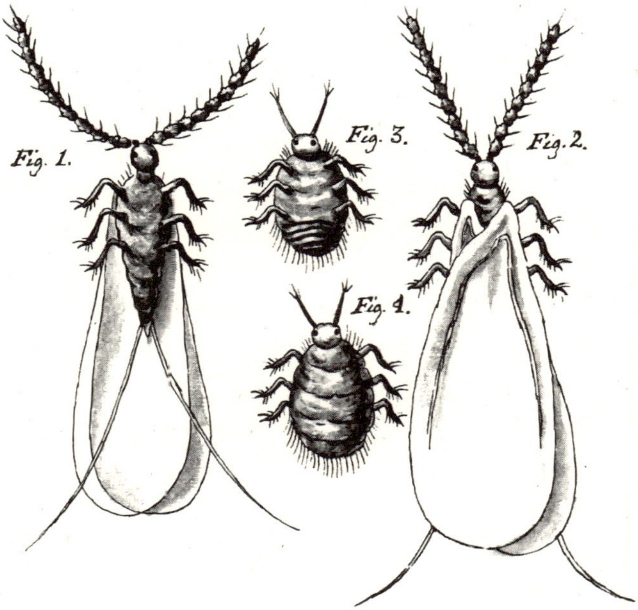

Cochinilla (*Dactylopius coccus*) [*Memoria sobre la naturaleza, cultivo y beneficio de la grana*, José Antonio de Alzate y Ramírez, 1777].

Bote de maquillaje, encontrado en una tumba del siglo v a. C., con pastillas de carbonato de plomo, todas de igual diámetro y peso [«Le Bain et le Miroir», Musée de Cluny; Bibi Saint-Pol].

El maquillaje desmesurado empleado por Isabel I estampaba en la monarca una máscara inexpresiva y hierática, pero también solemne, de un blanco radiante, inmaculado y casi celestial. Por desgracia, el componente principal del cerusa de Venecia es el plomo, un conocido asesino.

El plomo es un metal tóxico que tiene graves consecuencias para la salud. La exposición al plomo acarrea secuelas neurológicas y conductuales; reducción del cociente intelectual; cambios de comportamiento; anemia; hipertensión; disfunción renal; inmunotoxicidad; y toxicidad en los órganos reproductores. En el año 2019, el Instituto de Sanimetría y Evaluación Sanitaria de la Universidad de Washington, en Seattle, estimó que la exposición al plomo causó 900.000 defunciones y la pérdida de 21,7 millones de años de vida sana en todo el mundo, debido a los efectos que tiene el metal a largo plazo en la salud.

El abuso del maquillaje terminó por pasar factura a la reina y le provocó despigmentación de la piel, caída del cabello y alteraciones dentales. Es conocido que Isabel I era golosa y amaba el azúcar, y que esa relación engendró numerosas caries y dolores de dientes. Algunas piezas tuvieron que ser extraídas, y el plomo, acumulado en las encías, dio lugar a un ribete grisáceo conocido como ribete de Burton, una manifestación clínica evidente de sufrir saturnismo. El ribete de Burton, descrito por primera vez en 1840 por Henry Burton, indica una intoxicación crónica por plomo y se presenta como una línea muy delgada en la base de los dientes, que adquiere un visible color negro azulado o azul violáceo a lo largo del margen de las encías superiores. El ribete de Burton aparece cuando el plomo circulante interacciona con iones de azufre liberados por la actividad de bacterias orales y queda depositado como sulfuro de plomo en la unión de los dientes y las encías. La sonrisa de Isabel I, negra y destartalada, era poco atractiva.

Isabel I murió a la edad de sesenta y nueve años, el 24 de marzo de 1603. La causa de la muerte sigue siendo desconocida y es muy discutible, pero antes de morir la reina perdió la mayor parte de su cabello, estaba muy fatigada, sufría pérdidas de memoria y problemas digestivos, todos ellos síntomas de envenenamiento por plomo. La viruela provocó que Isabel I empleara desmesuradamente el cerusa de Venecia y quizás el maquillaje adelantó la muerte de la soberana, pero también dio a la monarca la imagen de una reina poderosa y virginal, una característica y regia estampa de piel blanquecina, casi de porcelana, que ha pasado a la posteridad.

PARA LEER MÁS:

Davenport, Romola Jane. 2018. «The geography of smallpox in England before vaccination: A conundrum resolved». *Social Science & Medicine* 206: 75-85.

Eijkman, Michiel. 2012. «The oral problems of queen Elizabeth I». *Nederlands tijdschrift voor Tandheelkunde* 119 (5): 245-247.

Kawalek, Adam. 2002. «A spotlight on smallpox». *Clinics in Dermatology* 20 (4): 376-387.

Krylova, Olga. 2020. «Patterns of smallpox mortality in London, England, over three centuries». *PLoS Biology* 18 (12): e3000506.

Weisz, George. 2017. «Roderigo Lopez, Physician-in-Chief to Queen Elizabeth I of England». *Rambam Maimonides Medical Journal* 8 (3): e0036.

14. TEORÍA DE LA GENERACIÓN ESPONTÁNEA, AÑO 1668 D. C.

¿Desea crear un ratón? Sí, uno de verdad. Sí, de los de carne y hueso. Sí, con bigotitos, pelo suave de ratón, que bien sabe usted que es muy diferente al repulsivo pelaje de rata, hocico inquieto, detalles personalizados, apéndices discretos, extremidades completas. Es decir, un ratón hecho y derecho, con los complementos que sean necesarios: venas; tendones; células ganglionares de dirección selectiva (DSGC), adaptadas a los cambios en el nivel de luz, diurnos o nocturnos; sistema auditivo; y demás parafernalia que precise el bichejo, que debe ser mucha y variada.

En fin, que pregunto sobre la posibilidad de generar, así a las bravas, un lindo roedor, mondo y lirondo, similar al que le royó los calzones al pobre san José. No, no he consumido bebidas espirituosas. No, tampoco he ingerido sustancias estupefacientes. Y a las preguntas de si, por casualidad, he sufrido algún traumatismo craneoencefálico o de si el ábrego, el cierzo, la tramontana o el terral han ventilado mi sesera dejándola más desocupada de lo habitual, la respuesta corta y directa a ambas cuestiones es no y la más elaborada es, de nuevo, no, no he consumido bebidas espirituosas. Siento repetir contestación, lo mismo le parece mal, pero es que últimamente tengo el repertorio lingüístico por los suelos; debe de ser por el alcohol —el de las friegas, digo—, porque, de tanto embadurnar las palmas de las manos en tiempo de pandemia, y de dar pleitesía al frota que te frota, cada vez que tocaba un objeto sospechoso o huérfano o prestado o díscolo o, seamos sinceros, a la postre, cualquiera, viniera de Mordor o del regazo de una abuela, el desinfectante debe de haber atravesado la barrera de la piel, y todo lo puesto por delante, hasta llegar a las entendederas y, como haría antes con las zarpas, secarlas por completo.

Ilustración del libro *Histoire admirable des plantes*, publicado por el naturalista francés Claude Duret en 1605. Según la imagen, algunas hojas que caen de los árboles, al tocar el agua o la tierra firme, sufren una metamorfosis paulatina y quedan convertidas en peces o en aves.

Acabo ya la disertación que nos liamos, perdemos el norte y, como nos descuidemos, ponemos rumbo a Babia. Estábamos, por centrar el tema, con el lío del ratón. ¡Venga, ánimo! Mientras decide si es que sí o si es que no, explico la receta; total, así hacemos tiempo. ¿Preparado? ¿Dispuesta? Afile el ojo, que empiezo.

La fórmula es sencilla, basta con colocar ropa interior, empapada de sudor, en compañía de trigo en un recipiente de boca ancha y esperar. Al cabo de veintiún días, ni uno de más o de menos, el olor cambia, y el fermento, surgiendo de la ropa interior y penetrando a través de las cáscaras de trigo, transforma el cereal en ratones. ¡Tachán, tachán! Pero descuide, que ahí no queda el prodigio, pues lo que es más notable aún es que se forman roedores de ambos sexos y que estos pueden ser cruzados con ratones que hayan nacido de manera normal, ya sabe, a la antigua usanza. No obstante, lo que es verdaderamente increíble es que los ratones que han surgido del trigo y de la ropa íntima sudada no son pequeñitos, ni deformes, ni defectuosos, sino que son adultos perfectos.

La receta no es mía, fue escrita por un señor llamado Jean-Baptiste van Helmont, médico flamenco, noble químico, físico curioso, eminente fisiólogo y apurado alquimista, a lo que sumaba un tropel de quehaceres adicionales, entre los que destacó el de ferviente defensor de la teoría de la generación espontánea.

La generación espontánea es, en términos generales, una visión según la cual los seres vivos son creados de forma espontánea y automática a partir de materia inanimada. La idea de la generación espontánea es antigua y fue creada a partir de la observación de los fenómenos cotidianos en la naturaleza. Tales de Mileto, Anaximandro, Anaxímenes y Heráclito, algunos de los primeros filósofos griegos conocidos, consideraron que había alguna especie de animación en la materia que era la responsable del movimiento eterno de la sustancia original, independiente de factores externos, y también de los cambios ocurridos en el mundo. Algo más tarde, Aristóteles admitió la posibilidad de que, además de la oviparidad y la viviparidad, los seres vivos pudieran surgir espontáneamente por la acción del calor. La idea de la generación espontánea permanente y universal, claramente sugerida por Aristóteles, fue en ese momento un simple y muy probable hallazgo de observaciones realizadas sin el uso de instrumentos, la incapacidad de realizar pruebas exactas y precisas, y la falta de conocimiento de los fenómenos de reproducción y desarrollo. Aristóteles respaldó la percepción de que la vida podía surgir a partir del rocío o del agua marina, con la ayuda de una energía sobrenatural que denominó entelequia. La idea ingenua de la generación espontánea de Aristóteles, sostenida por escritores antiguos, pasó a la ciencia escolástica medieval. La autoridad de Aristóteles, fundamentada en las opiniones de Tomás de Aquino, hizo que la convicción de la formación innata de los organismos vivos fuera aceptada casi universalmente, por lo que en muchos escritos medievales y renacentistas predominaban ideas extravagantes relacionadas con la generación espontánea.

Van Helmont afirmaba que los piojos, las chinches, las pulgas y los gusanos, que actúan como miserables huéspedes y vecinos, nacen de las entrañas y de los excrementos. También aseguraba van Helmont que el agua muy pura quedaba enmohecida por el olor de una vasija maloliente, llegando a pudrirse y corromperse hasta producir gusanos. Las ranas, las babosas, las sanguijuelas y varias hierbas son producidas por la pestilencia del fondo de los pantanos, manifestaba van Helmont. Ejemplos de generación espontánea no faltaban y van Helmont explicaba que el aroma contenido en la semilla de la albahaca produce la hierba albahaca, con el espíritu que está dentro, pero que, si se enmohece en algún lugar, cambia de

Generación espontánea: abejas que nacían de reses muertas. Así se representaba la escena en el libro *Ortus sanitatis*, impreso por Johann Prüss en Estrasburgo en 1497.

naturaleza y produce verdaderos escorpiones. Van Helmont garantizaba a los incrédulos que podían comprobar el prodigio colocando la hierba contusa en un agujero hecho en medio de un ladrillo, al que después deberían unir otro adobe, finalizando el ejercicio con la exposición al sol del conjunto. Cierto es que el experimento parece poco fiable. Siempre podéis probar a ver qué ocurre, pero hacerlo con cuidado y bajo la supervisión de una persona adulta, a ser posible sobria, no siendo que por accidente aparezca el fatídico escorpión, o lo que es peor, alguna hidra de siete cabezas.

La receta para fabricar ratones apareció en el libro *Ortus medicinae, id est Initia physicae inaudita*, publicado en 1667. Van Helmont estaba convencido de que el sudor humano, como otras sustancias de fuentes vivas, incluía una esencia, intangible y adecuada, del principio del cuerpo, que era capaz, junto con el gas producido por la fermentación del grano, de generar vida. El médico flamenco asoció todas las transformaciones y movimientos de objetos inanimados y vivos con fuerzas intangibles. Más allá de concepciones gelatinosas propias de la época, van Helmont era un avanzado, realizó experimentos pioneros sobre el crecimiento de las plantas, poseía una mente despierta y es reconocido por ser el fundador de la química neumática y por la introducción del término «gas» en el vocabulario científico.

Hasta el siglo XVII era habitual pensar que los procesos de descomposición de la materia favorecían la formación espontánea de organismos especializados. Un ejemplo cristalino era vincular la aparición de moscas con la carne en descomposición. En esas estaban cuando en 1668, el médico y naturalista italiano Francesco Redi aniquiló, con un ingenioso y simple experimento, la versión clásica de la idea de la generación espontánea. Redi incluyó los resultados observados en la obra *Esperienze interno alla generazione degl'insetti*, en la que argumentaba que los insectos, anfibios y peces nacen de los huevos. La aserción de Redi estaba basada en el estudio del desarrollo de la mosca, ya que advirtió con claridad que las sustancias en descomposición eran usadas por los dípteros como lugar propicio para el crecimiento de las larvas. El médico comenzó a dudar de si acaso todos los gusanos de la carne provenían de semillas puestas por las mismas moscas, y no de la carne podrida. Redi endureció su desconfianza cuando en todos aquellos casos en los que provocó el nacimiento de gusanos de la carne, antes siempre vio posadas, sobre la fecunda chicha, a moscas de la misma especie. A pesar de mostrar ojo de halcón, la presunción de Redi era inútil sin confirmación experimental.

El famoso experimento de las moscas de Redi comenzó a mediados de julio de 1668. El médico colocó pedazos de una serpiente, unos peces de río, cuatro anguilas del Arno y un trozo de carne de ternera en cuatro botellas de boca ancha. Tapó los recipientes con papel y cordel y los selló minuciosamente. Acomodó los mismos artículos en otras botellas y dejó los cuellos abiertos. En poco tiempo, el pescado y las otras carnes de los envases abiertos estaban invadidos de gusanos y era notable observar cómo multitud de moscas entraban y salían libremente de estas vasijas. Por el contrario, aunque pasaron muchos meses desde la fecha en la que depositó la carne en las botellas cerradas, no vio nacer un solo gusano de los despojos. Curiosamente, varias veces encontró, en el papel de la tapadera, una oruga o un gusano que con todas sus fuerzas, y con toda la presteza que puede desarrollar un bichillo semejante, trataba de encontrar un hueco para meterse dentro y alimentarse en estas botellas, en las que la carne ya apestaba, podrida y pochada.

En otro experimento adicional, con el fin de determinar qué tipo de papel jugaba el aire en el proceso de aparición de gusanos en la carne podrida, Redi cubrió algunos recipientes con un paño fino y otros los dejó

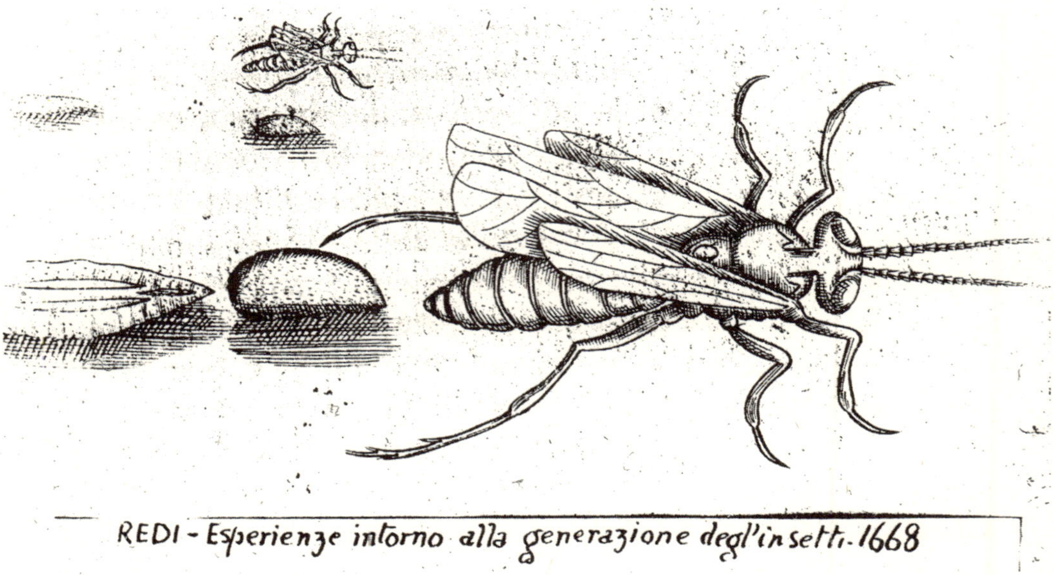

Una ilustración de las *Experiencias en torno a la generación de los insectos* de Francesco Redi (1688).

descubiertos. El resultado de este experimento fue similar al anterior. Los insectos no aparecían en los contenedores con tela, ya que las moscas no tenían acceso a la manduca. Después de realizar muchos experimentos similares, Francesco Redi llegó a la conclusión de que la tierra, desde la creación de las primeras plantas y animales por Dios, en su estado actual, no era capaz, por sí misma, de producir organismos vivos en forma de generación espontánea. Redi comprendió que todas las criaturas existentes provienen de aquellas que las precedieron y acuñó la frase *omne vivum ex ovo*, que significa que todo lo vivo procede de un huevo.

A pesar del enfoque innovador del problema de la generación espontánea, Redi no pudo rechazar radicalmente todos los puntos de vista, formados a lo largo de los siglos, sobre la teoría. Por eso, a pesar de los resultados evidentes de sus experimentos, no contrarió por completo la posibilidad de la generación espontánea, sosteniendo que, en algunos casos, había sustancias que contenían un principio de vida, proveniente del acto creador. Así, todavía permitió la posibilidad de generación espontánea de parásitos vegetales creados a partir de los jugos del huésped y de algún insecto originado de los tejidos de ciertas plantas. También afirmó que las entrañas de los animales podían producir gusanos vivos, que luego anidan en ellos. No fue hasta casi doscientos años después, que los estudios del médico alemán Friedrich Küchenmeister demostraron el ciclo evolutivo de los cestodos, estableciendo que la cisticercosis era causada por la ingestión de los huevos de la tenia *Taenia solium*. Para alcanzar esta conclusión, Küchenmeister realizó, en 1855, un experimento muy criticado que consistió en alimentar a prisioneros condenados a muerte con carne de cerdo infectada con cisticercosis. Después de la ingesta, pasado un tiempo, tras realizar la autopsia a los ejecutados, Küchenmeister recuperó tenias jóvenes y adultas de los intestinos. Las larvas de las tenias evaginan en el intestino delgado. La cabeza, denominada escólex, se adhiere a la mucosa y comienza a formar segmentos, llamados proglótides. *Taenia solium* tiene un escólex con cuatro ventosas y una corona doble de ganchos, un cuello angosto y una estróbila, o cadena de proglótides, grande que mide de dos a cuatro metros y que consta de varios cientos de segmentos. Aproximadamente dos meses después de la infección, las proglótides grávidas comienzan a desprenderse del extremo distal y se excretan en las heces. Cada segmento o proglótide contiene entre 50.000 y 60.000 huevos fértiles. En la actualidad sabemos que las tenias se desarrollan a partir de huevos que ingresan al organismo huésped desde el exterior. Es verdad que, con el tema de los gusanos y alguno otro más, Redi reculó un poquito, pero no os cebéis con el pobre hombre, hay que ser comprensivos, porque Francesco debió aguantar una presión tremenda. Al fin y al cabo, revolcó por el tartán una creencia vigorosa y tradicional, y a muchos, la llave de Redi no les hizo ni pizca de gracia.

A principios del siglo XVIII, en la obra *Lexicon Technicum*, publicada en 1704 por John Harris y considerada la primera enciclopedia moderna de artes, ciencia y tecnología, la generación espontánea es definida como la producción de plantas sin semillas, y de insectos y animales sin padres, sin mediar cópula entre macho y hembra, añadiendo que los estudiosos empezaban a estar convencidos de que nada de eso ocurría realmente en la naturaleza. Sin embargo, la idea de la generación espontánea no fue totalmente descartada y recobró un impacto muy significativo después de la construcción, el perfeccionamiento y la difusión del microscopio óptico como herramienta de investigación. El microscopio permitió descubrir que, más allá de los seres vivos perceptibles a simple vista, existe un misterioso mundo de criaturas microscópicas que también exhiben propiedades representativas de la vida. De inmediato surgió la pregunta de si los microorganismos tendrían progenitores o simplemente surgirían del entorno.

El holandés Antonie van Leeuwenhoek, descubridor de los microorganismos y de quien escribiré peripecias en el próximo capítulo, intentó zanjar la cuestión con una serie de pruebas, pero marró la tentativa porque no comprendió cómo los microbios eran capaces de reproducirse. Sin embargo, sus experimentos fueron la excusa perfecta para que otros investigadores atronaran y aseguraran que la generación espontánea podía ocurrir a nivel microbiano. De este modo, poco a poco y avanzando al trote cochinero, la teoría quedó restringida al ámbito de los microorganismos.

En 1745, el sacerdote John Needham realizó una serie de experimentos, mal concebidos y peor diseñados, con caldo hervido de cordero que, según muchos, apoyaban la teoría de la generación espontánea. Las pruebas daban a entender que los microorganismos aparecían por una energía especial que Needham llamó «fuerza vegetativa». Los experimentos de Needham fueron examinados, con rigor o sin él, por todo quisqui. Numerosos científicos, compañeros y relevantes personajes como el conde de Buffon estuvieron de acuerdo con Needham, pero hubo alguna que otra excepción, como la del filósofo francés Joseph-Adrien Lelarge de Lignac o el naturalista suizo Charles Bonnet. El fiscal más notorio que mantuvo una acérrima disputa con Needham fue el naturalista y sacerdote italiano Lazzaro Spallanzani, cuidadoso maestro de la biología experimental. Spallanzani recibió incrédulo las observaciones microscópicas de Needham y decidió dirimir la disputa teórica sobre una base experimental, repitiendo los experimentos en busca de errores. Los encontró. Eran garrafales.

Spallanzani observó que las temperaturas altas y prolongadas destruían a los microorganismos contenidos en los caldos. El hecho de que pudieran reaparecer en los recipientes abiertos o mal cerrados solo podía ser explicado porque volvieran a ser introducidos desde el exterior, es decir, desde el aire, y de que aparecieran las condiciones favorables para volver a proliferar. Según Spallanzani, la materia inanimada por sí sola no podía producir nada vivo. Needham se revolvió y atacó afirmando que las altas temperaturas utilizadas por Spallanzani habían debilitado la fuerza vegetativa de los microorganismos. Spallanzani volvió a la carga y realizó experimentos adicionales que vapulearon las ideas de Needham. Spallanzani era un hueso duro de roer, cabezón, inteligente, metódico y persistente. En definitiva, como comprobó Needham, un adversario compacto con algo de mala baba, porque la victoria de Spallanzani quedó documentada en la obra *Saggio di Osservazioni microscopiche concernenti il sistema generazione dei Signori di Needham e Buffon*, publicada en 1765 y que es traducida como *Ensayo de observaciones microscópicas referentes al sistema de generación de los señores Needham y Buffon*. Un año después, Spallanzani publicó *Opuscoli de fisica, animale e vegetabile*, donde, sobre la base de su experiencia, demostró que las infusiones de plantas, aisladas del contacto con el aire y colocadas en un estado de punto de ebullición a largo plazo, no contienen microorganismos. Por desgracia, las conclusiones obvias de los experimentos de Spallanzani no lograron disipar por completo las dudas de los escépticos, por lo que, contra pronóstico, las loables y palmarias demostraciones del científico italiano resultaron insuficientes para invalidar el concepto de generación espontánea.

En la segunda mitad del siglo XVIII la idea de la generación espontánea persistía. La actitud mostrada hacia la teoría, en algunos países europeos, estaba condicionada, en gran medida, por las circunstancias locales y por las influencias filosóficas. Por ejemplo, en Francia el apoyo al planteamiento de la generación espontánea era acorde al rechazo del acto creador divino, y solía ser asociado con la visión atea del mundo y las ideas del materialismo desarrolladas por importantes filósofos franceses de la Ilustración, como

Julien Offray de La Mettrie, Denis Diderot o Paul Henri Thiry d'Holbach. Por si resulta un concepto abstracto, cabe decir que el materialismo es una concepción filosófica, opuesta al espiritualismo, según la cual la materia es lo primario y no existe otra realidad sin ella, y que pensamiento y conciencia no son sino manifestaciones de un estado altamente organizado y evolucionado en el tiempo de la materia. En definitiva, que, sin comerlo ni beberlo, en Francia quedó establecida la convicción de que había una estrecha conexión entre la generación espontánea, el ateísmo y el materialismo. Esta concomitancia quedó reflejada, décadas más tarde, en una discusión sobre la generación espontánea acontecida entre Louis Pasteur y el naturalista Félix Pouchet.

A principios del siglo XIX, la obtusa opinión sobre la generación espontánea de los microorganismos seguía vigente y era defendida, entre otros, por Jean-Baptiste Lamarck, un naturalista y biólogo francés pionero en utilizar el vocablo biología según la percepción actual y que acuñó el término invertebrados. Lamarck es recordado principalmente por su teoría de la herencia. En 1809, Lamarck argumentó en la obra *Philosophie zoologique* que las formas de vida más simples surgían espontáneamente en el proceso de evolución de la materia bajo la influencia del calor, la electricidad, la luz y la humedad.

Por aquel entonces, la ciencia avanzaba a trancas y barrancas, y muchos conceptos recalcitrantes, pendientes de purga y lustro, estaban anquilosados. La teoría de la generación espontánea era uno de ellos. Con tantos dimes y diretes, la controversia sobre la generación espontánea recobró brío en 1858, cuando Félix Archimède Pouchet, director del Museo de Historia Natural de Rouen, apoyó la idea, al considerar que estaba plenamente probada. Pouchet dio un discurso ante los miembros de la Academia de Ciencias de París apelando a los resultados de numerosos experimentos que había realizado.

En uno de ellos, Pouchet llenó una botella de un litro con agua hirviendo. Acto seguido la cerró herméticamente, y cuando el agua se enfriaba, introdujo en el recipiente medio litro de oxígeno esterilizado y un poco de heno, también precalentado a 100° C durante aproximadamente 30 minutos. Después de ocho días, Pouchet concluyó que en el mejunje aparecieron microorganismos, lo que, en su opinión, era una prueba de que, bajo ciertas condiciones, el aire es capaz de producir una nueva vida. Unos meses más tarde, en 1859, Pouchet publicó una extensa obra titulada *Hétérogénie ou Traité de la génération Spontanea, sur la base nouvelles expériences* en la que defendía las opiniones expresadas con anterioridad, afirmando el surgimiento de seres vivos a partir de la materia inanimada.

Las afirmaciones de Pouchet eran pastosas, difíciles de digerir. Encontraron oposición inmediata. En reacción al ruido de los tambores, importantes científicos como el zoólogo Henri Milne-Edwards, el químico Anselme Payen o el fisiólogo Claude Bernard excavaron trincheras ideológicas por toda Francia. La discusión estalló entre partidarios y detractores de la teoría, y la disputa, cáustica y ascendente, condujo a la Academia de Ciencias de Francia a anunciar un concurso con el nombramiento de un premio especial al que resolviera el problema de la generación espontánea de los microorganismos.

La controversia fue resuelta con magnífica maña experimental por Louis Pasteur. En 1862, Pasteur ganó el premio de la Academia por llevar a cabo experimentos relativamente simples pero imaginativos sobre el tema de la generación espontánea de los microorganismos. Los experimentos de Pasteur demostraron que las bacterias solo pueden formarse a partir de otras bacterias. En uno de los experimentos, Pasteur llenó un recipiente

«Pasteur destruye la teoría de la generación espontánea». Cromolitografía editada por la Chocolatería de Aiguebelle, de los monjes del monasterio de la Trappe (Drôme, Francia).

Retrato de Pasteur [Albert Edelfelt, 1885]. Uno de los padres de la microbiología.

de vidrio con agua donde disolvió una sustancia fermentable para después calentar el líquido hasta hervir. A continuación, enfrió la preparación y llenó el recipiente con aire introducido a través de un tubo de platino al rojo vivo. Finalmente cerró herméticamente el recipiente. Pasados muchos días comprobó que no proliferaron organismos en su interior. Sin embargo, en otros recipientes, preparados de manera similar, pero en los que fue suministrado el aire sin el calentamiento previo del tubo, los microorganismos proliferaron con profusión. Según Pasteur, esto era una prueba de que las bacterias, destruidas del caldo como resultado de la cocción intensiva de la solución, penetraron allí junto con el aire, que no había sido esterilizado.

En otro experimento, Pasteur preparó un recipiente con una solución de sustancia fermentable y dejó que el aire entrara en él, previa filtración a través de un poco de algodón. Luego, arrojó el mismo algodón a la solución, que previamente había sido calentada intensamente para destruir los microorganismos presentes. Después de un tiempo, Pasteur descubrió que se habían desarrollado colonias microbianas y consideró que los microorganismos habían entrado con el algodón utilizado como filtro. El algodón capturó a los microbios durante el paso de flujo de aire no esterilizado a través de él.

No obstante, los experimentos de Pasteur mostraban algunos aspectos que podían dar lugar a interpretaciones vitalistas de la vida. Los vitalistas argumentaban que, dado que los organismos vivos no podían surgir espontáneamente de la materia inanimada, a la materia le debía faltar la «fuerza vital», de la que hablaban constantemente. ¡Touché, señor Pasteur!, debieron alardear los pardillos.

Hinchar tanto las narices no suele ser buena idea. Pasteur tenía cuerda para rato, las gónadas infladas, la paciencia desfigurada y los ingredientes precisos para diseñar experimentos adicionales, a la postre, definitivos.

Algunos vitalistas afirmaban que el aire mismo contenía la «fuerza vital» que permite la generación espontánea, así es que Louis Pasteur tuvo que proporcionar al elemento, el libre acceso a la vasija. A instancias de Antoine-Jérôme Balard, amigo y químico descubridor del bromo, Pasteur proyectó otro experimento, uno más, con el medio esterilizado, pero con un cambio sustancial en los recipientes. Pasteur utilizó matraces con cuellos curvos extraordinariamente largos, con forma de S, que atrapaban las partículas de polvo en la curva estrecha, pero que aún permitían que el aire entrara al interior del recipiente. Los recipientes fueron bautizados como matraces de cuello de cisne. Pasteur llenó parcialmente el cuerpo del matraz con un caldo rico en nutrientes. Luego calentó la suspensión orgánica para destruir todo tipo de microorganismos presentes en la infusión. Después de enfriar el caldo, el aire podía entrar libremente en el interior del matraz, pero cualquier posible microorganismo presente en él, quedaba atrapado en el cuello curvo del recipiente. La suspensión expuesta al aire permaneció incorrupta. Pasteur demostró que las soluciones estériles permanecían inmaculadas mientras no tuvieran contacto con los microbios. El aire transportaba microorganismos, pero quedaban sedimentados y atrapados en el largo y curvo cuello de los matraces. La confirmación del experimento consistió en romper la boca de los matraces o en sacudir el recipiente para contaminar el caldo estéril con los microorganismos atrapados en el cuello de cisne. Hecho esto, la suspensión quedó mancillada y los microorganismos se desarrollaron en ella sin problemas. Era evidente que no existía generación espontánea que facilitara la presencia de bacterias en el caldo. Todo microorganismo vivo provenía de un microorganismo precedente.

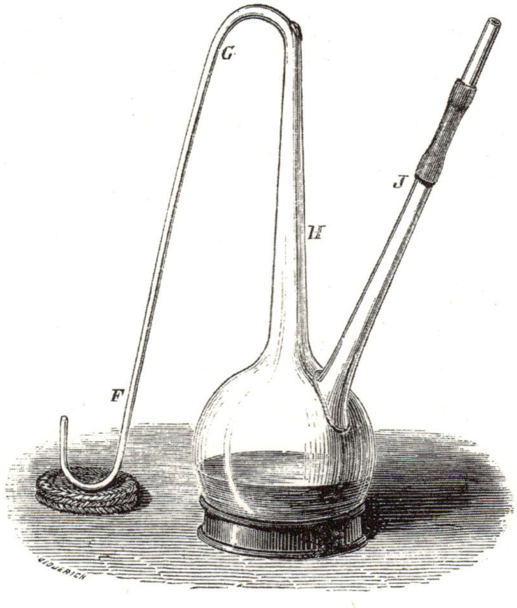

«Matraz de cuello sinuoso utilizado por el Sr. Pasteur en sus experimentos contra la generación espontánea» [*Les merveilles de l'industrie, ou Description des principales industries modernes*; Louis Figuier, 1885].

Los resultados de los experimentos de Pasteur, inexpugnables y decisivos, cuestionaron la creencia en la generación espontánea de los microorganismos y constituyeron la base para el tratamiento adecuado de los microbios, no como concentraciones de materia orgánica, sino como formas primitivas de vida. El 7 de abril de 1864 Pasteur dio una conferencia en las veladas científicas de la Sorbona en la que trató la cuestión de las generaciones llamadas espontáneas. Durante la ponencia Pasteur preguntó si podía la materia organizarse por sí misma y si existían seres que pudieran venir al mundo sin padres o sin abuelos. En la disertación, Pasteur repasó la historia de la generación espontánea, vapuleó sin miramientos las ideas, experimentos y afirmaciones de Pouchet y defendió con esmero y minuciosidad los ensayos realizados con los matraces de cuello de cisne. Terminó diciendo que no había ninguna circunstancia entonces conocida en la que se pudiera afirmar que seres microscópicos han venido al mundo sin gérmenes, sin padres semejantes a ellos. Continuó afirmando que los que lo pretenden han sido juguetes de ilusiones, de experiencias mal hechas, plagadas de errores que no han sabido percibir o que no han sabido evitar. Por desgracia, los experimentos y los discursos no fueron suficientes y el debate continuó hasta la intervención del físico irlandés John Tyndall.

En 1859, Tyndall demostró que la dispersión de longitudes de onda azules de la luz solar por partículas en la atmósfera hace que el cielo parezca azul. De hecho, demostró que la cantidad de luz dispersada es inversamente proporcional a la cuarta potencia de la longitud de onda y, por lo tanto, que las partículas dispersan la luz azul del sol más que la luz roja (por un factor de 10). Los científicos posteriores percibieron que las moléculas de oxígeno y nitrógeno en el aire son suficientes para explicar la dispersión y es por eso que el color del cielo no se ve afectado en mayor medida por la humedad o las condiciones de neblina. A partir de entonces, la dispersión de la luz por partículas, o cualquier coloide, recibió el apelativo de «efecto Tyndall». El efecto Tyndall es, de hecho, una polarización de los rayos del sol. Una luz polarizada plana azulada, como la del cielo, es denominada «azul Tyndall». John Tyndall también predijo la negrura del espacio, y gracias a su trabajo podemos hacer conjeturas sobre por qué el cielo terrestre no es violeta, la longitud de onda visible más corta, o por qué el cielo de Marte es rojo.

Tyndall tiene otra muesca deslumbrante en el currículo, la atribución de realizar las primeras mediciones de contaminación atmosférica, utilizando instrumentos de medición de dispersión e infrarrojos para monitorear la atmósfera de Londres. Los instrumentos de Tyndall son la base de muchos aparatejos como el fluorímetro y el espectrómetro ultravioleta. Además, al demostrar en 1854 que la luz podía ser conducida a través de un chorro de agua curvo, reveló que la señal lumínica podía ser doblada, lo que condujo, más de un siglo después, a la fibra óptica. En su investigación sobre la descomposición del vapor por la luz, Tyndall se vio obligado a eliminar la influencia del polvo atmosférico, por lo que necesitaba tubos de ensayo absolutamente limpios de materia en suspensión. Durante quince años, Tyndall utilizó polvo en suspensión para revelar el rastro de un haz de luz en el aire. Llegada la necesidad, simplemente invirtió el proceso y utilizó un haz de luz para detectar el polvo, es decir, trató de hacer evidentes los resultados de Pasteur a simple vista. Los experimentos de Tyndall, aunque conceptualmente fueran una repetición del trabajo de Pasteur, formaron una importante contribución a la aceptación general de la teoría de los gérmenes en Gran Bretaña.

Hasta ese momento, la etiología de las enfermedades consideraba que su propagación era debida a una especie de mal aire que podía ser transmisible a los tejidos vivos y producir una generación espontánea de los micro-

FIG. 3.

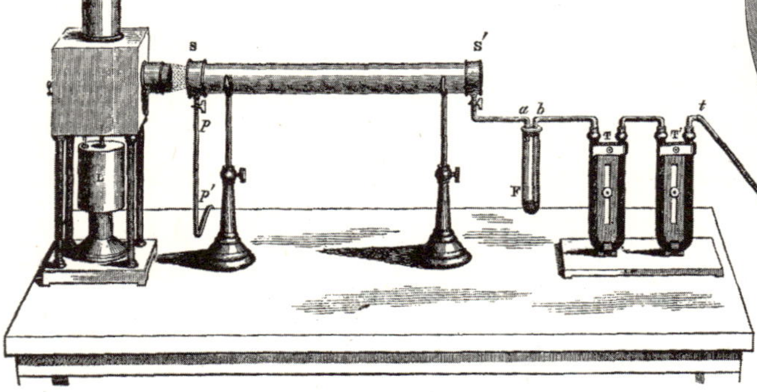

John Tyndall [*Harper's Weekly*, 16 de agosto de 1873] hizo pasar la luz a través de aire filtrado y vapor de un líquido volátil para crear «el cielo en una botella» [*Fragments of Science*, Tyndall, 1879].

bios. Para Pouchet, adversario de Pasteur, era imposible que la atmósfera contuviera una miríada de protoorganismos, porque si así fuera, el cielo estaría oscurecido completamente y tendría la misma densidad que el hierro, debido a que los gérmenes están más cerca unos de otros que las gotas de agua en una nube. Si Pouchet hubiera analizado de cerca los resultados de Tyndall, habría vislumbrado que el cielo azul etéreo está formado por partículas suspendidas a través de las cuales el sol aún puede brillar. Por lo tanto, la dispersión de la luz que promulgaba el físico irlandés no solo estaba relacionada con el efecto Tyndall, sino también con la capacidad de sustentación de la vida en la atmósfera.

En la década de 1870, Tyndall descubrió, incluso en el aire filtrado y limpiado con más cuidado, esporas de gérmenes orgánicos. A partir de entonces Tyndall advirtió que el aire que respiramos está saturado de polvo orgánico, invade nuestros pulmones y que este sucio contacto puede ser dañino para el hombre. Para Tyndall era tan cierto que el aire urbano contiene gérmenes en suspensión como que las chimeneas escupen humo.

Los resultados obtenidos por Tyndall colocaron a la generación espontánea y a la teoría de los gérmenes de las enfermedades al frente de sus intereses. En 1868, Tyndall mostró, por medio de la combustión, la naturaleza orgánica del polvo en el aire. Este polvo estaba compuesto esencialmente por paja, fibras de tejido, partículas de humo, granos de polen, esporas y microbios. Para Tyndall, la putrefacción y las enfermedades epidémicas eran causadas por algo en el aire, y ese algo era una partícula. Además, dado que las moléculas no podían dispersar la menor cantidad medible de luz, una partícula se definió como cualquier cosa demasiado grande para formar parte de un gas. De hecho, esta fue una continuación de su trabajo sobre el color azul del cielo y las partículas ultramicroscópicas.

Las conclusiones de los experimentos de Tyndall fueron simples y consistieron en una refutación total de la teoría de la generación espontánea, al encontrar una relación directa entre el contacto con la atmósfera y la putrefacción. Tyndall demostró que el contagio o contaminación era externo a la infusión, y que era debido a algo suspendido en el aire. Destacó la importancia del rigor en la aerobiología experimental y en el curso de sus experimentos incluso observó que las colonias de *Penicillium* podían inhibir el poder de las bacterias, pero no comprendió la implicación práctica de esta antibiosis. Tuvieron que transcurrir otros cincuenta y tres años para que Fleming descubriera la penicilina y abriera la era de los antibióticos.

🕮 PARA LEER MÁS:

Comtois, Paul. 2001. «John Tyndall and the floating matter of the air». *Aerobiologia* 17: 193-202.

Deichmann, Ute. 2012. «Origin of life. The role of experiments, basic beliefs, and social authorities in the controversies about the spontaneous generation of life and the subsequent debates about synthesizing life in the laboratory». *History and Philosophy of the Life Sciences* 34 (3): 341-359.

Donaldson, Iain. 2010. «Redi's denial of spontaneous generation in insects». *The Journal of the Royal College of Physicians of Edinburgh* 40 (2): 185-186.

Katz, Ben. 2019. «Spontaneous Generation and an Eighteenth Century Italian Rabbi-Physician». *The Pediatric Infectious Disease Journal* 38 (12): 1228-1229.

Mancini, Renata. 2007. «Lazzaro Spallanzani and his refutation of the theory of spontaneous generation». *Le Infezioni in Medicina* 15 (3): 199-206.

Zwier, Karen. 2018. «Methodology in Aristotle's Theory of Spontaneous Generation». *Journal* of the *History* of *Biology* 51 (2): 355-386.

15. ANIMÁLCULOS, AÑO 1676 D. C.

El amarillo indio es un pigmento elaborado a partir de la orina de vacas alimentadas con hojas tiernas de mango. ¿Qué le parece? ¿Curioso? ¿Asqueroso? Desde luego sorprendente. Este pigmento fue introducido, con alta probabilidad, en la India desde Persia en el siglo XV. Era conocido bajo diferentes designaciones, como *purree*, *peori* o *piuri*, y fue utilizado principalmente para pintar miniaturas, acuarelas y pinturas al temple, aunque en Occidente, en ocasiones, era aplicado como color de veladura en pintura al óleo o como base.

A principios y mediados del siglo XIX, el origen del amarillo indio era un tema controvertido y una fuente de especulaciones variopintas. Unos pocos relacionaban el pigmento con obstrucciones intestinales. Algunos pensaban que era obtenido de los depósitos formados en la orina de camello, elefante o búfalo. Otros identificaban la procedencia en el pipí de ciertas especies de serpientes. ¡Qué obsesión con el pis!, pero la verdad es que iban bien encaminados. El misterio quedó aclarado a finales del siglo XIX.

En 1883, Trailokyanath Mukharji, funcionario civil indio y curador del Museo Indio en Calcuta, visitó el pueblo indio de Mirzapur, cercano a Monghyr, donde encontró un grupo de lecheros, denominados *gwalas*, que fabricaban el pigmento. Resultó, que el amarillo indio provenía de la orina de vacas alimentadas con hojas frescas de mango.

El proceso martirizaba a los animales. La evacuación no permitía descargar todo el pigmento acumulado en el organismo y esporádicamente las vacas desarrollaban cálculos renales. Consecuencia de esto, las micciones eran muy dolorosas y resultaba habitual colgar a los animales con correas de cuero para masajear y estimular a las vacas en el intento de que orinaran.

Mukharji describió cómo las meadas vacunas eran recogidas en pequeñas vasijas de barro. Una vez frío, para precipitar el pigmento, el pis era con-

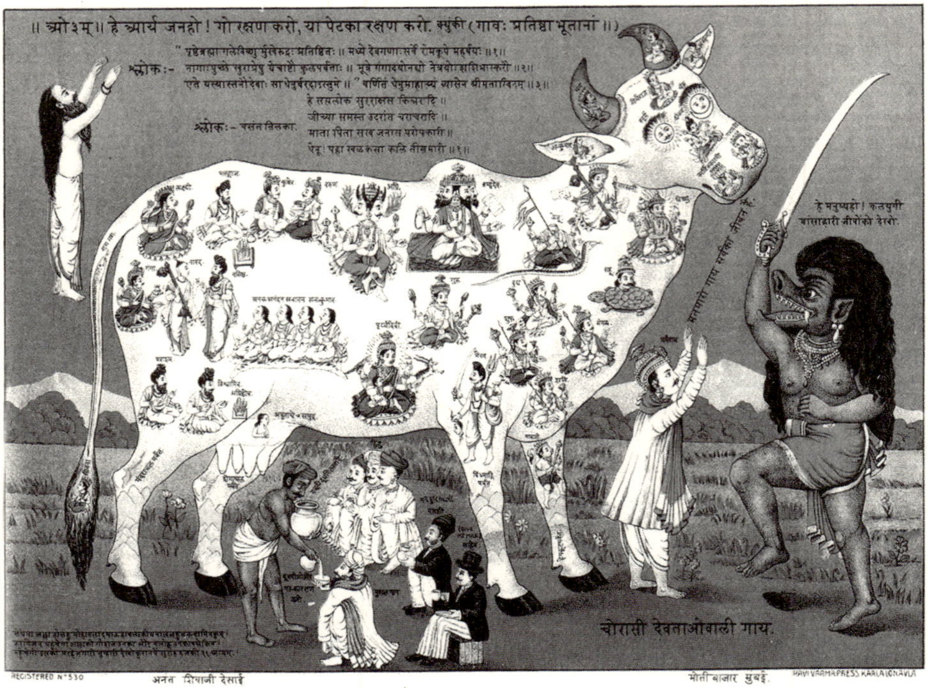

Detalle de *La vaca con 84 deidades*, original de Raja Ravi Varma, en una litografía de Fritz Schleicher [Ravi Varma Press, 1897].

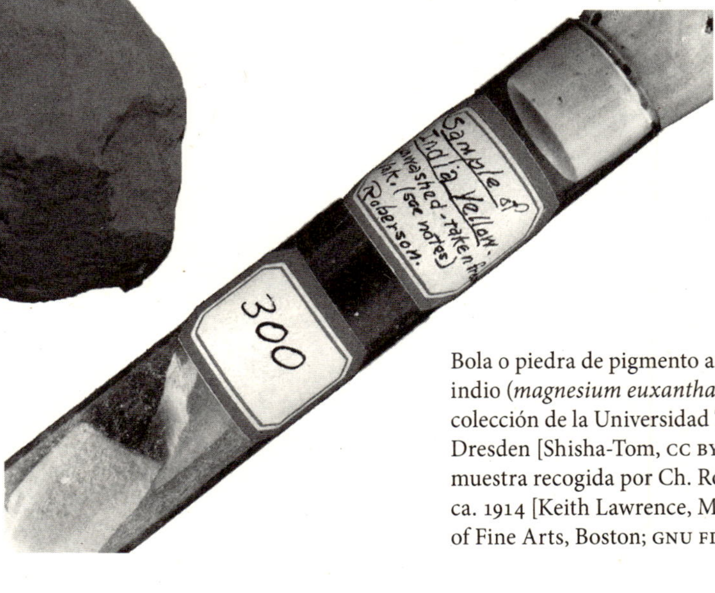

Bola o piedra de pigmento amarillo indio (*magnesium euxanthate*) de la colección de la Universidad Técnica de Dresden [Shisha-Tom, CC BY-SA 3.0] y muestra recogida por Ch. Robertson ca. 1914 [Keith Lawrence, Museum of Fine Arts, Boston; GNU FDL].

centrado por calentamiento sobre el fuego. A continuación, el líquido era colado a través de un paño. El sedimento obtenido, convertido en bolas por los *gwalas*, era secado, primero sobre fuego de carbón y después al sol. La presentación del pigmento, esférica y cruda, atraía a comerciantes locales, principalmente Marwaris, que incluso adelantaban dinero a los lecheros para que procedieran a la fabricación del colorante. Adquirido el producto, los Marwaris enviaban el amarillo divino a Calcuta, donde era despachado por un precio desorbitado que multiplicaba varias veces el original.

Para ser honestos, las bolas de pigmento eran muy valiosas, pero apestaban como una manada de ñus. Tenían el tamaño de una pelota de tenis y el aroma de los aseos de los bares de copas. El peso oscilaba entre las dos y las cuatro onzas, es decir, más o menos, de 56 a 113 gramos. El exterior de las esferas exhibía un tono marrón verdoso, pero una vez abiertas, las indecorosas pelotitas alardeaban de contener un polvo precioso de color amarillo dorado. Desde el origen, las malolientes y preciadas bolas cogían carretera y manta en dirección a los avispados fabricantes europeos. Nada más llegar a Europa, los proveedores, para eliminar las impurezas marrones, lavaban las pelotas con agua hirviendo hasta que el líquido filtrado no tuviera color. Después, el pigmento lavado era dejado en contacto con una solución saturada de salamoníaca (cloruro de amonio) por uno o dos días. Este proceso enriquecía el tono y, en consecuencia, el monedero.

El material purificado y secado era transformado en esbeltos comprimidos de un inusitado color amarillo anaranjado traslúcido. Una vez listo, el pigmento era mezclado con aglutinantes como huevo, aceite o goma para conseguir una característica y preciada pintura amarilla dorada. A mediados del siglo XIX, la cotización del pigmento en Francia no era inferior a los doscientos francos por kilogramo, una auténtica fortuna. Sin embargo, en 1908 el Gobierno indio prohibió la fabricación del pigmento por razones éticas, morales, humanitarias e incluso religiosas, porque las vacas son consideradas animales sagrados.

Varias referencias apuntan a que Johannes Vermeer utilizó el amarillo indio en la elaboración de *La tasadora de perlas*, una obra realizada al óleo sobre lienzo y pintada hacia 1665. En 1968 Hermann Kühn analizó la pintura e identificó el amarillo indio como el pigmento utilizado para crear la cortina de color amarillo brillante del cuadro. En la actualidad, estas observaciones están en entredicho y varios investigadores afirman que el pigmento fue añadido, en una fecha muy posterior, en una extensión de la obra de aproximadamente cinco centímetros por cada lado. Sea que sí fue aplicado por Vermeer, o sea que el amarillo indio no embadurnó ni por asomo los pinceles del pintor, la interrogación no merma la brillantez de la obra.

La pintura muestra a una mujer vestida con una chaqueta azul con adornos de piel. La mujer está sola frente a una mesa en la esquina de una habitación. Sostiene una balanza en su mano derecha y con los ojos bajos espera a que se detenga. Sobre la mesa, yacen un paño azul, algunas cajas abiertas, dos collares de perlas y una cadena de oro. La mujer parece psicológicamente alejada del espectador, pero la figura elegante y el rostro sereno sugieren paz interior.

La poesía de las pinturas de Vermeer es inmediata y reconocible. En las manos de Vermeer, la quietud de la escena, la concentración de la mujer en su tarea y la suave luz que ilumina levemente la habitación emergen intensas y familiares. A través de la sensibilidad hacia la luz, el color y la composición, Vermeer transforma temas aparentemente ordinarios en expresiones de perfecto equilibrio y armonía.

La tasadora de perlas (detalle) [Johannes Vermeer, 1665].

La sensibilidad al color del pintor fue igualmente notable. Vermeer utilizó los mejores pigmentos disponibles, como el ultramar natural y el amarillo de plomo y estaño, y entendió por completo las características ópticas del color. Por ejemplo, en el traje de *La tasadora de perlas*, aplicó una fina capa de pintura azul sobre una capa de color marrón rojizo, infundiendo calidez interior a los fríos tonos azulados. El ultramar fue, con mucho, el pigmento azul más caro disponible en el siglo XVII. Los pintores holandeses, incluido Vermeer, apreciaban especialmente el ultramar y el distintivo color azul intenso que ofrecía. La presencia del ultramar en una pintura podía incluso aumentar el valor de la obra para los coleccionistas. El ultramar no solo era empleado para obtener los matices azules, sino también en mezclas para conseguir otros colores maravillosos. Por ejemplo, el ultramar mezclado con laca amarilla o amarillo de plomo y estaño ofrecía una preciosa tonalidad verde, o combinado en pequeñas cantidades con pintura blanca regalaba un atractivo tono azul claro. En la obra *Muchacha de azul leyendo una carta*, pintada por Vermeer entre 1663 y 1664, el pintor incorporó el ultramar en todas partes, desde el vestido azul, el mantel y la tapicería de las sillas, hasta incluso en la pared trasera blanca del cuadro, donde pequeñas proporciones del pigmento dotan al fondo de un tinte azulado.

En la década de 1660, Vermeer pintó perlas en varias de sus obras. El pintor plasmaba las pequeñas esferas nacaradas en dos capas. Primero utilizaba un esmalte grisáceo difuso y delgado, seguido de un trazo grueso en la parte superior, para crear un reflejo espectacular. Vermeer empleó una técnica de capas similar para pintar los pendientes del cuadro *La joven de la perla*, quizás la obra más famosa del pintor. En esta pintura el artista utilizó ultramar para pintar el pañuelo de la joven y un pendiente de perla como punto focal del cuadro. Es factible que Vermeer experimentara con una cámara oscura para lograr los efectos ópticos originados por las perlas. Después de todo, las pinturas maduras de Vermeer, con sus contornos ligeramente borrosos y sus puntos de luz brillante, tienen un atisbo de clara inspiración en cuestiones ópticas. Resulta evidente el intenso interés que durante el siglo XVII mostraron los holandeses por aspectos relacionados con la óptica.

Tanto es así, que otro neerlandés, de nombre Antonie van Leeuwenhoek, fue el microscopista más agudo del siglo XVII. Antonie van Leeuwenhoek era un comerciante de telas y un lince con ojo de relojero. A lo largo de su vida, Van Leeuwenhoek exploró, estudió y probó para desarrollar cientos de pequeños microscopios, en los que fijaba una lente biconvexa y el objeto a observar entre dos láminas de bronce, latón o plata atornilladas. En cincuenta años, creó más de quinientos microscopios, casi uno al mes. Las habilidades que desarrolló durante ese tiempo, y que estaban asociadas con la metalurgia, la molienda y el pulido de vidrio de pequeño tamaño, o incluso su formación como topógrafo para ver a distancia puntos de referencia, le permitieron resolver problemas relacionados con la visibilidad e iluminación de la muestra; el aumento; la resolución; el enfoque; y el manejo de muestras tanto secas como líquidas. Los arcaicos microscopios de Van Leeuwenhoek conseguían ampliar el tamaño de la pieza observada hasta doscientas veces. Con aquellas mimbres, las observaciones de Van Leeuwenhoek adelantaron sin dificultad a las de Robert Hooke, Nehemiah Grew, Marcello Malpighi y Jan Swammerdam, los otros cuatro microscopistas canónicos de la época. Robert Hooke, microscopista pionero y contemporáneo de Van Leeuwenhoek, acuñó el término «célula» para describir la unidad básica de la vida y publicó la obra *Micrographia*, el primer éxito de ventas científico, que presentaba imágenes deliciosas e increíblemente detalladas de insectos y otros organismos. Hooke, sin embargo, no identificó microorganismos. Por increíble que parezca, Van Leeuwenhoek,

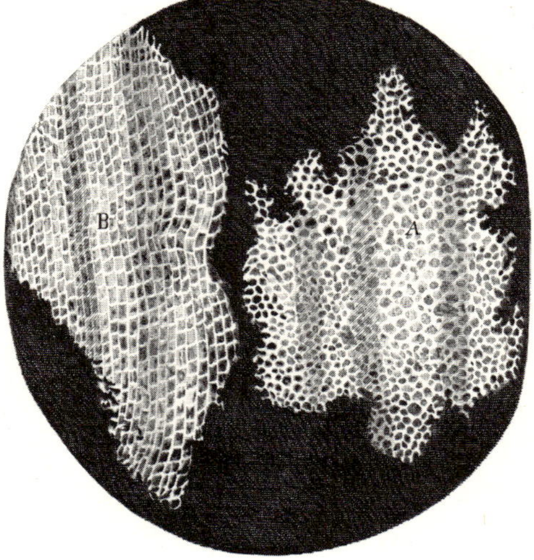

Hooke examinó una lámina de corcho con su microscopio y los poros que descubrió le evocaron las celdas de los monjes en el monasterio: los llamó «células» [*Micrographia*, Robert Hooke, 1665].

parapetado tras diminutos instrumentos de lente única, logró ver, describir y representar lo que hoy reconocemos como bacterias, protozoos y espermatozoides, a los que él invariablemente llamó «animálculos».

El 28 de abril de 1673, Antonie van Leeuwenhoek, que no tenía formación formal en ciencia, envió su primera carta científica a la Royal Society de Londres, junto con una carta de presentación redactada por el doctor Reinier de Graaf, amigo y médico de Delft. Por fortuna, de Graaf sintió que era esencial informar a la Sociedad sobre las investigaciones de Van Leeuwenhoek. La primera carta contenía información sobre los glóbulos rojos, el aguijón y la estructura de los ojos de las abejas o la probóscide y las patas de los piojos. Después llegaron multitud de misivas más. El goteo fue constante y durante años la pluma de Van Leeuwenhoek no paró de chorrear descubrimientos alucinantes. Desde que comenzó a difundir sus observaciones y hasta que murió, Van Leeuwenhoek envió un total de 375 cartas a la Royal Society y 27 a la Academia de Ciencias de París. Algunas eran transgresoras. Muchas inverosímiles. Todas fantásticas.

Algunas cartas describían bacterias, gametos, protozoos y diminutos organismos multicelulares que, con altísima probabilidad, nadie había visto hasta entonces. En aquel momento fue imposible imaginar la trascendencia espectacular que tendrían las observaciones de Antonie van Leeuwenhoek en el camino de los futuros microbiólogos, protozoólogos y microscopistas. De hecho, las cuestiones relativas a la naturaleza, el origen y las actividades de los habitantes del mundo microbiano no fueron aclaradas hasta finales del siglo XIX.

En 1676, Van Leeuwenhoek describió las bacterias y en 1683 apareció el primer dibujo de una bacteria en la venerada *Philosophical Transactions*, revista publicada por la Royal Society y considerada la primera y más antigua publicación científica del mundo. Décadas más tarde, en la duodécima edición de *Systema naturae*, Carl Linnaeus, escéptico respecto a los estudios microscópicos, clasificó a los «animálculos» como *Vermes*, en una clase llamada *Chaos* y en un extraño grupo denominado *Chaos infusorium*, con la presunción de que era innecesario darles mayor importancia. En 1773, Otto Frederick Müller publicó en la obra *Vermium terrestrium et fluviatilum* la primera descripción de un organismo que ahora es catalogado como bacteria. El libro de Müller incorporaba una clasificación de *Infusoria*, que incluía a los géneros *Monas* y *Vibrio*, que contienen especies bacterianas reconocidas en la actualidad. Tradicionalmente, *Infusoria* es un término colectivo aplicado para criaturas acuáticas diminutas como ciliados, euglenoides, protozoos, algas unicelulares y pequeños invertebrados. Los primeros organismos de estas características observados por Van Leeuwenhoek fueron obtenidos a partir de infusiones de heno, de ahí el nombre de *infusorios*.

A pesar de las pruebas, al principio, los miembros de la Royal Scientific Society de Londres, ateos de postín, dudaban de la existencia de los microorganismos y desacreditaban las referencias de Van Leeuwenhoek. Es posible que, al clarividente Van Leeuwenhoek, las críticas le entraran por un oído, circunvalaran el tímpano y salieran pitando por la oreja opuesta, porque solía afirmar que había tantos «animálculos» en el raspado de los dientes, que probablemente fueran más que el número de hombres en un reino. Conviene apuntar que en la época de Van Leeuwenhoek no existía fervor, ni chico ni grande, por la higiene bucal. Así es que, suerte tuvo de no topar, detrás de un incisivo o en la base de un molar, con sapos y culebras.

En 1677 Antonie van Leeuwenhoek describió, por primera vez, los espermatozoides de varias especies, incluida la humana. También contribuyó a mejorar la comprensión del proceso reproductivo, porque fue el primero en reconocer que el espermatozoide entraba en el óvulo durante la fecundación. En 1684, estudió los glóbulos rojos, las células sanguíneas y el sistema de irrigación de tejidos transparentes. Atareado e ilusionado, en poco tiempo describió el flujo sanguíneo de las circunvoluciones cerebrales y la estructura del cristalino del ojo; descubrió los bastones de la retina, el tejido conjuntivo, el epitelio de la córnea y el aspecto estriado de los músculos. La lista de observaciones y descripciones es extensa y apabullante. Abarca aspectos multiformes, desde la anatomía de numerosos insectos; el nacimiento a partir de huevos de los gusanos, las pulgas y otros organismos similares; la estructura de escamas, pelo, plumas y hojas; o la conformación de materiales inanimados, hasta la reproducción de las anguilas (que en ese momento creían que surgían de las branquias de otros peces o que provenían del dulce rocío matutino); la motilidad bacteriana; el establecimiento de las condiciones de cultivo, que le permitieron describir las bacterias anaerobias; o la descripción de levaduras en los fermentos de la cerveza y el vino.

La respuesta de Van Leeuwenhoek al tema de las anguilas resultó un puntazo. Aristóteles fue uno de los primeros en sentirse desconcertado por la génesis de este pez aparentemente asexuado. El filósofo mantenía que la anguila no procede ni de una pareja ni de un huevo, y que emerge espontáneamente del lodo, por lo que esas huellas en forma de gusano que a veces vemos en la arena mojada no son otra cosa que embriones de anguila a puntito de nacer. Aristóteles, al igual que muchos otros, andaba un poco perdido en esta cuestión, y por eso el poeta socialista alemán Leopold Jacoby dijo sobre la anguila que no había ningún animal cuyo origen y existencia suscitara tal número de falsas creencias y fábulas ridículas. Van Leeuwenhoek puso bastante luz en el asunto. En la primavera de 1698 el zar ruso Pedro el Grande, que viajaba por los canales y ríos del norte de Europa, quiso alcanzar la localidad de Delft, con el deseo de invitar a Van Leeuwenhoek a bordo de su gabarra. Van Leeuwenhoek accedió y realizó una demostración en la que los presentes pudieron observar la sangre que circulaba a través de los capilares de la cola de una anguila. El zar quedó deslumbrado y la anguila en entredicho.

Las observaciones de Van Leeuwenhoek iban respaldadas por soberbios dibujos detallistas. Según Clifford Dobell, su biógrafo, algunas de las ilustraciones, como las de los espermatozoides, fueron realizadas por Vermeer.

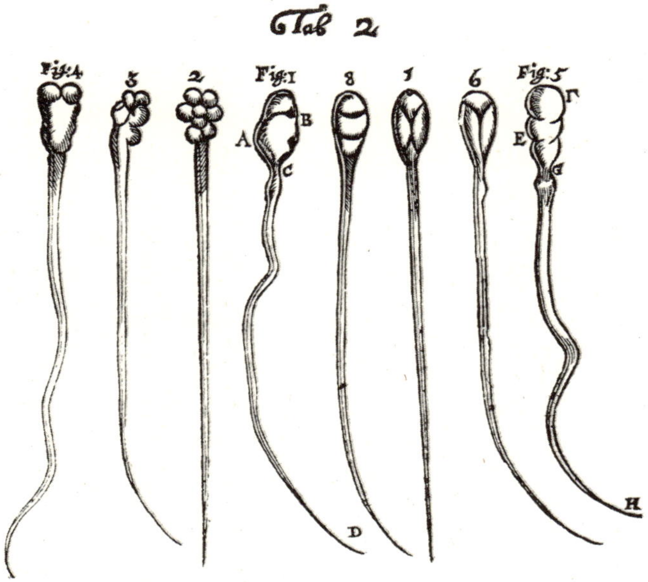

Espermatozoides de conejo (figs. 1-4) y de perro (figs. 5-8) observados por Van Leeuwenhoek (*Philosophical transactions*, Royal Society, 1665-1775) [Wellcome Collection].

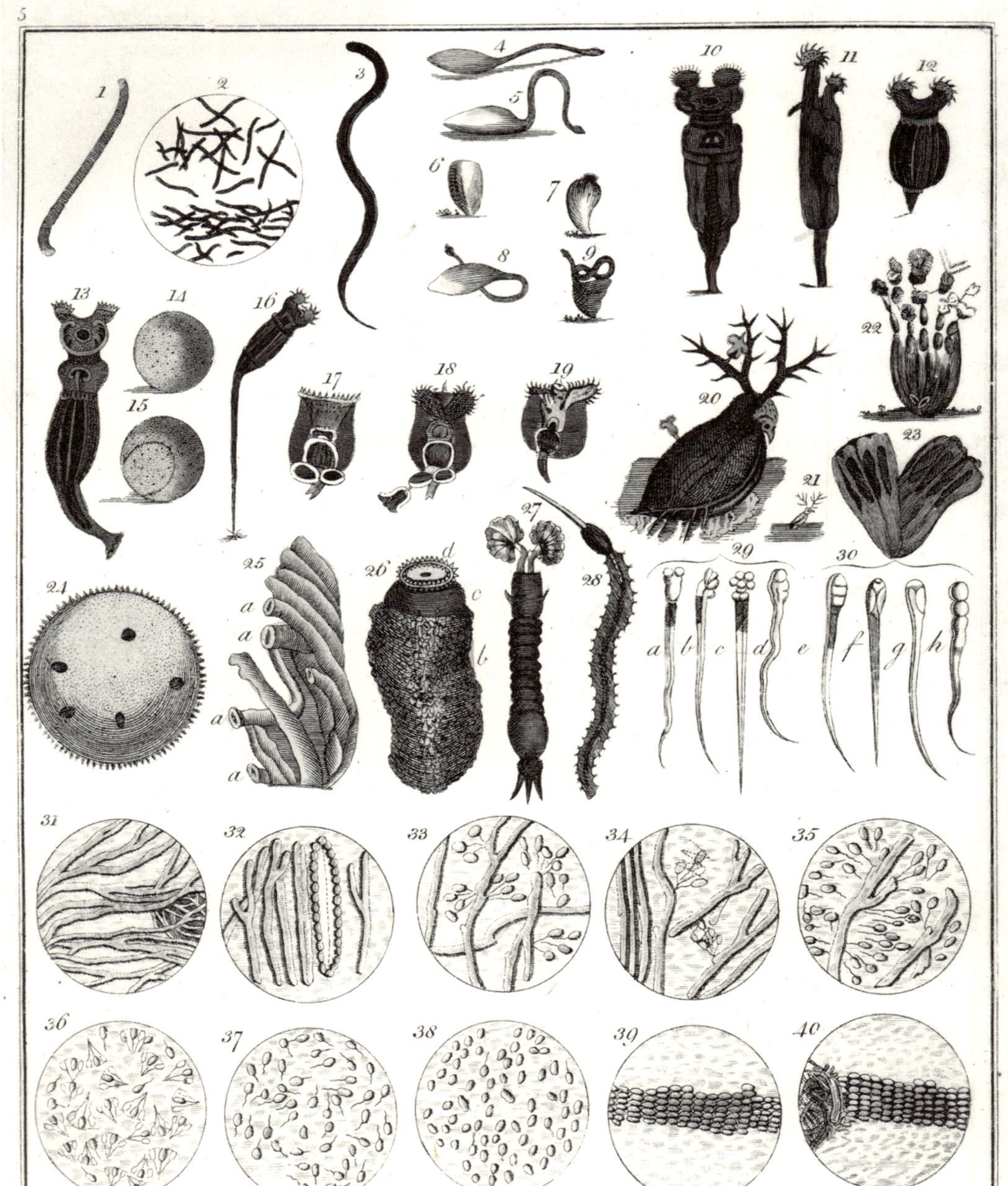

Animálculos dibujados por Daniel Dodd y grabados por Pafs, erróneamente atribuidos a Van Leeuwenhoek (f. 1723) [*A key to physic, and the occult sciences*; Ebenezer Sibly, 1794].

Anton van Leeuwenhoek y Johannes Vermeer nacieron, con pocos días de diferencia, en el mes de octubre de 1632, en Delft. Ambos fueron bautizados en la iglesia protestante de Nieuwe Kerk e inscritos en la misma página del registro. La relación, de primeras casual, cuajó en amistad, entre juegos infantiles y escaramuzas adolescentes, y perduró a lo largo de sus vidas. Desde temprano, los dos personajes sintieron interés por la óptica y Van Leeuwenhoek comenzó a crear lentes cada vez más potentes y a introducir a Vermeer en el uso de la cámara oscura. El proceso iniciático, excitante y autodidacta, permitió a Vermeer captar efectos lumínicos y visuales extraordinarios, que pudo plasmar en algunas de sus obras, como *La lechera* o *La encajera*.

En *La lechera*, una criada, completamente absorta en su trabajo, vierte leche en una vasija. Excepto por el chorro de leche, todo lo demás está estático. La pintura es un fragmento corriente de la época, extirpado del tiempo e inmortalizado al óleo. Vermeer tomó esta simple actividad cotidiana y la convirtió en el tema de una pintura impresionante. La mujer aparece calmada, erguida como una poderosa estatua en la habitación brillantemente iluminada. Vermeer era especial y captaba la esencia de la luz a través de cientos de puntos de colores que juguetean sobre la superficie de los objetos. La pericia del pintor es extraordinaria, genial y rotunda, porque Vermeer utilizó tan solo siete colores, puros y combinados, para crear la obra. Los siete magníficos fueron el ocre oscuro, el negro carbón, el blanco de plomo, el ocre rojo, el rojo Madder Lake, el amarillo de plomo y estaño y por supuesto el ultramar.

Con poco que afinemos la vista, es sencillo percibir que Vermeer utilizó con cierta tacañería la figura masculina como protagonista. La mayor parte de la obra del pintor gravita en torno a la mujer. *El geógrafo* y *El astrónomo* son dos de las excepciones más representativas. Ambas pinturas presentan similitudes en cuanto a composición, elementos, objetos, perspectiva y, en especial, el modelo protagonista. La estampa de las dos pinturas tiene rasgos faciales idénticos, complexión pareja y edad similar, quizás comprendida entre los treinta y cuarenta años. Demasiadas coincidencias que invitan a pensar que la figura protagonista es la misma persona. ¿Quién? Pues varios autores consideran que existen escasas dudas al respecto, y que el modelo de *El geógrafo* y *El astrónomo* no fue otro que un joven tratante de telas llamado Antonie van Leeuwenhoek.

Poses aparte, Van Leeuwenhoek insinuó con frecuencia que ejercitaba un método particular de observación, desconocido para los invitados, y que le permitía ver más. Van Leeuwenhoek navegaba en gotas de lluvia buscando náufragos microscópicos. Lo cierto es que Van Leeuwenhoek descubrió un mundo diminuto, desconocido, vibrante y especial. Por ello es considerado como padre de la microbiología y uno de los más grandes científicos de la historia. Desde luego, el bioquímico británico Nick Lane acertó al decir que Antonie Van Leeuwenhoek, más que ser el primero en ver este mundo inimaginable de «animálculos», fue el primero en siquiera pensar en mirar y, sin duda, el primero con el poder de ver.

PARA LEER MÁS:

Cocquyt, Tiemen. 2021. «Neutron tomography of Van Leeuwenhoek's microscopes». *Science Advances* 7 (20): eabf2402.

Davis, Ian. 2020. «Antoni van Leeuwenhoek and measuring the invisible: The context of 16th and 17th century micrometry». *Studies in History and Philosophy of Science* 83: 75-85.

Glover, David. 2015. «The 350th anniversary of scientific publishing: Van Leeuwenhoek, the most prolific author of the Philosophical Transactions of the Royal Society». *Open Biology* 5 (4): 150044.

Lane, Nick. 2015. «The unseen world: reflections on Leeuwenhoek (1677) 'Concerning little animals'». *Philosophical Transactions of the Royal Society B* 370 (1666): 20140344.

Robertson, Lesley. 2019. «Was Antoni van Leeuwenhoek secretive? His experiments with insect corneas». *FEMS Microbiology Letters* 366 (16): fnz194.

Van Loon, Annelies. 2020. «Out of the blue: Vermeer's use of ultramarine in Girl with a Pearl Earring». *Heritage Science* 8:25.

16. VARIOLIZACIÓN, AÑO 1715 D. C.

La buena mujer se puso a trabajar, pero tan torpemente por el temblor de su mano, y sometiendo al niño a tanta tortura con su aguja desafilada y oxidada, que me compadecí de los gritos de quien alguna vez había tenido tal espíritu y coraje que casi ninguna cosa dolorosa lo había hecho llorar antes. Por lo tanto, inoculé el otro brazo con mi propio instrumento, y con tan poco dolor para él que no se quejó en lo más mínimo.

Este pequeño y desasosegado relato fue escrito en 1722 por el cirujano escocés Charles Maitland para describir la aplicación de una práctica médica, común en el Medio Oriente, a un joven inglés, hijo del embajador británico en Constantinopla. Al chaval lo estaban «variolizando», que de primeras suena chungo, pero que en el fondo consistía en una praxis para inmunizar contra una enfermedad terrible, la viruela, y por tanto para aumentar las probabilidades de supervivencia del mozalbete. Maitland estuvo presente en la operación realizada por la practicante local, una anciana griega, pero enfadado por la torpeza de la mujer y el dolor infringido al niño decidió intervenir en el procedimiento.

Pocos años antes, en 1714, Emmanuel Timoni, eminente médico al servicio de la embajada británica en Constantinopla, y Jacob Pylarini, un médico veneciano y cónsul de la República de Venecia en Esmirna, habiendo presenciado el procedimiento en numerosas ocasiones, publicaron dos tratados en la revista *Philosophical Transactions* de la Royal Society de Londres, que son considerados las primeras descripciones, difundidas a los lectores del norte de Europa, de la famosa inoculación contra la viruela que era practicada en Oriente Medio. Sin embargo, la práctica, aunque

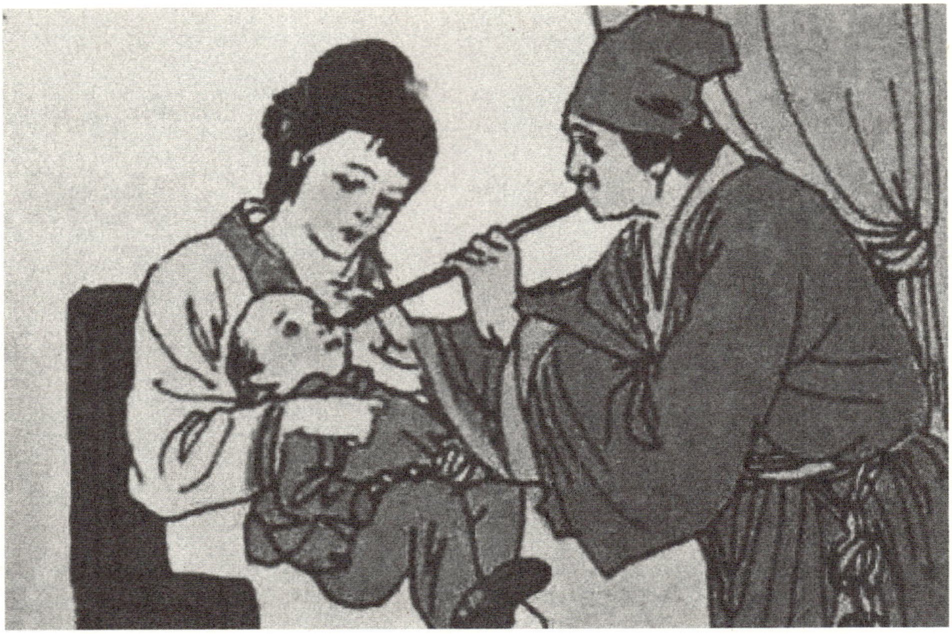

Variolización en la antigua China: se introducen costras desecadas y pulverizadas por los orificios nasales mediante un tubo de bambú. Autor desconocido [*Journal of Trauma and Injury*].

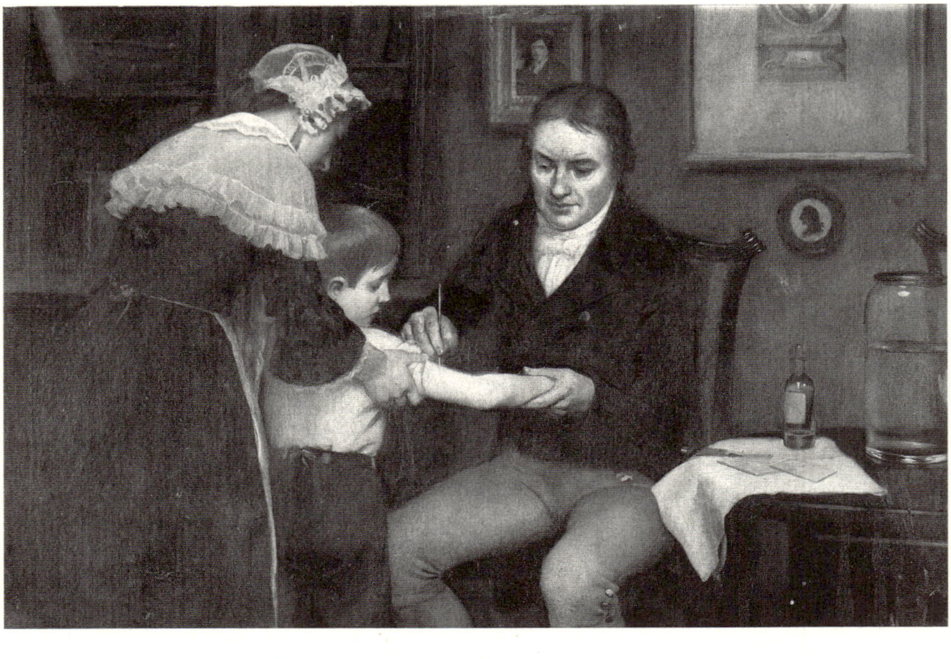

El doctor Jenner realizando su primera vacunación [Ernest Board, 1796].

novedosa e increíble para algunos, tenía casi más años que Matusalén. La primera evidencia escrita, relacionada con la inoculación como profilaxis de la viruela, está recogida en la obra *El tratamiento adecuado de la viruela*, un texto atribuido a una monja budista que vivió durante el reinado del emperador chino Jen Tsung (1022 a 1063).

La variolización fue practicada originariamente en China y la India, y más tarde el conocimiento del método fue transmitido, probablemente a través de la Ruta de la Seda, a los pueblos del entorno de Asia Menor y Oriente próximo, donde era utilizado por las clases populares como preservativo de la viruela. Existían tres métodos diferentes de variolización. El primero consistía en introducir en los orificios de la nariz un pedazo de algodón empapado de pus extraído de pústulas frescas, cogidas de individuos que padecían una forma leve de la enfermedad. El segundo utilizaba costras desecadas y pulverizadas, recogidas un año antes, que eran introducidas mediante un tubo de bambú por los orificios nasales, a los niños en la ventana nasal izquierda y a las niñas en la derecha. El tercero y más peligroso radicaba en vestir a un niño sano con las ropas usadas de un enfermo de viruela. Después fue añadido un cuarto método, consistente en introducir en los orificios nasales de los niños, mediante un fino tubo de plata, polvo de costras pulverizadas. Los cuatro métodos fueron recogidos en el *Yi Zong Jin Jian* (*El espejo dorado de la medicina ancestral*), un compendio médico editado en 1742 con la autorización de la corte imperial y redactado por un equipo de los mejores médicos de la dinastía Qing.

La dinastía Qing, también llamada Imperio Qing o dinastía Manchú, fue la última dinastía imperial china y gobernó el país entre los años 1644 y 1912. El primer emperador de la dinastía Qing que reinó sobre toda China, Shunzhi, murió de viruela en 1662 con solo veintitrés años de edad. Tras la muerte del emperador, su tercer hijo, Xuányè, fue elegido sucesor, posiblemente por haber sobrevivido a la viruela, lo cual presagiaba buena salud y reinado prolongado. El pequeño Xuányè quedó convertido en el emperador Kangxi y accedió al trono con tan solo siete años.

La viruela es causada por el orthopoxvirus variola. Han sido identificadas varias cepas de virulencia variable, y los análisis filogenéticos de muestras históricas indican que las variantes que circularon en Europa antes del siglo XX pertenecían a la cepa más letal, la variola mayor. La tasa de letalidad del virus variola mayor ha sido estimada en alrededor del 30 %. El epidemiólogo estadounidense Donald Henderson afirmó que, solo en el siglo XX, trescientos millones de personas murieron a causa de la enfermedad y sugirió que, hasta que fue erradicada, en los últimos cien años de su existencia, la viruela mató a al menos quinientos millones de personas.

La transmisión habitual de la viruela humana era de persona a persona y en menor medida a través de objetos infectados. La enfermedad confería inmunidad de por vida a los sobrevivientes. Por lo tanto, es considera una «enfermedad de la multitud» clásica, que depende de poblaciones relativamente grandes de huéspedes susceptibles para la transmisión continua. La dinámica histórica predicha de tales enfermedades inmunizantes de persona a persona fue descrita mejor por el historiador William McNeill, que argumentó que a medida que las poblaciones humanas crecían y quedaban mejor integradas a través del comercio y la migración, la introducción de enfermedades se habría vuelto más frecuente y regular, y la acumulación de huéspedes más rápida, lo que sustentaría epidemias regulares. A medida que aumentaba la frecuencia de las epidemias, y las poblaciones eran amalgamadas en grandes grupos de enfermedades unificadas, pocas personas escaparon a la infección en la infancia, y la mayoría de los adultos supervivientes habrían sido inmunes. La preocupación era que provocaba una mortalidad altísima, principalmente en el sector infantil. En Londres, la ciudad más grande de Europa en 1700, morir de viruela era habitual. Por aquellos siglos la viruela campaba a sus anchas por Gran Bretaña. Incluso ya en el siglo XIX, Thomas Macaulay, primer barón Macaulay, poeta, historiador y político del Partido Whig británico, afirmó que la viruela era el más terrible de todos los ministros de la muerte. A falta de otra alternativa, a principios del siglo XVIII, la variolización temprana era una elección oportuna, porque reducía la gravedad de la infección y la probabilidad de morir a causa de la enfermedad.

La desventaja de la variolación era que, durante el curso de la infección leve, la persona quedaba convertida en portadora de la enfermedad y tenía capacidad para infectar a otros individuos. Además, era difícil controlar la gravedad de la infección, que a veces pasaba a ser un caso de viruela en toda regla y podía provocar la muerte de la persona. Aún así, era una opción atractiva.

La variolización llegó a Europa impulsada por lady Mary Wortley Montagu, hija del marqués de Dorchester y esposa del embajador británico ante la corte otomana en Constantinopla. El hermano de lady Montagu había muerto de viruela y ella misma padeció, en 1715 y a los veintiséis años, la enfermedad, que propició a la mujer severas marcas en el rostro y la pérdida lamentable de su famosa belleza.

Mientras lady Montagu estaba en Turquía, aprendió turco y griego, visitó a las mujeres en sus barrios segregados, hizo amigos y aprendió sobre costumbres turcas. Escribió muchas cartas a sus camaradas europeos relatando las experiencias que vivía. En uno de los escritos, fechado en abril de 1717, describió una visita a Sofía, que entonces era parte del Imperio otomano, donde fue al *hammam* (baño árabe público). Lady Montagu relató que estaba metida en un mundo completamente nuevo, donde era difícil distinguir a las amas de sus sirvientes, porque todas estaban en el estado natural, es decir, completamente desnudas. Algunas trabajando, según detalló lady Montagu, otras tomando café o sorbete. En resumen, la aristócrata afirmó que aquel lugar era el café de las mujeres, donde se daba cuenta de toda la actualidad del pueblo y era posible inventar un escándalo u orquestar cualquier otra circunstancia.

Además de en los alicientes sociales, lady Montagu estaba muy interesada en la prevención de la viruela por variolización. Supo por primera vez de la práctica de la variolización cuando llegó a Estambul en 1717, donde era practicada con asiduidad. Mientras todos en Turquía veían desesperación y peligro en la praxis, ella percibió una oportunidad brillante. En otra carta, también escrita en abril de 1717, habla de la inoculación contra la viruela y dice:

> *A propósito del moquillo, la viruela, tan fatal y tan común entre nosotros, es aquí enteramente inofensiva, por la invención del injerto, que es el término que le dan. Hay un grupo de ancianas que se ocupan de hacer la operación cada otoño, en el mes de septiembre, cuando amaina el gran calor. La gente se envía unos a otros para saber si alguno de sus familiares tiene intención de tener la viruela; hacen fiestas con este propósito, y cuando se reúnen (normalmente quince o dieciséis juntos) la anciana viene con una cáscara de nuez llena de materia de la mejor especie de viruela, y pregunta qué vena te gustaría que te abriera. Inmediatamente abre lo que le ofreces, con una aguja grande (que no te causa más dolor que un rasguño común) y pone en la vena tanta materia como puede estar sobre la cabeza de su aguja, y después de eso, venda la pequeña herida con un trozo hueco de concha, y de esta manera abre cuatro o cinco venas.*

Detalle de lady Montagu en el cuadro *Pope declara su amor a lady Mary Wortley Montagu* [William Frith, 1852].

Después de haber sido informada del método de inoculación contra la viruela por Emmanuel Timoni, lady Montagu, en 1717, hizo inocular a su hijo de seis años en Adrianópolis (Edirne). En una carta, publicada en 1714 y dirigida a la Royal Society, el doctor Timoni detalló que la mejor calidad de material de viruela era la sustancia extraída de las pústulas de un joven sano, con una viruela menor, en el día doce o trece de la enfermedad, cuando estaba declinando.

El mismo abril de 1717, en una carta dirigida a su corresponsal de confianza, la señora Frances Hewet, lady Montagu describió varios viajes, mencionó que gozaba de buena salud y que la gente de Edirne era inmunizada contra la viruela. Dado que esta práctica era extremadamente exitosa y generalizada en el Imperio otomano, reveló que ella también había vacunado a su hijo. El cirujano Charles Maitland, médico británico de la embajada, estuvo presente. Después del hecho, lady Montagu escribió que el niño fue injertado el martes pasado, y en el momento de la redacción estaba cantando y jugando y muy impaciente por su cena. Soy lo suficientemente patriota, dijo lady Montagu, como para tomarme la molestia de poner de moda este útil invento en Inglaterra, y continuó afirmando que no dejaría de escribir, muy en particular, a algunos de los médicos ingleses al respecto, si conociera a cualquiera de ellos que pensara que tenía la virtud suficiente para destruir tal parte considerable de sus ingresos, para el bien de la humanidad.

De vuelta a Inglaterra, lady Montagu estaba decidida a comunicar los beneficios de la variolización y a alentar la implementación del sistema. Por supuesto, encontró resistencia a lo que muchos denominaban «peligroso método oriental», pero también halló mentes afines comprometidas con la prevención de las enfermedades, entre los que destacaron Charles Maitland y sir Hans Sloane, un reconocido médico, naturalista y coleccionista irlandés al que es atribuída la creación del chocolate para beber.

Entre los numerosos especímenes naturales y las abundantes curiosidades artificiales, la colección de Sloane incluía 32.000 monedas y medallas; 50.000 libros, impresos y manuscritos, ahora en la Biblioteca Británica; un herbario de 334 volúmenes de plantas secas de todo el mundo, ahora en el Museo de Historia Natural de Londres; y 1.125 artículos que eran denominados como «cosas relativas a las costumbres de los tiempos antiguos». En su testamento, Sloane legó toda la colección al rey Jorge II, para el disfrute de la nación, a cambio del pago de 20.000 libras esterlinas a sus herederos, y con la condición de que el parlamento crease un museo público nuevo y de libre acceso para albergarla. El parlamento aceptó los términos de Sloane, recaudó el dinero a través de una lotería nacional y el 7 de junio de 1753 recibió la aprobación real para dictar una ley parlamentaria que establecía la creación del Museo Británico. Las colecciones de Sloane, junto con varias bibliotecas y colecciones adicionales, quedaron convertidas en la base no solo del Museo Británico, sino también del Museo de Historia Natural de Londres y de la Biblioteca Británica.

A principios de 1721, hacía tanto calor en Inglaterra que las rosas florecieron en enero y la viruela emergió como un ángel destructor. La epidemia de viruela asolaba Inglaterra, y lady Montagu llamó a Charles Maitland para vacunar a su hija de tres años, pero él dudó, porque una cosa era seguir la costumbre en Turquía y otra hacerlo en Londres. Antes de la operación, Maitland procuró tener dos testigos, ambos miembros del Royal College of Physicians. Uno era James Keith, amigo de Maitland que había perdido dos hijos a causa de la viruela en 1717, y el otro no quedó registrado, pero todo apunta a que fue sir Hans Sloane.

En abril de 1721, Maitland inoculó a la joven Mary Alice, hija de lady Montagu, que fue la primera vez que el procedimiento era realizado en Gran Bretaña. Aunque los observadores quedaron impresionados, otros mostraron escepticismo acerca de la peligrosa y exótica práctica. Lady Montagu y su hija visitaron hogares afectados por la viruela para demostrar que la niña estaba protegida. Algunos mantuvieron la cautela y otros eran incapaces de desterrar el miedo ocasionado por el arriesgado procedimiento. Tozuda y convencida, lady Montagu estaba segura de que la práctica era la mejor opción para combatir a la enfermedad. Insistió, divulgó y apoyó la instauración del procedimiento. El empecinamiento cristalizó en una nueva y polémica oportunidad. En agosto de 1721, fue realizado un experimento extraordinario en la prisión Newgate de Londres, que ayudó a persuadir a la gente de los beneficios de la inoculación contra la viruela. Varios prisioneros que esperaban la ejecución fueron tentados con un trato inusual. La coyuntura ofrecía la libertad a cambio de variolizarse contra la viruela. La oportunidad era insólita y dantesca, pero única. Si sobrevivían a la inoculación serían libres. Todos aceptaron la oferta y vivieron para contarlo. Para demostrar que la inmunización realmente protegía contra la enfermedad, una de las prisioneras fue enviada a cuidar a un niño con viruela. Durmió con él todas las noches durante seis semanas, y en ningún momento tuvo malestar.

Aunque la inoculación siguió siendo una práctica controvertida, con cierta oposición médica y religiosa, este experimento carcelario fortaleció considerablemente la campaña por la variolización. Carolina de Anspach, princesa de Gales, amiga de lady Montagu y reina consorte de Jorge II, se convenció de las bondades del método e hizo vacunar a sus propios hijos. La realeza de toda Europa hizo lo mismo, al igual que los ricos de Nueva Inglaterra, víctimas frecuentes del auge de la viruela. Tras la inoculación, ocasionalmente ocurrían casos de enfermedad grave, que a veces incluso eran fatídicos, pero el procedimiento consiguió salvar miles de vidas.

Muy pronto la inoculación quedó convertida en un punto de encuentro para la Ilustración. La Ilustración enfatizó el poder de la razón humana y de la ciencia en detrimento de la religión. El mismísimo Voltaire, celebérrimo escritor francés que figura como uno de los principales representantes del periodo de la Ilustración, celebró con entusiasmo la contribución de lady Montagu. Entre 1726 y 1728 Voltaire pasó casi tres años exiliado en Londres y fue entonces cuando conoció, de primera mano, la práctica inglesa de la inoculación. Incluso es muy probable que en la etapa londinense asistiera a veladas sobre el tema en la Royal Society. En Londres, Voltaire disfrutaba de mayor libertad de expresión que la permitida en París bajo la monarquía absoluta de Luis XV. En este periodo, Voltaire redactó una serie de cartas sobre los ingleses y sus costumbres. En una de ellas escribió con profusión sobre la inoculación y mencionó el coraje de lady Montagu, una mujer, según él, de genio fino y dotada de una fuerza mental descomunal. También aludió a Carolina de Anspach, una princesa, escribió Voltaire, nacida para alentar a todo el círculo de las artes, y hacer el bien a la humanidad. Respecto a la inoculación, Voltaire comentó con ingenio ácido en una de las cartas lo siguiente:

> *Se afirma sin darse cuenta en los países cristianos de Europa que los ingleses son tontos y locos. Necios, porque les dan la viruela a sus hijos para que no la cojan; y locos, porque comunican sin sentido a sus hijos una cierta y terrible enfermedad, simplemente para prevenir un mal incierto. Los ingleses, por otro lado, llaman cobardes y antinaturales al resto de los europeos. Cobardes, porque tienen miedo de hacer sufrir un poco a sus hijos; antinaturales, porque los exponen a morir una u otra vez de viruela.*

A reglón seguido, Voltaire pasó a describir el procedimiento y el bajo riesgo relativo en comparación con la propia viruela. Reflexión basada, posiblemente, en los cálculos del físico británico James Jurin que fueron publicados el 1 de enero de 1723 en *Philosophical Transactions*. Algo más de treinta años más tarde, en 1760, el matemático holandés/suizo Daniel Bernoulli leyó, en la Real Academia de Ciencias de Francia, su famoso modelo matemático, en el que describe cómo el control de las epidemias de viruela, mediante el uso a gran escala de la variolación, resultaba en beneficios no solo para los individuos, sino también para el Estado y la sociedad en general. Hoy en día esto es un concepto clave de muchas intervenciones de salud pública. El propio Bernoulli citó un artículo publicado, en 1693, en *Philosophical Transactions* por Edmund Halley, quien compiló las primeras tablas de esperanza de vida. Si las recomendaciones de Bernoulli hubieran sido implementadas, quizás hubiera podido ser evitada la muerte de Luis XV. En 1774, a la edad de sesenta y cuatro años, Luis XV murió de viruela en el palacio de Versalles. Según un testigo: «El aire del palacio estaba infectado; más de cincuenta personas contrajeron la viruela, como consecuencia de haber merodeado en las galerías de Versalles, y diez murieron a causa de ella».

Con la muerte de Luis XV, el nieto Luis Augusto de Francia heredó el cargo y quedó convertido en Luis XVI, y la joven esposa, María Antonieta, fue coronada como reina de Francia. María Antonieta era inmune a la viruela, porque de niña, en Viena, había padecido una forma leve de la enfermedad. En 1767, su madre, la emperatriz María Teresa de Austria, promovió la variolación en Austria, después de superar una grave viruela. Siguiendo el ejemplo maternal, María Antonieta convenció al nuevo rey y a sus hermanos de que se variolizaran.

Setenta y cinco años más tarde de la iniciativa de lady Montagu, el médico inglés Edward Jenner, que había sido inoculado cuando era niño, llevó el proceso un paso más allá. A partir de 1769, al menos seis personas en Inglaterra y Alemania probaron con éxito la posibilidad de utilizar la viruela bovina contra la viruela en humanos, pero no fue hasta fines del

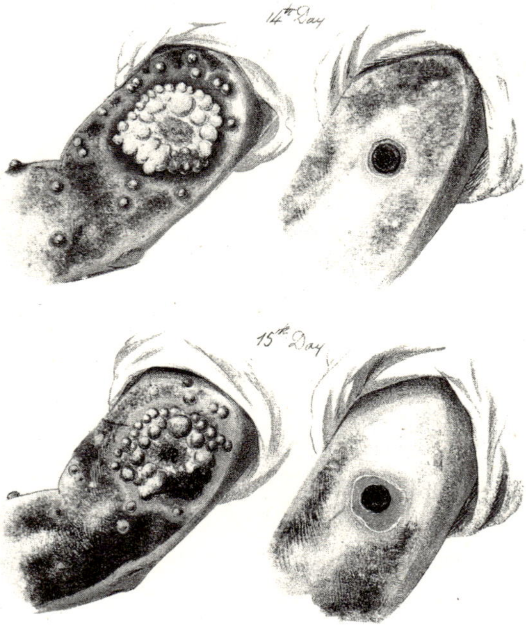

Efectos del virus de la viruela y del virus de la viruela bovina inoculado en las semanas 14.ª (arriba) y 15.ª (abajo) de la enfermedad (según G. Kirtland, 1896) [Wellcome Collection].

siglo XVIII, cuando Edward Jenner, un médico rural en Inglaterra, que atendía a muchos pacientes granjeros, analizó y documentó el proceso. Jenner notó que el contacto con el ganado, particularmente con las vacas, exponía a los granjeros a la llamada viruela bovina, una enfermedad que era transmisible a los humanos. A partir de la observación de que las lecheras que habían contraído la viruela vacuna no solían contraer la viruela humana, Jenner postuló que el pus presente en las vesículas de la viruela bovina protegía a las personas contra la viruela humana. En 1796, Jenner desarrolló las primeras etapas del proceso de vacunación utilizando el enfoque de variolación de lady Montagu. El 14 de mayo de 1796, Jenner inoculó los brazos de James Phipps, un niño de ocho años de edad, con material de una pústula de Sarah Nelmes, una lechera infectada con viruela vacuna. Alrededor de seis semanas más tarde, James fue sometido a un proceso de inoculación del patógeno y el niño no mostró ningún síntoma de infección. Al año siguiente volvió a estallar una epidemia de viruela, y Jenner reanudó sus observaciones y experimentos, inoculando a John Baker con una pústula del talón de un caballo infectado, y a William Summers con material de los pezones de una vaca infectada. Más de veinte pacientes adicionales probaron con éxito el procedimiento, incluido su hijo Robert, de once meses de edad. En 1798 publicó los datos obtenidos, afirmando que la vacuna protegía al ser humano contra la viruela, y que la inmunidad podía ser transferida de persona a persona. Durante un período de veinte años Jenner realizó experimentos sistemáticos, que condujeron al establecimiento del método de vacunación y al reemplazo de la inoculación.

A principios del siglo XIX, el proceso de vacunación contra la viruela recorrió con rapidez todo el mundo occidental y, en gran parte, fue responsable del cambio observado en la demografía mundial. Antes de la vacunación, en la época denominada «pre-Jenner», en el transcurso de varias generaciones, por cada mil nacimientos, un tercio de los sujetos morían entre el nacimiento y el año de edad, y un tercio entre el año y los dieciocho años. Después de la vacunación, en la demografía global, denominada «post-Jenner», se observa un aumento en el número de sujetos sobrevivientes entre el nacimiento y los dieciocho años de edad. Cuando las tasas de natalidad se mantienen constantes, ocurre una explosión demográfica, y esto es lo que aconteció, facilitado por la vacunación, en la Europa del siglo XIX. De hecho, la población mundial aumentó a aproximadamente 1.000 millones en 1800 y a más de 1.500 millones en 1900.

A pesar de los avances, en las primeras décadas del siglo XX la viruela seguía machacando sin compasión. La enfermedad segaba vidas a diestro y siniestro. Por ello, en 1959, la OMS elaboró un plan para eliminar la viruela, aunque con poco éxito por la insuficiencia de los fondos y recursos movilizados. Era necesario un plan de intensificación de las acciones dirigidas contra la viruela, y en el año 1967 la OMS propuso una serie de acciones dirigidas a vacunar a la población mundial. El éxito, esta vez sí, fue logrado, entre otros factores, por el desarrollo de una forma liofilizada de la vacuna que presentaba mayor termoestabilidad; el uso de una aguja bifurcada que facilitaba el procedimiento y reducía la cantidad de vacuna requerida; y la disponibilidad de una amplia red de laboratorios con capacidad para producir vacunas de calidad. Cuando, en 1967, la Organización Mundial de la Salud (OMS) inició la Campaña Intensificada de Erradicación de la Viruela, el número anual de casos de viruela estaba estimado entre 10 y 16 millones, con 2,6 millones de muertes cada año en treinta y un países diferentes.

El 9 de diciembre de 1979, la Comisión Mundial para la Certificación de la Erradicación de la Viruela, tras dos años de trabajo después del último caso conocido, acordó la certificación de que el mundo se había librado de la viruela. El 8 de mayo de 1980, la 33.ª Asamblea Mundial de la OMS , declaró con gran entusiasmo:

> *Teniendo en cuenta la marcha y los resultados del programa mundial de erradicación de la viruela iniciado por la OMS en 1958 e intensificado a partir de 1967:*
>
> *1. Declara solemnemente que el mundo y todos sus habitantes han conseguido liberarse de la viruela, enfermedad sumamente devastadora que ha asolado en forma epidémica numerosos países desde los tiempos más remotos, dejando un rastro de muerte, ceguera y desfiguración, y que hace tan solo un decenio abundaba en África, Asia y América del Sur.*
>
> *2. Expresa su profunda gratitud a todas las naciones y personas que han contribuido al éxito de esta noble e histórica empresa.*
>
> *3. Señala este hecho sin precedentes en la historia de la salud pública a la atención de todas las naciones que, gracias a su acción colectiva, han liberado a la humanidad de ese antiguo azote y han demostrado así, cómo el esfuerzo mancomunado de las naciones en favor de una causa común puede promover el progreso humano.*

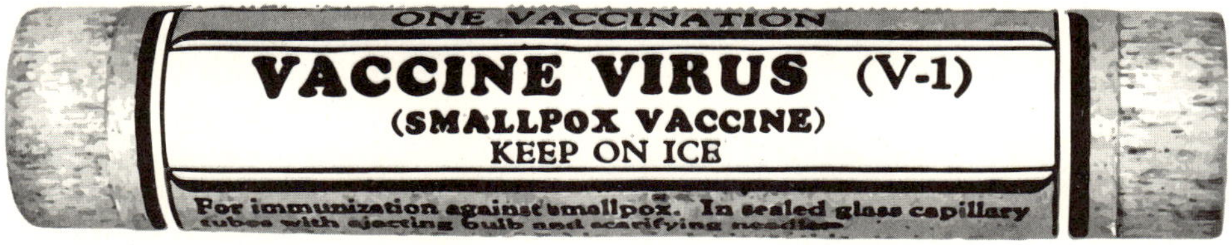

Recreación de una dosis de vacuna de la viruela (v-1) comercializada a mediados del s. xx por Eli Lilly & Company.

La variolización promovida por lady Montagu y la vacunación desarrollada e implementada por Edward Jenner fueron etapas decisivas y fundamentales para la erradicación de la viruela. Ambos fueron pioneros esenciales y decisorios para combatir y conseguir finalmente eliminar la enfermedad. Como Jean de Carro, médico nacido en Suiza que trabajó desde Austria para promover la vacunación contra la viruela expresó en 1802: «¡Todos habían visto manzanas cayendo de un árbol y una lámpara colgando de las bóvedas de una iglesia antes de Newton y Galileo!».

PARA LEER MÁS:

Berche, Patrick. 2022. «Life and death of smallpox». *La Presse Médicale* 51 (3): 104117.

Davenport, Romola Jane. 2018. «The geography of smallpox in England before vaccination: A conundrum resolved». *Social Science & Medicine* 206: 75-85.

Eriksen, Anne. 2020. «Smallpox inoculation: translation, transference and transformation». Palgrave Communications 6: 52.

Evered, Emine. 2020. «Mandating immunity in the Ottoman Empire: A history of public health education and compulsory vaccination». *Heliyon* 6 (11): e05488.

Heydon, Susan. 2019. «Death of the King: The Introduction of Vaccination into Nepal in 1816». *Medical History* 63 (1): 24-43.

Kyrkoudis, Theodoros. 2021. «Vaccination of the Ethnic Greeks (Rums) Against Smallpox in the Ottoman Empire: Emmanuel Timonis and Jacobus Pylarinos as Precursors of Edward Jenner». *Erciyes Medical Journal* 43 (1): 100-106.

Weiss, Robin. 2015. «The prevention and eradication of smallpox: a commentary on Sloane (1755) 'An account of inoculation'». *Philosophical Transactions* of the *Royal Society B 370:* 20140378.

Daisy [William Morris & Co., 1864].

17. FERMENTACIÓN BACTERIANA, AÑO 1780 D. C.

«Verde que te quiero verde». Así comienza el *Romance sonámbulo* de Federico García Lorca. El poeta incluyó la pieza en su *Romancero gitano* publicado en 1928. Tras el arreón inicial, el poema continúa delicioso, peinando palabras y constriñendo entrañas.

Verde viento. Verdes ramas.
El barco sobre la mar
y el caballo en la montaña.
Con la sombra en la cintura
ella sueña en su baranda,
verde carne, pelo verde,
con ojos de fría plata.
Verde que te quiero verde.
Bajo la luna gitana,
las cosas la están mirando
y ella no puede mirarlas.

Verde que te quiero verde.
Grandes estrellas de escarcha,
vienen con el pez de sombra
que abre el camino del alba.
La higuera frota su viento
con la lija de sus ramas,
y el monte, gato garduño,
eriza sus pitas agrias.

¿Pero quién vendrá? ¿Y por dónde...?
Ella sigue en su baranda,
verde carne, pelo verde,
soñando en la mar amarga.

Verdes eran los álamos descritos por Antonio Machado, que lucían al claro sol del estío en los campos de Castilla. Verdes son los chistes obscenos y las cruces de las farmacias. Verdes son la rana Gustavo y la piel de los envidiosos.

En los modelos de color basados en la síntesis aditiva, el color verde es uno de los primarios junto con el rojo y el azul (modelo de color RGB), mientras que en el modelo sustractivo, el color verde es uno de los complementarios creado con amarillo y cian. Es palmario que el color verde ha inspirado a los artistas durante siglos, a pesar de ser un tono inusualmente difícil de conseguir y de trabajar.

Los antiguos griegos tendían a no usar el color verde, por lo que no fue incluido como uno de los cuatro colores clásicos de la pintura griega (amarillo, rojo, negro y blanco). Los antiguos egipcios intentaron obtener el color a partir de la malaquita, un mineral de carbonato de cobre con un tono verde intenso y aspecto vítreo, que extraían principalmente de minas situadas al oeste de la península del Sinaí. La malaquita de mejor calidad es destinada a joyería y suele ser extraída en zonas concretas del planeta, como es Eilat en Israel o los depósitos de los montes Urales en Rusia. Los egipcios obtenían el pigmento verdoso a través de una molienda muy fina de la malaquita y dependiendo del grosor del grano, el tono del verde variaba entre oscuro, medio y claro. La malaquita ha sido detectada en pinturas de tumbas desde la Cuarta Dinastía, iniciada cerca del año 2613 a. C. con el reinado de Seneferu. Algunos autores también apuntan a que el mineral era empleado en Egipto para pintar los ojos desde tiempos predinásticos. Por desgracia el pigmento era costoso y tenía tendencia a volverse negro.

La rápida degradación del pigmento obtenido a partir de la malaquita motivó la necesidad de encontrar otra fuente de color verde. La búsqueda fue ardua hasta que griegos y romanos observaron que, cuando el cobre entraba en contacto con el ácido acético del vinagre, originaba una patina de color verde que al rasparse podía ser convertida en pigmento. Este tipo de pigmento sintético de origen mineral recibe el nombre de verdigris o cardenillo. El verdigris es referido por fuentes literarias griegas y romanas como son Theophrastus y Dioscórides. Plinio el Viejo mencionó en su obra *Historia Natural* que el cardenillo era usado a menudo en la Antigüedad. El examen pictórico de numerosas obras ha confirmado que los pintores europeos utilizaron el cardenillo como pigmento entre los siglos XIII y XIX, y que el verdigris aparece con mayor frecuencia en pinturas de caballete de los siglos XV al XVII. En las pinturas italiana, holandesa y alemana tempranas, el cardenillo era usado con profusión para producir tonos verdes intensos y puros para paisajes y cortinas, porque ni las mezclas de pigmentos azules y amarillos, ni los otros pigmentos verdes conocidos en ese momento, la malaquita y la tierra verde, poseían un tono tan vivo. En el *Retrato de los esposos Arnolfini*, obra cumbre de la pintura flamenca, el pintor Jan van Eyck, considerado el fundador del retrato occidental, utilizó el cardenillo para pintar el vestido de la dama. Seiscientos años después de la ejecución, la vestimenta de la mujer mantiene un tono verde potente y vibrante.

A partir del siglo XIX es raro encontrar verdigris en las obras pictóricas, porque a finales del siglo XVIII aterrizaron en el mercado nuevos pigmentos verdes sintéticos, más estables y brillantes, que sustituyeron con rapidez, igual que se reemplazan las pilas gastadas o los zapatos viejos, a los antiguos. Entre los recién llegados destacó el carismático verde de Scheele.

Los pigmentos conocidos como verde de Scheele fueron inventados en 1775 por el químico sueco Carl Wilhelm Scheele, mientras investigaba con arsénico, y comprenden un grupo de compuestos de arsenito de cobre que tienen composiciones muy variables, según los métodos de fabricación y el tono deseado, con un color que va desde el verde amarillo pálido hasta el verde intenso. Scheele presentó el descubrimiento a la Real Academia de Ciencias de Estocolmo y publicó el hallazgo en 1778, recomendando el uso como pigmento de artista y describiendo el método de preparación. La síntesis del pigmento involucró la mezcla de soluciones de sulfato de cobre y trióxido de arsénico, disuelto con la ayuda de carbonato de potasio, que resultó en la precipitación de arsenito de cobre.

Debido a que el color del pigmento permanecía inalterado y parecía estable después de tres años, Scheele sugirió que podría ser usado para pintura al óleo y acuarela. Desde entonces el pigmento fue conocido como verde de Scheele o verde sueco. Primero fue fabricado en Suecia y luego fue introducido en Alemania, donde se fabricó mediante un proceso diferente, porque los detalles exactos del método de Scheele eran un secreto comercial. Como resultado, se produjeron dos pigmentos de diferente composición, el verdadero verde de Scheele y la variedad alemana. En ese momento no había verdes satisfactorios disponibles, por lo que el descubrimiento obtuvo una gran acogida y fue adicionado de inmediato en las paletas de los artistas o en la fabricación de papeles pintados para paredes. Ejemplos evidentes son el cuadro titulado *Mujer bordadora*, realizado en 1817 por el pintor alemán Georg Friedrich Kersting y donde el verde de Scheele es protagonista, o los papeles estampados comercializados por William Morris, poeta, artista, diseñador, romántico, socialista, defensor del retorno a los estilos y materiales artesanales tradicionales y, a la postre, vendedor ambulante de papel pintado venenoso.

A mediados del siglo XIX ya había sospechas de que el verde de Scheele, debido a su contenido en arsénico, podía liberar humos tóxicos para la salud. Morris no ignoraba el peligro, entre otras razones porque fue accionista y, en algún momento, director de la compañía minera de su padre, Devon Great Consols (DGC), el mayor productor de arsénico de la época.

THE ARSENIC WALTZ.

The new Dance of Death. (Dedicated to the Green Wreath and Dress-Mongers.)

El vals del arsénico. Ilustración alusiva a la noticia, revelada una semana antes en *The Times*, de que los tintes y pigmentos de arsénico en los vestidos verdes eran tóxicos [*Punch*, 8 de febrero de 1862].

Los trabajadores de la DGC estaban plagados de enfermedades relacionadas con el arsénico y muchos murieron por enfermedades pulmonares. Las actividades de la empresa causaron un daño ambiental inmenso. Morris descartó las preocupaciones del público sobre la presencia de pigmentos a base de arsénico en los papeles pintados y escribió, en 1885, una carta en la que afirmaba que era difícil imaginar una locura mayor y que los médicos debían haber sido mordidos por una fiebre embrujada porque, si realmente hubiera un problema, se aseguraría de escucharlo. A pesar de la indiferencia de Morris ante la alarma, los productores de su papel pintado, Jeffreys and Co., estaban lo suficientemente preocupados como para que, en 1875, cambiaran la producción para emplear un verde sin arsénico. Además del uso como pigmento, el verde de Scheele fue aplicado como un antiséptico intestinal medicinal, pero también como conservante de madera, insecticida, fungicida y rodenticida. Vamos, que de inofensivo tenía poco.

Carl Wilhelm Scheele fue un genio, porque además de inventar el verde de Scheele, también reveló un porrón de cuestiones alucinantes y realizó descubrimientos de talla XXL. Scheele, hijo de un cervecero y comerciante de maíz fracasado, nació en 1742 en Stralsund, un pequeño pueblo en la costa báltica, que ahora es parte de Alemania y que en ese momento estaba bajo la jurisdicción de Suecia. Con catorce años, se mudó a Gotemburgo para ser aprendiz de farmacéutico. Allí desarrolló interés por la química y aparentemente llevó a cabo experimentos a altas horas de la noche utilizando los productos químicos disponibles en la farmacia. También leyó mucho, incluido el trabajo de Georg Ernst Stahl, quien fue uno de los principales defensores de la teoría del flogisto, una teoría, ahora obsoleta, que defendía la idea de que todo material susceptible de sufrir combustión contenía flogisto, y que la pérdida de esta sustancia hipotética iniciaba el proceso de combustión.

El gran interés por la química de Scheele acarreó el despliegue de una carrera asombrosa. Descubrió varios elementos químicos, más que cualquier otro científico contemporáneo, y lo hizo antes de que fuera publicado el icónico *Tratado elemental de química* de Antonie Lavoisier. En los recovecos de un pequeño laboratorio doméstico, Scheele también descubrió numerosos compuestos orgánicos y gases fundamentales, incluido el ácido tartárico, el ácido láctico, el ácido oxálico, el ácido cítrico, el ácido málico, el ácido úrico, la caseína, el glicerol, el sulfuro de hidrógeno, el fluoruro de hidrógeno y el cianuro de hidrógeno. La lista completa de los hallazgos de Scheele cubre una selección para caerse de espaldas y consta de cuatro gases, seis ácidos inorgánicos, ocho ácidos orgánicos, el aislamiento de la glicerina y la lactosa. También del desarrollo de un procedimiento para procesar el fósforo de los huesos, reemplazando el ineficiente procedimiento anterior que implicaba la urea; la determinación de la composición del azul de Prusia y el bórax; o el descubrimiento de algunos elementos químicos cómo el molibdeno, el bario, el cloro, el nitrógeno, el manganeso y el oxígeno.

Scheele demostró con éxito que el cloro era un poderoso agente blanqueador, altamente corrosivo para los metales, y que producía sal común (cloruro de sodio) si era combinado con soda. Desafortunadamente, la creencia de Scheele en el flogisto lo llevó a llamarlo «ácido muriático desflogistizado». Más tarde, otro químico, sir Humphry Davy, identificó la sustancia como un elemento y la denominó cloro.

Algunos autores sugieren que el descubrimiento del oxígeno fue el más importante de todos los descubrimientos elementales, porque el estudio que hizo Lavoisier de este elemento originó una revolución fundamental en la misma química, que condujo a nuestra visión moderna de la ciencia. Todo comenzó en el otoño de 1770, con la llegada de Scheele a Uppsala. Allí, Scheele conoció a Torbern Bergman, un destacado profesor de química, y juntos

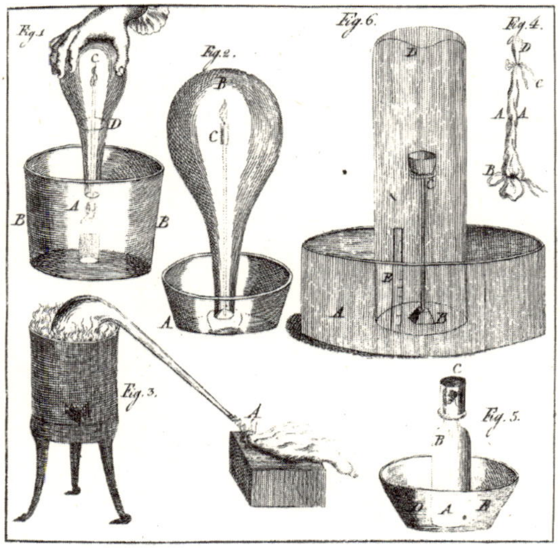

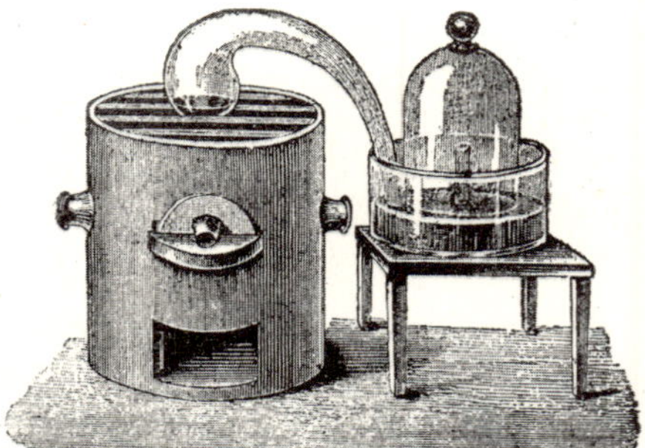

Izqda.: instrumentos de Scheele para preparar oxígeno [*Chemische Abhandlung von der Luft und dem Feuer*, 1777]. Dcha.: aparato de Lavoisier para estudiar la oxidación del mercurio [*Traité Élémentaire de Chimie*, 1789].

emprendieron una serie de experimentos pioneros para definir la pureza del salitre (nitrato potásico). Inicialmente, Bergman consultó a Scheele porque estaba perplejo por el hecho de que el salitre, cuando se calentaba con ácido acético, producía un extraño vapor rojo, que ahora es conocido como dióxido de nitrógeno. Para ayudar a Bergman, Scheele comenzó a calentar varias sustancias, incluido el óxido de mercurio, el nitrato de potasio, el carbonato de plata, el nitrato de manganeso, el óxido de manganeso y algunas otras más, todo lo cual dio como resultado la producción de un gas inodoro e insípido que, como afirmó Bergman unos años más tarde, «ayudaba a la combustión de una vela más que el aire». La línea de tiempo exacta de los experimentos es desconocida, ya que Scheele no se molestó en mantener registros precisos. Sin embargo, por sus cartas, sabemos que la mayoría de estos audaces experimentos ocurrieron entre 1770 y 1774. Scheele llamó a este gas *feuerluft* («aire de fuego»), y quedó absolutamente convencido de que el flogisto existía. Desafortunadamente, debido a esta suposición errónea, no informó sobre su descubrimiento hasta 1777. Por lo tanto, el crédito por el hallazgo del oxígeno fue atribuido a Joseph Priestly, quien publicó el descubrimiento independiente del gas en 1775. Según relató Priestly, el descubrimiento del oxígeno ocurrió el 1 de agosto de 1774. Priestly extrajo oxígeno del *mercurius calcinatus* (óxido de mercurio), como había hecho Scheele dos o tres años antes. Sin embargo, ninguno de estos dos científicos entendió la verdadera naturaleza de lo que habían encontrado, y Priestley se mantuvo firme en su convicción de que el oxígeno era aire desflogistizado. Irónicamente, la teoría del flogisto fue desacreditada pocos años después por Antoine Lavoisier gracias a sus experimentos con el oxígeno.

En 1780, Scheele aisló por primera vez el ácido láctico de leche agria y, en alusión al origen, lo nombró Mjölksyra. El aspecto era poco apetecible, como de un jarabe marrón impuro. Nueve años más tarde, en 1789, Lavoisier denominó a este componente de la leche *acide lactique*, un nombre que quedó convertido en el origen central de la terminología actual para el ácido láctico. Durante mucho tiempo el ácido láctico fue considerado un componente de la leche, pero en 1857 Louis Pasteur reconoció la naturaleza microbiana de la fermentación láctica y postuló que el ácido láctico era un metabolito de la fermentación generado por la participación de ciertos microorganismos. En 1873, Joseph Lister obtuvo el primer cultivo puro de bacterias lácticas. Ese microbio, que hoy conocemos como *Lactococcus lactis*, recibió el nombre de *Bacterium lactis*.

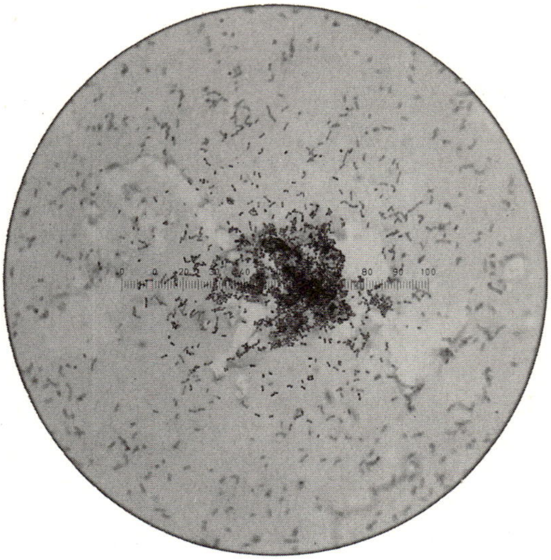

Microfotografía (100x) de la bacteria *Lactococcus lactis* teñida y con aceite de inmersión [Minyoung Choi, CC BY-SA 2.0].

Alrededor de 1890, Storch en Copenhague y Weigmann en Kiel aislaron los estreptococos lácticos mesófilos responsables de la fermentación espontánea de la crema agria, la leche agria y el queso, y allanaron el camino para su aplicación como cultivos iniciadores para la industria láctea. En 1909, Lohnis renombró *Bacterium lactis* como *Streptococcus lactis*, principalmente sobre la base de las cepas descubiertas en los productos lácteos fermentados. En 1985, aplicando análisis de ADN y estudiando las relaciones inmunológicas de la enzima superóxido dismutasa, el laboratorio de Karl-Heinz Schleifer separó los estreptococos lácticos mesófilos de los estreptococos verdaderos (género *Streptococcus*) y los enterococos (género *Enterococcus*) y generó el nuevo género *Lactococcus*.

El desarrollo histórico de cultivos iniciadores comercialmente disponibles para la industria láctea comenzó con cultivos líquidos frescos, continuó con la invención de cultivos liofilizados viables después de la Segunda Guerra Mundial y encontró el apogeo a finales del siglo XX, con la oferta de cultivos ultracongelados concentrados en latas o en forma de gránulos que contenían hasta 10^{12} bacterias vivas por mililitro, y que eran aptos para la inoculación directa.

Lactococcus lactis subsp. *lactis* y, en menor medida, *Lactococcus lactis* subsp. *cremoris* han sido utilizados ampliamente, como cepas únicas o con otras bacterias del ácido láctico, en cultivos iniciadores para la fermentación láctea de quesos, crema agria y mantequilla. La función principal de estas bacterias en la fermentación láctea es la acidificación, fundamentalmente mediante la producción de ácido L-láctico. Estos microorganismos contribuyen al desarrollo de la textura mediante la producción de exopolisacáridos y al sabor mediante la producción de compuestos aromáticos (alcoholes, cetonas, aldehídos) o mediante el metabolismo de citratos, aminoácidos o grasas. También son considerados probióticos y son utilizados para la conservación de alimentos, debido a su capacidad para producir ácidos orgánicos y bacteriocinas, siendo la nisina la mejor caracterizada y reconocida. Por desgracia existen bacteriófagos específicos que infectan a *Lactococcus lactis* y que son responsables destacados de importantes pérdidas económicas anuales en las fábricas de queso. Los fagos aislados con mayor frecuencia en las fermentaciones lácteas lactocócicas pertenecen a los tipos 936, P335, P008 y C2.

La producción industrial de ácido láctico a partir de procesos microbianos comenzó en Estados Unidos en 1881. La demanda mundial estimada y actual del ácido láctico está condicionada por sus amplias aplicaciones en las industrias alimentaria, farmacéutica, cosmética y química, entre otras, y supera las 150.000 toneladas por año. El análisis reciente del mercado global de ácido láctico realizado por la compañía Vantage Market Research, especializada en proporcionar información analítica y estratégica a clientes de todo el mundo, apostilla que el aumento de las aplicaciones del ácido láctico en varias industrias de uso final está acelerando el crecimiento del mercado. Así, impulsado por el aumento de la demanda de recursos alternativos respetuosos con el medio ambiente, se estima que el mercado mundial total de ácido láctico alcanzará un valor de 3.550 millones de dólares en el año 2028.

Los procesos de fermentación en los alimentos a menudo conducen a cambios en la calidad nutricional y bioquímica en relación con los ingredientes iniciales. Scheele atisbó algunos de estos cambios producidos por las bacterias lácticas, pero no tuvo tiempo de profundizar en este campo. En 1785, Scheele enfermó con síntomas de afección renal. Poco tiempo después desarrolló una enfermedad de la piel de etiología desconocida.

«Lactart acid of milk makes a delicious beverage». Anuncio del ácido láctico estadounidense Lactart, «con agua y azúcar solo» (Avery Lactate Co., Boston, 1884) [Wellcome Collection].

Transcurridos algunos meses, en mayo de 1786, murió a la temprana edad de cuarenta y tres años en su casa de Köping. Las posibles razones de la muerte prematura de Scheele han sido muy discutidas y varias apuntan al desaconsejable hábito que practicaba y que consistía en probar las sustancias obtenidas en sus experimentos. Desde luego, el ácido láctico no debió ocasionar problema alguno, pero otros productos que incluían arsénico, plomo, mercurio y otros materiales tóxicos en su composición probablemente fueron los factores claves para el fallecimiento anticipado.

🕮 PARA LEER MÁS:

Casalta, Erick. 2008. «Safety assessment of dairy microorganisms: The *Lactococcus* genus». *International Journal of Food Microbiology* 126: 271-273.

Mannaa, Mohamed. 2021. «Evolution of Food Fermentation Processes and the Use of Multi-Omics in Deciphering the Roles of the Microbiota». *Foods* 10: 2861.

Murphy, James. 2016. «Comparative genomics and functional analysis of the 936 group of lactococcal Siphoviridae phages». *Scientific Reports* 6: 21345.

Nagyzbekkyzy, Elvira. 2020. «Data on the diversity of lactic acid bacteria isolated from raw and fermented camel milk». *Data in Brief* 31: 105956.

Petrova, Olga. 2019. «Pigment palette study of the XIX century plafond painting by Raman spectroscopy». *Journal of Cultural Heritage* 37: 233-237.

Platania, Elena. 2020. «Identification of green pigments and binders in late medieval painted wings from Norwegian churches». *Microchemical Journal* 156: 104811.

Sharma, Ranjana. 2020. «Microbial Fermentation and Its Role in Quality Improvement of Fermented Foods». *Fermentation* 6: 106.

West, John. 2014. «Carl Wilhelm Scheele, the discoverer of oxygen, and a very productive chemist». *The American Journal of Physiology - Lung Cellular and Molecular Physiology* 307: L811-L816.

«El modo de exterminar al ejército negro tal cual lo practicaron los franceses»
[*An historical account of the black empire of Hayti*, Marcus Rainsford, 1805].

18. NAPOLEÓN BONAPARTE Y LA DEBACLE HAITIANA, AÑO 1802 D. C.

En diciembre de 1801, Napoleón Bonaparte envió una expedición a la colonia francesa de Saint-Domingue, hoy Haití. El objetivo del emperador era restaurar el dominio francés directo y derrocar a Toussaint Louverture, un antiguo esclavo que, como gobernador general de Saint-Domingue, era sospechoso de tramar acciones para conseguir la independencia del territorio. Enlazado al objetivo principal, Napoleón acariciaba cauto y sopesaba, reservado, otro desalmado propósito, consistente en restablecer la esclavitud, que Francia había abolido entre 1793 y 1794.

Saint-Domingue era la más próspera de las colonias que atesoraba Francia al estallar la Revolución francesa en 1789. Producía azúcar, café y otros cultivos tropicales para el mercado europeo, pero la riqueza trascendental provenía del brutal sistema de plantaciones, basado en la explotación del trabajo esclavo africano. La colonia contaba con medio millón de esclavos que representaban el 90 % de la población colonial. En 1791, la influencia de los ideales de la Ilustración; los disturbios políticos relacionados con la Revolución francesa; y la oposición interna al abuso laboral llevaron a una revuelta masiva que eventualmente envolvió a la totalidad de los esclavos de Saint-Domingue. El más notable de estos rebeldes fue Toussaint Louverture, que había sido criado como esclavo en una plantación de azúcar cerca de Cap-Français.

En principio, Francia trató de contener la revuelta de esclavos, pero el intento no fue bien, por diversas razones, entre las que destacaban el tamaño sin precedentes de la rebelión, las divisiones dentro de la clase dominante, la dedicación de los rebeldes y los brotes epidémicos que surgían en los refuerzos enviados desde Europa. El asunto pintaba azul oscuro casi negro y, cuando Gran Bretaña y España declararon la guerra a Francia e invadieron Saint-Domingue en 1793, el comisionado de Francia, Léger-Félicité Sonthonax, concluyó que no podía contener la revuelta de esclavos mientras luchaba contra enemigos extranjeros, por lo que consideraba que la mejor opción era traer a la mayoría negra de su lado y aceptar los principios de la abolición. En agosto de 1793, abolió la esclavitud en Saint-Domingue e invitó a los rebeldes negros a unirse al Ejército francés. El Parlamento francés ratificó su decreto y lo extendió a otras colonias francesas en febrero de 1794. Con la esclavitud abolida, Toussaint Louverture se unió al Ejército republicano francés y ayudó a rechazar la invasión española en 1795 y la invasión británica en 1798. Francia, en reconocimiento a sus hazañas, ascendió a Louverture a general en jefe del Ejército colonial, con el rango de general de división.

En 1799, Napoleón Bonaparte tomó el poder en el golpe de Estado de noviembre, e inicialmente mantuvo la política colonial liberal del régimen anterior y reafirmó la confianza en Louverture y el compromiso con la emancipación, con la esperanza de utilizar los libertos negros de Saint-Domingue para operaciones ofensivas contra Gran Bretaña y los Estados Unidos. Sin embargo, con el paso de los años, las acciones de Louverture, a ojos de París, fueron cada vez más controvertidas. Entre las decisiones que tomó Louverture, escocieron sobremanera la expulsión de los representantes civiles de Francia, incluidos Sonthonax, Gabriel de Hédouville y Philippe Roume de Saint-Laurent, así como la firma de tratados secretos con Gran Bretaña y los Estados Unidos, que por aquel entonces estaban en guerra naval con Francia en el Caribe. Además, Louverture traicionó una invasión francesa de Jamaica prevista para diciembre de 1799, y en julio de 1801, sin consultar a Francia, él y una asamblea colonial promulgaron una constitución que lo convertía en gobernador general vitalicio de Saint-Domingue, con autoridad para nombrar a su sucesor. Es verdad que Louverture insistió en su continua lealtad a Francia, pero las diversas políticas que llevó a cabo, en particular el establecimiento de una constitución, fueron interpretadas como los pasos finales antes de una declaración formal de independencia. Vamos, que, visto lo visto, Napoleón tenía un cabreo de aúpa, así es que reunió una expedición gigante compuesta de siete flotas y 43.000 hombres, incluidos 19.500 soldados, y la mandó a Saint-Domingue, con el propósito de asegurar el dominio sobre la colonia. Al frente de la expedición estaba Victoire Leclerc, esposo de la hermana favorita de Napoleón, Pauline.

Los escuadrones principales de Brest, Lorient y Rochefort zarparon en diciembre de 1801, el resto lo hizo en enero de 1802. LeClerc y sus tropas desembarcaron en Cap Francais el 29 de enero de 1802. Los soldados franceses, que a menudo carecían de elementos esenciales como zapatos, descubrieron que luchar contra las constantes emboscadas en el terreno montañoso de Saint-Domingue era mucho más difícil de lo esperado. Quedó instaurada una guerra de guerrillas durante meses, hasta que en abril comenzaron las lluvias y con ellas llegó la fiebre amarilla. Las tropas francesas sucumbieron ante la enfermedad. Algunos autores estiman que, durante la campaña, entre el 80 % y 85 % de los soldados franceses murieron, muchos en combate, pero la mayoría principalmente a causa de la fiebre amarilla. La enfermedad era singularmente letal para las personas que nunca habían estado expuestas a ella, como ocurría con los soldados llegados de Europa.

Tres años antes, en 1799, el ejército napoleónico ya había sido asolado por una epidemia de peste durante el sitio de Jaffa, bajo control otomano. En este grabado de Charles Le Tourneur, el general visita a sus hombres enfermos [*Les remèdes de la bonne femme*, 1895].

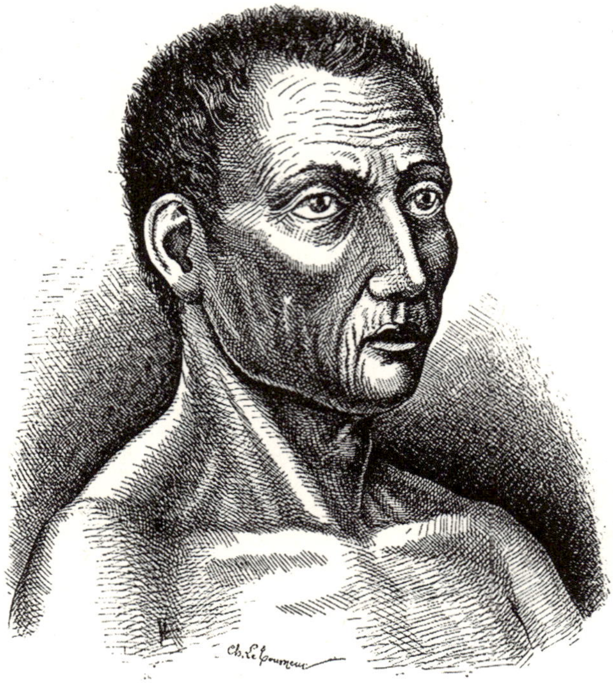

FIÈVRE JAUNE.
La figure du malade se décompose; son corps passe à l'état de squelette.

«Fiebre amarilla. La figura del enfermo se descompone; su cuerpo pasa al estado de esqueleto» [*Les remèdes de la bonne femme*, 1895].

La fiebre amarilla es una enfermedad viral endémica en la región tropical de América del Sur y África subsahariana, que es causada por un flavivirus transmitido por mosquitos. El curso clínico de la infección por fiebre amarilla conduce a una variedad de síntomas inespecíficos con infecciones graves que pueden presentar fiebre, náuseas, vómitos, ictericia y hemorragia, e incluso provocar la muerte. La dinámica de transmisión de la fiebre amarilla tiene numerosos componentes. Hay dos ciclos principales de transmisión, el urbano y el selvático. En la fiebre amarilla urbana, el virus es transmitido a través de la picadura del mosquito *Aedes aegypti* infectado, que ha contraído la infección al alimentarse de una persona con viremia alrededor de dos semanas antes. En la fiebre amarilla selvática el virus es transmitido por mosquitos de los géneros *Haemagogus* y *Sabethes* que habitan en zonas boscosas y que adquieren el virus de primates salvajes. La incidencia es mayor durante los meses de máximas precipitaciones, humedad y temperatura en las regiones tropicales de América del Sur, y también durante la fase final de la estación húmeda y el comienzo de la estación seca en África. Las valoraciones actuales apuntan a que el virus de la fiebre amarilla causa 200.000 casos y 30.000 muertes cada año, y que el 90 % ocurre en África. Las estimaciones que realizó la OMS y UNICEF en el año 2020 sobre la cobertura de vacunación rutinaria contra la fiebre amarilla fue del 44 % en la región africana, muy por debajo del umbral del 80 % requerido para conferir inmunidad colectiva contra la enfermedad. Estas bajas coberturas de vacunación contra la fiebre amarilla indican la presencia de una población susceptible subyacente en riesgo de enfermar, y un riesgo de transmisión continua. Estudios epidemiológicos y genéticos sustentan la hipótesis de que el virus de la fiebre amarilla se originó en África y que fue introducido, en el siglo XVI, por el comercio de esclavos de países africanos endémicos a países de la región occidental de América, provocando allí numerosos brotes entre los siglos XVII y XVIII.

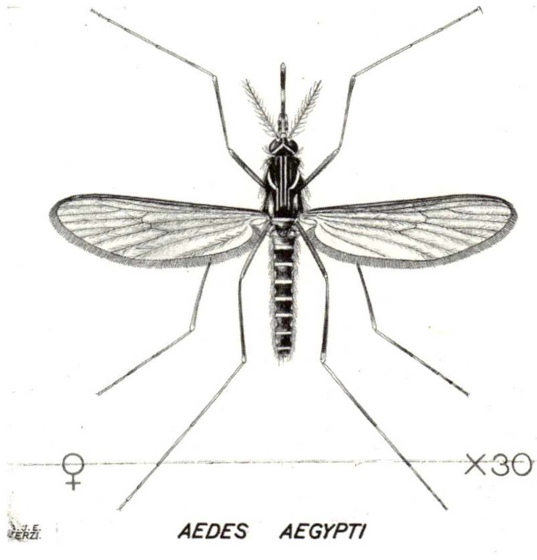

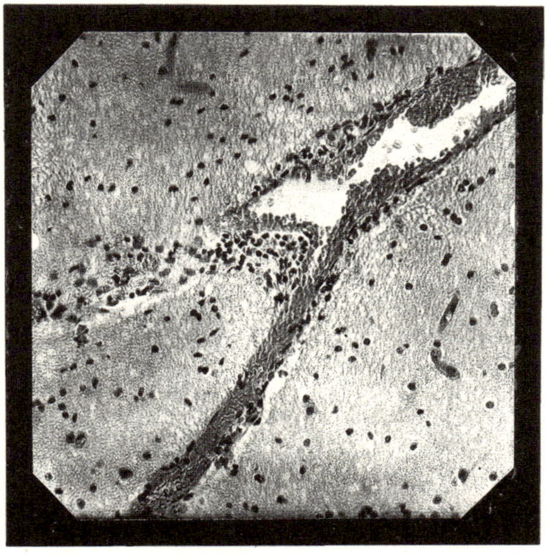

Izqda: un mosquito *Aedes aegypti*, en ilustración de Amedeo John Engel Terzi.
Dcha.: microfotografía (220X) de sección del cerebro de un paciente moribundo de fiebre amarilla: infiltración perivascular observada al cuarto día de enfermedad (1910-1920) [Wellcome Collection].

La epidemia de fiebre amarilla en Saint-Domingue comenzó en la primavera de 1802. En abril y mayo de ese año, LeClerc escribió a Denis Descrés, ministro de Marina de Napoleón, para informar de la situación. La misiva recogía lo siguiente:

> *Un hombre no puede trabajar duro aquí sin arriesgar su vida. (...) es absolutamente imposible que me pueda quedar aquí más de seis meses (...). Mi salud está tan enferma que me consideraría afortunado si pudiera durar ese tiempo. (...) La mortalidad continúa y hace estragos espantosos (...). Verá que el ejército que calculó en veintiséis mil hombres se reduce en este momento a doce mil (...). En este momento tengo tres mil seiscientos hombres en el hospital. En las últimas quince noches he perdido de treinta a cincuenta hombres por día en la colonia, y no hay día que de doscientos a doscientos cincuenta hombres no entren al hospital, mientras que no salen más de cincuenta.*

La alta tasa de letalidad entre las tropas y los civiles franceses en Saint-Domingue, en comparación con otras epidemias de fiebre amarilla, puede ser explicada por la sincronización de varios factores como fue la confluencia de muchos huéspedes confinados e inmunológicamente no preparados; un gran reservorio de individuos infectados; las condiciones climáticas favorables; y los macro y microambientes propicios para la multiplicación del vector. Además, Toussaint Louverture tenía conocimientos médicos y una conciencia de cuándo y dónde las fiebres golpearían a los enemigos europeos. Algunos historiadores apuntan a las prácticas médicas francesas de la época como un factor adicional que contribuyó a la alta tasa de mortalidad. Hacia el año 1800, Gran Bretaña había comenzado a descartar las prácticas antiflogísticas, pero, en el Caribe, los británicos, al igual que los franceses, seguían favoreciendo esta filosofía. Los médicos franceses defendieron una práctica en particular, la venesección, para la mayoría de las enfermedades, incluso para las heridas. La venesección consistía en extraer sangre de una o más de una de las venas externas más grandes, como las del antebrazo o el cuello. Una de las figuras médicas más influyentes en ese momento era Francois Joseph Victor Broussais, que continuó promoviendo, hasta bien entrado el siglo XIX, la extracción de sangre frecuente para la mayoría de las afecciones. Las sangrías a los soldados, marineros y civiles enfermos y heridos, que padecían cualquier afección, incluida la fiebre amarilla, era una práctica común en las Antillas francesas en aquel momento. Para colmo, además de la extracción de sangre, la medicina francesa preconizaba el empleo de un purgante gástrico llamado calomelano, que es un mineral formado por cloruro de mercurio.

La rebelión pasó factura a Toussaint Louverture que fue encarcelado, y permaneció cautivo en el fuerte de Joux, cerca de la frontera suiza, donde murió de neumonía el 7 de abril de 1803. A finales del otoño de 1803, las tropas francesas que permanecían en Saint-Domingue comenzaron una dolorosa retirada. La mayoría de los componentes de las huestes francesas habían muerto, muchos de fiebre amarilla, incluidos LeClerc y otros cinco generales. En noviembre de 1803, Jean-Jacques Dessalines, sucesor de Louverture, derrotó a las últimas fuerzas francesas en la batalla de Vertières. Dos meses después, el 1 de enero de 1804, declaró la independencia y nombró la nueva República Haití, un vocablo que proviene de Ayiti, nombre taíno que significa «tierra de altas montañas».

La epidemia de fiebre amarilla alteró los planes de Napoleón para las posesiones francesas en el Caribe y adelantó la proclamación de la independencia de Haití, la segunda nación americana en lograrla solo después de los Estados Unidos, que la consiguió en 1776. Si Napoleón hubiera tenido éxito, es probable que hubiera reinstituido la esclavitud, promulgado un convenio de exclusividad del azúcar, fortificado la isla y reforzado sus otras posesiones caribeñas y norteamericanas, incluidos los territorios de Luisiana. Sin embargo, la epidemia de fiebre amarilla tuvo un efecto fundamental en la historia de los Estados Unidos de América.

A medida que los Estados Unidos extendían su territorio por los Apalaches, el río Misisipi quedó convertido en un conducto cada vez más importante para los productos del oeste del país. Desde 1762, España poseía el territorio de Luisiana, que incluía 828.000 millas cuadradas. El territorio formaba la totalidad o parte de quince estados modernos de EE. UU., entre el río Misisipi y las Montañas Rocosas. El tratado de Pinckney de 1795 había resuelto las fricciones entre España y los Estados Unidos sobre el derecho a navegar por el Misisipi y el derecho de los estadounidenses a transferir sus mercancías a los buques de alta mar en Nueva Orleans. Con el tratado de Pinckney en vigor y el débil Imperio español controlando Luisiana, los estadistas estadounidenses consideraban que la expansión de los Estados Unidos hacia el oeste no se vería restringida en el futuro. Sin embargo, todo cambió cuando Francia apareció en el tablero de juego. El 1 de octubre de

1800, dentro de las veinticuatro horas posteriores a la firma de un acuerdo de paz con los Estados Unidos, Napoleón Bonaparte adquirió Luisiana a España mediante el secreto Tratado de San Ildefonso. Para angustia de los Estados Unidos, Napoleón tenía el título del río Misisipi y el puerto de Nueva Orleans. Con la firma del Tratado de San Ildefonso, Napoleón buscó restablecer un imperio colonial y marítimo francés extendido en las Indias Occidentales y el valle del Misisipi. Planeaba desarrollar un bloque comercial en la cuenca del Caribe que consistía en las islas antillanas estratégicamente importantes de Guadalupe, Martinica y Saint-Domingue, que a su vez estarían conectadas con Luisiana. Francia exportaría productos manufacturados a las islas, cuyas plantaciones producirían azúcar, melaza, ron, café y algodón para Francia. La harina, la madera y la carne salada de Luisiana sustentarían a las tropas francesas estacionadas en las Indias Occidentales. Además, se esperaba que los productos franceses encontraran un mercado listo en Nueva Orleans, un trampolín para los colonos en el valle del Misisipi.

Izqda: ambulancia de emergencia en Nueva Orleans, año 1905, durante el último gran brote de fiebre amarilla de la historia de los Estados Unidos. Dcha.: cuadrilla de fumigación movilizada [*Yellow fever prophylaxis in New Orleans: 1905*, Rubert Boyce, 1905].

Todo quedó derrumbado tras la derrota en Saint-Domingue. Napoleón decidió renunciar a sus planes para Luisiana y ofreció a James Monroe y Robert Livingston, negociadores enviados por el presidente estadounidense Thomas Jefferson, la venta de todo el territorio por quince millones de dólares. Jefferson ignoró la interpretación legalista de la Constitución y renunció a la aprobación de una enmienda constitucional para validar la compra. La adquisición de Luisiana casi duplicó el tamaño de los Estados Unidos. Desde cualquier punto de vista, fue una de las transacciones de tierras más colosales de la historia y, por descontado, una ganga impresionante, porque costó alrededor de cuatro centavos por acre. La nueva adquisición, que era nutrida en oro, plata y otros minerales, así como poseedora de enormes bosques y tierras interminables para el pastoreo y la agricultura, hizo que EE. UU. fuera inmensamente rico. Varios historiadores estadounidenses afirman que, junto con la Declaración de Independencia y la Constitución, la compra de Luisiana es uno de los tres pilares que crearon los Estados Unidos modernos, y que resultó clave para aumentar la influencia internacional del país.

🕮 PARA LEER MÁS:

Dong, Hao-Long. 2021. «Visualization of yellow fever virus infection in mice using a bioluminescent reporter virus». *Emerging Microbes & Infections* 10 (1): 1739-1750.

Gaythorpe, Katy. 2021. «The global burden of yellow fever». *Elife* 10: e64670.

Gabiane, Gaelle. 2022. «*Aedes* mosquitoes in the emerging threat of urban yellow fever transmission». *Reviews in medical Virology* 6: e2333.

Gianchecchi, Elena. 2022. «Yellow Fever: Origin, Epidemiology, Preventive Strategies and Future Prospects». *Vaccines* 10 (3): 372.

Hansen, Clairissa. 2021. «The Present and Future of Yellow Fever Vaccines». *Pharmaceuticals* 14 (9): 891.

Marr, John. 2013. «The 1802 Saint-Domingue Yellow Fever Epidemic and the Louisiana Purchase». *Journal of Public Health Management and Practice* 19 (1): 77-82.

Tomlinson, Wallace. 2005. «Centennial year of yellow fever eradication in New Orleans and the United States, 1905-2005». *Journal* of the *Louisiana State Medical Society* 157 (4): 216-217.

Profesores de la Facultad de Medicina de la Universidad de Pest. El obstetra Semmelweis aparece de pie, con los brazos cruzados (Marastoni, J.; 1863) [Semmelweis Museum of Medical History].

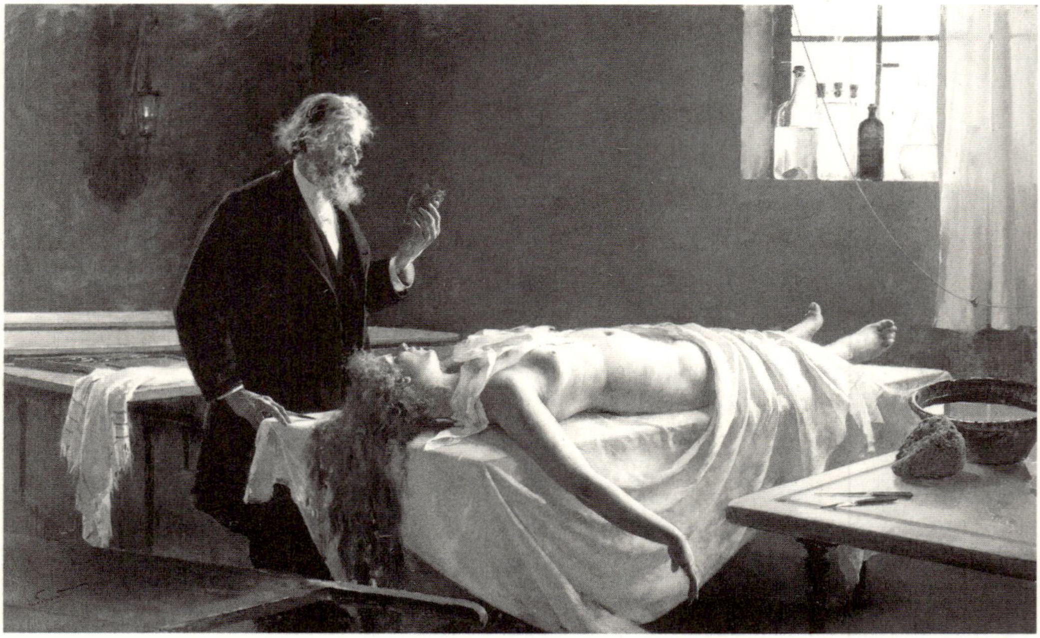

Anatomía del corazón [Enrique Simonet, 1890].

19. SEMMELWEIS Y LAS PARTÍCULAS CADAVÉRICAS, AÑO 1846 D. C.

Las calles apestaban a estiércol, los patios interiores apestaban a orina, los huecos de las escaleras apestaban a madera podrida y excrementos de rata, las cocinas, a col podrida y grasa de carnero; los aposentos sin ventilación apestaban a polvo enmohecido; los dormitorios, a sábanas grasientas, a edredones húmedos y al penetrante olor dulzón de los orinales. Las chimeneas apestaban a azufre, las curtidurías, a lejías cáusticas, los mataderos, a sangre coagulada. Hombres y mujeres apestaban a sudor y a ropa sucia.

Así comienza *El perfume: historia de un asesino*, la primera novela del escritor alemán Patrick Süskind. La obra, un superventas traducido a más de cuarenta idiomas, fue publicada en 1985 y describe los aromas que campaban en la Francia del siglo XVIII. La novela transporta al lector al evanescente reino de los olores a través de su protagonista, Jean Baptiste Grenouille, un hombre sin escrúpulos que carece de olor corporal. No es la norma, en general, en ausencia de agua y jabón, los animales desprenden mal olor. Los humanos no somos una excepción y, por cierto, cuando morimos, el tufo escala peldaños a salto de mata.

El olor que desprende un cadáver cambia con el tiempo y es clave en la atracción de insectos necrófagos y otros carroñeros vertebrados. Siempre es desagradable. En muchas ocasiones es nauseabundo. A veces es insoportable.

La descomposición es un proceso complicado y necesario que puede ser dividido, *grosso modo*, en cuatro etapas. La primera es la etapa fresca y comienza unos cuatro minutos después de la muerte. El corazón deja de latir, el oxígeno escasea y comienza la autolisis celular. Aparecen ampollas y desprendimiento paulatino de la piel. Después viene la etapa hinchada. El metabolismo microbiano se dispara. Los microorganismos producen gases y el cuerpo, inflado como un globo, aumenta de tamaño. Los compuestos azufrados liberados por diversas bacterias decoloran la piel hasta imprimir un tono amarillo verdoso. El aumento de presión obliga a los fluidos corporales a escapar por los orificios naturales o a través de roturas en la piel. El olor comienza a ser formidable y repulsivo. La mosca de la carne, pionera, llega al cadáver y realiza las primeras puestas de huevos. A continuación, sobreviene la etapa de descomposición activa. La actividad bacteriana continúa. La descomposición conduce a la licuefacción de los tejidos, ocurre una gran pérdida de masa y persiste la presencia de olor fuerte. Finalmente, en la etapa de descomposición avanzada, la mayor parte del material cadavérico queda descompuesto.

En cada una de las fases han sido identificadas gran variedad de sustancias, en total más de 450 compuestos orgánicos volátiles diferentes, con capacidad de aromatizar los restos del difunto hasta conseguir espantar al más pintado. Resulta que el perfume mortecino es un cóctel surtido de alcanos, alcoholes, ácidos, ésteres, cetonas, aldehídos, hidrocarburos cíclicos, compuestos aromáticos y compuestos que contienen azufre y nitrógeno. Algunos de los compuestos, entre los que destacan la cadaverina y la putrescina, son decisivos para que aparezca el hedor. La descripción del aroma de ambos es vaga, pero apunta a que es similar al de la carne podrida. Además, el umbral de percepción es bajo, por lo que no es necesaria mucha cantidad para advertir su presencia. Sin embargo, no es necesario espicharla para que nuestro cuerpo emane estos inoportunos y pestilentes aromas. En la cavidad bucal han sido detectados cerca de setecientos compuestos volátiles diferentes, siendo algunos de los compuestos malolientes predominantes el tioacetato de metilo, el disulfuro de dimetilo, el trisulfuro de dimetilo, el tetrasulfuro de dimetilo, el pentasulfuro de dimetilo, la sulfona de dimetilo, el alilo tiocianato, el isotiocianato de alilo, el pentanetioato de S-metilo, la tiolan-2-ona, el metilbenceno, el tetrametilbutano, el etanol, la putrescina, la cadaverina, el indol y la trimetilamina. La cadaverina, que imprime el típico olor a putrefacción, es producida por fermentación bacteriana del aminoácido L-lisina. Las bacterias anaeróbicas presentes en la cavidad oral pueden degradar aminoácidos que contienen azufre como la L-cisteína hasta compuestos volátiles como el sulfuro de hidrógeno, que tiene olor característico a huevos podridos y contribuye a que podamos exhalar un aliento fétido.

Otros dos elementos capitales para oler a muerto son el escatol y el indol. Ambos aportan un vigoroso olor a heces. El escatol es el producto de la degradación anaeróbica, por bacterias intestinales, del aminoácido triptófano. Curiosamente, en bajas concentraciones, el indol y el escatol exhiben aromas florales bastante agradables, lo que acarrea diversos usos inesperados. El indol aparece en el aceite de jazmín, que es usado en muchos perfumes. El jazmín de Grasse, cultivado en Francia, contiene los niveles naturales más altos de indol, y es una de las razones por las que es el jazmín más caro del mundo. De hecho, ya en 1693, las flores de jazmín son mencionadas como ingredientes de perfumería y han sido componentes clave en las fragancias que han marcado la historia perfumera. Algunos ejemplos evidentes son Jasmin de Corse, creado por la compañía Coty en 1906; Arpège, que es considerado uno de los aromas clásicos de la industria y que fue comercializado por Lanvin en 1927; o Joy, creado por el modisto parisino Jean Patou y el perfumista Henri Alméras en 1929. Joy está valorada como una de las más grandes fragancias creadas, y es un referente del género floral en perfumería. Por supuesto, es obligatorio mencionar a Chanel n.º 5, que fue creado en 1921 por Ernest Beaux para la marca Chanel. El nombre de Chanel n.º 5 es debido a que Beaux creó diez muestras y Coco Chanel escogió la número 5, que estaba compuesta principalmente por flores de cananga y de jazmín de Grasse. Todos los ejemplos mencionados contienen hasta un 4 % absoluto de jazmín. El escatol, que aparece en bajas concentraciones en aceites esenciales y flores como las de azahar o jazmín, es utilizado como fragancia o fijador en muchos perfumes, pero también como aromatizante y potenciador de sabor en helados.

El olor a cadáver es penetrante y pegajoso como un chicle derretido. A mediados del siglo XIX, el obstetra Ignaz Philipp Semmelweis aventuró que el lavado de las manos con agua y jabón resultaba ineficaz para liquidar plenamente el olor a muerto. La razón, según Semmelweis, era que la práctica no eliminaba por completo unas sustancias extrañas que él llamó «partículas cadavéricas».

Semmelweis es famoso por sus investigaciones sobre las causas de la fiebre puerperal. La fiebre puerperal, también denominada sepsis puerperal, recibió ese nombre porque a menudo ocurría durante el puerperio, aproximadamente seis semanas después del alumbramiento.

Lucrezia Borgia falleció de fiebre puerperal en 1519; al igual que ella, muchas mujeres morían de sepsis después del parto y, de vez en cuando, estallaban graves epidemias en las principales ciudades europeas. La fiebre pútrida, también llamada gangrena hospitalaria o fiebre hospitalaria, era otra forma de sepsis que mataba a muchos de los soldados heridos que ingresaban en el hospital. En 1810, Alexandre François Ollivier, un médico que desempeñaba labores de campaña en las tropas napoleónicas, se inyectó el pus de la herida de un soldado gravemente herido que estaba muriendo de fiebre pútrida. El ejercicio demostró, por primera vez, que la fiebre pútrida era contagiosa.

Durante varios siglos, la fiebre puerperal fue la causa más común de muerte materna tras el parto, alcanzando proporciones epidémicas en los hospitales de Europa y Estados Unidos en el siglo XIX. Alexander Gordon en 1795 y Oliver Wendell Holmes en 1843 sospecharon que la fiebre puerperal era transmitida por los asistentes al parto, ya fueran parteras u obstetras.

La muerte de Jane Seymour [Eugène Devéria, 1847].

Poco después, con una serie de estudios en el Hospital General de Viena, Ignaz Philipp Semmelweis demostró que las mujeres atendidas por médicos que previamente habían realizado autopsias tenían un riesgo elevado de morir por fiebre puerperal, y que el lavado de manos con cloro antes de asistir al parto reducía notablemente el riesgo de enfermar. Semmelweis atribuyó estos resultados a las partículas cadavéricas, que transportaban la enfermedad del cadáver a la parturienta.

La primera clínica de maternidad en el Hospital General de Viena fue inaugurada en 1784. En 1833, abrió una segunda clínica de maternidad. A partir de 1840, los estudiantes de medicina y los médicos jóvenes fueron adiestrados en la Clínica 1 y las parteras en la Clínica 2. Semmelweis estudió a las mujeres admitidas en estas clínicas desde 1784 hasta 1858. Al equiparar el número de mujeres hospitalizadas con el número de nacimientos que ocurrían en las clínicas, la estimación apunta a que las dos clínicas representaron el 34 % de todos los nacimientos en Viena entre 1840 y 1850.

Entre 1833 y 1840 las tasas de mortalidad en las dos clínicas fueron comparables, pero en el período comprendido entre los años 1841 y 1846 la tasa de mortalidad fue del 9,92 % en la primera clínica y del 3,88 % en la segunda. La disparidad era evidente y anómala, por lo que resultaba indiscutible que alguna causa desconocida, guadaña en mano, recorría las instalaciones de la primera clínica para reclamar almas frescas. De hecho, la auténtica diferencia debía de ser aún más pronunciada, porque en casos graves de fiebre puerperal los pacientes eran trasladados de la primera clínica al hospital general, donde habitualmente morían. El cambio de institución devaluaba la realidad, ya que evitaba que los fallecidos engrosaran las estadísticas de mortalidad de la clínica de maternidad. Visto lo visto, para muchos, el Hospital de Maternidad de Viena, en lugar de ser una institución vinculada a la vida, era un albergue regentado por la muerte.

La situación generaba desconcierto. Con el tiempo, las parturientas, mujeres pobres que optaban por una asistencia gratuita a cambio de que estudiantes y parteras realizaran prácticas con ellas, recelaron de la primera clínica y, con el canguelo en todo lo alto, solicitaban ser atendidas en la segunda. A finales de 1846 prevalecía la opinión de que la fiebre puerperal era originada por un daño infligido al canal de parto en el nacimiento, o durante los exámenes rutinarios que formaban parte del proceso de instrucción de alumnos y facultativos jóvenes. Sin embargo, dado que exámenes similares formaban parte de las instrucciones y entrenamientos de las parteras, la mayor incidencia de enfermedades en la clínica para los médicos hizo suponer que los estudiantes varones, en particular los extranjeros, eran demasiado toscos en las exploraciones. Como resultado de esta opinión, el número de estudiantes fue reducido de cuarenta y dos a veinte. Los extranjeros fueron excluidos casi por completo y los exámenes fueron restringidos al mínimo. La tasa de mortalidad disminuyó significativamente en diciembre de 1846 y en enero, febrero y marzo de 1847. A pesar de estas medidas, cincuenta y siete pacientes murieron en abril y treinta y seis más en mayo. Esto demostró a todos que la opinión carecía de fundamento. Dando vueltas al asunto, Semmelweis observó un aspecto notorio que resultó vital. Las prácticas desarrolladas en ambas clínicas eran idénticas salvo por una cuestión esencial, las matronas no realizaban autopsias.

Semmelweis percibió que las mujeres que ingresaban tarde o que habían parido fuera de la clínica rara vez enfermaban por fiebre puerperal. Esto hizo suponer que la infección era adquirida en el mismo momento del parto. La prueba definitiva fue aportada por la muerte de Jakob Kolletschka, profesor de medicina forense del Hospital General de Viena y amigo de Semmelweis. Mientras realizaba una autopsia a una mujer muerta por fiebre puerperal, Kolletschka recibió una herida penetrante en un dedo, producida por el escalpelo de un estudiante descuidado. El corte derivó en infección y en la muerte agónica de Kolletschka, que desarrolló los mismos síntomas que las enfermas de fiebre puerperal. Tras analizar el suceso, Semmelweis concluyó que los médicos y estudiantes que realizaban autopsias antes de acudir al paritorio portaban partículas cadavéricas adheridas a las manos. Dichas entidades eran las responsables de causar la enfermedad en las pacientes de la maternidad, al igual que la muerte de Kolletschka había ocurrido por las partículas cadavéricas pegadas al cuchillo que hirió al médico.

Si la hipótesis era correcta, Semmelweis supuso que la destrucción química de las partículas cadavéricas reduciría los casos de enfermedad. Tan pronto como pudo, comenzó a gestionar la apuesta que había establecido. Para destruir la materia cadavérica adherida a las manos utilizó clorina líquida. Inició la práctica a mediados de mayo de 1847, ordenando el lavado obligatorio de manos a todo aquel que acudiera a la sala de partos, ya fuera médico o estudiante. Después de un tiempo dejó de usar clorina líquida por su alto precio, y adoptó la cal clorada que era menos costosa, pero igual de efectiva. De junio a diciembre de 1847, la tasa de mortalidad de la primera clínica fue inferior a la de los pacientes de la segunda. En aquellos siete meses, de las 1841 pacientes de maternidad atendidas, tan solo fallecieron 56. Después de un año, la mortalidad bajó al 1 %. El lavado clorado introducido por Semmelweis parecía funcionar, pero la práctica fue desaprobada por Johann Klein, jefe del servicio de la sala de maternidad, que defendía la idea de que las manos de los médicos no podían transmitir enfermedades a sus pacientes. Otros como James Young Simpson, un médico escocés que descubrió las propiedades anestésicas del cloroformo y lo introdujo con éxito para uso médico general, afirmaron que los hallazgos de Semmelweis no aportaban nada nuevo y que eran similares a la propuesta lanzada en 1843 por Oliver Wendell Holmes. Comenzó un tira y afloja poco productivo. Semmelweis obtuvo el apoyo del internista Joseph Skoda, el patólogo Carl von Rokitansky, el dermatólogo Ferdinand von Hebra y el cirujano Ludwig von Markusovszky, pero a la postre perdió la batalla. Semmelweis fue despedido del hospital en el año 1849. Hizo las maletas y regresó a Hungría, su país natal.

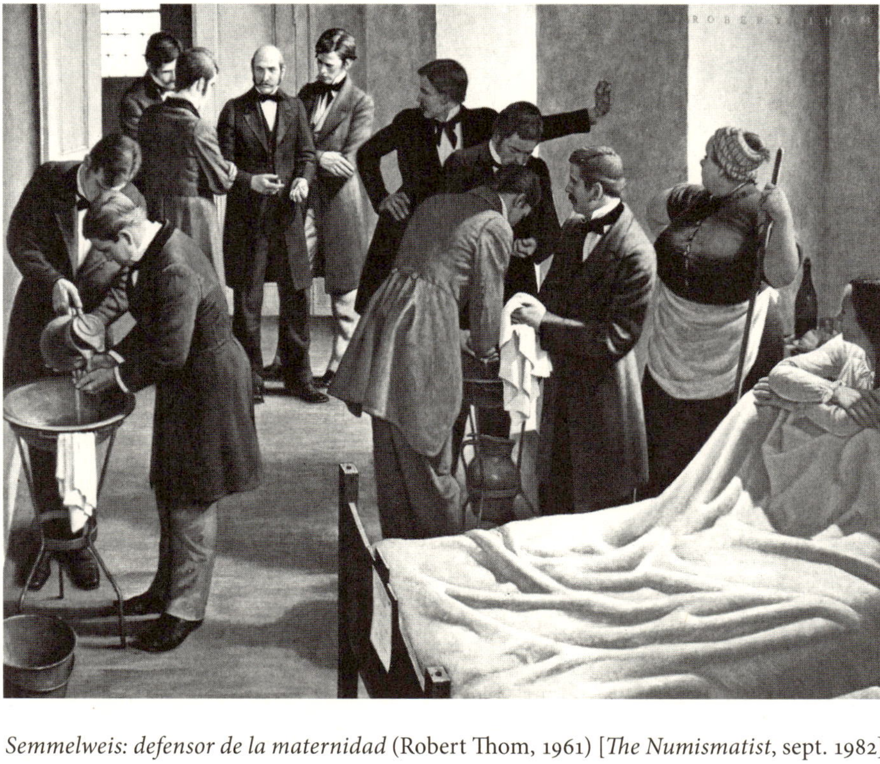

Semmelweis: defensor de la maternidad (Robert Thom, 1961) [*The Numismatist*, sept. 1982].

El 20 de mayo de 1851, Semmelweis ocupó la plaza no retribuida de médico jefe honorario de la sala de obstetricia del pequeño Hospital de San Roque (Szent Rókus) en Pest. En los años siguientes, el método de Semmelweis redujo los casos de fiebre puerperal, que hasta entonces eran habituales en la clínica de Pest, a menos del 1 %. La capital de Hungría, Budapest, se constituyó como tal el 17 de noviembre de 1873, tras unificar las ciudades de Buda y Óbuda, en la orilla oeste del Danubio, y Pest, en el margen este. Los resultados obtenidos por Semmelweis eran impresionantes, pero sus ideas fueron mal recibidas y muchos obstetras no las aceptaron.

En 1856 el ayudante de Semmelweis, Josef Fleischer, publicó, en la revista *Semanario Médico Vienés*, los buenos resultados obtenidos con el lavado clorado de manos en las maternidades de Szent Rókus y Pest. En 1858, Semmelweis publicó su trabajo en un ensayo titulado *La etiología de la fiebre puerperal*. Dos años más tarde publicó un segundo artículo, *La diferencia de opinión entre yo mismo y los médicos ingleses con respecto a la fiebre puerperal*. Finalmente, en 1861, Semmelweis publicó un libro titulado *Die Ätiologie, der Begriff und die Prophylaxis des Kindbettfiebers* (*Etiología, concepto y profilaxis de la fiebre puerperal*), en el que denunció la lenta adopción de sus ideas y el rechazo que suscitaban.

Retrato y firma de Emmelweis a sus 39 años [*Obras completas de Semmelweis*, Tibor Győry, 1905].

La obra de Semmelweis fue tratada con hostilidad y sufrió críticas feroces y continuas. Por norma, en numerosos ambientes médicos, las ideas de Semmelweis eran censuradas, vilipendiadas y reprobadas. La defensa de las novedosas teorías sobre la fiebre puerperal resultaba extenuante. Las conversaciones giraban, una y otra vez, en torno al mismo tema. Semmelweis es un cretino. Semmelweis es un ingenuo. Semmelweis no ha demostrado nada. Los congresos médicos de media Europa quedaron convertidos en cruentas cacerías. La presa era Semmelweis.

A partir de 1861 la salud de Semmelweis se resquebrajó. Empezó a sufrir problemas nerviosos, depresión severa e incluso fallos de memoria. Alcanzado el año 1865, Semmelweis era otra persona, envejecida, irritante, de hábitos excesivos y embarazosos. Algunos autores afirman que el comportamiento inapropiado y la aparente demencia que exhibía Semmelweis eran debidos a que padecía sífilis terciaria, una enfermedad que habría sido donada por alguna de las prostitutas que frecuentaba o que pudo haber contraído como consecuencia de la profesión de obstetra, al tener que realizar reconocimientos físicos a mujeres infectadas. Sea como fuere, Semmelweis estaba desamparado y hecho un adefesio, por lo que algunos médicos amigos suscribieron un informe de ingreso en una institución para enfermos mentales.

Es cierto, Semmelweis estaba enfermo, pero no era tonto y adivinó lo que estaba ocurriendo. Intentó huir, aunque fue apresado. Varios guardias le golpearon con fiereza, supongo que para ablandar el espíritu y desmotivar futuras intentonas de evasión. Después, ataviado con una camisa de fuerza, encerraron a Semmelweis en una celda. Durante la estancia en el manicomio recibió un tratamiento *premium* que incluía purgas con aceite de ricino, duchas frías y alguna que otra paliza. Las somantas de palos recibidas salpicaron de heridas el cuerpo de Semmelweis. Una de las lesiones, maldita sea su estampa, se gangrenó. El resultado fue que el 13 de agosto de 1865, a la edad de cuarenta y siete años y dos semanas después de ser internado, Semmelweis murió de sepsis generalizada.

Catorce años más tarde, el 18 de marzo de 1879, Louis Pasteur demostró, en la Academia de Medicina de París, la presencia de bacterias en la sangre y en el pus de dos mujeres que murieron de fiebre puerperal en la sala de maternidad del Hospital Port-Royal. Pasteur sugirió la necesidad de limpiar el tracto genital de las madres con ácido bórico al 4 %, que sabía que era seguro para la mucosa, para prevenir nuevos procesos infecciosos y de contagio. En 1880, después de haber obtenido muestras de pacientes con fiebre puerperal de los hospitales de maternidad de Port Royal, Lariboisiere y Cochin, Pasteur comunicó sus conclusiones ante la Academia de Ciencias, informando de que los siete pacientes no tenían un solo germen específico que causara estas infecciones. De 1878 a 1881, Pasteur trabajó con Jacques Amédeé Doléris, un exinternista de la Maternidad Hospitalaria de Cochin que había estudiado a más de cuarenta puérperas en busca de la identidad del germen culpable. Ambos concluyeron que no había un solo germen, sino un microorganismo predominante, un diplococo, probablemente el estreptococo Billroth, que causaba las fiebres puerperales.

El estreptococo Billroth fue descubierto en 1874 por Theodor Billroth, que es considerado el fundador de la moderna cirugía abdominal. Billroth describió a la bacteria en casos de erisipela y de infecciones de heridas. Algunos años después, la bacteria recibió el nombre definitivo de *Streptococcus pyogenes. Streptococcus pyogenes* (estreptococo del grupo A) puede causar sepsis y es una de las principales causas de morbilidad y mortalidad relacionadas con infecciones. Las infecciones potencialmente mortales causadas por *Streptococcus pyogenes* incluyen, entre otras, la escarlatina, la bacteriemia, la neumonía, la fascitis necrosante, la mionecrosis y el síndrome de choque (*shock*) tóxico estreptocócico.

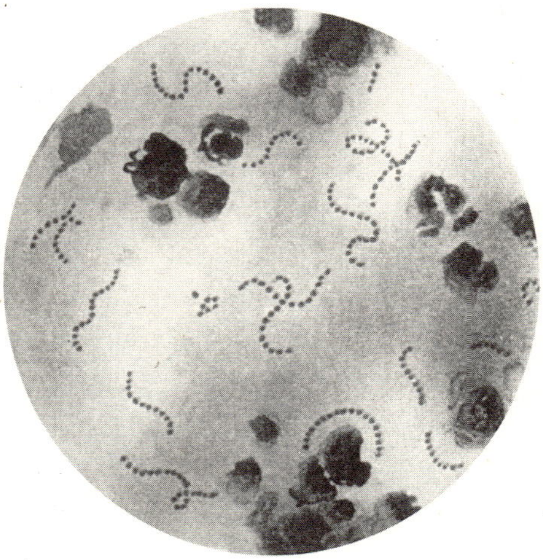

Fotomicrografía (900x) de una muestra de pus que revela una gran presencia de la bacteria *Streptococcus pyogenes* [CDC; Public Health Image Library, PHIL].

Antiguo frasco del enjuague bucal LISTERINE® y retrato del cirujano
Joseph Lister, barón de Lister (G. Jerrard, 1881) [Wellcome Collection].

Por supuesto, las consecuencias de los trabajos de Pasteur sobre los gérmenes fueron determinantes para permitir importantes avances en la cirugía. En 1861, entre el 45 % y el 50 % de los pacientes amputados morían de sepsis. En 1865, año de la muerte de Semmelweis, Joseph Lister, conocedor de la teoría de Pasteur de que los microorganismos causan infecciones, comenzó a usar fenol como antiséptico, y consiguió reducir la mortalidad postoperatoria al 15 % en cuatro años. Lister fue el fundador de la cirugía antiséptica moderna, siendo pionero en el uso de ácido fénico junto con la esterilización térmica de instrumentos quirúrgicos. A través de estos métodos, Lister pudo reducir drásticamente la cantidad de muertes postoperatorias que eran debidas a infecciones microbianas. La influencia de los trabajos de Lister fue tan grande que, en 1879, dos científicos, el doctor Joseph Lawrence y el farmacéutico Jordan Lambert, unieron esfuerzos para crear el enjuague bucal LISTERINE®, una potente fórmula compuesta por la combinación de cuatro aceites esenciales de eucaliptol, mentol, salicilato de metilo y timol cuyo objetivo era mantener la boca limpia y sana reduciendo la placa dental. En deferencia, Joseph Lawrence quiso que su creación llevara el nombre de Joseph Lister. En los meses iniciales de la pandemia de covid-19, el senador estadounidense Ron Johnson lanzó una especulación sin fundamento en la que afirmaba que había sido demostrado que las gárgaras con enjuague bucal mataban al coronavirus. En consecuencia, la compañía que comercializa LISTERINE® declaró en su sitio web que su producto no estaba destinado a prevenir o tratar la covid-19 y que debía ser usado solo como indicaba la etiqueta. En la actualidad, más de mil millones de personas en todo el mundo usan LISTERINE®.

Por desgracia, según varios estudios recientes, la sepsis todavía mata a once millones de personas cada año, entre ellas muchos niños, y deja discapacitadas a muchos millones más. La septicemia afecta de forma desproporcionada a las poblaciones vulnerables como son neonatos, embarazadas y personas que viven en entornos de escasos recursos. Casi la mitad de los cuarenta y nueve millones de casos de septicemia anuales ocurren en niños, con el resultado de 2,9 millones de muertes, que podrían evitarse en su mayoría mediante un diagnóstico temprano y una atención clínica adecuada. Lamentablemente, la prevalencia y la mortalidad de la sepsis neonatal siguen siendo altas. En el año 2015 fue la decimoquinta causa de mortalidad más alta en todo el mundo, con una estimación de 325.000 muertes de recién nacidos en África. De todos los casos de sepsis, se estima que la sepsis puerperal causa al menos 75.000 muertes maternas cada año, principalmente en países de bajos ingresos. Los estudios de países de altos ingresos informan una incidencia de morbilidad materna por sepsis de 0,1 a 0,6 por 1000 partos.

Sobrevivir a la sepsis depende de la administración temprana de antibióticos apropiados. La tasa de mortalidad de la sepsis ronda el 25 % y la tasa de mortalidad en el choque séptico puede ser superior al 50 %. Los sobrevivientes pueden sufrir síntomas posteriores a la sepsis, como debilidad neuromuscular, dolor crónico, trastorno de estrés postraumático, deterioro cognitivo y depresión. En conjunto, la sepsis es una pesada carga financiera para los sistemas de seguros. Se estima que el gasto total en tratamientos contra la sepsis en los EE. UU. en 2008 superó los 14.600 millones de dólares.

El 24 de mayo de 2017, la OMS votó a favor de una resolución que reconoce la sepsis como una gran amenaza para la seguridad del paciente y la salud mundial. Cada Estado miembro de la OMS fue invitado a tomar medidas que favorezcan la prevención, el diagnóstico y el manejo de la sepsis, para minimizar la resistencia a los antimicrobianos y aumentar la conciencia del público, los líderes políticos y los líderes de los sistemas de salud.

Desde luego la fiebre puerperal ha marcado el destino de muchas mujeres a lo largo de la historia. Quizás Jane Seymour, la tercera esposa del rey Enrique VIII de Inglaterra, fue la víctima más famosa de la fiebre puerperal. Murió el 24 de octubre de 1537 en el Palacio de Hampton Court, dos semanas después de dar a luz al único hijo sobreviviente de Enrique VIII, el futuro Eduardo VI de Inglaterra. Varios siglos después de la muerte de Jane Seymour, los trabajos pioneros de Semmelweis fueron fundamentales para entender la etiología de la enfermedad y, en consecuencia, salvar la vida de millones de madres.

🕮 PARA LEER MÁS:

Cavaillon, Jean-Marc. 2019. «From septicemia to sepsis 3.0 - from Ignaz Semmelweis to Louis Pasteur». *Microbes and Infection* 21: 213-221.

Hallett, Christine. 2005. «The Attempt to Understand Puerperal Fever in the Eighteenth and Early Nineteenth Centuries: The Influence of Inflammation Theory». *Medical History* 49: 1-28.

Persson, Johannes. 2009. «Semmelweis's methodology from the modern stand-point: intervention studies and causal ontology». *Studies in History and Philosophy of Biological and Biomedical Sciences* 40: 204-209.

Stang, Andreas. 2020. «A twenty-first century perspective on concepts of modern epidemiology in Ignaz Philipp Semmelweis' work on puerperal sepsis». *European Journal of Epidemiology* 37 (5): 437-445.

Verheggen, François. 2017. «The Odor of Death: An Overview of Current Knowledge on Characterization and Applications». *BioScience* 67 (7): 600-613.

Zakour, Nouri. 2012. «Analysis of a *Streptococcus pyogenes* Puerperal Sepsis Cluster by Use of Whole-Genome Sequencing». *Journal of Clinical Microbiology* 50 (7): 2224-2228.

Arriba: *El entierro prematuro*. En el ataúd puede leerse: «Muerto de cólera. Certificado por nosotros los doctores. Sin dudas» [Antoine Wiertz, 1854]. Abajo: John Snow inutiliza la bomba de agua de Broad Street para frenar el brote de cólera de Londres, 1854 [*Life*, 19 de julio de 1937].

20. LONDRES EN TIEMPOS DEL CÓLERA, AÑO 1854 D. C.

En 1854, al final del verano, el cólera volvió a Londres y reventó el distrito del Soho. La expansión de la enfermedad por el mundo y la conquista de diversas ciudades era evidente, hasta el punto de que quedó registrada minuciosamente en varios mapas. En Londres, la tasa de muertes por cólera, ocurridas en 1854, bailó en torno a 4,5 por cada 1000 habitantes. En apenas tres días, el cólera mató a 127 personas. En un mes eliminó a 616. Era una segadora. *The Observer*, el periódico dominical más antiguo del mundo, anunció, durante los primeros días de septiembre, las desgracias y los estragos repentinos que estaba ocasionando la denominada muerte roja.

El apelativo, referido al cólera, era utilizado por algunos tremendistas que habían leído *La máscara de la muerte roja*, un cuento de terror escrito por Edgar Allan Poe y publicado en 1842 en la revista *Graham's Magazine*. La historia no tiene desperdicio y narra el intento del príncipe Próspero para escapar de una terrible plaga. El cuento comienza con la descripción de una misteriosa epidemia. Según Poe, ninguna pestilencia había sido jamás tan fatal como la muerte roja. Los infectados exhibían dolores agudos y mareos repentinos que iban acompañados de un sangrado profuso. El hecho de que Poe apunte en la narración que la muerte roja había devastado durante mucho tiempo el país, indica que no se trataba de un nuevo brote de enfermedad, sino de una epidemia conocida, en curso o reemergente. Además, quizás inspirado en vivencias y observaciones propias, Poe da una descripción gráfica de las características clínicas y describe el curso de la enfermedad, desde los primeros síntomas hasta el desenlace fatal. La ubicación geográfica de la historia también ofrece pistas sobre la epidemia. La presencia de un príncipe y caballeros sugiere una estructura real y feudal de gobierno, en algún lugar de Europa, y el empleo de términos italianos, para aludir al entretenimiento cortesano durante el aislamiento de Próspero, insinúa que el escenario narrativo es Italia o un país europeo cercano. Aunque la historia es un producto ficticio de la imaginación de Poe, la muerte roja parece estar inspirada en una amalgama de experiencias sufridas por el autor, en las que cobran especial protagonismo la tuberculosis y el cólera.

Poe cuidó de su esposa Virginia Clemm, enferma de tuberculosis, durante los episodios de hemoptisis desangrante que padecía la mujer. El escritor acunaba la cabeza de Virginia durante horas, mientras la sangre, con cada espasmo o intento de tos, roja y amenazante, brotaba abruptamente por la boca. La muerte roja ya tenía su síntoma más aparente. El resto, los trajo Poe desde Baltimore. El escritor estuvo en Baltimore en 1832 y habría visto el pánico provocado por la llegada del cólera. Antes de 1832, el cólera era casi desconocido en los Estados Unidos, pero a partir de ese año fustigó a todo el continente como parte de una pandemia mundial que había comenzado en la India, y que se extendió hacia el oeste a través de Europa antes de cruzar el Atlántico. De una población de 650.000 habitantes, durante la epidemia de 1832, París perdió a 20.000 de sus ciudadanos a causa del cólera. En Londres murieron otros 6.536. En aquella pandemia, el cólera mató a 100.000 personas en Francia; 55.000 en el Reino Unido; 130.000 en Egipto; 100.000 en Hungría; y aún más en otros lugares. En la ciudad de Nueva York, que tenía una población de alrededor de 250.000 habitantes en ese momento, murieron 3.000 personas y se estima que 100.000 huyeron de la ciudad. Poe perdió a un amigo muy cercano, Ebenezer Burling, que sucumbió al cólera en Richmond. Los mejores médicos de la época fueron incapaces de detener el avance de la enfermedad y el mal tomó acomodo en todo el mundo.

Poe murió el 7 de octubre de 1849 en la ciudad de Baltimore. La causa exacta de la muerte nunca ha sido aclarada, pero diversas hipótesis variopintas apuestan por el consumo de alcohol y drogas, el suicidio, la rabia, un fallo cardiaco o incluso el cólera. La verdad es que el cólera y los tratamientos aplicados para combatir la enfermedad tienen bastantes papeletas. En 1849, la edición del 8 de julio de *The Christian Intelligencer* informó que 358 neoyorquinos murieron de cólera en la semana del 30 de junio al 7 de julio. El mismo 7 de julio, Poe escribió una carta, fechada en Nueva York, aunque parece que fue manuscrita en Filadelfia, en la que afirmaba estar enfermo de cólera y tan débil que apenas podía sostener la pluma. La población de la ciudad de Nueva York era de 515.547 habitantes a principios de 1849. Cuando estalló la epidemia de cólera en primavera, unas 100.000 personas huyeron de la ciudad. De los que quedaron, 5.071 sucumbieron a la enfermedad. Poe sobrevivió al primer envite. El 19 de julio escribió a su amigo, el editor Edwin Howard Norton Patterson, notificando que, tras salir de Nueva York seis semanas antes, había contraído el cólera en Filadelfia y que seguía con vida de milagro. El 7 de agosto volvió a escribir a Patterson explicando que había sufrido cosas peores que la muerte, no tanto por el cólera, como por sus prolongadas consecuencias de debilidad y congestión del cerebro, esta última posiblemente atribuible al calomelano tomado. El calomelano era un medicamento, formado por cloruro de mercurio, muy popular en época victoriana y que hoy sabemos que es altamente tóxico. En el siglo XIX fue utilizado para tratar, entre otras enfermedades, las paperas, la disentería, la fiebre tifoidea o el cólera. No se rasguen las vestiduras, es engañoso juzgar el pasado con los conocimientos del presente. Como le decía don Sebastián a don Hilarión en la zarzuela *La verbena de la Paloma*, estrenada en 1894 con libreto de Ricardo de la Vega y música de Tomás Bretón, «hoy las ciencias adelantan que es una barbaridad».

El caso es que pocos años después de morir Poe, volvemos al Londres de 1854, que, vómito arriba, diarrea abajo, estaba hecho un asco. En concreto, los funcionarios de la parroquia de St. James eran conscientes de que sufrían un brote de cólera de una intensidad inusual, que había dejado, del 31 de agosto al 9 de septiembre de 1854, unas quinientas muertes en apenas diez días. Todas las defunciones delimitaban un área reducida, en las proximidades de Broad Street, en el distrito del Soho. En noviembre de ese año, nombraron un comité de investigación del cólera para examinar el evento y pidieron al doctor John Snow que se uniera a ellos. Snow fue un médico inglés, líder en el desarrollo de la anestesia y precursor de la epidemiología. La experta administración de éter que practicaba Snow lo transformó en un reconocido médico en el Soho y sus servicios estaban en constante demanda por parte de los principales cirujanos de Londres. En 1847 publicó *On the Inhalation of the Vapour of Ether in Surgical Operations*, una guía práctica para la administración de la droga en la que prestó especial interés en los pacientes con problemas respiratorios. Registró más de cinco mil procedimientos anestésicos en doce años de práctica. Los tipos de casos en orden de frecuencia fueron extracciones dentales, litotomía, litotricia, escisión de tumores mamarios, tratamiento de hemorroides, reparación de fístulas anales, reparación de labios leporinos y anestesia para parto. De hecho, en 1853 recibió el título de sir después de que anestesiara a la reina Victoria en el parto sin dolor de su octavo hijo, el príncipe Leopoldo, duque de Albany.

Cuando la segunda pandemia de cólera asiática llegó a Londres, en el otoño de 1848, la comprensión de la fisiología respiratoria que John Snow había acumulado lo llevó a cuestionar las teorías predominantes sobre la transmisión de la enfermedad. La teoría prevaleciente de mediados del siglo XIX predicaba que el cólera era una infección transmitida por el aire que se concentraba en niveles bajos de altitud, donde el aire, y por lo tanto la enfermedad, se asentaban. Los miasmáticos culparon del cólera a los comerciantes de huesos y a los trabajadores de mataderos u otros oficios malolientes, porque pensaban que los olores fétidos estaban estrechamente relacionados con la transmisión de la enfermedad. Snow usó su conoci-

John Snow, médico inglés, líder en el desarrollo de la anestesia y precursor de la epidemiología, en una ilustración a partir del retrato de Benjamin Ward Richardson (1887) [Wellcome Collection].

miento de los anestésicos inhalatorios para argumentar que, si la inhalación del miasma fuera el mecanismo de transmisión, los trabajadores involucrados en empleos apestosos serían los principales damnificados, y ese no era el caso. Con base en los datos científicos que recopiló, determinó que el cólera solo podía transmitirse al tragar «materia mórbida» específica de la enfermedad.

En agosto de 1848, Snow publicó sus hallazgos, que respaldaban la transmisión del cólera a través del agua, en la primera edición de *On the Mode of Communication of Cholera*. En octubre aportó más pruebas en la *London Medical Gazette*. Snow informó que las casas suministradas por la Lambeth Water Company, que extraía el agua de los tramos río arriba del Támesis, tenían pocos incidentes de cólera. Por el contrario, los hogares abastecidos por la Southwark and Vauxhall Water Company, que extraía el agua de los tramos inferiores del Támesis a su paso por Londres, tenían una alta incidencia de cólera.

Desde 1785, la Lambeth Water Company había estado suministrando agua al sur y al este de Londres desde una toma en el río Támesis cerca del puente Hungerford, en el corazón del viejo Londres. Al principio, utilizaron tuberías de madera para transportar el agua a los clientes, pero luego las reemplazaron por unas de hierro a principios del siglo XIX. En 1832, la compañía construyó un depósito en Streatham Hill y después, en 1834, edificó nuevas obras hidráulicas y un segundo depósito en Brixton. Dos años más tarde vendieron parte del nuevo emplazamiento de Brixton a la ciudad, con la finalidad de construir una prisión. Durante todo este tiempo, la toma permaneció en la región contaminada del río Támesis. En 1847, los directores de la compañía decidieron trasladar la toma del área del puente de Hungerford a una nueva ubicación, lejos de las mareas del Támesis que traían agua contaminada a su toma. Seleccionaron Seething Wells, junto al pueblo suburbano de Thames Ditton, veintidós millas río arriba y lejos del agua contaminada de la sección londinense del río. Los directores de la compañía realizaron esta apuesta al recordar la epidemia de cólera de 1832 y el clamor público por la calidad del agua. Los apuntes publicados por Snow entre 1848 y 1849 renovaron estos recuerdos, con nuevos pensamientos sobre la hipótesis del cólera. Snow expresó enérgicamente su teoría de que el cólera era causado por un veneno extraído de un cuerpo enfermo y pasado a través del agua potable que se había contaminado con aguas residuales.

«Sopa de monstruos, comúnmente llamada "agua del Támesis"». Una mujer deja caer horrorizada su taza de té al descubrir el «microcosmos» que esconde el agua potable de las London Water Companies (William Heath, 1928) [Wellcome Collection].

Con este bagaje, era lógico que Snow participara en la comisión de investigación del brote de 1854. Una de las tareas encomendadas a Snow fue escribir un informe sobre el suministro de agua local. Snow visitó el lugar todos los días, tomando agua de la bomba de Broad Street el 3 de septiembre. Al principio estaba transparente, pero al quinto día aparecieron unas pequeñas partículas blancas floculantes y el agua comenzó a oler al reposar. Examinó las partículas al microscopio. No tenían estructura y probablemente eran material orgánico en descomposición. La bomba de Broad Street tenía una reputación de agua particularmente buena, mejor que las otras siete bombas en el área, y la gente venía desde lejos para conseguirla. El hecho de que estuviera contaminada, a juzgar por el contenido orgánico y la cantidad de protozoos observados en el examen microscópico, fue confirmado al año siguiente. El agua era usada en tabernas, comedores y cafeterías, y vendida en comercios para mezclarla con sorbetes o para hacer bebidas gaseosas. Snow consideró que el pozo debía de ser la fuente del problema, y comenzó a patear las calles y a ubicar decenas de casos en torno a aquel suministro. Elaboró un mapa que mostraba cómo las muertes se agolpaban en torno a Broad Street. Todos los casos apuntaban un vínculo común, el agua de la bomba de Broad Street. Como curiosidad, Snow mencionó que el señor Wickwar, de Brighton, había sido citado por su hermano, enfermo de cólera, en el número 6 de Poland Street. Al llegar encontró al hermano muerto. Wickwar se negó a ver el cuerpo, pero permaneció durante unos veinte minutos en la casa, comiendo un almuerzo ligero a base de filete de lomo, junto con un poco de *brandy* frío y agua. El agua provenía de la bomba de Broad Street. Después de esto, el señor Wickwar se trasladó a Holford Square, en Pentonville. El cólera apareció esa misma noche y Wickwar murió 48 horas después.

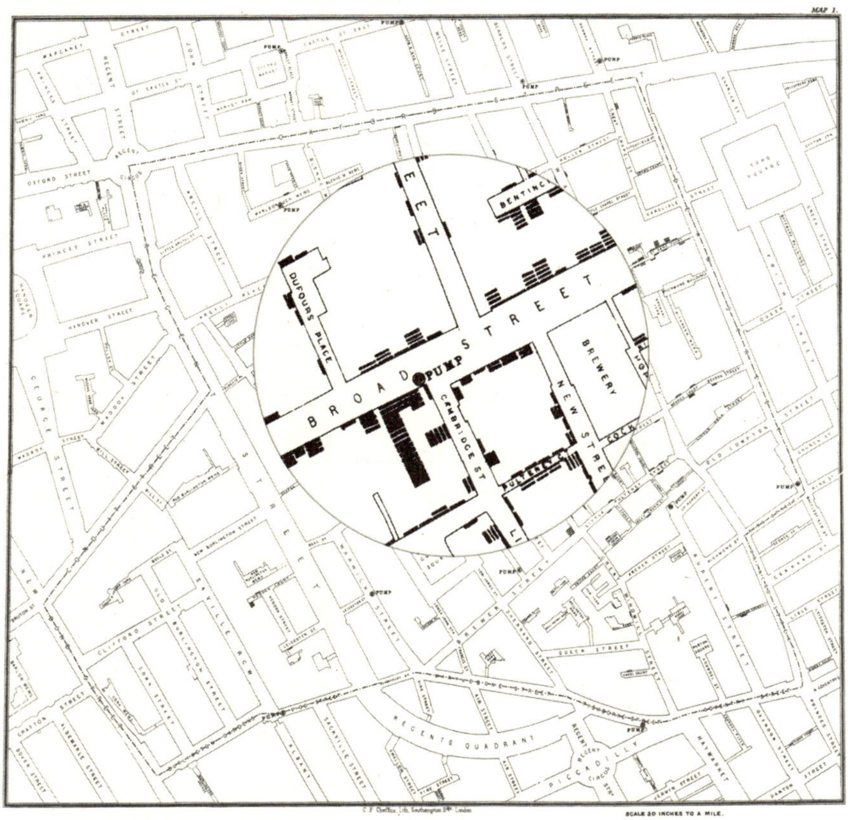

Mapa original realizado por John Snow, al que aplicamos la lupa para centrarnos en el cruce de Broad St. con Cambridge St. En torno a una de las bombas de agua (*pump*) de la ciudad se multiplican los rectángulos que indican infección colectiva [*On the mode of communication of cholera*, J. Snow, 1855].

DEATH'S DISPENSARY.

OPEN TO THE POOR, GRATIS, BY PERMISSION OF THE PARISH.

«Dispensario de [la] Muerte. Abierto a los pobres, gratis, con permiso de la parroquia». Grabado alusivo a la cuarta y última gran epidemia de cólera de Londres (1866) [*Fun*, 18 de agosto de 1866].

La clave definitiva fue proporcionada por la fábrica Eley Brothers, ubicada en el número 38 de Broad Street y dedicada a la fabricación de munición. La fábrica empleaba a doscientos trabajadores y dieciocho de ellos habían muerto de cólera en pocos días. Los operarios saciaban la sed con agua almacenada en tinas que había sido acarreada desde la bomba de Broad Street. Tras un bombardeo de preguntas a los residentes y trabajadores de la fábrica, Snow encontró su mirlo blanco en Susannah Eley, viuda del propietario. La señora Eley vivía con uno de sus hijos lejos de la fábrica, en West End, en el área londinense de Hampstead, y no había estado en el vecindario de Broad Street durante el último año ni, hasta donde se pudo obtener información, en ninguna localidad donde hubiera cólera. Sin embargo, Susannah sentía predilección por el agua de la bomba de Broad Street y solía pedir que le enviaran un suministro cada jueves. El 31 de agosto, como de costumbre, mandó que la abastecieran de agua y bebió con gusto de ella, al igual que una sobrina que estaba de visita. El viernes, 1 de septiembre, la señora Eley, que no había salido de la zona de Hampstead, contrajo cólera. Murió el sábado 2 de septiembre. El domingo la sobrina regresó a su propia residencia en Islington y ese mismo día apareció el cólera. Murió a las pocas horas. Viuda y sobrina eran los casos atípicos que necesitaba Snow, personas no alojadas en el área epidémica, pero que tenían un vínculo común con los muertos por cólera, el agua proveniente de la bomba de Broad Street. Snow consiguió que el 8 de septiembre el pozo de Broad Street fuera inhabilitado. Ese mismo día murió Thomas Lewis, padre de la que es considerada la paciente cero del brote. El 28 de agosto, la pequeña bebé de Thomas y Sarah Lewis, de seis meses, despertó entre vómitos y diarreas. Murió cinco días después. En esos días de agonía, Sarah Lewis tiraba el agua sucia de lavar los pañales al pozo negro situado en la parte delantera del sótano de la casa. El fondo de la fosa estaba a apenas ochenta centímetros del pozo de Broad Street, y los restos fecales de la bebé, infectados por la bacteria del cólera, se filtraron al agua subterránea del suministro.

La clausura de la bomba de Broad Street hizo remitir el brote. Aun así, John Snow y el reverendo Henry Whitehead siguieron buscando pruebas que apoyaran la teoría del médico. El trabajo prolífico de ambos rectificó la actitud hacia el saneamiento y el abastecimiento de agua del país. Como resultado de este episodio, Benjamin Disraeli, junto con otros miembros del Parlamento, adoptó el plan de la Autoridad del Támesis y aprobó una legislación que obligaba a la revisión de los sistemas de agua y alcantarillado de Londres, que después de su finalización contribuyó a que no regresara el cólera a la ciudad.

En la actualidad, el cólera es endémico en muchas zonas de Asia, Oriente Medio, África, América del Sur y Central, y la costa del Golfo en los Estados Unidos. La enfermedad está asociada principalmente a países en desarrollo con infraestructura deficiente, en especial la relacionada con el saneamiento y el acceso a agua potable limpia. La Organización Mundial de la Salud (OMS) estima que cada año acontecen entre tres y cinco millones de casos de cólera en el mundo, representando una de las causas principales de mortalidad en niños menores de cinco años. La enfermedad sigue siendo una amenaza mundial para la salud pública y un indicador de falta de desarrollo económico y social. El control del cólera necesita una red

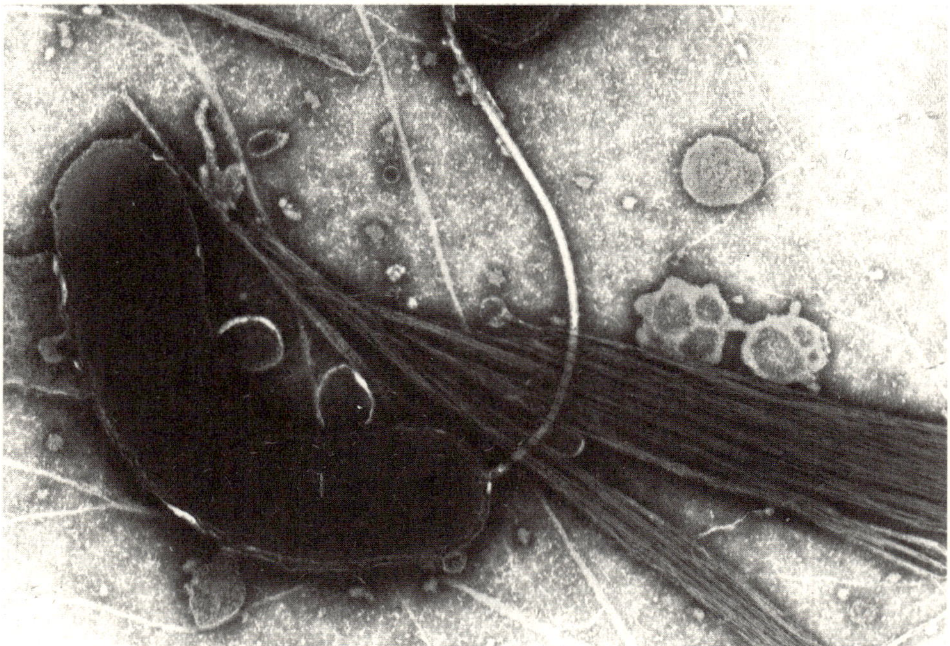

Imagen al microscopio electrónico de transmisión de la bacteria *Vibrio cholerae* [Tom Kirn *et. al.*; Dartmouth Electron Microscope Facility].

de saneamiento apropiada, manipulación y eliminación adecuada de las aguas fecales o residuales y la purificación del agua de consumo. En las regiones endémicas el agua de consumo debe ser hervida o clorada y los alimentos cocidos adecuadamente.

La enfermedad generalmente dura de cuatro a seis días y los síntomas incluyen la aparición súbita de diarrea acuosa; heces líquidas de apariencia de «agua de arroz» y olor «a pescado»; vómitos ocasionales; calambres; alteración hidroelectrolítica; rápida deshidratación que produce sed; sequedad de las mucosas; disminución de la turgencia de la piel; ojos hundidos; hipotensión; falta de pulso; taquicardia; taquipnea; voz ronca; oliguria; insuficiencia renal; convulsiones; somnolencia; coma; y, en caso de cólera grave con deshidratación severa, la muerte en hasta el 60 % de los pacientes. En ausencia de tratamiento, estas manifestaciones provocan deshidratación grave y rápida, conduciendo a la más que probable muerte de la persona afectada. Por ello, resulta esencial la reposición de los líquidos y electrolitos perdidos. La solución de rehidratación oral (SRO) recomendada por la Organización Mundial de la Salud (OMS) contiene 13,5 g de glucosa, 2,6 g de cloruro de sodio, 2,9 g de citrato trisódico dihidratado (o 2,5 g de bicarbonato de potasio) y 1,5 g de cloruro de potasio por litro de agua bebida. El tratamiento con rehidratación suele reducir la tasa de mortalidad a menos del 1 %. Además, el tratamiento temprano con algunos antibióticos como la doxiciclina, la azitromicina o la ciprofloxacina es eficaz para eliminar a la bacteria y detener la diarrea en un plazo de 48 horas.

Por fortuna hay disponibles varias vacunas orales contra el cólera. La habitual en España es Dukoral, una vacuna monovalente que contiene solo bacterias *Vibrio cholerae* O1 y El Tor, además de una pequeña cantidad de la toxina de la subunidad b no tóxica de la toxina del cólera. Esta vacuna está indicada para la inmunización activa frente a la enfermedad causada por *Vibrio cholerae* serogrupo O1 en adultos y niños a partir de los dos años de edad que vayan a visitar áreas endémicas o epidémicas. Independientemente de la disponibilidad de vacunas, en zonas endémicas es importante evitar beber agua y comer verduras, frutas y marisco sin tratar o cocer. En áreas no endémicas también es una práctica de riesgo beber agua de enclaves (ríos, pozos, etc.) sin control sanitario.

Una réplica de la bomba de agua de Broad Street, sin manija, fue instalada en 1992 en memoria de John Snow. Fue retirada en el año 2015 para el desarrollo del área local, pero en julio de 2018 fue reinstalada en Broadwick

Street, en Soho 12, muy cerca de su ubicación original. Snow no pudo identificar ningún agente causal específico y nunca supo de la descripción que hizo el microscopista italiano Filippo Pacini, durante un brote de la enfermedad en 1854 en Florencia, del bacilo en forma de coma que causa el cólera. A pesar de ello, estableció la metodología básica de la salud pública actual para la investigación de enfermedades infecciosas, y ayudó a establecer la validez de la teoría de los gérmenes, que todavía era muy controvertida en ese momento.

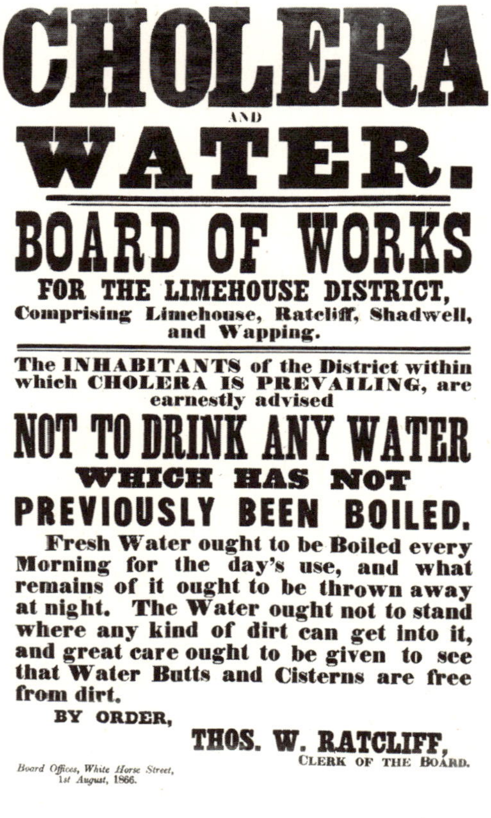

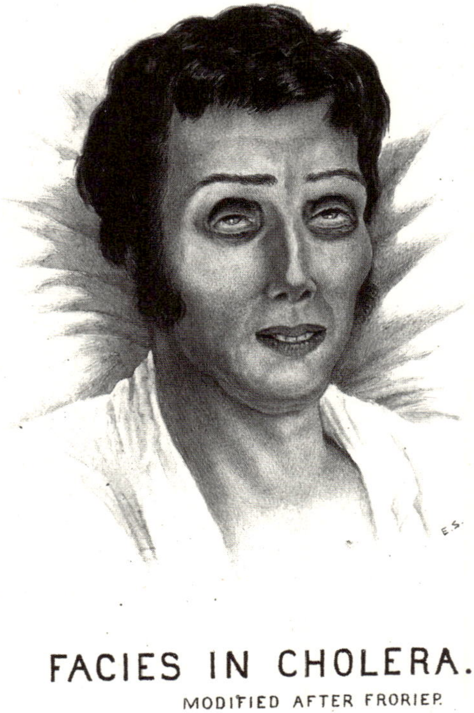

Izqda.: pasquín de la Junta de Obras para el Dtto. de Limehouse (Londres) recomendando no beber agua sin hervir por riesgo de cólera (1866). Dcha.: rostro de víctima en acuarela de Schwarz a partir de Robert Froriep (ca. 1831) [Wellcome Collection, CC BY 4.0 y DP].

El estudio de Snow estableció la secuencia de pasos utilizados por los epidemiólogos actuales para investigar brotes de enfermedades. Snow desarrolló una hipótesis comprobable sobre la base de una caracterización de los casos y la población en riesgo por tiempo, lugar y persona. Luego probó su hipótesis con un estudio diseñado más rigurosamente, asegurándose de que los grupos a comparar fueran comparables. Después de este estudio, los esfuerzos para controlar la epidemia se dirigieron a cambiar la ubicación de la toma de agua de la Southwark and Vauxhall Water Company para evitar fuentes de contaminación. Así, sin conocimiento de la existencia de microorganismos, Snow demostró, a través de estudios epidemiológicos, que el agua podía servir como vehículo para transmitir el cólera y que la información epidemiológica podía ser usada para dirigir acciones de salud pública oportunas y apropiadas. Hoy, su mapa es considerado pionero en el uso del método geográfico para estudiar una epidemia. Por tanto, sin duda, John Snow debe ser considerado uno de los padres fundadores de la epidemiología moderna.

PARA LEER MÁS:

Anderson, Warwick. (2019). «The history in epidemiology». *International Journal of Epidemiology*, 672-674.

Brody, Howard. (2000). «Map-making and myth-making in Broad Street: the London cholera epidemic, 1854». *Lancet* 356: 64-68.

Caniglia, Ellen. (2020). «Difference-in-Difference in the Time of Cholera: a Gentle Introduction for Epidemiologists». *Current Epidemiology Reports* 7: 203-211.

Caplan, Joel. (2020). «Cholera deaths in Soho, London, 1854: Risk Terrain Modeling for epidemiological investigations». *PLoS ONE* 15(3): e0230725.

Snowise, Neil. (2021). «Memorials to John Snow- Pioneer in anaesthesia and epidemiology». *Journal of Medical Biography* 1-4.

Walford, Nigel. (2020). «Demographic and social context of deaths during the 1854 cholera outbreak in Soho, London: a reappraisal of Dr John Snow's investigation». *Health and Place* 65: 102402.

Taf. III.

F. Cohn, ad nat. del. A. Assmann lith.

Primeras muestras de taxonomía bacteriana. Veintidós figuras que ilustran ejemplos de diferentes bacterias vistas a través de un microscopio (Ferdinand Cohn, 1872) [*Quarterly Journal of Microscopical Science*, XIII, 1873].

21. EL NACIMIENTO DE LA TAXONOMÍA BACTERIANA, AÑO 1872 D. C.

«Siempre que te pregunto / que cuándo, cómo y dónde, / tú siempre me respondes / "quizás, quizás, quizás"». La popular canción fue escrita por el compositor cubano Osvaldo Farrés en 1947, y ha sido interpretada en numerosas ocasiones por artistas del calibre de Sara Montiel o Nat King Cole. «Quizás» es un adverbio que expresa duda o probabilidad. El genetista ucraniano Theodosius Dobzhansky afirmaba que, visto a la luz de la evolución, la biología es, quizás, la ciencia más satisfactoria e inspiradora. Antonio Skármeta declaraba en la obra *El cartero de Neruda* que Pablo Neruda era, quizás, el más grande de todos los poetas. En la famosa carta, fechada el 22 de julio de 1879, que Charles Darwin escribió al explorador británico Joseph Hooker, el naturalista inglés dice: «He imaginado que, quizás, durante largos periodos de tiempo hubo un continente pequeño y aislado en el hemisferio sur donde nacieron las plantas superiores». William Friedman, profesor de Biología Evolutiva en la Universidad de Harvard, escribió en 2009 un ensayo en el que apuntaba que, quizás, ningún otro grupo de organismos captó la atención de Darwin en términos tan dramáticos como lo hicieron las plantas con flores. Quizás, siempre quizás. Quizás Darwin no dijo nada sobre los microbios porque prefería escribir sobre plantas y animales. O quizás sí hizo referencia a los microorganismos. Desde luego, Charles Darwin y su teoría del origen de las especies recuerdan, ante todo, a los pinzones. Nada de bacterias, virus u otros bichitos microscópicos. Parece evidente que las ligeras variaciones en las estructuras del pico de los pinzones en las islas Galápagos son el ejemplo más conocido de las influencias en el pensamiento de Darwin sobre cómo evolucionaron las especies. ¿Tenían los microorganismos, en aquel momento, el crédito suficiente para atraer la atención del naturalista inglés? *Quizás, quizás, quizás.*

Las ideas de Darwin sobre la supervivencia del más apto y la selección durante la evolución son los principios rectores en casi todos los aspectos de la biología, y sus ideas influyen en la microbiología actual. Sin embargo, la microbiología era una ciencia joven cuando Darwin publicó *El origen de las especies* en 1859. No existían técnicas para el aislamiento de bacterias y la enorme diversidad del mundo microbiano, en gran medida, aún era desconocida. La teoría de los gérmenes, la idea de que las enfermedades son causadas por microorganismos, no fue desarrollada hasta muchos años después.

No obstante, aunque sea poco conocida, la verdad es que Darwin sí habló de microbios. Los primeros estudios de Darwin, sobre la biodiversidad y la distribución geográfica de los organismos, incluyeron explícitamente a los microorganismos en su investigación global. El interés por la microbiología fue estimulado, en parte, por sus problemas de salud. Durante la mayor parte de su vida, Darwin sufrió problemas estomacales, que han sido atribuidos a varias causas, incluidas la enfermedad de Chagas, la intolerancia a la lactosa y la hipocondría.

Ilustración de Polo para el artículo «Darwin y las bacterias», publicado por Walter Ledermann D. en *Rev. Chil. Infect.* 2009; 26(1): 60-65 [cedida amablemente por la *Revista Chilena de Infectología*].

La enfermedad de Chagas, también llamada tripanosomiasis americana, es una enfermedad potencialmente mortal causada por el protozoo *Trypanosoma cruzi*, que es transmitido por la picadura de una chinche llamada vinchuca o triatoma. La enfermedad es transmitida con mayor frecuencia cuando una chinche pica a una persona o a un animal infectado, como perros, gatos, zarigüeyas, ratas y muchos otros, y luego pica a otra persona. Cuando los insectos infectados pican, depositan las heces que contienen a los protozoos. Al rascarnos, la defecación es arrastrada y los protozoos entran en el cuerpo a través de la herida producida por la picadura. Se calcula que en la actualidad hay entre seis y siete millones de personas infectadas por *Trypanosoma cruzi* en el mundo. La enfermedad aparece sobre todo en zonas endémicas de veintiún países de América Latina, donde es transmitida a los seres humanos y a otros mamíferos vía vectorial, principalmente por las heces o la orina de insectos triatominos. La enfermedad de Chagas puede tratarse con benznidazol y también con nifurtimox, que matan al parásito. Ambos medicamentos son eficaces casi al 100 % para curar la enfermedad, si son administrados al comienzo de la infección en la etapa aguda, incluso en los casos de transmisión congénita. Sin embargo, su eficacia disminuye a medida que transcurre el tiempo de la infección, y las reacciones adversas son más frecuentes en edades avanzadas. En mayo de 2019, en cumplimiento de la decisión de la 72ª Asamblea Mundial de la Salud, fue establecido el Día Mundial de la Enfermedad de Chagas para que fuera celebrado el 14 de abril, día de 1909 en el que Carlos Chagas diagnosticó el primer caso humano de la enfermedad, una niña de dos años llamada Berenice.

Sea como fuere, Darwin consultó sus problemas estomacales con sir John Goodsir, un anatomista escocés, destacado médico de la época, que fue pionero en la formulación de la teoría celular y que había demostrado que algunos «animálculos», microorganismos unicelulares que denominó *Sarcina ventriculi*, podían ser detectados en el vómito de pacientes con úlceras gástricas. Es probable que Darwin examinara su propio vómito buscando la presencia de *Sarcina ventriculi*, el organismo descubierto por Goodsir. La ausencia de *Sarcinia* en la papilla decepcionó a Darwin, pero en su correspondencia informó haber visto tórula (un tipo de levadura hoy denominada *Candida utilis*) y esporas de *Penicillium*. Darwin también estaba interesado en *Phytophthora*, un patógeno que provoca la marchitez y decadencia de frutos y raíces de muchas especies de cultivos comerciales importantes. Además, estaba fascinado por las muchas algas que encontró en su épico viaje a bordo del HMS Beagle. De hecho, durante la travesía, Darwin descubrió cómo se transportaba el polvo desde África hasta América del Sur a través del Atlántico. Cerca de las islas de Cabo Verde, frente a la costa oeste de África, escribió:

> *Generalmente la atmósfera es nebulosa; y esto es causado por la caída de un polvo impalpablemente fino (...). Recogí un pequeño paquete de este polvo fino de color marrón... El profesor Ehrenberg encuentra que este polvo consiste en gran parte de infusorios con escudos silíceos y del tejido silíceo de las plantas. ¡En cinco paquetitos que le envié, ha encontrado no menos de sesenta y siete formas orgánicas diferentes! Los infusorios, a excepción de dos especies marinas, son todos habitantes de agua dulce (...). Sin embargo, es un hecho muy singular que, aunque el profesor Ehrenberg conoce muchas especies de infusorios peculiares de África, no encuentra ninguno de estos en el polvo que le envié. Por otro lado, encuentra en él dos especies que hasta ahora sabe que viven sólo en América del Sur (...). Después de este hecho, uno no debe sorprenderse por la difusión de las esporulas mucho más ligeras y pequeñas de las plantas criptogámicas.*

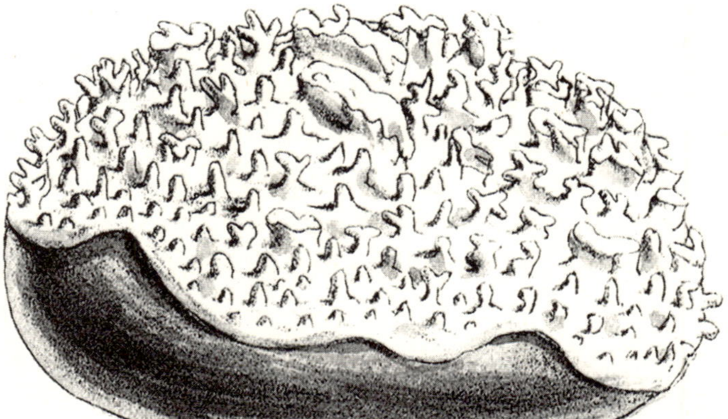

Melobesia mamillaris. Frontal, sobre una piedra, de una de las algas que Darwin recoge en su *Diario* tras sus exploraciones [*Nereis australis, or Algae of the southern ocean*; William H. Harvey, 1847-49].

Los infusorios, detallados en el diario de Darwin, eran, con mucha probabilidad, diatomeas, un grupo de algas unicelulares por el que Ehrenberg sentía predilección. Dados los antecedentes, no es extraño que Darwin conociera la creciente diversidad microbiana, y aunque no utilizara el término microorganismo, sí usará una serie de nombres, como infusorio, para referirse a las formas de vida microscópicas.

La palabra *microbio* fue propuesta por Charles Sédillot en 1878 y posteriormente popularizada por Pasteur. En la época de Darwin, los términos para los organismos microscópicos cambiaban considerablemente. En la década de 1870, los gérmenes, las bacterias, los microbios, los protistas, las moneras, los protozoos y algunos hongos eran usados para describir las subcategorías de la vida microscópica. Darwin utilizó diferentes etiquetas para los organismos microscópicos, aunque no siempre de manera consistente o precisa. Así, términos cómo *infusorio, infusorio secundario, animálculo infusorio, protozoo, animálculo, mónadas* y *organismos inferiores* eran habituales en el vocabulario de Darwin. En los escritos de Darwin y en el lenguaje común de la época, los infusorios se referían con frecuencia a los denominados protistas. Cuando Darwin hablaba de las características más amplias de la vida microscópica, usaba infusorios, infusorios secundarios o «infusorios y otros organismos inferiores» en sentido general. Sin embargo, en 1872, en la sexta edición de *El Origen de las especies*, la primera en contener un glosario, que fue compilado por W. S. Dallas, Darwin definió los infusorios de manera más restrictiva, como una clase de animálculos microscópicos, llamados así por haber sido observados originalmente en infusiones de materias vegetales.

Al parecer, el interés de Darwin por la microbiología era acusado y procuró mantener correspondencia con destacados microbiólogos contemporáneos como fueron Christian Gottfried Ehrenberg y Ferdinand Cohn. Ehrenberg era naturalista, zoólogo, botánico, anatomista, geólogo y microscopista. Sentía pasión por las diatomeas y describió numerosas nuevas especies de protistas, como *Euglena, Paramecium aurelia* o *Paramecium caudatum*.

Darwin y Cohn mantuvieron una relación cercana, hasta el punto de que el naturalista invitó al microbiólogo a visitarlo en Down House, el hogar familiar. La correspondencia entre ambos fue profusa. Hubo algunos años en los que numerosas cartas viajaban de la casa de Ferdinand Cohn en Alemania al domicilio de los Darwin en Inglaterra y viceversa.

El vínculo entre ambos quedó evidenciado en una cariñosa misiva con la que Ferdinand Cohn pretendió felicitar el nuevo año a Darwin. Fechada el 31 de diciembre de 1876 en Breslau, ciudad de nacimiento y muerte de Cohn, decía lo siguiente:

> *Mi querido señor:*
>
> *Al recordar los eventos del año pasado en su último día, no hay recuerdo más dulce para la Sra. Cohn y para mí que las pocas horas que tuvimos la felicidad de pasar bajo su hospitalario techo. Era uno de los deseos de mi corazón conocer personalmente al gran filósofo que más que cualquier otro hombre ha contribuido al avance de la ciencia, y nunca olvidaremos cuán amablemente nos recibió en su casa.*
>
> *Me ha enviado una nueva muestra de su bondad al enviarme su nuevo libro sobre la fecundación cruzada y la autofecundación de las plantas, con el que ha agregado un nuevo eslabón a la gran cadena de sus investigaciones sobre el origen de las especies y variedades. Admiro de más el tesoro inagotable de sus observaciones y experimentos, y los procedimientos estrictamente lógicos de su especulación, más necesito tiempo y espacio para entrar explícitamente en los muchos pensamientos que sus exposiciones me han sugerido, y le ruego que me permita volver a su libro después de haberlo estudiado a fondo.*
>
> *Mientras tanto, le ruego expresar mi mejor agradecimiento por los amables regalos que le debo a usted y a su hijo, a quien me gustaría escribir directamente sobre sus muy interesantes investigaciones.*
>
> *Me he tomado la libertad de adjuntar a esta carta un fotograma mío que ruego reciba con su acostumbrada amabilidad; porque valoro mucho que me recuerde, pero no se esfuerce por conseguir un lugar para mi retrato en su colección.*
>
> *Ahora, en el umbral del próximo año, estoy ansioso por enviarles a usted, a la Sra. Darwin y a su familia, las más sinceras felicitaciones en nombre de la Sra. Cohn y mía, y desearles ¡muchas felicidades en este día!*
>
> *Con los mayores respetos, sinceramente suyo,*
>
> *Ferdinand Cohn.*

* * *

Ferdinand Cohn nació el 24 de enero de 1828 en Breslau, una ciudad dominada por el río Öder, que en la actualidad recibe el nombre de Wroclaw (Breslavia) y que es la mayor urbe suroccidental de Polonia. La ciudad es famosa por sus gnomos, más de 360 repartidos por el municipio. Una fábula popular asegura que los habitantes de esta ciudad pidieron ayuda a los gnomos para acabar con las travesuras del Diablillo del Öder, quien estaba empeñado en amargar la vida a todo el mundo. A diario, el Diablillo, que era pequeño, rápido y escurridizo, diseñaba planes maliciosos para atraer a las palomas hacia automóviles recién lavados o para lograr esconder y extraviar gafas, llaves y un sinfín de objetos de los humanos. Las fechorías eran interminables, por lo que los ciudadanos solicitaron ayuda a los gnomos, famosos por su nobleza y bondad. Los gnomos colaboraron para atrapar al Diablillo del Öder, que terminó encarcelado en las cercanas Montañas del Búho, un lugar donde la Alemania nazi, a mediados del siglo XX, pretendió desarrollar el proyecto Riese, nombre clave de un proyecto de construcción que consistía en siete complejos subterráneos de instalaciones militares. El proyecto nunca fue acabado, al ser descubierto por las fuerzas aliadas en el año 1945. Antes de eso, con el Diablillo a buen recaudo, todos respiraron aliviados y los gnomos permanecieron en la ciudad, conviviendo en armonía con los humanos. En los años 80 del siglo pasado, estos gnomos quedaron convertidos en un símbolo de resistencia contra el régimen soviético. El partido de izquierdas Alternativa Naranja tomó la figura del gnomo como símbolo antigubernamental en los últimos años del régimen comunista. Aparecían gnomos pintados, con un sombrero naranja y una flor, en lugares estratégicos, para dar fe del descontento social por la escasez de bienes de primera necesidad. Muchos ciudadanos se disfrazaron de gnomos vestidos de naranja para exigir cambios al Gobierno e impulsar reformas en Polonia.

Más de 150 años antes de estos movimientos, que contribuyeron a la caída del Muro de Berlín y a que Lech Walesa presidiera Polonia, Isaac Cohn, el padre de Ferdinand, contrajo matrimonio en 1827 con Amelie Nissen, de 16 años. Consumado el enlace, Isaac abrió una pequeña tienda en Ohlauer Straße, en el corazón de Breslau, para vender aceite de colza que, además del sebo, era el único combustible conocido en ese momento. Al poco nació Ferdinand, y pronto descubrieron que era un niño extremadamente inteligente. A los dos años ya sabía leer, y a los cuatro daba sopas con honda al más *pintao*.

Ferdinand Julius Cohn (1828-1898) [*Illustrirte Zeitung*, diciembre de 1898].

Ferdinand Cohn progresó con rapidez en la escuela y fue admitido en el Departamento de Filosofía de la Universidad de Breslau a la temprana edad de catorce años. Más tarde desarrolló interés por la botánica, pero las regulaciones antisemitas de la universidad impidieron su graduación en Breslau. El obstáculo local impulsó la mudanza de Cohn a Berlín, donde en 1847 recibió el doctorado en Botánica. En 1872 regresó a Breslau para ejercer de profesor de Botánica. Durante mucho tiempo antes, Cohn había argumentado que el Estado debería ser responsable del establecimiento de institutos de investigación en botánica y, como resultado de la intensa campaña llevada a cabo, en 1866 fue establecido en Breslau el primer instituto de fisiología vegetal del mundo. Cohn fue nombrado director del instituto, en parte a regañadientes por su estatus judío. Sin embargo, permaneció en el cargo hasta 1898, año en el que murió. En 1870 fundó la revista *Beiträge zur Biologie der Pflanzen*, principalmente con el propósito de publicar el trabajo realizado en Breslau.

Las primeras investigaciones de Cohn estuvieron concentradas en la morfología y las particularidades de las algas y de los hongos microscópicos, llegando a demostrar que el protoplasma de las células vegetales y animales es esencialmente similar. Más tarde, estimulado por el trabajo de Louis Pasteur, se interesó cada vez más por las bacterias. Su tratado clásico

Untersuchungen über *Bakterien* (*Investigaciones sobre bacterias*), publicado en 1872 en la revista que él mismo había fundado, sentó las bases de la bacteriología moderna. En él definió a las bacterias, usó la constancia de su forma externa para dividirlas en cuatro grupos y describió seis géneros encuadrados en dichos grupos. Esta clasificación, ampliamente aceptada, fue el primer intento sistemático de clasificar bacterias, y sus divisiones fundamentales todavía son usadas en la nomenclatura actual.

Aunque Cohn no creía en la teoría de la generación espontánea, era consciente de que las bacterias podían desarrollarse en infusiones hervidas guardadas en recipientes sellados. Postuló la existencia de una etapa de desarrollo resistente, y mediante una cuidadosa observación pudo demostrar que la bacteria *Bacillus subtilis* era capaz de formar endosporas resistentes al calor. En el año 2006, varios investigadores, entre los que estaba el español Ramón Roselló-Mora, describieron un nuevo género bacteriano, aislado de una muestra de producción industrial de almidón en Suecia, al que denominaron *Cohnella*, en honor a Ferdinand Cohn.

BACTERIA:

The Smallest of Living Organisms.

BY DR. FERDINAND COHN.

Translated by Charles S. Dolley.

Portada de *Bacterias: los más pequeños de los organismos vivos* [Ferdinand Cohn, 1881].

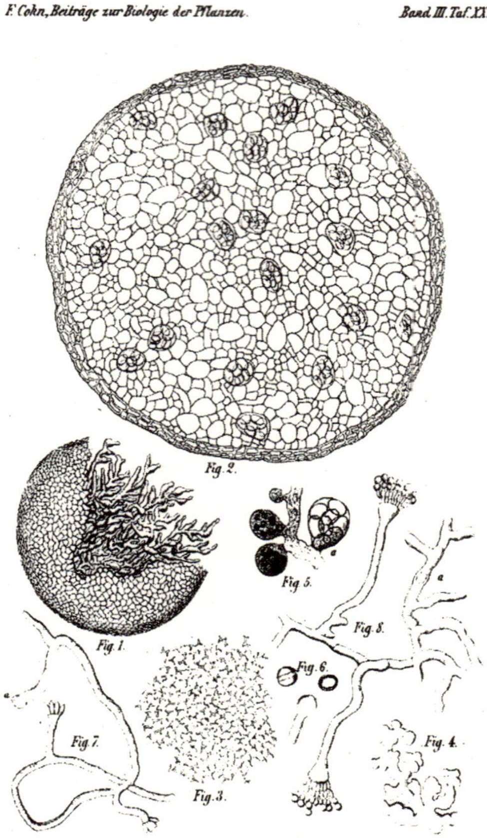

Trabajos de Ferdinand Cohn sobre hongos del género *Aspergillus* [*Beiträge zur Biologie der Pflanzen* (vol. III, lám. XXII), 1883].

A través del libro *Die Pflanze*, publicado en 1872, y de la impresión de muchas de sus conferencias populares, Cohn presentó el estudio de la biología a un público amplio y agradecido. También fue responsable de la publicación, en su revista *Beiträge zur Biologie der Pflanzen*, del artículo «The etiology of anthrax, based on the life history of *Bacillus anthracis*», el importantísimo trabajo de Robert Koch sobre el ciclo de vida del bacilo del ántrax.

La relación estrecha entre ambos comenzó con una carta humilde y estimulante que Koch, joven y apasionado, dirigió a Ferdinand Cohn buscando ayuda. Decía lo siguiente:

¡Honorable profesor!

He encontrado su trabajo sobre bacterias, publicado en «Beiträge zur Biologie der Pflanzen», muy emocionante. Llevo algún tiempo trabajando en el contagio del ántrax. Después de muchos intentos inútiles, finalmente logré descubrir el ciclo de vida completo de «Bacillus anthracis». Ahora estoy seguro, como resultado de un gran número de experimentos, de que mis conclusiones son correctas. Sin embargo, antes de publicar mi trabajo, me gustaría solicitar, honorable profesor, que usted, como el mejor experto en bacterias, examine mis resultados y me dé su opinión sobre su validez...

Por lo tanto, le pido encarecidamente que me permita visitarlo en su Instituto de Fitopatología durante varios días, para que pueda mostrarle los experimentos esenciales. Si está de acuerdo con esta solicitud, tal vez podría informarme de un momento adecuado para que pueda ir a Breslau.

Muy atentamente,

Dr. Koch, médico de distrito.

Cohn accedió de inmediato al encuentro e invitó a Breslau a Koch, que llegó cargado de datos y dispuesto a realizar mil y una demostraciones. Cohn atisbó en Koch a un colega y no a un competidor en ascenso. La percepción fue clave para la historia de la microbiología, porque Cohn ejerció de mentor y mecenas, hasta que Koch consolidó su posición. El trabajo de Koch entusiasmó a Cohn, que no dudó en invitar a sus asistentes y colegas para que descubrieran las nuevas investigaciones. Entre los invitados estaba Julius Cohenheim, director del Instituto de Patología de la Universidad. Cohenheim era un patólogo reputado que en su trayectoria consiguió importantes hitos, como descubrir el origen del pus; identificar las áreas poligonales, llamadas campos de Cohnheim, observadas en la sección de un prisma del elemento muscular; ser el primero en utilizar el método, ahora universal, de congelación de muestras patológicas frescas para el examen; o ser pionero en la teoría de la inflamación. Además de las medallas, Cohenheim era perro viejo y tenía ojo de perito fogueado, por lo que al observar los resultados de Koch lanzó a un colega próximo la siguiente profecía:

Ahora deja todo como está y ve a Koch. Este hombre ha hecho un descubrimiento magnífico, que por la simplicidad y la precisión de los métodos empleados, es tanto más digno de admiración cuanto que Koch ha estado completamente aislado de todas las asociaciones científicas. Lo ha hecho todo él mismo y con absoluta integridad. No hay nada más que hacer. Considero esto como el mayor descubrimiento en el campo de la patología, y creo que Koch nuevamente nos sorprenderá y nos avergonzará a todos con nuevos descubrimientos.

Y la verdad es que Cohenheim acertó.

🕮 PARA LEER MÁS:

Donaldson, Ken. (2020). «John Goodsir: discovering *Sarcina ventriculi* and diagnosing Darwin's dispepsia». *Scottis Medical Journal* 65 (2): 40-45.

Drews, Gerhart. (2000). «The roots of microbiology and the in£uence of Ferdinand Cohn on microbiology of the 19th century». *FEMS Microbiology Reviews* 24: 225-249.

Hugenholtz, Philip. (2021). «Prokaryotic taxonomy and nomenclature in the age of big sequence data». *The ISME Journal* 15: 1879-1892.

Kämpfer, Peter. (2006). «*Cohnella thermotolerans* gen. nov., sp. nov., and classification of *Paenibacillus hongkongensis* as *Cohnella hongkongensis* sp. nov». *International Journal of Systematic and Evolutionary Microbiology* 56: 781-786.

Kirk, David. (2005). «Ferdinand Cohn, Multi-Faceted Microbiologist Extraordinaire». *Protist* 156: 355-373.

Parker, Charles. (2019). «International Code of Nomenclature of Prokaryotes. Prokaryotic Code (2008 Revision)». *International Journal of Systematic and Evolutionary Microbiology* 69: S1-S111.

22. EL BACILO DE KOCH, AÑO 1882 D. C.

La cebolla es escarcha
cerrada y pobre:
escarcha de tus días
y de mis noches.
Hambre y cebolla:
hielo negro y escarcha
grande y redonda.

Así comienza el poema *Nanas de la cebolla,* compuesto en 1939 por Miguel Hernández, desde la madrileña prisión de Torrijos. Unos meses antes, el hijo primogénito del poeta había fallecido de una infección estomacal. La abrupta muerte del niño golpeó con saña, por inesperada y por malnacida, y, desde ese momento, un aroma lastimero y elegíaco asomó ubicuo en los poemas de Miguel.

Las enfermedades infecciosas, acostumbradas a campar a sus anchas en los desamparados, estuvieron muy presentes, y no por gusto del afectado, en la vida y la obra de Miguel Hernández. Corrieron a menudo tras él, hasta empotrarlo contra un catre, viejo y de acomodo imposible, en el Reformatorio de Adultos de Alicante. Allí, en 1941, enfermó de tifus y, más tarde, de tuberculosis, una patología que destrozó los pulmones del poeta y atrajo sin disimulo a la muerte.

En los últimos dos siglos, la tuberculosis ha matado a más personas que la malaria, la viruela, la peste, el cólera, la gripe y el VIH juntos. Consecuencia de ello, cada año, el 24 de marzo conmemoramos el Día Mundial de la Tuberculosis (TB) con el objetivo de aumentar la conciencia pública sobre

«Robert Koch y Richard Pfeiffer trabajando en un laboratorio, investigando la peste en Bombay. Fotografía atribuida al capitán C. Moss, 1897» [Wellcome Collection].

las devastadoras consecuencias sanitarias, sociales y económicas que acarrea la enfermedad causada por la bacteria *Mycobacterium tuberculosis*. La elección del 24 de marzo no es casual, y la fecha está ligada al microbiólogo Robert Koch.

Robert Koch, hijo de un inspector minero que colaboró con Alfred Nobel en las pruebas de uso de la nitroglicerina, tuvo tantos hermanos como campanadas tiene la medianoche. Nació en 1843, en Clausthal, en el centro de Alemania, alumbrado por Matilde Juliette Henriette Biewend y acompañado por Herrmann Koch, padre orgulloso y amante empedernido de la lectura, el ajedrez y los viajes. En cuanto pudo, Hermann traspasó las aficiones a Robert, quien con cinco años sorprendió a todos, porque, con el discreto apoyo de los periódicos abandonados en el hogar, aprendió a leer de forma autodidacta. Durante la infancia, Robert y Herrmann solían pasear juntos, alimentando, con largas caminatas e instructivos trayectos, el interés por la naturaleza. A los siete años, Robert, enrolado en la escuela local de secundaria, comenzó a cultivar las matemáticas, la biología y la ciencia en general. En 1862 ingresó en la Universidad de Gotinga, donde estudió Medicina. En Gotinga asistió a lecciones brillantes impartidas por una ristra de espléndidos profesores, entre los que destacaban el patólogo Wilhelm Krause, el fisiólogo George Meissner, el físico Wilhelm Weber, el químico Friedrich Wöhler, el clínico Karl Ewald Hasse o el gran anatomista e histólogo Jakob Henle, que estableció con Koch una tutela estrecha y, con el tiempo, una amistad desinteresada. La influencia de Henle fue positiva y poderosa.

En 1865, siendo todavía alumno en Gotinga, Robert Koch ganó un premio disertando sobre la inervación neuronal del útero. El mérito ayudó a que Koch fuera nombrado asistente del museo patológico. Allí adquirió experiencia en aspectos patológicos y microscópicos. Al mismo tiempo, en el instituto fisiológico, participaba, bajo la tutela de George Meissner, en una investigación original examinando el efecto de la carne y la grasa sobre la excreción de ácido succínico. Descontento con el lento goteo de resultados, Robert decidió abrazar la autoexperimentación. Propuso un planteamiento, que era malo de narices, consistente en ingerir medio kilo diario de mantequilla para medir la concentración de ácido succínico en la orina. Como era previsible, con la mantequilla saliendo por las orejas, Koch enfermó. De inmediato, para evitar males de mayor calado, renunció a seguir desarrollando la descabellada idea.

Pasaron varios meses y en 1866, con la mantequilla a buen recaudo, Koch obtuvo el doctorado. Al año siguiente contrajo matrimonio con su novia de toda la vida, Emmy Fratz. Por aquel entonces, Robert ansiaba ser médico en un barco y viajar deambulando por mares y puertos, pero Emmy demandaba responsabilidad social y seguridad financiera. No hubo negociación. Durante los siguientes años Robert trabajó como auxiliar en hospitales de Hannover y Hamburgo, y como médico rural en los municipios de Langenhagen, Niemegk y Rakwitz, hasta que, en 1870, partió voluntario a la guerra francoprusiana, donde vivió experiencias decisorias que marcaron la instrucción necesaria para desarrollar, años más tarde, sus investigaciones sobre la infección de las heridas. Al acabar el conflicto, Robert, Emmy y la hija de ambos, Gertrude, que había nacido en 1868, se establecieron en la localidad renana de Wollestein, donde Koch asumió el cargo de médico de distrito. La familia encontró acomodo en una casa amplia de cuatro habitaciones que utilizaron como vivienda, consultorio y laboratorio. Y fue en aquel domicilio donde Robert Koch revolucionó la historia de la bacteriología.

En Wollestein, Koch comenzó a reflexionar sobre el ejercicio de la medicina. Maldecía, un día sí y otro también, a las misteriosas causas que originaban diversos males en unos y otros pacientes. El runrún tomó cuerpo y Koch empezó a mostrar un interés particular por las enfermedades infecciosas. Entre ellas, el carbunco o ántrax atrajo con fuerza la atención de Robert. Era una enfermedad indescifrable y terrible que arruinaba a ganaderos y eliminaba el sustento vacuno de familias pobres. Una oveja o una vaca sanas y lozanas en pocos días quedaban tiesas, frías y con la sangre convertida en una masa negruzca. Pastores y personas que manipulaban el ganado también enfermaban y muchos fallecían de pulmonías fulminantes. Intrigado y provisto de un pequeño equipo rudimentario, que estaba capitaneado por un microscopio que Emmy le regaló en su veintiocho cumpleaños, Koch recorrió las granjas golpeadas por el carbunco. Tomó muestras y analizó decenas de gotas de sangre ennegrecida procedentes de vacas muertas. Y un día, sin esperarlos, aparecieron. Con el ojo pegado al microscopio, Koch visualizó diminutos bastoncitos cortos que flotaban, dóciles y distraídos, a la deriva. El corazón de Robert dio varias vueltas de campana. ¿Sería un avistamiento causal? Presto, aferró más ejemplares. Comenzó el interrogatorio aplicando los objetivos de menor aumento, hasta que atinó con una imagen nítida. Al parecer, el encuentro no había sido

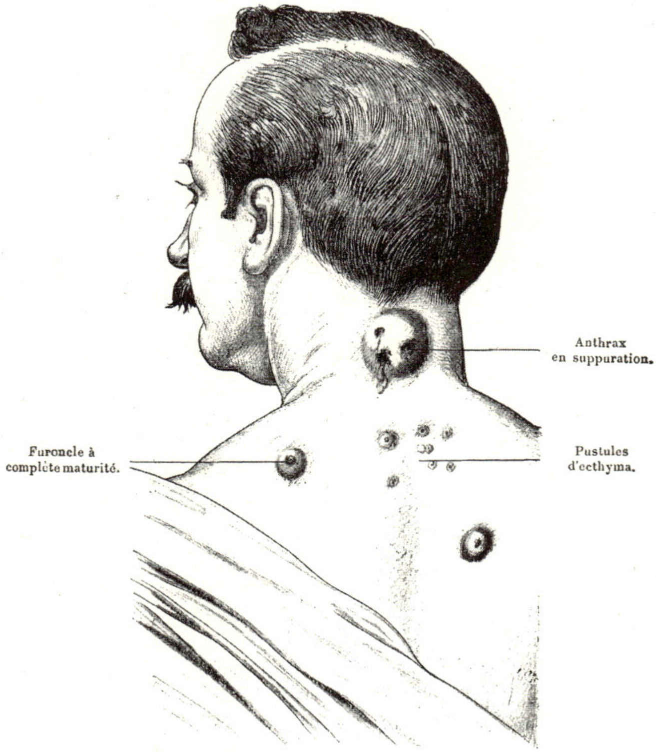

Evolution du furoncle et de l'anthrax.

«Evolución del forúnculo y del ántrax. Forúnculo en madurez completa, ántrax en supuración y pústulas de ectima [*Le médecin de soi-même*, III, Jules Rengade, 1880].

accidental. Las otras muestras de animales muertos también contenían las ignotas y pequeñas figuras, que, por cierto, estaban ausentes en las muestras provenientes de bestias sanas. ¿Qué connotaciones tenía aquello? ¿Eran esos elementos la causa de la enfermedad? Para comprobarlo, Koch encontró un método fiable con el que contagiar ratones, a la postre víctimas forzadas del procedimiento experimental. La práctica consistía en empapar una diminuta astilla de madera con la sangre corrupta de un animal afectado por el carbunco. Después, la astillita envenenada era insertada en un corte limpio, realizado con bisturí, que estaba ubicado en la base de la cola del roedor. Los ratones operados de esta guisa amanecieron tiesos, plomizos y patas arriba. Diseccionó los cadáveres, extrajo hígado, pulmones y bazo, cogió una muestra que depositó en un portaobjetos y la observó al microscopio.

Allí estaban los bastoncitos. Minúsculos, pero letales. Durante un mes repitió el proceso una y otra vez. El resultado fue siempre el mismo. Ratoncitos secos como pasas. Cultivó y multiplicó los microbios, presuntos causantes del ántrax, en humor acuoso de ojo de buey y comprobó que la octava generación de bacilos era tan mortífera como la inicial. Todas las generaciones, de la primera a la última, originaban ántrax y tenían la capacidad para formar endosporas resistentes a las condiciones ambientales adversas.

El 30 de abril de 1876, en el Instituto de Fisiología Vegetal de la Universidad de Breslau, invitado por Ferdinand Cohn, Robert Koch comunicó al mundo sus hallazgos. Durante tres días realizó históricos experimentos que supusieron la primera descripción del ciclo de vida completo de una bacteria, y la evidencia de que los microbios eran la causa del carbunco. El público quedó sorprendido y admirado. Koch acababa de sentar las bases para luchar contra las enfermedades infecciosas.

Convertido en celebridad, en julio de 1880, el Gobierno alemán vinculó a Robert Koch al Departamento Imperial de Higiene en Berlín. Koch obtuvo un laboratorio, aparatos, financiación y extraordinarios ayudantes como Loeffler, Gaffky y Petri. En pocos meses, el equipo de Koch consolidó y perfeccionó las técnicas de cultivo. Llegado el mes de agosto de 1881, Koch era ya un tipo prestigioso en el ambiente científico y decidió acudir al VII Congreso Internacional de Medicina de Londres. Allí coincidió con Joseph Lister y Louis Pasteur, que reconoció los progresos del médico alemán. En aquel evento la tuberculosis fue un tema central y Koch regresó a Berlín decidido a desmenuzar la enfermedad. Confiado, inició un sistema metódico, obteniendo el primer material tuberculoso de un vigoroso y joven obrero que murió a los cuatro días de ingresar en el hospital. Día tras día, con precisión y eficiencia, Koch recorrió los hospitales y los depósitos de cadáveres berlineses, para pedir tejidos afectados de personas fallecidas por tuberculosis. Tiñó y estudió los tubérculos cosechados, e inoculó centenares de conejillos de Indias y ratones, pero también conejos, tres perros, trece gatos, diez gallinas, doce palomas, dos marmotas, tortugas, golondrinas, cinco sapos, tres anguilas y hasta una carpa dorada. Al fin, localizó al microbio responsable de la enfermedad, que recibió el nombre de bacilo de Koch.

El 24 de marzo de 1882, en una pequeña sala de la Sociedad de Fisiología de Berlín, atiborrada de brillantes científicos como Paul Ehrlich, Hermann von Helmholtz y Rudolph Virchow, Robert Koch explicó con timidez y absoluta sencillez cómo había encontrado al asesino más buscado. La famosa presentación de Koch, titulada *Ueber Tuberculose* («Sobre la tuberculosis»), cambió la visión de la tuberculosis como enfermedad, identificó a *Mycobacterium tuberculosis* como el agente etiológico y revolucionó la lucha contra las enfermedades infecciosas en el diagnóstico, la terapia y la prevención. La noticia de que Koch había descubierto el microbio causante de la tuberculosis trascendió aquella misma tarde y fue transmitida a todo el planeta. Exactamente cien años después, en 1982, la Unión Internacional contra la Tuberculosis y las Enfermedades Pulmonares (IUATLD) propuso el 24 de marzo como el Día Mundial de la Tuberculosis. Catorce años más tarde, en 1996, la Organización Mundial de la Salud (OMS) confirmó este día como el día oficial de conmemoración de la enfermedad y sus víctimas, así como de los esfuerzos mundiales para combatir la tuberculosis.

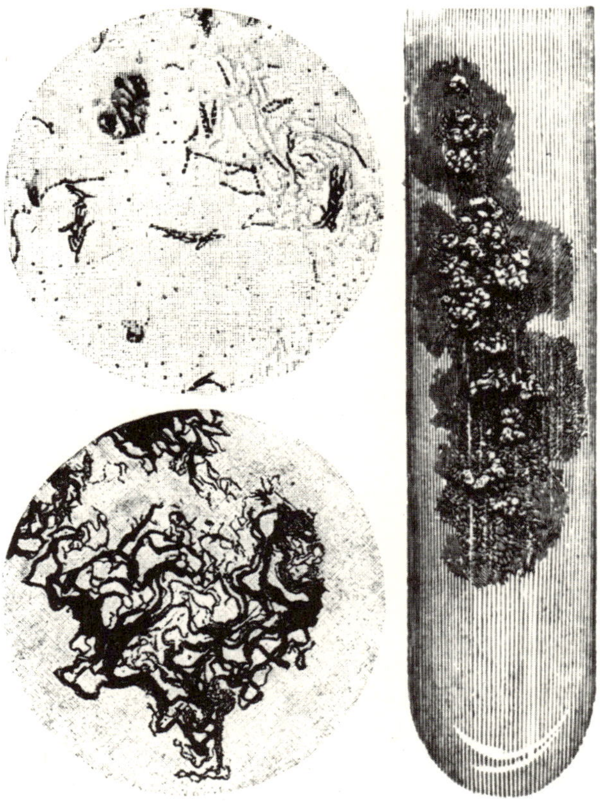

Izqda.: arriba, «bacilo en fresco de los pulmones de un paciente consuntivo, según se ve por el microscopio»; abajo, «bacilo después de dos semanas de crecimiento, al microscopio». Dcha.: «tubo que contiene un "cultivo" de bacilo tuberculoso». De los estudios del Dr. Robert Koch [*Frank Leslie's Illustrated Newspaper*, 13 de diciembre de 1890.]

Aunque actualmente la enfermedad es prevenible y tratable, la tuberculosis sigue siendo una enfermedad infecciosa terrible y peligrosa que cada día acaba con más de cuatro mil personas y cerca de 28.000 son infectadas por el patógeno. *Mycobacterium tuberculosis* infecta principalmente los pulmones, aunque también puede extenderse a otros órganos y tejidos, incluidos los intestinos, el hígado, los ganglios linfáticos, la piel, el cerebro y los sistemas musculoesquelético y reproductivo. En realidad, las bacterias que originan la tuberculosis son conocidas como complejo *Mycobacterium tuberculosis*. El complejo *Mycobacterium tuberculosis* contiene, entre otras, a las especies *Mycobacterium africanum*, *Mycobacterium bovis*, *Mycobacterium canettii*, *Mycobacterium pinnipedii*, *Mycobacterium caprae*, *Mycobacterium mungi*, *Mycobacterium orygis*, *Mycobacterium suricattae*, *Mycobacterium microti* y *Mycobacterium tuberculosis*. Las bacterias de este grupo, muy relacionadas entre ellas, son patógenos obligados de humanos y de diferentes especies de mamíferos salvajes y domesticados, y los agentes etiológicos de la tuberculosis. La enfermedad recibe este nombre por las lesiones nodulares, denominadas tubérculos, que son observadas en los pulmones de los afectados.

Desde el año 2000, los esfuerzos globales para combatir la tuberculosis han salvado aproximadamente sesenta y seis millones de vidas. A pesar de ello, diez millones de personas enfermaron de tuberculosis en el año 2020, y cerca de un millón y medio fallecieron a causa de la enfermedad. Se estima que una cuarta parte de la población mundial tiene infección latente con *Mycobacterium tuberculosis*, de los cuales del 5 % al 15 % desarrollarán infección activa. Todos los grupos de edad están en riesgo de contraer tuberculosis, pero más del 95 % de los casos y muertes acontecen en países en desarrollo. En el año 2020, el mayor número de casos nuevos se produjo en el sudeste asiático, con el 43 % de los casos nuevos; seguido del África subsahariana, con el 25 % de los casos nuevos; y el Pacífico occidental con el 18 %. La dinámica sigue siendo similar.

Las personas con desnutrición tienen tres veces más riesgo de desarrollar tuberculosis activa. A nivel mundial, en el año 2020, hubo casi dos millones de nuevos casos de tuberculosis atribuibles a la desnutrición. El consumo de alcohol y el tabaquismo aumentan el riesgo de desarrollar tuberculosis en un factor de 3,3 y 1,6, respectivamente. Algunos datos apuntan a que, en el periodo comprendido entre los años 2020 y 2022, los esfuerzos centrados en combatir la pandemia de covid-19 provocaron un infra diagnóstico de la tuberculosis, lo que llevó a un aumento de la mortalidad por esta enfermedad. En el caso de España, en el año 2021, hubo una caída del 23,9 % en las notificaciones de los casos de tuberculosis respecto a los dos años anteriores a la pandemia.

Por desgracia, la Organización Mundial de la Salud (OMS) augura un aumento del 5 % en los casos de tuberculosis para los próximos años, motivada entre otros factores, por la aparición de cepas de tuberculosis multirresistentes y extremadamente resistentes a los medicamentos. La tuberculosis resistente a múltiples fármacos (MDR-TB) es una forma de tuberculosis causada por bacterias que no responden a la isoniacida y la rifampicina, los dos fármacos antituberculosos de primera línea más eficaces. La aparición de cepas de tuberculosis multirresistentes y extremadamente resistentes a los medicamentos ha complicado el control de la enfermedad debido a la necesidad de hospitalización y al empleo de medicamentos más costosos. Los fármacos de primera elección son la isoniacida, la rifampicina, la piracinamida y el etambutol, que se administran en forma conjunta como tratamiento inicial. En pacientes con tuberculosis multirresistente a fármacos, o que no toleran los medicamentos considerados de primera elección, son utilizados fármacos de segunda elección. Entre ellos la kanamicina, la amikacina, la capreomicina, la etionamida, la cicloserina, el ácido paraaminosalicílico y algunas fluoroquinolonas como la levofloxacina y la moxifloxacina. En Estados Unidos también se utiliza estreptomicina, ya que las cepas circulantes en el país son sensibles a este antibiótico.

En la actualidad disponemos de la clásica vacuna BCG (bacilo de Calmette y Guérin) para combatir la tuberculosis. La vacuna BCG tiene más de cien años de antigüedad y está basada en una cepa atenuada de *Mycobacterium bovis*. La vacuna es administrada a un porcentaje elevado de niños en el mundo, principalmente en países con alta prevalencia de la enfermedad. La vacuna BCG reduce la incidencia de tuberculosis extratorácica en los niños, en especial de meningitis, y puede prevenir la infección por tuberculosis. A principios de marzo de 2022, la biofarmacéutica española Biofabri y la india Bharat Biotech anunciaron un acuerdo para desarrollar, fabricar y distribuir la nueva vacuna MTBVAC contra la tuberculosis en más de setenta países del Sudeste Asiático y del África subsahariana. MTBVAC es una vacuna atenuada preparada a partir de la cepa Mt103 de *Mycobacterium tuberculosis* (linaje 4: europeo-africano-americano), a la que se le han retirado los genes phoP y fadD26 relacionados con la virulencia de la bacteria.

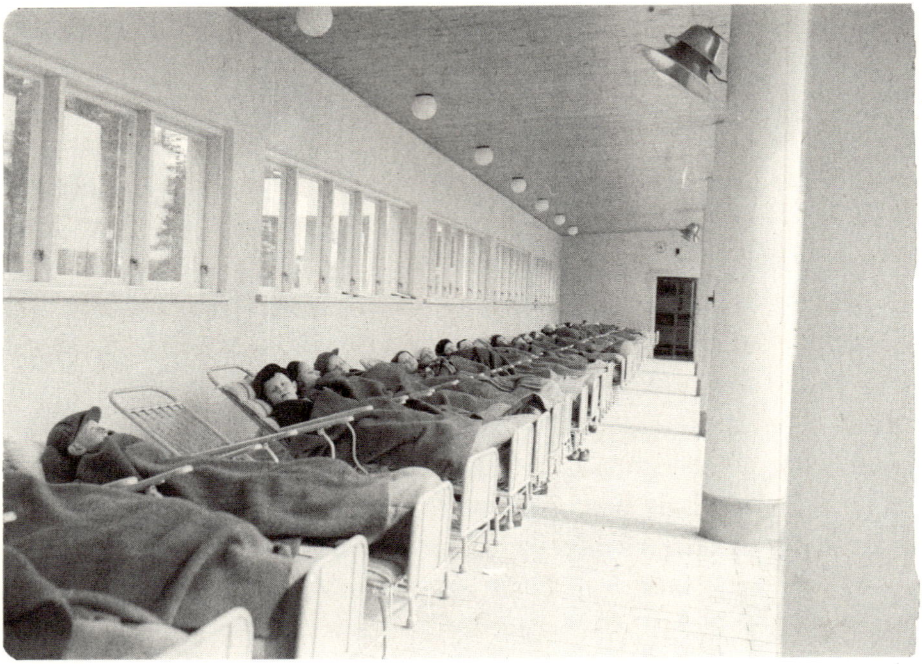

Niños en un sanatorio de tuberculosos en Muurame,
Finlandia (1930-1959) [Finnish Museum of Photography].

En 1884, Robert Koch y Friedrich Loeffler formularon, basados en conceptos anteriores descritos por Jakob Henle, los denominados postulados de Koch. Los cuatro postulados de Koch son un conjunto de criterios, derivados del trabajo de Robert Koch, que intentaron establecer un estándar de oro en la microbiología, para identificar la causa específica de una enfermedad infecciosa. Fueron refinados y publicados por Koch en 1890 y aplicados para describir la etiología de la tuberculosis y del cólera. Son los siguientes:

1. El microbio debe estar en los organismos enfermos, no en los sanos.
2. El microbio debe ser aislado del organismo enfermo y crecer en cultivo puro.
3. El microbio en cultivo puro debe inducir enfermedad cuando se introduce en un organismo sano.
4. El microbio inoculado debe aislarse del organismo enfermo e identificarse como el agente original.

Hoy sabemos que presentan muchas excepciones y limitaciones. Por ejemplo, las especies de *Bartonella* pueden vivir en la sangre sin causar enfermedad, produciendo una bacteriemia asintomática en la amplia variedad de animales que pueden infectar. Además, muchos patógenos no crecen en medios de cultivo nutritivos. Esto puede ser aplicado a bacterias comunes como *Erysipelothrix*, *Mycoplasma* y *Ureoplasma*, pero también a los virus, ninguno de los cuales crece en medios libres de células. Paradójicamente, algunos de los organismos que se sabe que producen bacteriemias en sangre humana crecen muy mal en hemocultivos, y esto incluiría las especies de *Bartonella* antes mencionadas y a los organismos llamados HACEK.

Los organismos HACEK son un grupo de proteobacterias que se encuentran en individuos, por lo demás sanos, que es sabido que causan algunos casos de endocarditis, especialmente en niños, y que no crecen bien en cultivo. El término *HACEK* fue creado a partir de las iniciales de los organismos del grupo: *Haemophilus*, particularmente *Haemophilus parainfluenzae*; *Aggregatibacter*, incluyendo *Aggregatibacter actinomycetemcomitans* y *Aggregatibacter aphrophilus*; *Cardiobacterium hominis*; *Eikenella corroe*; y *Kingella*, particularmente *Kingella kingae*.

El cuarto postulado también es limitado. Muchas infecciones, consideradas la causa subyacente de una enfermedad, están ausentes de las lesiones que finalmente se desarrollan. Por ejemplo, la infección por estreptococos del grupo A es considerada la causa subyacente de la fiebre reumática. La infección desaparece mucho antes de la aparición de las lesiones valvulares y endocárdicas de la fiebre reumática. Otro ejemplo podría ser el virus del papiloma humano, que es la causa subyacente de casi todos los casos de carcinoma escamoso del cuello uterino. Los efectos citopáticos morfológicos son visibles en los precánceres más tempranos que preceden al desarrollo del carcinoma invasivo. Los cánceres, que pueden ocurrir años después de las primeras infecciones por el virus del papiloma, pueden carecer del virus recuperable.

A pesar de todo, los postulados de Koch han sido de vital importancia para establecer los criterios por los que la comunidad científica está de acuerdo en que un microorganismo causa una enfermedad. Incluso Koch tuvo que modificar o torcer la interpretación más estricta del primer postulado, porque descubrió portadores asintomáticos de *Vibrio cholerae* y *Salmonella typhi*, la bacteria causante de la fiebre tifoidea. Este hallazgo produjo la importante distinción entre colonización clínica asintomática e infección. Así nació el campo de investigación de la intrincada relación huésped-patógeno.

A finales de 1882, Koch empezó a seguir el rastro de otra terrible enfermedad, el cólera. En 1883 comenzó una carrera entre Francia y Alemania, o más bien, entre Pasteur y Koch, por descubrir al microbio responsable de causar el cólera. Ganó Koch que encontró a *Vibrio cholerae*, una bacteria con forma de coma y responsable de originar cólera en las aguas pútridas de las cisternas de Alejandría. Definió su modo de transmisión y quedó convertido en un héroe, un auténtico y activo cazador de microbios. Los éxitos de Koch llovían como el arroz en una boda. Sin embargo, entre 1890 y 1897 fracasó al intentar establecer la tuberculina como un remedio contra la tuberculosis.

En 1896 Koch viajó a Sudáfrica para investigar la peste bovina y más tarde a la India para analizar la malaria. Infatigable, en 1902 regresó a África Central para resolver una epidemia de tripanosomiasis o enfermedad del sueño. Tras una vida luchando con los microbios, en 1905 Robert Koch recibió el Premio Nobel de Fisiología y Medicina por sus investigaciones y descubrimientos en relación a la tuberculosis. Koch inició la conferencia de la ceremonia del Premio Nobel recordando que fue solo con el descubrimiento del bacilo de la tuberculosis que la etiología de la enfermedad se asentó sobre una base firme, ganando la convicción de que era una enfermedad infecciosa pero también evitable. Para Koch resultaba extraordinariamente gratificante ver librar la campaña, con bastante generalidad y vigor considerable, contra este peligroso enemigo. También mencionó que el punto de partida en la lucha contra todas las enfermedades contagiosas es la obligación de informar, porque sin ella la mayoría de los casos de la enfermedad siguen siendo desconocidos, y que debían hacer de esto un requisito para la tuberculosis. Koch manifestó que la lucha contra la tuberculosis no está dictada desde arriba, y no siempre se ha desarrollado en armonía con las reglas de la ciencia, sino que tiene su origen en el pueblo mismo, que finalmente ha reconocido correctamente a su enemigo mortal. Terminó el discurso afirmando que, si el trabajo continuaba de aquella manera poderosa, la victoria debía ser ganada.

Hoy, la vacunación es una estrategia fundamental para combatir la tuberculosis. En la actualidad, son necesarios al menos 13.000 millones de euros anuales para la prevención, el diagnóstico, el tratamiento y la atención de la tuberculosis, a fin de lograr los objetivos mundiales acordados en Naciones Unidas, que no son otros que poner fin a la epidemia mundial de tuberculosis, reduciendo el número de muertes en un 95 % y la tasa de incidencia en un 90 % en el año 2035. Lamentablemente, todavía nos queda mucho camino por recorrer.

🕮 PARA LEER MÁS:

Bespiatykh, Dmitry. 2021. «A Comprehensive Map of *Mycobacterium tuberculosis* Complex Regions of Difference». *mSphere* 6 (4): e00535-21.

Blavins, Steve. 2010. «Robert Koch and the 'golden age' of bacteriology». *International Journal of Infectious Diseases* 14 (9): E744-E751.

Cambau, Emmanuelle. 2014. «Steps towards the Discovery of *Mycobacterium tuberculosis* by Robert Koch, 1882». *Clinical Microbiology and Infection* 20 (3): 196-201.

Dijkman, Karin. 2021. «Pulmonary MTBVAC vaccination induces immune signatures previously correlated with prevention of tuberculosis infection». *Cell Reports Medicine* 2 (1): 100187.

Gradmann, Christoph. 2001. «Robert Koch and the Pressures of Scientific Research: Tuberculosis and Tuberculin». *Medical History* 45: 1-32.

Tarancón, Raquel. 2020. «New live attenuated tuberculosis vaccine MTBVAC induces trained immunity and confers protection against experimental lethal pneumonia». *PLoS Pathogen* 16 (4): e1008404.

Ulrichs, Timo. 2012. «The Berlin Declaration on tuberculosis and its consequences for TB research and control in the WHO-euro región». *European Journal of Microbiology and Immunology* 2 (4): 261-263.

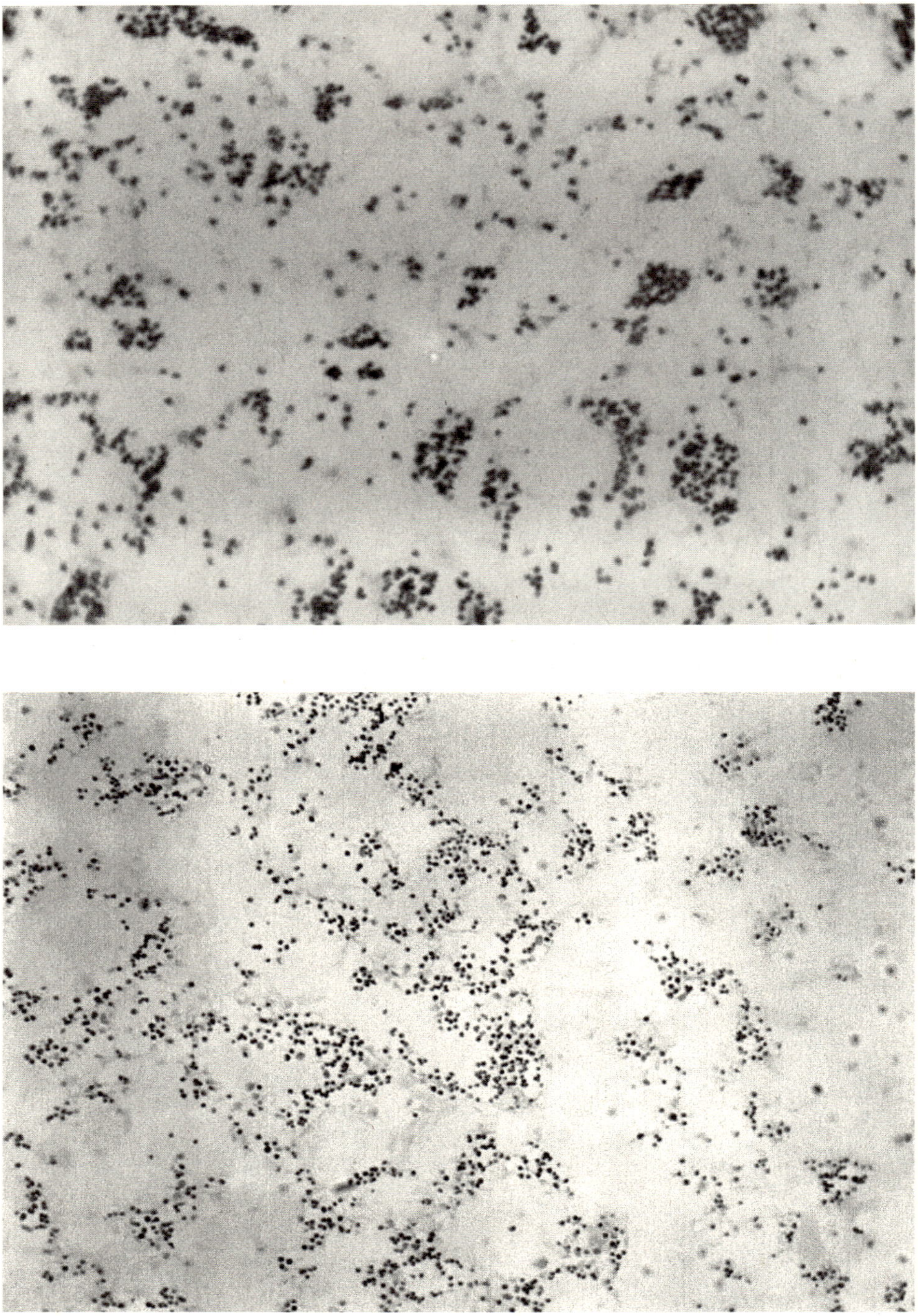

Arriba: micrografía de una muestra teñida con azul de metileno que revela la presencia de numerosas bacterias *Francisella tularensis*. Abajo: microfotografía con tinción de Gram que revela la apariencia gramnegativa de la bacteria *Francisella tularensis*. Se trata del patógeno responsable de la tularemia [CDC, doctores P. B. Smith y W. A. Clark; Public Health Image Library, PHIL].

23. LA TINCIÓN DE GRAM, AÑO 1884 D. C.

El desarrollo inicial de la bacteriología topó con obstáculos variopintos que, de primeras, frenaron el avance del conocimiento en esta disciplina. Uno de los más significativos fue que era muy difícil detectar bacterias en los tejidos, porque la mayoría de los métodos de tinción empleados coloreaban por igual al tejido y a las células bacterianas.

Los primeros cirujanos y patólogos, precursores de los histólogos modernos, utilizaron sustancias naturales como la rubia, el azafrán y el índigo para teñir los tejidos, que luego estudiaban bajo microscopios rudimentarios. Varios autores afirman que Joseph von Gerlach, profesor alemán de Anatomía en la Universidad de Erlangen, fundó la tinción microscópica cuando, en 1858, tiñó con éxito el cerebelo con carmín amoniacal. Al parecer, los microscopistas tiñeron con frecuencia microorganismos a partir de 1875, utilizando tintes como el marrón de Bismarck, la fucsina y el carmín. En 1881, Paul Ehrlich introdujo el azul de metileno. El azul de metileno fue sintetizado originalmente en 1876 como un tinte a base de anilina para la industria textil, pero Robert Koch y Paul Ehrlich percibieron el potencial que tenía el colorante para ser utilizado en tinciones biológicas en histología, bacteriología y hematología. Debido a las propiedades fisicoquímicas únicas que posee el azul de metileno, fue la primera droga sintética empleada en medicina, siendo utilizada en el tratamiento de la malaria. El azul de metileno también fue, a finales del siglo XIX, uno de los primeros fármacos destinados al tratamiento de pacientes con psicosis, y fue el principal fármaco en el desarrollo fortuito de los fármacos antipsicóticos de fenotiazina a mediados del siglo XX. En la década de 1980 fue estudiado como potencial tratamiento del trastorno bipolar y en los últimos años ha sido investigada su utilidad en los trastornos neurodegenerativos.

Hans Christian Gram (Chr. Neuhaus, 1862-1884) [Det Kgl. Bibliotek].

La historia del azul de metileno, desde su descubrimiento como colorante, hasta el empleo en tinciones y luego en aplicaciones terapéuticas en medicina, es un ejemplo de cómo el uso de un fármaco puede evolucionar con el tiempo a través de la observación cuidadosa, las necesidades clínicas, la casualidad y la integración de conceptos de diferentes disciplinas.

A pesar de que, desde 1883, el azul de metileno y el método de tinción de Ziehl-Neelsen, usado para la identificación de bacterias ácido-alcohol resistentes como *Mycobacterium tuberculosis*, eran empleados con asiduidad, en aquel momento, la gran dificultad consistía en que los microscopistas pudieran diferenciar la apariencia de los microorganismos de las células del organismo y de los desechos celulares que los acompañaban. El método publicado en 1882 por Paul Ehrlich, para teñir a *Mycobacterium tuberculosis*, y la mejora posterior introducida por Franz Ziehl y Friedrich Nielsen fueron un aliciente para que Hans Christian Gram, un joven bacteriólogo danés, comenzara a experimentar con la coloración de las bacterias.

Gram estudió Botánica en la Universidad de Copenhague, siendo asistente del biólogo Japetus Steenstrup, el descubridor de la generación alternante, un fenómeno por el que la reproducción sucede en dos fases, una sexuada y otra asexuada. El estudio de las plantas introdujo a Gram en los fundamentos de la farmacología y en el uso del microscopio. Después estudió Medicina y obtuvo el graduado en 1878. A partir de ese momento, Gram comenzó un periplo formativo por Europa, para adquirir conocimientos en farmacología y bacteriología. El trabajo inicial de Gram estaba referido al estudio de los glóbulos rojos humanos y fue uno de los primeros en reconocer que los macrocitos eran característicos de la anemia perniciosa, un tipo de anemia por deficiencia de vitamina B12. En 1884, Gram, afincado en Berlín, colaboraba en el hospital municipal con el doctor Carl Friedländer, un patólogo alemán que, en 1882, ayudó a descubrir la causa bacteriana de la neumonía. Allí, Gram comenzó a trabajar con tejido pulmonar de animales de experimentación y con neumococos obtenidos de los pulmones de víctimas humanas de neumonía. Un día, mientras examinaba el tejido pulmonar de pacientes que habían muerto de neumonía y probaba combinaciones de colorantes, Gram descubrió que algunas tinturas eran captadas y retenidas de forma preferente por las células bacterianas. A raíz del suceso intentó establecer un protocolo que permitiera diferenciar entre *Klebsiella pneumonie* y los neumococos, dos tipos de bacterias que causan neumonía.

En el primer paso, Gram secó un frotis de líquido en un portaobjetos de vidrio sobre la llama de un mechero, y vertió una solución de violeta de genciana sobre él. El violeta de genciana o cristal violeta es un colorante de trifenilmetano con propiedades antibacterianas, antifúngicas, antihelmínticas, antitripanosómicas, antiangiogénicas y antitumorales. La síntesis del violeta de genciana, realizada en 1861, es atribuida al químico francés Charles Lauth, que llamó al pigmento «violeta de París». El color azul violeta intenso del violeta de genciana es demandado para teñir numerosos textiles, como seda, algodón, lana y nailon, pero también es usado como tinte para papel y cabello o como pigmento para tinta de bolígrafo e impresora, pintura, plástico, gasolina, barniz, aceite y cera. En cirugía, el violeta de genciana ha sido empleado como tinte para marcar la piel, y en cromoendoscopia, para teñir el tracto gastrointestinal y distinguir las lesiones del tejido normal. En tratamiento tópico, el violeta de genciana ha sido utilizado para el tratamiento del eccema, el impétigo y para prevenir infecciones y promover la cicatrización de heridas, quemaduras, inflamaciones resultantes de la radioterapia y muñones umbilicales de los bebés.

Es importante destacar que el violeta de genciana ha sido utilizado de manera eficaz para tratar las infecciones, causadas por *Staphylococcus aureus* resistente a la meticilina, de la dermis, el oído medio, la cavidad torácica, las fosas nasales y los injertos vasculares. Durante décadas, una solución diluida de violeta de genciana ha sido empleada para lavar las áreas afectadas por infecciones fúngicas, en particular, infecciones orales, esofágicas, vulvovaginales, del pezón y del catéter, causadas por *Candida*. El recubrimiento con violeta de genciana de dispositivos médicos invasivos, cómo catéteres, reduce la adherencia de organismos patógenos y la formación de biopelículas, reduciendo la posibilidad de que ocurra una infección. Las propiedades antimicrobianas del violeta de genciana también tienen aplicaciones en veterinaria y ha sido empleado como tratamiento tópico para infecciones bacterianas y fúngicas de la piel y los ojos en el ganado, y como tratamiento de infecciones fúngicas y parasitarias en peces, incluido *Ichthyophthirius multifiliis*, el protozoo que causa la enfermedad de las manchas blancas.

Tras añadir el violeta de genciana en el portaobjetos, Gram enjugó la preparación con agua e incorporó una solución de Lugol (solución de triyoduro de potasio) que actuó como mordiente para fijar el tinte. A continuación, vertió etanol sobre el portaobjetos para lavar el colorante. Después de este paso, los neumococos (*Streptococcus pneumoniae*) conservaron el color morado intenso, mientras que las células de *Klebsiella pneumoniae* quedaron decoloradas por el alcohol. La primera descripción de una infección estreptocócica es atribuida, en 1874, al cirujano austriaco Theodor Billroth, cuando describió al microorganismo en casos de erisipela e infecciones de heridas. Billroth mencionó pequeños organismos que estaban aislados o dispuestos en pares, a veces en cadenas de cuatro a veinte o más eslabones. El término *Streptococcus* proviene del griego (*strepto*, una cadena, y *coccus*, una baya). La verdadera importancia y entrada formal de los estreptococos en la historia ocurrió en 1879 cuando Louis Pasteur aisló la bacteria de úteros y sangre de mujeres con fiebre puerperal. Pasteur demostró que el estreptococo era el agente etiológico responsable de la enfermedad que causaba las mayores tasas de mortalidad de mujeres y recién nacidos en ese momento. El refinamiento adicional del nombre *Streptococcus* vino en 1884 de la mano de Friedrich Julius Rosenbach, que examinó bacterias aisladas de lesiones supurativas, y denominó a la especie *Streptococcus pyogenes* (del griego *pyo*, «pus», y *genes*, «formando»). Ese mismo año, Rosenbach diferenció, por el color de las colonias, a las especies *Staphylococcus aureus* (del latín *aurum*, «oro») y *Staphylococcus albus*, ahora denominado *Staphylococcus epidermidis*.

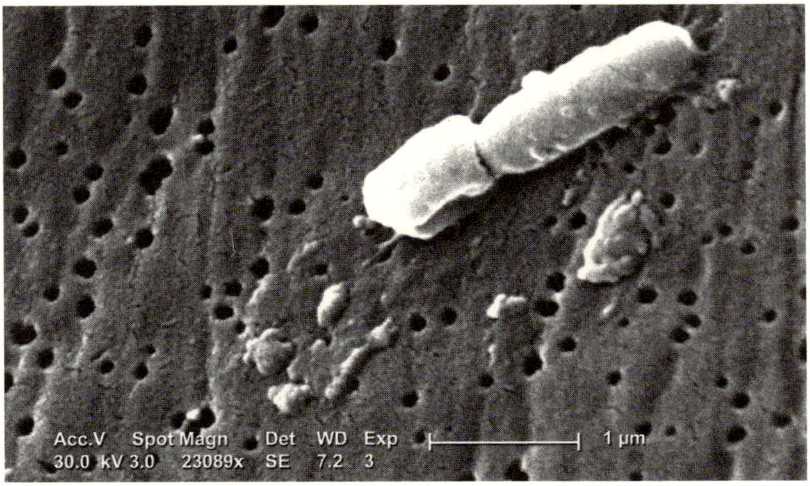

Imagen capturada mediante microscopía electrónica (23089x) de la bacteria *Klebsiella pneumoniae* [CDC, doctor Janice Haney Carr; Public Health Image Library, PHIL].

Gram había conseguido desarrollar un nuevo tipo de tinción que recibió el nombre de tinción de Gram. Las bacterias que quedaban teñidas recibieron el nombre de Gram positivas y las decoloradas el de Gram negativas. Gram descubrió que la tinción funcionaba para visualizar una serie de bacterias asociadas con enfermedades como, por ejemplo, los cocos de la artritis séptica que sigue a la escarlatina.

La primera mención a la inédita tinción apareció en 1883, en un tratado de Carl Friedländer sobre los micrococos de la neumonía. Al año siguiente, Gram publicó en detalle el método y declaró que era consciente de que la tinción todavía era muy defectuosa e imperfecta, pero que esperaba que también funcionara en manos de otros investigadores y que resultara útil. Gram no usó una contra tinción en su procedimiento, pero, unos años más tarde, el patólogo alemán Carl Weigert de Frankfurt añadió un paso final de tinción con safranina, un colorante de color rojo. De esta manera las bacterias Gram positivas quedaban teñidas de color morado y las Gram negativas de color rojo o rosado.

La tinción de Gram es un procedimiento de tinción complejo y diferencial en el que las bacterias son diferenciadas según la composición de su pared celular. Las bacterias Gram positivas, que quedan teñidas de morado, tienen paredes celulares que contienen capas gruesas de peptidoglicano

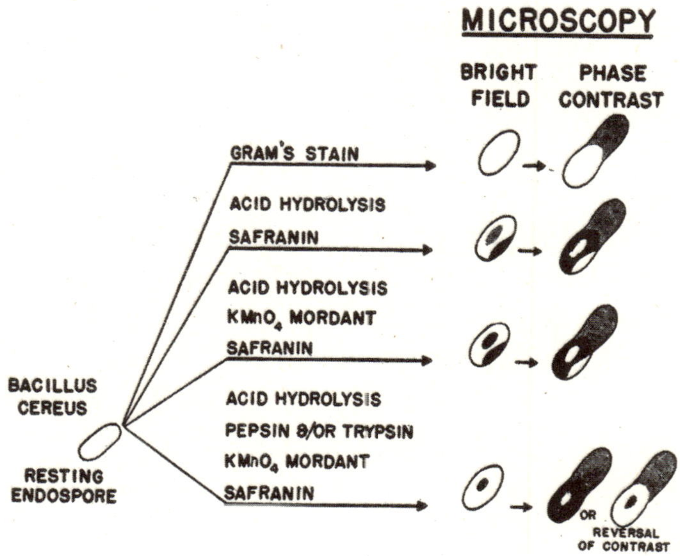

«Resumen esquemático de los resultados citológicos obtenidos con endosporas en reposo de *Bacillus cereus* utilizando las técnicas citoquímicas indicadas [se compara entre microscopía de campo claro y de contraste de fases]» (Kleiger & Smith; detalle) [*The Journal of Histochemistry and Cytochemistry*, 2(4), julio de 1954].

(90 % de la pared celular), mientras que las bacterias Gram negativas, que quedan teñidas de rojo, tienen paredes con finas capas de peptidoglicano (10 % de la pared) y alto contenido de lípidos. La aplicación clínica de la tinción de Gram alcanzó su apogeo de 1940 a 1960, pero, hoy en día, el método sigue vigente.

La información derivada de una tinción de Gram y varias pruebas bioquímicas simples puede ser enorme y a menudo proporciona un diagnóstico presuntivo e influye significativamente en la atención del paciente. Por ejemplo, la tinción de Gram de muestras respiratorias, un examen simple y económico usado en todo el mundo, incluso en países de bajos ingresos, puede guiar el uso apropiado de la terapia antibiótica inicial.

En este sentido, la rápida propagación de bacterias multirresistentes a los antibióticos en las unidades de cuidados intensivos (UCI) es reconocida como una amenaza para la salud en todo el mundo. Los pacientes ingresados en la UCI aparecen entre los mayores consumidores de antibióticos en el hospital porque tienen un mayor riesgo de infección, debido a condiciones subyacentes, inmunidad deteriorada y exposición a múltiples dispositivos invasivos. Los resultados de varios estudios muestran que del 50 % al 70 % de los pacientes en la UCI tuvieron infecciones y recibieron antibióticos durante la estancia en la unidad. Entre las amenazas de infección en las UCI, la neumonía asociada al ventilador (NAV) es una complicación importante que requiere antibióticos en aproximadamente el 10 % de los pacientes sometidos a ventilación mecánica, y que da como resultado una mortalidad atribuible estimada del 15 % al 50 %. Sin embargo, el uso excesivo de agentes antibióticos de amplio espectro podría estar asociado con la aparición acelerada de organismos resistentes a los antimicrobianos. Por lo tanto, establecer métodos para reducir de manera segura el uso excesivo de agentes antibióticos de amplio espectro para NAV es un desafío apremiante. Varios autores recomiendan la realización de la tinción de Gram para el análisis precoz de la meningitis bacteriana, ya que es rápida, económica, bastante fiable y permite guiar la terapia antimicrobiana inicial. Una tinción de Gram del líquido cefalorraquídeo puede revelar en cuestión de minutos la presencia de cocos Gram positivos (probablemente neumococos), cocos Gram negativos (casi con seguridad meningococos) o bacilos delgados Gram negativos (posiblemente *Haemophilus influenzae*). Esto puede marcar una diferencia crítica en la elección de los antibióticos que deben administrarse con gran rapidez.

Por desgracia, cuando se trata de caracterizar a las bacterias de un ambiente, la efectividad disminuye y varios factores, como la edad del cultivo, pueden influir en los resultados de la tinción y en la interpretación errónea de los resultados. De hecho, algunas bacterias, después de ser teñidas con la tinción de Gram, producen un patrón denominado Gram variable, que muestra una mezcla de células rosadas y moradas. Los géneros *Actinomyces*, *Arthrobacter*, *Corynebacterium*, *Mycobacterium* y *Propionibacterium* tienen paredes celulares particularmente sensibles a la rotura durante la división celular, lo que da como resultado una tinción Gram negativa a pesar de que, a priori, son bacterias Gram positivas. En el caso del género *Mycobacterium*, que contiene algunas especies muy importantes desde un punto de vista clínico, como son las que causan la tuberculosis o la lepra, la naturaleza cerosa de la cubierta hace que las células no puedan ser teñidas fácilmente con los colorantes utilizados en la tinción de Gram, aunque se considera que la bacteria es grampositiva.

A pesar de las limitaciones, la tinción de Gram cambió la bacteriología, al ser el primer y extraordinariamente valioso paso hacia el diagnóstico y la clasificación de las bacterias, por lo que, en la actualidad, es reconocida como una contribución fundamental a la ciencia biológica.

🕮 PARA LEER MÁS:

Cantey Joseph. 2015. «“A Defective and Imperfect” Method: H. Christian Gram and the History of the Gram Stain». *The Pediatric Infectious Disease Journal* 34 (8): 848.

Maley, Alexander. 2013. «Gentian violet: a 19th century drug re-emerges in the 21st century». *Experimental Dermatology 22 (12): 775-780.*

Taniguchi, Tomohiro. 2015. «Gram-stain-based antimicrobial selection reduces cost and overuse compared with Japanese guidelines». *BMC Infectious* Diseases 15: 458.

Thomson, Richard. 2016. «One Small Step for the Gram Stain, One Giant Leap for Clinical Microbiology». *Journal of Clinical Microbiology* 54 (6): 1416-1417.

Wu, Kong-Yang. 2020. «A novel improved gram staining method based on the capillary tube». *Polish Journal of Microbiology* 69 (4): 503-508.

24. TRES HOMBRES Y UN VIRUS, AÑO 1898 D. C.

El papa Urbano VIII, en una bula del 14 de junio de 1642, en respuesta a las quejas del deán de la catedral de Sevilla, prohibió el consumo de tabaco, por vía bucal o nasal, por piezas, molido, en polvo o fumado en pipa, en todas las iglesias de la diócesis sevillana, bajo amenaza de excomunión *latae sententiae*. La razón fundamental argumentada por el papa, que censuraba el consumo de una sustancia que degradaba alma y cuerpo, era evitar la profanación de las iglesias ante la realidad de que, en Sevilla, tanto clérigos como laicos, mientras realizaban los servicios en el coro o en el altar, o mientras asistían a la santa misa o a los divinos oficios, con gran irreverencia, tomaban tabaco, y con sus fétidos excrementos mancillaban el altar y los lugares santos de las iglesias de la diócesis. Pocos años después, en 1650, Inocencio X extendió la prohibición de Sevilla a San Juan de Letrán y San Pedro en Roma, preocupado por el efecto de las emanaciones y excrementos del tabaco. Sin embargo, en 1732, el papa Benedicto XIII, que gustaba de consumir rapé, dejó sin efecto los edictos que prohibían el consumo de tabaco.

Quizás, una de las consumidoras de tabaco molido más sorprendentes de la historia sea santa Bernadette Soubirous, una pastora, mística y religiosa francesa, canonizada por la Iglesia católica en 1933, que afirmó haber tenido, del 11 de febrero al 16 de julio de 1858, a la edad de catorce años, dieciocho apariciones de la Virgen María en la Gruta de Massabielle en Lourdes. Tomó los votos como hermana Marie-Bernard y murió en 1879 de tuberculosis. Bernadette era asmática y los médicos de la época le prescribieron rapé, pues, por aquel entonces, la creencia médica y popular afirmaba que dilataba los bronquios.

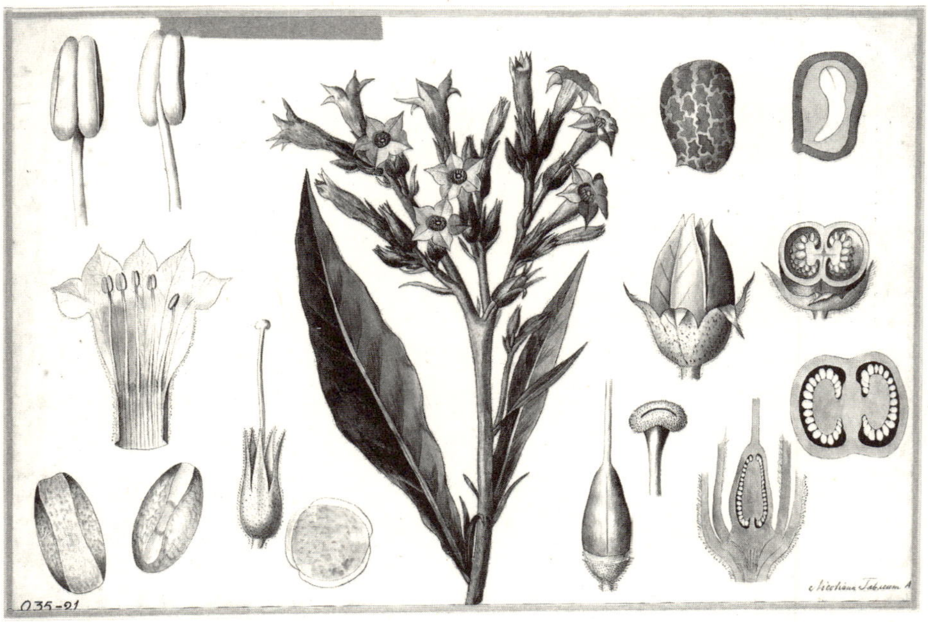

Arriba: *Un pellizco de rapé* [Jules Zermati, ca. 1900].
Abajo: *Nicotiana tabacum* (Linneo, 1753) [Stichting Academisch Erfgoed, s. XX].

Hoy en día, la epidemia de tabaquismo amenaza la salud mundial y mata a más de ocho millones de personas al año, incluidas alrededor de 1,2 millones de muertes por exposición al humo de segunda mano. Unas 56.000 personas adicionales mueren anualmente por mascar tabaco. No existe un nivel seguro de exposición al tabaco. Todas las formas de tabaco, incluidos cigarrillos, puros, puritos, picadura para liar, tabaco para pipa o shisha, bidis, quid de betel, rapé, maras o kreteks, son nocivas.

La séptima edición del *Atlas del tabaco*, publicada por Vital Strategies y el equipo de Tobacconomics de la Universidad de Illinois, en Chicago, encontró que, aunque, en general, más personas están protegidas por intervenciones regulatorias efectivas que incluyen impuestos al tabaco, áreas públicas libres de humo, restricciones al acceso y pautas educacionales, las ganancias brutas de la industria tabacalera siguen siendo ingentes y ascendieron a al menos sesenta mil millones de euros en el año 2020.

El tabaco es obtenido a partir de plantas solanáceas del género *Nicotiana*, cuya distribución natural está limitada principalmente al continente americano y a Australia. Las especies cultivadas y utilizadas para la producción comercial de tabaco, en especial *Nicotiana tabacum*, se originaron en América del Sur, particularmente en las tierras altas de los Andes. Al parecer, el tabaco fue utilizado por las culturas precolombinas por placer, por el efecto narcótico medicinal y como alucinógeno solo o mezclado con otras plantas. Hacia el año 1600, el tabaco ya había sido introducido en Europa, India, Japón, Rusia, posiblemente China y la costa occidental de África. En los siglos XVI, XVII, XVIII y XIX el cultivo de tabaco resultó ser un negocio extraordinariamente lucrativo. Por poner un ejemplo, entre 1894 y 1898, Estados Unidos exportó unos 280 millones de libras de tabaco en hoja cada año, principalmente a Europa, con un valor aproximado de veinticuatro millones de dólares. Sin embargo, el escenario comercial exitoso incentivó la implantación de monocultivos intensivos, lo que preparó el escenario para la aparición indeseable de enfermedades. La primera muestra de fatalidad apareció, a principios del siglo XIX, en campos de cultivo intensivo de tabaco en el distrito de Ambalema de Colombia. En el siglo XIX, Colombia era reconocida mundialmente por producir tabaco de alta calidad y el producto cultivado en Ambalema era solo superado por la hoja cubana para envoltorios de puros. El tabaco de Ambalema comenzó a presentar un característico patrón moteado en la hoja, en forma de mosaico, que mezclaba áreas de color verde oscuro con otras de tono verde claro.

Los síntomas reflejaban un proceso infeccioso que originaba que las plantas adquirieran un color gris plomizo, y que el tabaco fuera extremadamente amargo al gusto. La hoja de tabaco colombiano era exportada con frecuencia a Alemania para fabricar cigarrillos, y esta práctica pudo introducir el síndrome en Europa.

La enfermedad fue descrita por primera vez en 1882 por Adolf Mayer, que la denominó «enfermedad del mosaico del tabaco». Mayer demostró que la enfermedad era infecciosa y podía transmitirse a plantas de tabaco sanas mediante la inoculación con tubos capilares de vidrio que contenían savia de plantas enfermas. Aunque Mayer no pudo aislar un germen causante de la enfermedad, no cuestionó la opinión, predominante en ese momento, de que todas las enfermedades infecciosas eran causadas por microbios y siguió convencido de que era una enfermedad bacteriana.

De izqda. a dcha.: Adolf Meyer (1843-1942) [University Library Heidelberg], Dmitri Ivanovsky (1864-1920) [*D. I. Ivanovsky y el descubrimiento de virus*, Grigori Moiseevich Vaindrakh, 1948] y Martinus Willem Beijerinck (1851-1931) [TU Delft Repository].

Aproximadamente al mismo tiempo, en San Petersburgo, Dmitri Ivanovsky estaba estudiando la misma enfermedad e informó en 1892 que, cuando la savia de una planta de tabaco enferma pasaba a través de un filtro Chamberland, que retiene bacterias, el filtrado seguía siendo infeccioso y podía ser usado para infectar plantas de tabaco sanas. Ivanovsky fue el primero en demostrar que el agente causante de la enfermedad del mosaico del tabaco pasaba por un filtro esterilizante, pero permaneció convencido de que estaba tratando con una pequeña bacteria o con esporas bacterianas, y nunca se dio cuenta de que había descubierto un nuevo tipo de agente infeccioso.

Siguiendo los pasos de Mayer, el 26 de noviembre de 1898, durante una reunión de la Academia de Ciencias en Amsterdam, Martinus Willem Beijerinck presentó un artículo, ahora clásico, titulado «Sobre un *contagium vivum fluidum* como causa de la enfermedad de las manchas en las hojas del tabaco». Beijerinck, que consideraba el matrimonio incompatible con el trabajo científico, era un bicho raro, poco sociable, excéntrico, verbalmente abusivo y ascético. De formación fitopatólogo, estaba familiarizado con la enfermedad del mosaico del tabaco desde que enseñó botánica en la Escuela Agrícola de Wageningen, en los Países Bajos, al comienzo de su carrera científica. En esa etapa estudió las agallas de las plantas que ahora sabemos que pueden ser causadas por la invasión de varios agentes infecciosos, pero también analizó la fermentación por levaduras y estudió a los microorganismos que habitaban ambientes anaeróbicos. En 1888 aisló, de los nódulos de las raíces de plantas leguminosas, a la bacteria *Bacillus radicicola*, más tarde clasificada como *Rhizobium leguminosarum*, y descubrió el principio de la fijación simbiótica del nitrógeno atmosférico en leguminosas. La simbiosis rizobio-leguminosa tiene como resultado la formación de unas estructuras especializadas, fácilmente observables y denominadas nódulos, en las raíces. Tanto la planta como la bacteria han desarrollado un complejo mecanismo de intercambio de señales moleculares que permiten el reconocimiento mutuo y desencadenar el proceso de infección. La fijación de nitrógeno enriquece, preserva y restaura la fertilidad de los suelos, por lo que posibilita reducir la aplicación de abonos químicos.

En 1897, poco después de convertirse en profesor de Microbiología en la Escuela Politécnica de Delft, Beijerinck estableció su propio laboratorio de bacteriología e invernadero, y de inmediato comenzó a abordar la entonces enigmática enfermedad, sabiendo que el profesor Adolf Eduard

Mayer había sido incapaz de encontrar una bacteria o una causa nutricional del trastorno, pero había sido capaz de demostrar que la enfermedad era contagiosa.

Beijerinck volvió a demostrar que la savia de las plantas de tabaco infectadas con la enfermedad del mosaico seguía siendo infecciosa después de filtrarla a través de filtros de porcelana. También demostró que el agente causal podía difundirse a través de varios milímetros de un gel de agar y concluyó que la infección no era causada por un microbio. Beijerinck llamó al agente que causa la enfermedad del mosaico del tabaco *contagium vivum fluidum* («un líquido vivo contagioso»), en oposición a *contagium vivum fixum*. En aquellos días, el término *contagium* era usado para referirse a cualquier agente contagioso que causara una enfermedad, mientras que el término *fixum* significaba que el agente era una partícula sólida o un microbio celular. Sobre la base de sus experimentos de filtración y difusión en agar, Beijerinck quedó convencido de que el agente causante del mosaico del tabaco no era ni un microbio ni una pequeña partícula o corpúsculo. A raíz de los resultados obtenidos, propuso que el agente causante de la enfermedad, al que llamó «virus», del latín *veneno*, era un líquido vivo que contenía una entidad disuelta, no particular y no corpuscular.

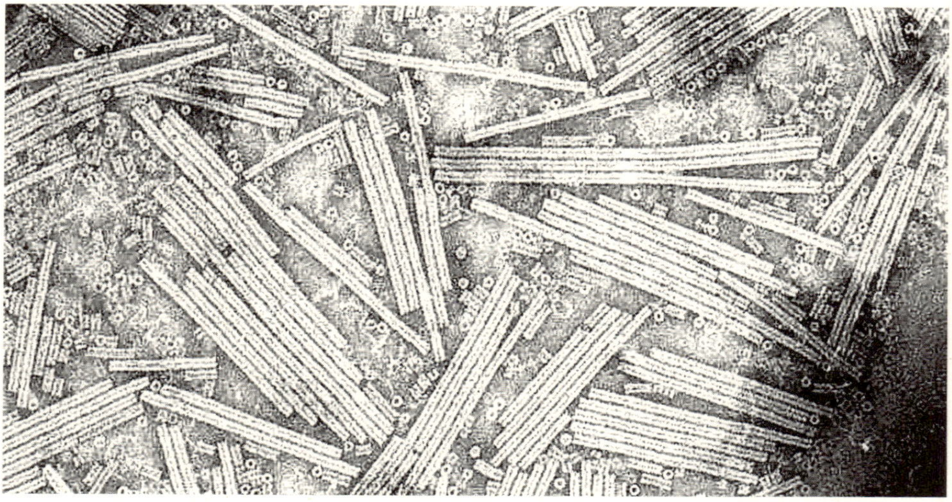

Detalle de micrografía electrónica (0,2 μm) del virus del mosaico del tabaco [T. Moravec; Chb, *PD*].

El virus de Beijerinck era una entidad fundamentalmente diferente al resto de microorganismos conocidos, ya que estaba presente sistémicamente en las plantas, moviéndose pasivamente, junto con los metabolitos de la planta, tenía capacidad de multiplicarse en tejido en crecimiento y de retener la infectividad en la savia exprimida después de la filtración y la precipitación con alcohol, así como después del almacenamiento en hojas desecadas y suelo seco. Beijerinck indicó claramente que el virus se convirtió en parte del metabolismo de la célula y mencionó que, sin poder crecer de forma independiente, el virus se veía atraído por el crecimiento de las células en división, y allí proliferaba en gran medida, sin perder de ninguna manera su propia individualidad en el proceso.

La conciencia de Beijerinck de que el virus requería un metabolismo activo del huésped fue crucial y, a lo largo del artículo, expresó una firme creencia en la existencia de una forma de vida autónoma submicroscópica, es decir, subcelular. En ese momento, este era un concepto completamente nuevo y la palabra virus adquirió un significado inédito hasta la fecha.

Hoy sabemos que el mosaico del tabaco es una enfermedad viral común de distribución mundial que afecta a más de doscientas especies de plantas herbáceas y, en menor medida, leñosas. Los huéspedes comunes incluyen tabaco, vegetales solanáceos como pimiento y tomate o cucurbitáceas como pepino, melón y calabaza, así como una amplia variedad de plantas ornamentales como begonia, coleo, geranio o petunia. La enfermedad tiene su mayor impacto en las hortalizas, donde puede reducir el rendimiento y afectar la calidad hasta el punto de que los cultivos comerciales no puedan ser comercializados. Los síntomas del mosaico del tabaco varían en tipo y gravedad según la planta infectada, la edad de la planta, la variante del virus involucrada y las condiciones ambientales. En las hojas, los síntomas típicos incluyen áreas claras y oscuras con manchas (mosaicos), ahuecamiento, rizado, alargamiento, rugosidad, arrugas, tamaño más pequeño que el normal y otras distorsiones del crecimiento. Las frutas pueden tener un color manchado, madurar de manera desigual, malformarse o tener un sabor desagradable. Plantas enteras infectadas a menudo quedan atrofiadas. El virus del mosaico del tabaco sobrevive en los vegetales infectados, incluidas las semillas viables, así como en los desechos de estas plantas. Los productos de origen vegetal, principalmente los del tabaco, pueden albergar el virus, que es muy estable y tiene capacidad de sobrevivir durante largos períodos de tiempo. Varios informes avisan de que el

FIG. 1.—HEALTHY AND MOSAIC PLANTS OF NICOTIANA SILVESTRIS. A, HEALTHY PLANT; B, DISEASED PLANT PRODUCED BY ARTIFICIAL INOCULATION.

(Greatly reduced.)

«Plantas de *Nicotiana silvestris* sanas y [con] mosaico. A, planta sana; B, planta enferma producida por inoculación artificial (reducido en gran medida)» [«The mosaic disease of tobacco», H. A. Allard; *Bulletin of the U. S. Department of Agriculture*, 40, 15 de enero de 1914].

virus del mosaico del tabaco ha sobrevivido y permanecido infeccioso después de cincuenta años en almacenamiento a 4 °C. Debido a su estabilidad, el virus del mosaico del tabaco puede permanecer viable y ser recogido de las manos, la ropa, las herramientas de jardinería, las superficies de trabajo y cualquier otro objeto que puedan manipular los jardineros. Ningún insecto específico propaga el virus del mosaico del tabaco, pero las abejas y los insectos masticadores, como por ejemplo los saltamontes, pueden transmitir el patógeno a través del contacto casual o al alimentarse cuando pasan de una planta a otra. Una vez infectadas, las plantas permanecen infectadas de por vida y, por lo general, el virus se propaga por toda la planta desde el punto de infección. Las plantas infectadas y los desechos asociados deben ser quemados, donde lo permita la ordenanza local, o colocarse en bolsas dobles y desecharse en un vertedero.

La historia de la investigación sobre el virus del mosaico del tabaco y los compromisos de Mayer, Beijerinck e Ivanovsky demuestran que el progreso de la ciencia no es solo una cuestión de mera tecnología sino también de filosofía. El concepto poco ortodoxo y bastante extraño introducido por Beijerinck en 1898 marcó el momento histórico de la concepción de la virología. Desde luego, el virus del mosaico del tabaco permitió el desarrollo de la virología, pero también contribuyó significativamente a la comprensión de la naturaleza genética del ARN, el código genético y al avance de la biología molecular y al entendimiento de las propiedades fisicoquímicas y antigénicas de las macromoléculas.

🕮 PARA LEER MÁS:

Peng, Jiyu. 2017. «Fast detection of tobacco Mosaic virus infected tobacco using laser induced breakdown spectroscopy». *Scientific Reports* 7: 44551.

Qiu, Xinyan. 2022. «Chemical labeling and crosslinking of tobacco mosaic virus via multi-diazonium reagents: examples, applications, and prospects». *Materials Advances* 3 (13): 5248-5259.

Robertson, Lesley. 2011. «Beijerinckand the bioluminescent bacteria: microbiological experiments in the late 19th and early 20th centuries». *FEMS Microbiology Ecology 75 (2): 185-194.*

Sankaran, Neeraja. 2018. «On the historical significance of Beijerinck and his contagium vivum fluidum for modern virology». *History and Philosophy of the Life Sciences* 40 (3): 41.

Scholthof, Karen-Beth. 2004. «Tobacco mosaic virus: a model system for plant biology». *The Annual Review of Phytopathology* 42: 13-34.

Verhage, Leonie. 2021. «How tobacco mosaic virus goes the distance». *The Plant Journal* 106 (4): 894-895.

Zhou, Cheng. 2020. «Constructing scientific culture in the 5G era: Historical lessons from the first discovery of a virus». *Cultures of Science* 3 (4): 260-266.

Izqda.: ilustración que sirvió de portada a la primera edición de *Tik Tok of Oz* (1914).
Dcha.: retrato de Frank Baum, autor de la serie de libros de Oz [Illinois Engraving Co., 1900].

El Palace Hotel y Market St., en una postal de San Francisco (California, Estados Unidos) en 1900 [Detroit Photographic Co.; Library of Congress].

25. EL MAGO DE OZ Y LA PLAGA DE SAN FRANCISCO, AÑO 1900 D. C.

—Pero ¿qué hay de los desayunos? —preguntó Betsy.

—Bueno, hay árboles de desayuno para eso, que crecen allí a la derecha. Llevan frutos secos, como los demás, solo que los frutos secos contienen café o chocolate, en lugar de sopa; avena en lugar de carne y papas, y frutas en lugar de postre. Por triste que haya sido mi vida en esta maravillosa prisión, debo admitir que nadie podría vivir más lujosamente en el mejor hotel del mundo que yo he vivido aquí; pero estaré encantado de salir al aire libre de nuevo y ver el buen sol y la luna plateada y la hierba verde y suave y las flores besadas por el rocío de la mañana. ¡Ah, cuánto más bellas son esas cosas benditas que el brillo de las gemas o el frío resplandor del oro!

—Por supuesto —dijo Betsy—. Una vez conocí a un niño pequeño que quería contraer el sarampión, porque todos los niños pequeños de su vecindario, excepto él, lo tenían, y él estaba muy triste porque no podía contraerlo, por mucho que lo intentara. Así que estoy bastante seguro de que las cosas que queremos y no podemos tener no son buenas para nosotros. ¿No es cierto, Shaggy?

—No siempre, querida —respondió gravemente—. Si no quisiéramos nada, nunca obtendríamos nada, ni bueno ni malo. Creo que nuestros anhelos son naturales, y si actuamos como la naturaleza nos indica, no podemos equivocarnos mucho.

Este fragmento está incluido en el capítulo 22 del libro *Tik-Tok of Oz*, escrito por Lyman Frank Baum y publicado el 19 de junio de 1914. *Tik-Tok of Oz* es el octavo libro de la *Tierra de Oz*. Baum alcanzó renombre comercial con *Father Goose*, un libro publicado en 1899. Al año siguiente publicó *El maravilloso mago de Oz*, un libro infantil que narra la historia de Dorothy Gale. La descripción que Baum hace de Kansas en *El maravilloso mago de Oz* está basada en el paisaje seco de Dakota del Sur, donde el escritor y su esposa, Maud Gage, se trasladaron en julio de 1888 para abrir una pequeña tienda llamada *Baum's Bazaar*. La costumbre de vender a crédito condujo a la quiebra del negocio, así que Baum volvió a editar un periódico local, *The Aberdeen Saturday Pioneer*, donde escribía la columna *Our Landlady*. El periódico cerró en 1891, pero Baum encontró trabajo de comercial en el *Evening Post* de Chicago. Unos años más tarde, en 1897, escribió y publicó, con éxito moderado, *Mother Goose in Prose* (*Mamá Oca en prosa*), una colección de pequeños cuentos inspirados en el personaje de Mamá Oca. Al año siguiente, asociado con el ilustrador y caricaturista William Wallace Denslow, publicó *Father Goose, His Book* (*El libro de Papá Ganso*), una colección de poesía del absurdo, que resultó un auténtico bombazo y consiguió ser el libro para niños más vendido del año. El éxito animó a Baum y a Denslow a publicar, en 1900, *El maravilloso mago de Oz*. Desde entonces, ha sido uno de los libros más editados, tanto en Estados Unidos como en Europa. *El maravilloso mago de Oz* es la primera novela de la serie de libros de Oz, en la que una joven granjera de Kansas llamada Dorothy, acompañada por su perro Toto, llega a la mágica Tierra de Oz, después de ser arrastrada lejos del hogar por un tornado.

Baum solía introducir situaciones contemporáneas en sus libros. Por ejemplo, *Dorothy and the Wizard in Oz*, el cuarto libro ambientado en la Tierra de Oz y publicado el 18 de junio de 1908, comienza con un tremendo terremoto en California, que abre enormes grietas en el suelo por las que cae Dorothy, hasta llegar a una caverna, lugar en el que comienzan las aventuras. El libro fue escrito en la época en la que Baum vivía en California, poco después del terremoto de San Francisco de 1906. Por tanto, no es extraño que, en *Tik-Tok of Oz,* Baum mencione al sarampión.

A principios del siglo XX, las enfermedades infecciosas eran muy frecuentes en los Estados Unidos de América y golpeaban con fuerza a la población. En 1912, el sarampión se convirtió en una enfermedad de notificación obligatoria a nivel nacional en los Estados Unidos, lo que exigió que los proveedores de atención médica y los laboratorios estadounidenses informaran de todos los casos diagnosticados. En la primera década de informes, fueron notificadas un promedio de seis mil muertes relacionadas con el sarampión cada año. En 1920 fueron notificados 469.924 casos de sarampión y fallecieron 7.575 personas por la enfermedad.

En la actualidad tendemos a pensar que el sarampión es una enfermedad inofensiva y que ya está más que superada. Pero nos equivocamos. Es una enfermedad viral grave, altamente contagiosa, de fácil propagación, que puede ser contraída a cualquier edad y que puede acarrear complicaciones severas e incluso la muerte. Por eso debería preocuparnos que entre los años 2016 y 2019 el número de casos notificados de sarampión en todo el mundo haya aumentado un 556 % hasta alcanzar los 869.770, la cifra más alta desde 1996. Más de 140.000 personas murieron de sarampión en el año 2018, en su mayoría niños menores de cinco años. Descorazonador. Es más, entre los años 2018 y 2020, una epidemia de sarampión registrada en la República Democrática del Congo infectó a más de 460.000 niños y causó cerca de 8.000 muertes.

El ascenso continúa y la ONU ya ha alertado de que, durante los dos primeros meses de 2022, los casos de sarampión subieron un 79 % a nivel global. Son muy malas noticias. Los Estados Unidos de América también siguen esta tendencia. En el año 2000, el país declaró que el sarampión había sido eliminado de su territorio. Sin embargo, en el año 2019 fueron notificados casi 1.300 casos de sarampión en treinta y un estados del país, la cifra más alta desde 1992. ¿Qué está ocurriendo? El análisis del brote de sarampión de 2018-2019 en la ciudad de Nueva York, el más grande del país en casi tres décadas, identificó los factores que hicieron que el brote fuera tan grave. Consistía, ni más ni menos, en una vacunación tardía de niños pequeños, combinada con un mayor contacto entre ellos, probablemente a través de las denominadas *measles parties* («fiestas contra el sarampión»), diseñadas para infectar a los niños a propósito. Cierto es que, más de cien años después, hay ciertas coincidencias con el relato narrado por Baum en *Tik-Tok of Oz*.

Las infecciones de Nueva York ocurrieron principalmente en niños pequeños de uno a cuatro años y bebés menores de un año. Para contener el brote, el Departamento de Salud e Higiene Mental de la Ciudad de Nueva York lanzó extensas campañas de vacunación y ordenó la vacunación obligatoria de todas las personas que vivían, trabajaban o asistían a la escuela en los códigos postales afectados. Como resultado, entre octubre de 2018 y julio de 2019, más de 32.000 personas menores de diecinueve años fueron vacunadas contra el sarampión, las paperas y la rubéola (MMR) y el brote disminuyó. Los análisis posteriores apuntan a que, sin las campañas de vacunación, el brote podría haber infectado a entre 6.500 y 8.100 personas en comparación con los 649 casos reales. Es evidente que las llamadas «fiestas contra el sarampión» son una práctica insensata y peligrosa que debe ser erradicada.

La OMS reconoce veinticuatro genotipos del virus del sarampión (A, B1, B2, B3, C1, C2, D1, D2, D3, D4, D5, D6, D7, D8, D9, D10, D11, E, F, G1, G2, G3, H1 y H2), divididos en ocho clados (A-H). A pesar de su heterogeneidad genética, el virus del sarampión es considerado serológicamente monotípico y la mayoría de las cepas vacunales disponibles derivan de la cepa Edmonston, una cepa de genotipo A aislada en 1954. En la actualidad, solo tres de los veinticuatro genotipos de virus del sarampión conocidos son responsables de brotes en todo el mundo: el genotipo H1, que es endémico en China; el B3, con presencia principalmente en países africanos, donde apareció; y el genotipo D8, originado en Asia, en la década de 1980, pero que ahora está extendido por todo el mundo. Los genotipos D8 y B3 son los genotipos responsables de los brotes ocurridos en los últimos años en Europa, Asia y América del Norte.

Desafortunadamente, la pandemia de covid-19 ha tenido efectos graves en los programas de vacunación y en los sistemas de vigilancia contra el sarampión en muchos países. La interrupción de los servicios de inmunización, incluso por períodos breves, dio lugar a personas más susceptibles y a más comunidades con una cobertura de protección inferior al 95 %, que es la que se necesita para la inmunidad colectiva en el caso del sarampión. El resultado fueron más brotes de sarampión en todo el mundo. Se calcula que una simple disminución del 15 % en las vacunas rutinarias contra el sarampión podría aumentar la carga de muertes infantiles en casi un cuarto de millón en los países más pobres. Suspender las campañas de vacunación masivas es particularmente pernicioso en países envueltos en conflictos bélicos. Entre otras cosas porque la desnutrición en los niños y las madres es muy común en estas regiones, y aumenta la mortalidad de aquellos que también están infectados por el sarampión. La capacidad del virus del sarampión para unirse al receptor CD147, que está ampliamente distribuido en las células epiteliales y neuronales, puede explicar la aparición de diarrea y encefalitis observadas en las infecciones graves por el virus del sarampión.

Desde que el inmunólogo Karl Landsteiner descubriera en el año 1900 el grupo sanguíneo ABO, ha habido un interés continuo en el papel potencial de los grupos sanguíneos en las enfermedades infecciosas. Los antígenos de los grupos sanguíneos de los sistemas ABO y el factor Rhesus, identificado en 1937 por Landsteiner y Alexander S. Wiener, desempeñan un papel fundamental en la medicina transfusional debido a su papel en la administración segura de transfusiones de sangre. Además, ha sido demostrado que estos antígenos de la superficie celular tienen efectos directos sobre la susceptibilidad a varias enfermedades. Uno de los primeros estudios de este tipo se publicó en 1962 y demostró una relación entre el sistema ABO y la cardiopatía isquémica. Múltiples estudios posteriores han revelado asociaciones con una variedad de enfermedades, siendo un ejemplo destacado la disminución del riesgo de eventos tromboembólicos y el aumento del riesgo de algunos eventos hemorrágicos en personas con el grupo sanguíneo O. La diferencia en los fenotipos trombóticos y hemorrágicos se ha atribuido a la variabilidad en los niveles de factor VIII y factor de von Willebrand, donde el estado ABO puede explicar hasta el 30 % de esta variabilidad. Otros ejemplos destacados incluyen asociaciones con riesgos de una serie de enfermedades infecciosas, en la medida en que la distribución alélica de los antígenos del grupo sanguíneo ha evolucionado para reflejar algunas áreas endémicas de estas enfermedades infecciosas. Esto es cierto, en parte, para enfermedades infecciosas como la malaria ocasionada por *Plasmodium falciparum*, la gastritis y la úlcera gastroduodenal producida por *Helicobacter pylori* y el cólera originado por la bacteria *Vibrio cholerae*, donde los grupos sanguíneos ABO están involucrados en diferentes aspectos de la patogenia, desde la unión de microbios y la entrada a las células, hasta el posterior desarrollo de la enfermedad y la gravedad de la patología.

Además de distinguir los principales grupos sanguíneos en el año 1900, algunos años después, en una reunión de la Real e Imperial Asociación de Médicos en Viena, el 18 de diciembre de 1908, Karl Landsteiner informó sobre la exitosa transmisión experimental de la poliomielitis del hombre al simio, en un estudio que realizó junto con Erwin Popper y Constantin Levaditi. Al poco de la reunión, en un artículo científico publicado en 1909, Landsteiner escribió que el virus de la poliomielitis pertenecía al grupo de los microorganismos filtrables. Durante un congreso en Washington en 1912, Landsteiner declaró que el desarrollo de una vacuna contra la poliomielitis podría resultar difícil, pero que en su opinión era ciertamente posible. Tenía razón. Varias décadas más tarde, en 1955, estuvo disponible la primera vacuna contra la poliomielitis desarrollada por Jonas Salk y en 1960 fue implementada la vacuna oral de Albert Sabin. Los resultados obtenidos por Landsteiner fueron confirmados por otros colegas como Simon Flexner.

Simon Flexner nació el 25 de marzo de 1863 en Louisville, Kentucky. Era hijo de Helen y Morris Flexner, una pareja judía de habla alemana que había llegado a los Estados Unidos apenas doce años antes. Morris Flexner había logrado un éxito moderado con un negocio mayorista de sombreros hasta que la depresión de 1872 hizo que el negocio fracasara. El revés financiero familiar nunca fue superado por completo y los Flexner se vieron obligados a mudarse a barrios cada vez más marginales, donde las escuelas eran inadecuadas y los vecinos antisemitas, una experiencia que afectó profundamente al joven Simon. Simon iba mal en la escuela y era considerado un apestado dentro de una familia apestada. El fracaso rompió aguas a la edad de catorce años, cuando Simon abandonó la escuela de forma permanente. Adiós al octavo grado y a la educación formal. Desprovisto de las excusas escolares, Simon merodeaba por trabajos de baja categoría buscando redención y algunas monedas para pagar el peaje domiciliario.

«El Dr. Simon Flexner velando junto a la cama de un niño enfermo». Detalle de una ilustración de Udo J. Keppler para *Puck*, 24 de enero de 1914 [Library of Congress].

El esfuerzo era continuo, y la recompensa, casi siempre decepcionante. Simon bregaba como podía, pero era incapaz de mantener un puesto, por humilde que fuera, e incluso fue despedido de un estudio fotográfico propiedad de un familiar. Las circunstancias eran terribles, con contratos de medio pelo con los que apenas ganaba un par de dólares a la semana. Sin escuela y formación, los empleos provechosos escaseaban, tanto o más, que la ternera en un menú vegano. Penuria y miseria eran dos afortunadas en comparación con Simon Flexner y, justo cuando parecía que las circunstancias no podían ser más desoladoras, todo cambió, y lo hizo a raíz de un achaque, *a priori*, de mal pronóstico. La primicia, que era de saldo, al igual que los años vencidos por Simon hasta entonces, resultó ser que el muchacho había pillado la fiebre tifoidea. *Arrivederci* chaval. Con esas alforjas, en aquella época, el desenlace parecía rápido y fatal, pero la vida de Simon era tan mísera, que ni la muerte quiso cobrarla. ¡Ding, dong, partida extra para Flexner! La enfermedad entró y salió, pero cambió a Simon, dejándolo más introspectivo y serio. Durante la convalecencia, Flexner centró la atención en mejorar el estado de salud, pero también el rumbo de su futuro, y por primera vez, contemplativo y convencido, consideró la posibilidad de que pudiera hacer una valiosa contribución, no solo a su familia, sino incluso al conjunto de la sociedad.

La familia Flexner alucinada, pero feliz, apoyó al recién renovado y ambicioso Simon. Dispuso que fuera aprendiz de un respetado farmacéutico de la zona y resultó que la pareja congenió. Simon floreció bajo la tutela del farmacéutico, que era amable y alentador. El aprendizaje incluía una serie de cursos en la Escuela de Farmacia de Louisville, donde, para sorpresa de todos y complacencia familiar, Simon destacó. Logró la medalla de oro por méritos académicos, que entregó a su madre y padre moribundo. Por las tardes, Simon llevaba a casa el microscopio de la tienda y realizaba estudios propios bajo la única luz de gas que compartía toda la familia. El objetivo principal era aprender.

Llegado el año 1882, Simon trabajaba en la farmacia de su hermano mayor, Jacob. Allí, la sed de conocimiento afilaba los oídos del joven Flexner, que escuchaba con atención las charlas de los médicos reunidos en la farmacia. Pasaba las tardes estudiando con detenimiento libros médicos prestados, afanoso de familiarizarse con los principios rudimentarios. El interés por la microscopía llevó a Flexner a estudiar histología y luego patología, una disciplina desconocida en ese momento, especialmente en Louisville.

Los médicos locales traían cada vez más especímenes y buscaban la opinión de Simon, que había exprimido hasta la última gota de conocimiento contenido en los libros prestados. Había llegado el momento de seguir la educación formal. En 1889, Simon Flexner se graduó en la Universidad de Louisville con un título de médico, e inmediatamente solicitó una beca en la Universidad Johns Hopkins que fue denegada. Decidido, viajó a la universidad con quinientos dólares prestados por su hermano Abraham. El sentido disciplinario y la experiencia adquirida en la farmacia fueron los baluartes de Flexner, y la insolvencia económica, el mayor de los obstáculos. Los profesores del centro, opuestos a perder a un alumno brillante por falta de cuartos, ofrecieron una beca, al final del primer año, que Simon aceptó.

En el otoño de 1891, Flexner comenzó la beca, compartiendo alojamiento con el superintendente del hospital, lo que significaba que interactuaba constantemente con estudiantes clínicos y de patología. Este resultó ser un entorno muy estimulante para el joven científico. Al mismo tiempo, los campos de la bacteriología y la patología eran tan nuevos que nada más que oportunidades de investigación innovadoras esperaban a los estudiantes pioneros. Flexner comenzó su trabajo sobre la meningitis a principios de 1892 cuando estalló una epidemia en la región minera de carbón de Cumberland en Maryland. Flexner y otro científico realizaron una autopsia a una niña y, aunque los padres afligidos insistieron en que el cuerpo permaneciera intacto, Simon sacó de la casa muestras de tejido a escondidas, para determinar si la epidemia era fiebre maculosa, como era la creencia original, o en realidad un brote de meningitis. Flexner determinó que definitivamente se trataba de un brote de meningitis y comenzó un estudio que relacionaba la meningitis con la neumonía. La teoría resultó incorrecta, pero lanzó la investigación de por vida de Flexner sobre la enfermedad.

Al poco, Flexner recibió el nombramiento de asistente en patología del Johns Hopkins y pasó el año siguiente haciendo autopsias, investigando y dando conferencias. Al final del primer semestre de 1893, zarpó hacia Alemania para estudiar alemán, acción estándar en los jóvenes estudiantes de medicina en ese momento. Flexner regresó de Europa en el otoño de 1893 y reanudó el agotador programa de supervisión y asistencia en los cursos del laboratorio de patología. Al mismo tiempo, continuó la investigación sobre la difteria y las toxinas, lo que introdujo a Flexner en el nuevo campo de la inmunología. En el periodo 1893-1894, Flexner realizó importantes investigaciones sobre toxinas y difteria, que contribuyeron al descubrimiento de una cura y lo llevaron a tropezar sin darse cuenta con el fenómeno de la anafilaxia. En 1895, fue elegido miembro del Colegio Americano de Médicos y ascendido a profesor asociado de patología. Varias universidades pujaban por Flexner, que fichó por la Universidad de Pensilvania. En plenas negociaciones, decidió ir a Filipinas en una expedición de investigación con su amigo cercano y colega, Lewellys F. Barker. El desplazamiento incluía un viaje a Tokio para visitar el centro de investigación de enfermedades infecciosas, invitados por Shibasaburo Kitasato, el codescubridor de la antitoxina diftérica. Después, el grupo viajó a Hong Kong y luego a las islas Filipinas. Varias enfermedades infecciosas iban en aumento en Manila, lo que ofrecía abundantes oportunidades de investigación. La comisión estudió la fiebre tifoidea, las fiebres palúdicas, la tuberculosis y el dengue, las úlceras tópicas y la disentería, en las que Flexner tenía el mayor interés. Flexner y Barker aislaron una bacteria, similar a la descubierta en 1898 por Kiyoshi Shiga, que causaba la disentería bacilar. El bacilo de Shiga y el bacilo de Flexner diferían antigénicamente y fueron nombrados respectivamente *Shigella dysenteriae* y *Shigella flexneri*.

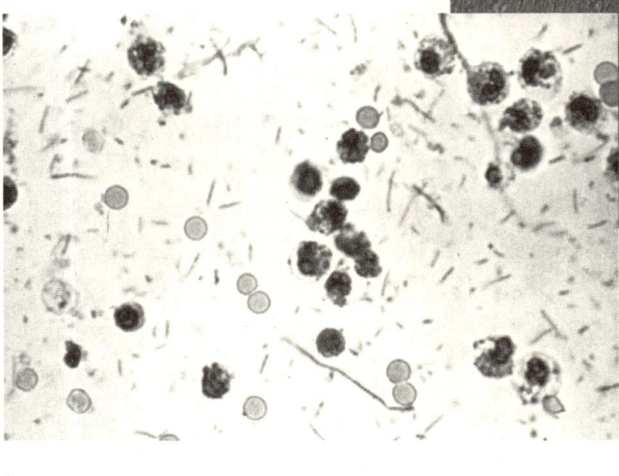

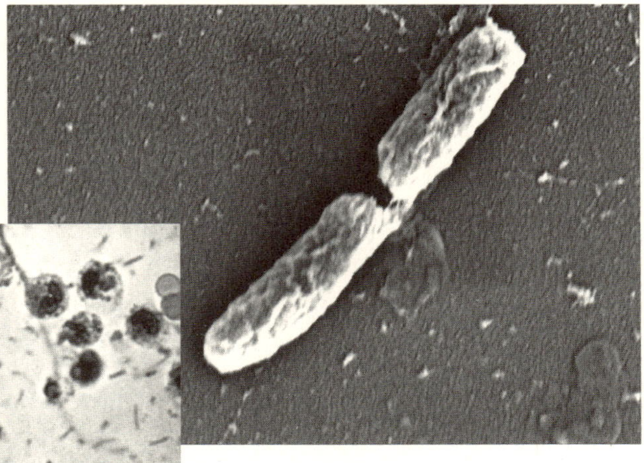

Izqda.: exudados de heces en un paciente con disentería bacilar (*Shigella dysenteriae*) [CDC; Public Health Image Library, PHIL]. Dcha.: microscopía electrónica de barrido de *Shigella flexneri* [CC BY-SA 4.0]

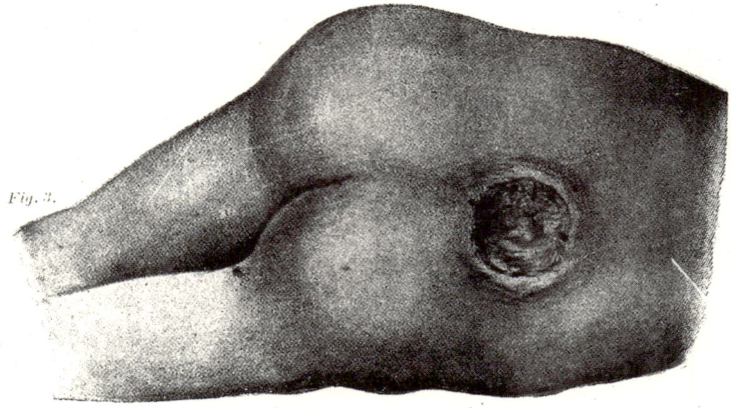

Pestgeschwür nach Zerfall eines Karbunkels.

«Úlcera de peste tras la descomposición de un carbunclo» [*Die experimentelle Bakteriologie und die Infektionskrankheiten*; Kolle, W. & H. Hetsch, 1911].

Manila era deprimente y Flexner regresó a Filadelfia en 1899 para comenzar con la cátedra en la Universidad de Pensilvania. Durante el periodo 1900-1901, en su segundo año en la Universidad de Pensilvania, Flexner obtuvo un puesto de patólogo de hospital, el nombramiento como director del laboratorio clínico de la universidad y fue nombrado jefe de una comisión federal para investigar un brote de peste ocurrido en San Francisco ese mismo año.

La peste es una infección zoonótica provocada por la bacteria *Yersinia pestis*. En humanos, la bacteria causa tres tipos de peste principales, la peste bubónica, la peste neumónica y la peste septicémica. El reservorio principal de la bacteria son los roedores silvestres. En África los reservorios habituales son la rata negra doméstica (*Rattus rattus*) y la rata marrón de alcantarilla (*Rattus norvegicus*), en los Estados Unidos de América es el perro de las praderas (*Cynomys gunnisoni*) y en Asia central diversas especies de marmotas. El vector más común y eficiente es la pulga de rata oriental (*Xenopsylla cheopis*). En la actualidad, los tres países más afectados por la peste son Madagascar, la República Democrática del Congo y Perú. En el año 2005, 130 hombres que trabajaban en una mina de diamantes en el Congo contrajeron la peste y 57 murieron. Los seres humanos contraen la bacteria normalmente a través de la picadura de una pulga infectada, pero pueden enfermar de muchas otras formas. Han sido documentados casos de peste contraída por manipulación directa de tejido animal con lesiones cutáneas abiertas, inhalación de bacterias en aerosol, consumo de animales infectados y propagación de persona a persona. En julio de 2020 un niño sano de quince años murió de peste en Mongolia después de comer una marmota infectada. De hecho, desde 1928, Mongolia ha tenido casi seiscientos casos de peste transmitida por marmota, con una tasa de mortalidad asociada del 74 %.

Hoy en día, la peste sigue siendo una enfermedad muy grave en las personas, con una tasa de letalidad del 30 % al 60 % para el tipo bubónico y, en ausencia de tratamiento, siempre fatal para el tipo neumónico. Más del 80 % de los casos de peste en los Estados Unidos de América han sido de la forma bubónica. En las últimas décadas, el país ha informado un promedio de siete casos de peste humana cada año, pero entre los años 1900 y 2012, ocurrieron más de mil casos confirmados o probables de peste humana en los Estados Unidos, muchos de ellos vinculados al brote de San Francisco.

En el verano de 1899, el S. S. Nippon Maru, un barco que navegaba de Hong Kong a San Francisco, cargaba con dos casos de peste a bordo. Debido a esto, aunque ningún pasajero parecía enfermo cuando la nave llegó a San Francisco, la embarcación permaneció en cuarentena en Angel Island. En el registro del barco fueron encontrados once polizones. Al día siguiente, dos estaban desaparecidos. Los cadáveres de los huidos fueron encontrados más tarde, flotando en la bahía, y la autopsia mostró que contenían bacterias de la peste. El susto fue morrocotudo, pero no hubo un brote inmediato de la enfermedad. Sin embargo, es probable que las ratas pasajeras clandestinas, con el barco atracado, desembarcaran a tierra, para visitar la ciudad, practicar idiomas o dar el banderazo de salida a la epidemia que asoló San Francisco nueve meses después.

El 6 de marzo de 1900, un oficial de salud de la ciudad realizó la autopsia a un hombre chino fallecido y encontró en el cuerpo a las bacterias causantes de la peste. Aquella primavera venía mal dada, porque fueron detectados varios casos de peste bubónica en el barrio chino de San Francisco. La epidemia fue reconocida desde el inicio por las autoridades médicas, pero el gobernador de California, Henry Gage, sobre la base de razones comerciales, para proteger la reputación de San Francisco y el estado de California, y para evitar la pérdida de ingresos debido a la cuarentena, negó la existencia de la peste durante más de dos años.

De fondo, la «calle de los jugadores» del barrio de Chinatown en 1898 [Arnold Genthe; Library of Congress]. Sobreimpresionados, titulares en *The morning Astorian* (Astoria, Or.) el 31 de mayo de 1900: «Encontrado cuerpo de paciente con peste.—Fue escondido por enterrador chino en San Francisco.— Chinatown está en cuarentena.— Gran fuerza policial vigila cada calle: la Junta de Salud emplea medidas estrictas para encontrar más casos que podrían ser ocultados por los mongoles».

La primera decisión tomada fue poner en cuarentena a Chinatown. El sentimiento xenófobo hacia la comunidad china era fuerte en la ciudad. El 7 de marzo de 1900, el barrio de Chinatown fue circundado por una cuerda y rodeado de policías que impedían la salida o el acceso a cualquier persona que no fuera estadounidense. Los residentes se opusieron y el cónsul general chino, Ho Yow, consideró que la cuarentena, probablemente, estaba basada en suposiciones falsas y que era totalmente injusta para el pueblo chino. La comunidad empresarial también estaba en desacuerdo, no por simpatía hacia los chinos, sino porque era malo para los negocios que la gente pensara que había una plaga en San Francisco. Entre unos que sí y otros que no, emergió la voz del alcalde de San Francisco, James D. Phelan, que estaba a favor de mantener separados a los residentes de habla china de los angloamericanos, alegando que los chino-americanos eran impuros, sucios y una amenaza constante a la salud pública.

Los funcionarios de salud realizaron inspecciones casa por casa. La gente resistió, escondiendo a los muertos y cerrando las puertas, pero aparecieron más víctimas de la peste en Chinatown. La Junta de Salud de la ciudad anunció oficialmente que la enfermedad estaba presente en la urbe. Fue la primera epidemia de peste en los Estados Unidos continentales. Las campañas de desinfección estaban a la orden del día. En algunos lugares, hicieron pasar ácido carbólico por las alcantarillas, lo que en realidad propagó la enfermedad más rápido, porque expulsó a las ratas, portadoras de la peste, de las cloacas, e hizo que buscaran refugio en las viviendas. La conexión entre ratas y peste era evidente y la matanza de roedores no tardó en empezar. El barrio olía a hoguera y a desinfectante químico. Las columnas de humo blanco clorado serpenteaban por las calles. Las autoridades federales trabajaron para comprobar que había un problema de salud mayor y aislaron la zona afectada. En abril de 1901, comenzó una campaña de limpieza de Chinatown, recorriendo casi 1.200 casas y 14.000 habitaciones. Esto socavó la credibilidad de Gage que perdió el cargo de gobernador en las elecciones de 1902. El nuevo gobernador, George Pardee, implementó medidas de salud pública y la peste desapareció el 29 de febrero de 1904, tras la muerte de una mujer del pueblo de Concord, en California. El *San Francisco Chronicle* y el *Call* cubrieron la historia extensamente, y un reportero emprendedor del *Examiner* incluso llegó a inyectarse la vacuna contra la peste para catalogar los efectos secundarios del tratamiento. Escribió que estaba un poco mareado, con zumbido de oídos y que sentía estar hundiéndose en un estupor del que no importaba despertar, pero agregó que, unas ocho horas después, comenzó a estar mejor. En total, la epidemia produjo 121 casos en San Francisco y cinco fuera de la ciudad, originando 122 muertes.

Sin duda, los eventos desarrollados en San Francisco entre 1900 y 1901 representan uno de los capítulos más infames en la historia de la salud pública de los EE. UU. Las medidas de cuarentena de San Francisco fueron explícitamente discriminatorias y segregativas, permitiendo a los estadounidenses de origen europeo abandonar el área afectada y exigiendo a los estadounidenses de origen chino y japonés un certificado de salud para abandonar la ciudad. Los enfrentamientos entre las autoridades de salud pública locales, estatales y federales revelaron un sistema de vigilancia fragmentado, vulnerable a la introducción de enfermedades contagiosas foráneas. Las tensiones jurisdiccionales, la corrupción y la negación municipales, así como las disputas entre los bacteriólogos, que mantenían diferentes interpretaciones, crearon confusión y, finalmente, pánico. En definitiva, la epidemia de peste sufrida por San Francisco en 1900 expuso la lucha entre los ciudadanos y las autoridades gubernamentales locales, estatales y federales en una atmósfera que apestaba a flagrante racismo, y donde los derechos civiles solían ser apaleados. Para más inri, 1900 fue el año de la rata en el calendario chino.

PARA LEER MÁS:

Bramanti, Barbara. 2019. «The Third Plague Pandemic in Europe». *Proceedings of the Royal Society B: Biological Sciences* 286 (1901): 20182429.

Glatter, Kathryn. 2021. «History of the Plague: An Ancient Pandemic for the Age of COVID-19». *The American Journal of Medicine* 134 (2): 176-181.

Kazanjian, Powel. 2012. «Frederick Novy and the 1901 San Francisco plague commission investigation». *Clinical Infectious Diseases* 55 (10): 1373-1378.

Kugeler, Kiersten. 2015. «Epidemiology of Human Plague in the United States, 1900-2012». *Emerging Infectious Diseases* 21 (1): 16-22.

Mead, Paul. 2018. «Plague in Madagascar - A Tragic Opportunity for Improving Public Health». *The New England Journal of Medicine* 378: 106-108.

Robert, Alexis. 2022. «The impact of local vaccine coverage and recent incidence on measles transmisión in France between 2009 and 2018». *BMC Medicine* 20: 77.

Rossomando, Edward. 2022. «Correspondence between William Gies and Simon Flexner to guide a 21st century dental curriculum». *Journal of Dental Education* 86 (3): 298-300.

26. WALTER REED, FIEBRE AMARILLA Y LA CONSTRUCCIÓN DEL CANAL DE PANAMÁ, AÑO 1901 D. C.

Cada año, el 20 de agosto, celebramos el Día Mundial del Mosquito. La fecha marca el día de 1897 en el que sir Ronald Ross descubrió el parásito de la malaria en el tejido del estómago de un mosquito *Anopheles*. Más tarde, el trabajo de Ross confirmó que los mosquitos hembra son el vector que transmite la enfermedad a los humanos.

Los mosquitos y las enfermedades que propagan han matado a más personas que todas las guerras de la historia juntas. De hecho, según las estadísticas, el mosquito es, con mucho, la criatura más mortífera del mundo para los seres humanos. Solo en el año 2018, los mosquitos fueron responsables de alrededor de 725.000 muertes. En ese año, la segunda posición la ocupamos los propios humanos, que causamos la muerte de 437.000 congéneres. Las agresiones combinadas de serpientes, perros, caracoles venenosos, cocodrilos, hipopótamos, elefantes, leones, lobos y tiburones apenas alcanzaron las 158.000 muertes.

La situación, evidentemente preocupante, impulsó que, en el año 2017, la Asamblea Mundial de la Salud aprobara la Respuesta Global para el Control de Vectores (GVCR) 2017-2030, que es una actuación dirigida a orientar estratégicamente a los países para el desarrollo urgente del fortalecimiento del control de los vectores, como un enfoque fundamental para prevenir enfermedades y responder a los brotes infecciosos emergentes. La estrategia es obligada, porque cada año acontecen en el mundo más de un millón de muertes por enfermedades transmitidas por vectores, entre los que destacan, por supuesto, los mosquitos.

HARPER'S WEEKLY

A JOURNAL OF CIVILIZATION

Vol. XLIX. New York, Saturday, July 22, 1905 No. 2535

THE FIRST MOUNTAIN TO BE REMOVED

«La primera montaña que eliminar». Durante las epidemias de fiebre amarilla que asolaron Nueva Orleans hasta principios del siglo xx, los barcos que llegaban a la ciudad con algún contagiado eran puestos en cuarentena en el río Misisipi y obligados a enarbolar una bandera amarilla (*jack*) como advertencia. Esta portada de *Harper's Weekly* (22 de julio de 1905), alusiva al proyecto de construcción del canal de Panamá, dibuja a la *yellow jack* —así se llamaba popularmente a la enfermedad— como el primer escollo que Roosevelt y el tío Sam habrán de superar para completarlo.

Existen más de tres mil especies de mosquitos y las enfermedades transmitidas a los humanos por muchas de ellas son múltiples y diversas, e incluyen, entre otras, a la fiebre del nilo occidental, el zika, el dengue, el chikungunya, la encefalitis de San Luis, la filariasis linfática, la encefalitis de La Crosse, la enfermedad de Pogosta, la fiebre de Oropouche, la enfermedad del virus Tahyna, la fiebre del valle del Rift, la infección por virus del bosque Semliki, la fiebre de Sindbis, la encefalitis japonesa, la fiebre del río Ross, la fiebre del bosque Barmah, la malaria o la fiebre amarilla. Según los cálculos, la fiebre amarilla causa 200.000 casos anuales y 30.000 muertes cada año, con el 90 % ocurriendo en África. Del 20 % al 50 % de las personas infectadas que desarrollan enfermedad grave mueren.

Enfermedad viral provocada por el virus homónimo, la fiebre amarilla es transmitida por diferentes especies de mosquitos pertenecientes a los géneros *Aedes* en África y *Haemagogus* o *Sabethes* en América del Sur. Actualmente, el virus de la fiebre amarilla es endémico en treinta y cuatro países de África y en trece países de América. El virus puede ser clasificado en dos clados principales. El primer clado abarca cuatro genotipos, dos en África occidental y dos en América del Sur, y se supone que tal divergencia entre los genotipos africanos y sudamericanos pudo haber surgido hace unos 470 años. El segundo clado incluye tres genotipos identificados en África central y oriental. La cepa más antigua está representada por el este de África, que probablemente se originó a partir de un flavivirus ancestral hace unos 3.500 años.

El virus mantiene un ciclo activo en la naturaleza, por transmisión entre primates no humanos, transmisión horizontal a través de mosquitos que se alimentan de sangre y transmisión transovárica en vectores competentes. Dado que los primates no humanos representan uno de los reservorios, hoy en día es imposible erradicar el virus de la fiebre amarilla.

Desde el siglo XVII y hasta finales del siglo XIX, el argumento principal sostenía que la fiebre amarilla podía ocurrir por contacto con el agua y/o humanos, sustentado en el pensamiento de que el germen penetraba en el cuerpo a través del sistema respiratorio. Tras las epidemias acaecidas en Filadelfia en 1793, Cádiz en 1800 y Barcelona en 1821-1822, en las que la ausencia de contacto directo entre los enfermos no pudo influir en la propagación de la enfermedad, la hipótesis sobre la modalidad de transmisión de la fiebre amarilla fue cambiando progresivamente hasta sustentar la idea de que la contaminación directa entre personas no podía ser responsable de la transmisión de la fiebre amarilla. Unos documentos de 1821, conservados en el Archivo Diocesano de Barcelona, detallan cómo el Ayuntamiento pidió, en septiembre de 1821, la intercesión de la Iglesia ante la emergencia sanitaria que vivía la ciudad por la epidemia de fiebre amarilla, desatada en el barrio de la Barceloneta y que causó la muerte de más de 8.000 barceloneses. El obispado respondió al consistorio atendiendo a la petición con la organización de diferentes actos religiosos los días 18, 20 y 22 de septiembre de aquel año. Debido a que las primeras víctimas eran trabajadores del puerto de la ciudad y parte de la tripulación de un navío llamado Gran Turco, se asumió que la enfermedad llegó a bordo del barco y de otros buques que habían arribado desde Cuba. El Gran Turco había perdido a varios de sus marineros durante la travesía, tras descargar mercancía en Málaga, y fue a fondear en Barcelona, donde los calafates que subieron a realizar reparaciones fueron rápidamente atacados por el virus, muriendo poco después.

Los primeros experimentos que arrojaron algo de luz sobre la transmisión de la fiebre amarilla fueron los capitaneados por Walter Reed con ayuda de James Carroll, Jesse Lazear y Arístides Agramonte. La investigación de Reed estuvo basada en lo que Carlos Finlay, un médico y científico cubano, había descubierto en 1881. Finlay avanzó en la investigación sobre el modo de transmisión, ya que sugirió que el mosquito *Culex cubensis*, ahora conocido como *Aedes aegypti*, podría ser el mosquito responsable de propagar la enfermedad.

A finales del siglo XIX, Estados Unidos invadió Cuba durante la guerra con España. Por cada soldado que murió en la batalla, trece enfermaron y murieron de fiebre amarilla. Por esta razón, para investigar las causas de la enfermedad, Walter Reed y sus colegas fueron enviados por el cirujano general George Sternberg a Cuba. El 25 de junio de 1900 llegó a Cuba, a Quemados, el comandante Walter Reed, con órdenes de prestar especial atención a los asuntos relacionados con la causa y prevención de la fiebre amarilla. Reed, jefe de la Comisión para el estudio de la fiebre amarilla, que también incluía a Carroll, Lazear y Agramonte, era un hombre cortés e intachable, indulgente y lógico, pero que no trajinaba con sentimentalismos cuando el plan consistía en arriesgar la vida de otros para comprobar las teorías de la transmisión de la enfermedad.

Al principio, la comisión fracasó una y otra vez buscando la causa de la fiebre amarilla, hasta que visitaron al doctor Finlay, que explicó con razones ingeniosas, pero vagas, su disparatada teoría. «La causa de la fiebre amarilla es un mosquito», recitaba de carrerilla. Reed había apreciado que la enfermedad parecía ser transportada por el aire. La fiebre amarilla picoteaba entre viviendas, saltando de calle en calle. La comisión tenía pocas alternativas congruentes, por lo que decidió probar las conjeturas de Finlay sobre los mosquitos. Reed propuso dejarse picar por mosquitos que hubieran chupado sangre de enfermos de fiebre amarilla. Lazear, Carroll y otros siete, que quizás fueron engañados y cuyos nombres han quedado en el anonimato, se ofrecieron voluntarios. La comisión reclutó seres humanos porque no conocían ningún animal que pudiera contraer la fiebre amarilla. Este experimento es el primer caso registrado de consentimiento informado en experimentación. Como incentivo, algunos voluntarios recibieron pagos de cien dólares, suplementados con cien dólares adicionales en el caso de enfermar.

Retrato de Walter Reed a los 31 años [Wellcome Collection, CC BY 4.0] y ejemplar hembra de *Culex cubensis* (luego *Aedes aegypti*) [*Contribución al estudio de los mosquitos de Cuba*, José H. Pazos, 1909].

La prueba fue efectuada en secreto. No hubo infecciones hasta el 27 de agosto, cuando Lazear eligió un mosquito que consideraba un caballo ganador, porque había picado a cuatro enfermos de fiebre amarilla, dos de ellos casos severos. Acomodó al bicho en el brazo de James Carroll. Aquella misma noche, Carroll escribió a Reed, que estaba de viaje en Washington, comentando que, si había algo de cierto en la teoría del mosquito, iba a tener un buen ataque de fiebre amarilla. Dicho y hecho. A los dos días, Carroll empezó a estar cansado; dos días después, cayó enfermo. Tenía los ojos inyectados y la cara congestionada, pero, a duras penas, sobrevivió. Para la siguiente prueba eligieron a un soldado norteamericano, de nombre William Dean y apodo XY. Hicieron que cuatro mosquitos picaran a XY. Uno fue la bestia que casi había matado a Carroll, y los otros tres ejemplares, que eran de pasarela, previamente habían picado a seis enfermos graves de fiebre, cuatro de ellos catalogados de extremaunción y los otros dos con la pata ya estirada.

Lazear era escéptico con el diseño chapucero de los experimentos, pero donde hay patrón, no manda marinero, por lo que acató las órdenes y paseó mil veces entre las filas de camas del Hospital de las Ánimas, para poner boca abajo, sobre los brazos de los enfermos de ojos inyectados, los tubos llenos de mosquitos hembra, que picaban y chupaban sangre hasta el empacho. El 13 de septiembre, uno de los mosquitos que volaba por el pabellón aterrizó en el dorso de la mano de Lazear y comenzó a succionar sangre hinchándose como un globo. El parte médico del 18 de septiembre apuntó que el doctor Lazear tenía malestar y escalofríos a las ocho de la noche. El 19 de septiembre, a mediodía, Lazear mostraba ojos inyectados, cara congestionada, 112 pulsaciones y fiebre de 39 °C. A las seis de la tarde la temperatura era de 39,9 °C. Al día siguiente apareció la ictericia. El ataque fue progresivo y letal. Lazear murió en la tarde del 25 de septiembre.

Reed volvió a Cuba y consiguió permiso del general Wood para obrar como quisiera. A once kilómetros de Quemados, en un lugar que bautizó como campamento Lazear, levantó siete tiendas, un mástil con la bandera norteamericana y dos barracas en las que experimentó con soldados, almohadas manchadas de vómito negro expulsado por hombres muertos a consecuencia de la fiebre amarilla, sábanas y mantas ensuciadas por las deyecciones de pacientes moribundos y con el libre paso de batallones de mosquitos.

En marzo de 1901, la enfermera estadounidense Clara Louise Maass se ofreció voluntaria para ser picada por un mosquito alimentado con sangre de pacientes con fiebre amarilla. En ese momento, los investigadores estaban seguros de que los mosquitos eran la vía de transmisión, pero carecían de la evidencia científica para probarlo, porque algunos voluntarios que fueron picados permanecían sanos. El 14 de agosto de 1901, Clara Louise Maass se dejó picar por segunda vez por mosquitos infectados. Los investigadores esperaban demostrar que su caso anterior de fiebre amarilla era suficiente para inmunizarla contra la enfermedad. Desafortunadamente, no fue así. Clara volvió a enfermar de fiebre amarilla el 18 de agosto y falleció el 24 de agosto. La muerte de Clara Louise Maass despertó la repulsa pública y puso fin a los experimentos de fiebre amarilla en seres humanos.

En realidad, los mosquitos, machos y hembras, pueden vivir sin picar a otros animales, pero las hembras necesitan la sangre para completar el ciclo reproductivo. Hace casi un siglo, el dióxido de carbono (CO_2) fue identificado como un atrayente de mosquitos. Este gas ha sido utilizado para atrapar a los mosquitos hembra que buscan la sangre necesaria para adquirir nutrientes para la generación de huevos, la ovogénesis. Los mosquitos hembra detectan el CO_2 exhalado utilizando una clase de neuronas receptoras olfativas denominadas cpA. Sin embargo, no hay evidencia disponible que sugiera que el CO_2 medie en la atracción diferencial, es decir, los niveles de emisión de dióxido de carbono no explican la observación común de que los mosquitos prefieren sistemáticamente a una persona que a otra.

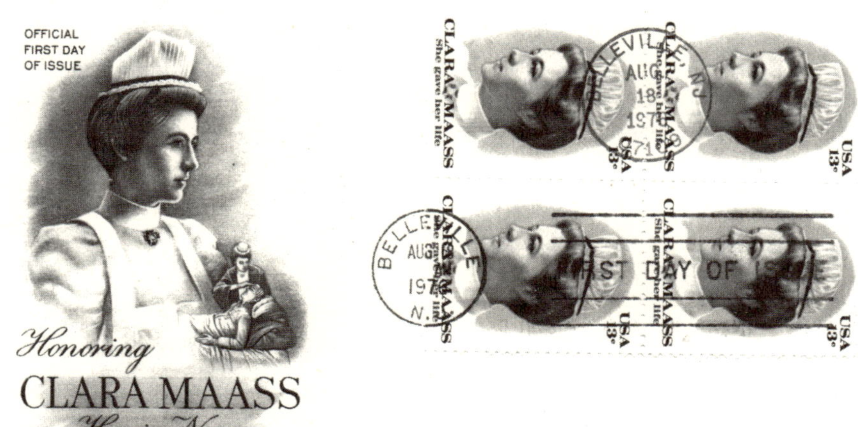

Postal y sellos norteamericanos en honor de Clara Maass, «heroica enfermera» (1976).

¿Qué es entonces? Está bien establecido que la atracción del mosquito hacia las personas está mediada por diferentes señales físicas y químicas, particularmente calor, humedad, señales visuales y, lo que es más importante, los aromas emanados por la piel. Ciertos olores estimulan comportamientos de búsqueda visual en la especie *Aedes aegypti*, el mosquito que transmite el dengue, el chikungunya, el zika y la fiebre amarilla. Otras señales como el calor, el vapor de agua y las sustancias volátiles de la piel, median en comportamientos como aterrizar y picar.

Los aromas que atraen a los mosquitos y por qué eligen picar a algunas personas en lugar de a otras aún no son bien comprendidos. Varios estudios apuntan a que el indol, el nonanol, el ácido láctico y el octenol son algunas de las sustancias químicas que atraen a los mosquitos. Un equipo de investigadores dirigido por el doctor Matthew DeGennaro de la Universidad Internacional de Florida identificó un receptor de olor único, conocido como receptor ionotrópico 8a (IR8A), que es utilizado por el mosquito *Aedes aegypti* para detectar el ácido láctico. Cuando los científicos mutaron el receptor IR8A, ubicado en las antenas, los investigadores descubrieron que los mosquitos eran incapaces de detectar el ácido láctico y otros olores ácidos emitidos por los humanos.

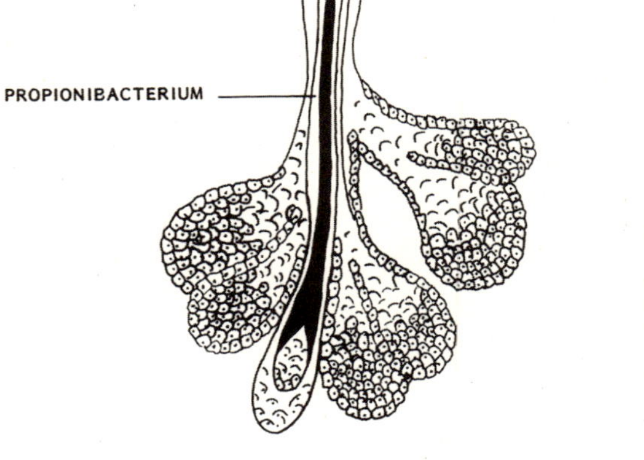

«Diagrama de sitio de crecimiento de bacterias de la piel». En la microbiota de la piel humana se encuentran géneros de hongos y bacterias como *Pityrosporum* (ahora *Malassezia*), *Propionibacterium* (ahora *Cutibacterium*) o *Staphylococcus*. Por su actividad, sobre todo los dos últimos, que colonizan, entre otras, la zona de las axilas, están muy relacionados con la emisión de olor corporal [ilustración a partir de Hill, M. J. & Marsh, P. D. (*Human Microbial Ecology*, 1990), a partir de Noble, W. C. (*Microbial skin disease: its epidemiology*, 1983)].

Varios datos actuales muestran que algunos microorganismos manipulan la fisiología de los mosquitos y de los huéspedes humanos para aumentar la probabilidad de transmisión. Por ejemplo, las personas infectadas por *Plasmodium falciparum*, parásito que causa la malaria, son más atractivas para los mosquitos *Anopheles gambiae sensu lato*, vector de la enfermedad, que los individuos sanos. La razón sigue siendo desconocida, pero puede estar relacionada con que *Plasmodium falciparum* produce un precursor isoprenoide, llamado (E)-4-hidroxi-3-metil-but2-enil pirofosfato (HMBPP), que afecta a los comportamientos de búsqueda y alimentación de sangre del mosquito, así como a la susceptibilidad a la infección. HMBPP actúa indirectamente al activar los glóbulos rojos humanos para aumentar la liberación de CO_2, aldehídos y monoterpenos, que juntos mejoran la atracción del vector y estimulan la alimentación del mosquito. La adición de HMBPP a muestras de sangre también aumenta significativamente la predilección en la alimentación de otras especies de mosquitos como *Anopheles coluzzii*, *Anopheles arabiensis*, *Aedes aegypti* y especies del complejo *Culex pipiens*/*Culex torrentium*.

Una investigación reciente apunta a que los virus del dengue y del zika alteran el olor de los ratones y de los humanos a los que infectan. El olor alterado atrae a los mosquitos, que pican al huésped, toman la sangre infectada y luego llevan el virus a otra persona. Los investigadores han descubierto que una cetona aromática, la acetofenona, es especialmente atractiva para los mosquitos. La acetofenona es producida por algunas bacterias del género *Bacillus* que son habituales en la piel humana y en la de ratón. Normalmente, la piel produce un péptido antimicrobiano que limita las poblaciones bacterianas, pero los investigadores han observado que cuando los ratones están infectados con dengue o zika no producen cantidades elevadas de péptido antimicrobiano y el crecimiento de la bacteria se dispara, lo que genera una mayor producción de acetofenona. Los investigadores también hallaron que los olores recogidos de las axilas de los pacientes con dengue contenían más acetofenona que los de las personas sanas. Algunos de los ratones infectados con dengue fueron tratados con isotretinoína, lo que condujo a una emisión menor de acetofenona y por tanto a la reducción del atractivo para los mosquitos. Los resultados sugieren que los microorganismos de la piel son una fuente esencial de acetofenona y que los virus del dengue y del zika son capaces de aumentar la cantidad que producen y emiten sus huéspedes, haciendo que las personas infectadas sean aún más atractivas para los mosquitos.

El trabajo de Walter Reed probó que el argumento de Finlay era cierto. Los mosquitos transmitían la fiebre amarilla y la enfermedad era causada por un agente filtrable que estaba en la sangre de los pacientes infectados. Aunque Carroll superó la infección inicial de fiebre amarilla, su corazón sufrió daños irreparables y murió solo siete años después. Reed falleció de peritonitis el 22 de noviembre de 1902, pero los resultados que obtuvo abrieron campos completamente nuevos en epidemiología y biomedicina.

Además, el trabajo de Walter Reed llevó al general William Crawford Gorgas a realizar campañas contra el mosquito vector urbano en La Habana. Gorgas recorrió las alcantarillas, pozos negros y letrinas de la ciudad, haciendo guerra sin cuartel a los mosquitos, hasta que, en 1902, no quedó un solo caso de fiebre amarilla en la capital cubana. En 1904, el éxito de Gorgas en Cuba lo llevó a la incipiente República de Panamá como ofi-

Colón, Panamá. Fotografía tomada antes de las obras sanitarias que se implementaron durante la construcción del canal. Una zanja recorre la parte central de la llamada calle D, bordeada por casas de madera (1908; detalle) [Wellcome Collection].

cial jefe de sanidad en el proyecto del canal. En 1879, el empresario y diplomático francés Ferdinand de Lesseps presentó, en la Sociedad de Geografía de París, el proyecto de construcción del canal de Panamá, que pretendía conectar el océano Atlántico y el océano Pacífico. Las labores comenzaron en 1881, pero pronto encontraron retos que pusieron en jaque la construcción de la megalítica obra. Uno de los obstáculos principales fue la fiebre amarilla, que afectó a muchos de los trabajadores y dilató en treinta y tres años el término de la construcción. Los obreros contratados temían a la enfermedad y muchos abandonaban el trabajo en el canal, otros enfermaban y cientos morían por el virus. Las bajas aumentaban y el trabajo acumulaba retraso y rechazo. Así, la fiebre amarilla, la malaria y la mala gestión de la empresa de Lesseps provocaron el abandono del proyecto y el final del «canal francés». En ese momento, la construcción del canal peli-

Original de una postal panameña de 1907 cuya leyenda reza: «Ambulancia [del] Hospital de Ancón, zona del canal (Panamá)» [I. L. Maduro Jr; *Panama Padre*, Moss Loveridge, 1995].

Miraflores, zona del canal de Panamá, 1910. Un antillano rocía larvicida en una zanja, en el marco del nuevo programa de control de mosquitos implementado (detalle) [Wellcome Collection].

gró, pero el Gobierno de los Estados Unidos de América financió el proyecto, obteniendo los derechos de explotación y construcción del canal de Panamá. En 1904, el doctor William Crawford Gorgas fue nombrado director de saneamiento de la Comisión del Canal Ístmico de Panamá y, por la experiencia adquirida junto a Reed en Cuba, de inmediato estableció programas de sanidad de largo alcance, que incluían el drenaje de estanques y pantanos, fumigación, mosquiteros y sistemas públicos de agua. Estas medidas fueron fundamentales, porque impidieron de manera significativa la aparición de casos de fiebre amarilla y malaria entre los miles de trabajadores que participaban en el proyecto. Las tácticas de Gorgas resultaron efectivas. En 1906 había erradicado la fiebre amarilla y logró contener la malaria durante el período de construcción hasta que, el 15 de agosto de 1914, celebró la inauguración del canal de Panamá, una de las obras de ingeniería más importantes de la historia.

PARA LEER MÁS:

Emami, Noushin. 2017. «A key malaria metabolite modulates vector blood seeking, feeding, and susceptibility to infection». *Science* 355 (6329): 1076-1080.

Clements, Alan. 2017. «History of the discovery of the mode of transmission of yellow fever virus». *Journal of Vector Ecology* 42 (2): 208-222.

Cutter, Laura. 2016. «Walter Reed, yellow fever, and informed consent». *Military Medicine* 181 (1): 90.

Gianchecchi, Elena. 2022. «Yellow fever: origin, epidemiology, preventive strategies and future prospects». *Vaccines* 10: 372.

Raji, Joshua. 2019. «*Aedes aegypti* mosquitoes detect acidic volatiles found in human odor using the ir8a pathway». *Current Biology* 29 (8): 1253-1262.

Zhang, Hong. 2022. «A volatile from the skin microbiota of flavivirus-infected hosts promotes mosquito attractiveness». *Cell* 185 (14): 2510-2522.

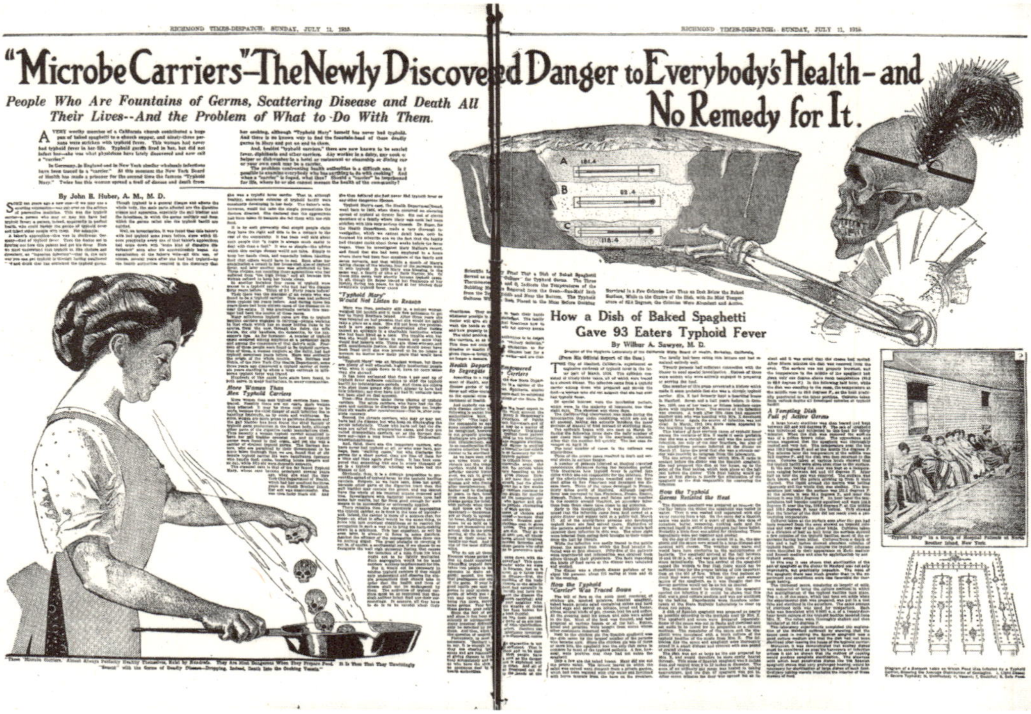
RICHMOND TIMES-DISPATCH: SUNDAY, JULY 11, 1915.

"Microbe Carriers"-The Newly Discovered Danger to Everybody's Health - and No Remedy for It.

People Who Are Fountains of Germs, Scattering Disease and Death All Their Lives--And the Problem of What to Do With Them.

By John B. Huber, A. M., M. D.

How a Dish of Baked Spaghetti Gave 93 Eaters Typhoid Fever

By Wilbur A. Sawyer, M. D.

«Portadores de microbios. El recién descubierto peligro para la salud de todos; y no hay remedio para él.— Personas que son fuentes de gérmenes, esparciendo enfermedades y muerte durante toda su vida. Y el problema de qué hacer con ellos.— (...) Estos portadores de microbios, casi siempre perfectamente sanos, existen por cientos. Son más peligrosos cuando preparan la comida. Es entonces cuando, sin darse cuenta, "sazonan" con los gérmenes de enfermedades mortales, arrojando, en efecto, la muerte a las cacerolas». Doble página en el *Richmond Times-Dispatch* (11 de julio de 1915) dedicada al caso de Mary Mallon, la Tifoidea, tras su segunda y definitiva detención.

In diesem Hause

herrscht ansteckende Krankheit!

ZUTRITT VERBOTEN.

ETAPPENKOMMANDANTUR DOUAI.

Douai, den *191*

«¡En esta casa hay una enfermedad contagiosa! Acceso prohibido. Comandancia de la Retaguardia de Douai». Recreación de un cartel con el que la autoridad alemana en el distrito de Douai, departamento Norte de Francia, alertaría sobre la proliferación de la fiebre tifoidea y otras infecciones que amenazaban a la población en el contexto de la Primera Guerra Mundial (1914-1918).

27. PORTADORES ASINTOMÁTICOS Y EL CURIOSO CASO DE MARY LA TIFOIDEA, AÑO 1902 D. C.

Robert Koch describió por primera vez el concepto de portadores asintomáticos en 1902. Es conocido que, en los estudios epidemiológicos de las enfermedades transmisibles, el denominado estado de portador es un concepto fundamental. Los portadores asintomáticos son personas infectadas, pero sanas, que portan patógenos y que son aptas para distribuir a los microorganismos en un entorno cercano. El concepto de portador asintomático facilita una explicación del carácter endémico de las enfermedades infecciosas en áreas donde no pueden ser detectados casos agudos de dichas enfermedades.

La naturaleza esquiva de los portadores asintomáticos tiene tres implicaciones importantes para comprender y controlar las enfermedades infecciosas con portadores. Primero, los datos de incidencia generalmente solo reflejan casos sintomáticos de infección, lo que dificulta la evaluación del verdadero alcance del estado de portador asintomático para enfermedades particulares. Por ejemplo, las estimaciones de la prevalencia a nivel de la población de portadores de gripe oscilan entre el 5 % y el 35 %. Para el virus del Ébola, se estima que entre el 27 % y el 71 % de todas las infecciones son asintomáticas. En la primavera de 2020 quedó claro que los portadores asintomáticos, incluidos los presintomáticos, podrían transmitir el virus SARS-CoV-2 que originó la pandemia de covid-19. Según el intervalo de serie estimado y el período de incubación, un modelo matemático sugirió que hasta el 44 % de la transmisión ocurrió justo antes de que aparecieran los síntomas. En segundo lugar, la escasez de evidencia directa de portadores asintomáticos dificulta la interpretación del registro epidemiológico, creando incertidumbre al definir los detalles del estado del portador y la historia natural más compleja de la enfermedad de un patógeno. Por ejemplo, estimar la duración del estado de portador asintomático es difícil debido a los datos limitados sobre el momento de la infección y la subsiguiente eliminación del patógeno. En tercer lugar, la presencia de portadores asintomáticos socava las intervenciones de control que se basan en la identificación de casos infecciosos, como el monitoreo fronterizo o el aislamiento y/o tratamiento de casos infecciosos. Los portadores asintomáticos también pueden afectar la eficiencia de las intervenciones dirigidas a individuos susceptibles, como la vacunación o la profilaxis generalizada, porque puede ser difícil distinguir a los individuos susceptibles de los portadores asintomáticos. Una implicación grave de tratar a los portadores sin saberlo es que ejerce una presión selectiva que puede contribuir a la aparición y transmisión de cepas resistentes a los medicamentos.

El descubrimiento de portadores asintomáticos de la fiebre tifoidea fue el resultado de experimentos de campo que los bacteriólogos alemanes llevaron a cabo para varias potencias imperiales y el Ejército alemán en las colonias africanas recién adquiridas por Alemania. En opinión de Koch, las situaciones coloniales facilitaron los experimentos, incluida la detección y el aislamiento de los portadores sospechosos, que habrían parecido objetables en Alemania. Aunque las perspectivas de implementar una estrategia preventiva basada en la investigación de Koch eran limitadas en las colonias, debido a que la detección de portadores era impracticable para una población general no acostumbrada a la medicina occidental, era posible contemplar tales medidas en poblaciones confinadas, como las tropas desplazadas, más acostumbradas tanto a la medicina como a la disciplina. Por lo tanto, fue en el Ejército donde, por primera vez, fueron adoptados esos métodos concretos.

A partir de 1903, los bacteriólogos comenzaron a examinar el terreno hacia la frontera occidental de la Alemania imperial. El objetivo era aislar a los portadores sanos y prevenir brotes de fiebre tifoidea entre las tropas desplegadas en áreas avanzadas, consideradas cruciales dentro del plan Schlieffen, que fue diseñado por el mariscal de campo Alfred von Schlieffen y que tenía como propósito principal la invasión y derrota de Francia. Por recomendación de Koch fueron establecidas estaciones bacteriológicas en el suroeste de Alemania para el estudio de la fiebre tifoidea.

La primera estación experimental contra la fiebre tifoidea de la campaña alemana fue fundada en Trier en 1903 bajo la dirección del bacteriólogo y virólogo alemán Paul Frosch. Al poco, el número de estaciones fue incrementado a once, ubicadas en diferentes lugares del suroeste de Alemania. Las estaciones tifoideas eran establecimientos provinciales. Cada laboratorio tenía un director, dos o tres bacteriólogos y varios asistentes. Los trabajadores de los laboratorios trabajaban en conjunto con las autoridades locales y tenían un cuádruple deber que consistía en ayudar a los médicos en el diagnóstico de la fiebre tifoidea, determinar la fuente de infección en los casos de fiebre tifoidea y hacerla inocua buscando a las personas infectadas, vigilar las condiciones antihigiénicas y hacer recomendaciones al respecto, y por último, realizar exámenes bacteriológicos de heces y orina para determinar cuándo los convalecientes dejaban de eliminar los bacilos tifoideos.

Poco tiempo después de que Koch anunciara la idea del portador asintomático, el concepto tomó cierta notoriedad por el famoso y curioso caso de Mary Mallon, una irlandesa, nacida en 1869 en Cookstown, que en 1884 emigró a los Estados Unidos buscando mejor vida. En 1906, Mary fue contratada como cocinera por Charles Henry Warren, un rico banquero de Nueva York, quien alquiló una residencia en Oyster Bay, en la costa norte de Long Island, para el verano. Del 27 de agosto al 3 de septiembre, seis de las once personas presentes en la casa padecieron fiebre tifoidea. En ese momento, la fiebre tifoidea seguía siendo mortal en el 10 % de los casos y afectaba principalmente a personas de escasos recursos de las grandes ciudades, por lo que la situación era atípica. El suceso fue analizado por expertos, que escribieron detallados informes sobre el evento, pero la causa no pudo ser determinada con certeza. El propietario pensó que, a menos que pudiera aclarar el misterio, sería imposible encontrar inquilinos para la próxima temporada, y cuando los funcionarios de salud pública de Long Island no fueron capaces de identificar la causa del brote de Oyster Bay, el dueño de la casa, preocupado, contrató al ingeniero sanitario George Soper, del Departamento de Salud de Nueva York, para que investigara y aclarara la delicada coyuntura.

Los sirvientes eran los principales sospechosos para Soper, y en particular la cocinera Mary Mallon, que había comenzado a trabajar para el clan Warren tan solo tres semanas antes de que el primer miembro de la familia enfermara, y, mira por dónde, tres semanas es el período promedio de incubación de la fiebre tifoidea.

Izqda.: detalle de representación de Mary la Tifoidea en la prensa norteamericana, ca. 1909. Dcha.: retrato del doctor George A. Soper publicado en *The New York Times* el 4 de abril de 1914.

Soper vio a Mary Mallon por primera vez en 1907. Era una mujer rubia con ojos azul claro, culta, robusta, fuerte y resistente, que exhibía boca y mandíbula decididas y alcanzaba los 168 centímetros de estatura. Mary, apodada «la Tifoidea» más tarde, mantenía un tono lozano de aspecto saludable y aparentaba estar en plenitud física y mental. Al caminar mostraba un deje masculino que entonaba de perlas con el peculiar carácter de Mary.

En aquellos días, muchos creían que la fiebre tifoidea, en general, era debida a la contaminación del agua o de la leche o, en opinión de algunos, a la putrefacción de la materia orgánica y, a veces, al gas de las cloacas. Lo cierto es que era una enfermedad común que en el año 1906 dejó 3.467 casos, con 639 muertes confirmadas, en la ciudad de Nueva York. También había pueblos, aldeas y casas aisladas a las que la fiebre tifoidea se aferraba con inexplicable obstinación, y casos solitarios o pequeños grupos que aparecían, aquí y allá, en comunidades sanas para los que no era posible encontrar justificación. Entre tanta incertidumbre, desconfianza, desconocimiento e incomprensión, fue el caso de Mary Mallon el que aclaró gran parte del misterio que rodeaba la transmisión de la fiebre tifoidea, y llamó la atención sobre el hecho de que, a menudo, eran las personas, y no las cosas, las que ofrecían la explicación adecuada cuando la enfermedad ocurría de forma epidémica, endémica o esporádica.

Al llegar a Oyster Bay, lo primero que hizo Soper fue reunir todos los datos esenciales sobre el brote, consistentes en las fechas de aparición, los diagnósticos e información similar. El siguiente paso fue revisar las posibles fuentes y canales de infección estudiados por los investigadores anteriores. Este control fue realizado con sumo cuidado, suponiendo que alguien podría haber pasado por alto algún detalle importante. No fue así. Soper estaba decepcionado, había trabajado a fondo pero no pudo encontrar nada malo o sospechoso. La explicación más cercana fue que una anciana india, que vivía en la playa, había llevado mariscos contaminados a la casa, pero esta teoría no era resistente y cayó desmoronada al primer soplido.

En mitad de la deriva, Soper cambió de estrategia y desvió la atención del pozo, la fosa séptica, el retrete, el estiércol del césped, los suministros de alimentos, el baño y las condiciones sanitarias de la propiedad vecina, a las personas de la casa. Pensó que era probable que algún evento fuera de la rutina habitual, en aquel hogar bien regulado, hubiera ocurrido un poco antes de que comenzara el brote. ¿Habría ido un transportista a la casa?

El concepto del *portador* no era nuevo para Soper, que estaba acostumbrado a tratar a personas convalecientes que seguían expulsando orina cargada de patógenos. Además, Soper había leído el discurso que Koch había pronunciado en 1902 sobre las investigaciones de la fiebre tifoidea en Trier, que estaba basado en un artículo del mismo año en el que eran expuestos los resultados obtenidos por Conradi y Drigalski, tras examinar las heces de personas aparentemente sanas con un nuevo medio de cultivo. Otros artículos, conocidos por Soper y publicados en 1903, describían el papel probable de los portadores sanos en la producción de la fiebre tifoidea.

Comprometido con saber si había portadores en la casa de Oyster Bay, Soper fue excluyendo, una por una, a todas las personas relacionadas, hasta llegar a la última, la cocinera, que estaba desaparecida desde que dejó el trabajo, hacía más de seis meses, poco después de ocurrir el brote. Soper intentó recabar información sobre ella, pero consiguió poca cosa. La señora Warren dijo que era una buena cocinera, sencilla, contratada en Mrs. R. Stricker & Nephew, una conocida agencia de empleo ubicada en la calle 28.

La 5.ª Avenida desde la calle 28. Nueva York, ca. 1905 [Detroit Publishing Co.; Library of Congress].

Al parecer, había poco que contar. Evitó fraternizar con los otros sirvientes, su nombre era Mary Mallon y no estaba particularmente limpia. Eso fue casi todo, pero algunos detalles, recitados sin interés, resultaron importantes. La cocinera llegó a trabajar el 4 de agosto. La primera persona enfermó el 27 de agosto y la última el 3 de septiembre. Parecía probable que todos los pacientes, cuyas fechas de inicio de la enfermedad caían dentro de un período de siete días, fueran infectados al mismo tiempo y todos después de la llegada de la nueva cocinera.

Al principio no estaba claro cómo la cocinera, admitiendo que ella era la portadora, contagió a la familia, pero Soper descubrió que un domingo Mary había preparado un postre helado con melocotones frescos cortados y congelados, lo que suponía un buen vehículo para infectar a los comensales. Las piezas iban encajando y Soper acudió a la agencia de empleo de la señora Stricker para explicar la situación y pedir referencias de Mary, porque quería saber dónde más había trabajado la cocinera. La disposición de la agencia fue máxima, y la información ofrecida, mínima.

Soper profundizó en la investigación hallando que Mary no solía permanecer mucho tiempo en el mismo lugar y descubriendo una serie de siete epidemias domésticas con un factor común: la señora Mallon había trabajado de cocinera en todos aquellos hogares. Los brotes eran muy parecidos en la inesperada aparición de los casos, la completa ignorancia en cuanto a la fuente, la aprehensión sobre quién sería el próximo, el sufrimiento de los pacientes, la interrupción del ambiente doméstico y el desconcierto general. Por supuesto, nunca nadie sospechó que la cocinera fuera la causa de ninguno de estos brotes.

El registro más antiguo de Soper ubica a Mary Mallon en Mamaroneck, donde una familia neoyorquina poseía una casa para el verano. El 4 de septiembre de 1900, un joven de la vivienda contrajo fiebre tifoidea diez días después de su llegada. En ese momento, creyeron que había contraído la enfermedad durante una visita a East Hampton, porque ese lugar no estaba muy lejos del campamento del Ejército de Montauk, donde prevalecía la fiebre tifoidea. No fue indicada una ruta definida de infección y el caso no dio para más. Entre los años 1901 y 1902, Mary vivió unos once meses con una familia en la ciudad de Nueva York. El 9 de diciembre de 1901, una empleada doméstica del hogar fue trasladada al Hospital Roosevelt con fiebre tifoidea. El caso fue visto por el Dr. R. J. Carlisle, pero no fue investigado.

En 1902, Mary fue llevada a Dark Harbor, Maine, a una casa nueva que Coleman Drayton, un abogado de la ciudad de Nueva York, había alquilado para el verano. Un caso de fiebre tifoidea ocurrió el 17 de junio, dos semanas después de la llegada de la cocinera. Siete días después ocurrió un segundo caso. Dos días después hubo un tercero. Pronto, siete de los nueve miembros de la familia enfermaron, y los únicos dos que escaparon fueron el señor Drayton, que había tenido fiebre tifoidea algunos años antes y presumiblemente era inmune, y la cocinera. Como es imaginable, la casa estaba bastante alterada. El señor Drayton y Mary Mallon trabajaron codo con codo cuidando a los enfermos y atendiendo todas las múltiples tareas que imponía la enfermedad. El señor Drayton comentó a Soper que, cuando todo terminó, estaba tan agradecido a Mary por toda la ayuda brindada que la recompensó con cincuenta dólares adicionales a su salario completo.

En 1904, Mary figuró en un brote en la casa del señor Henry Gilsey en Sands Point, Long Island. Había, en total, once personas en el lugar, cuatro en la familia y siete sirvientes. El 1 de junio llegó la cocinera y el 8 de junio la lavandera, que llevaba diez días en el lugar, enfermó de fiebre tifoidea. Luego siguió el jardinero, la esposa del mayordomo y finalmente la hermana de la esposa del mayordomo. Hubo cuatro, en total, que enfermaron en apenas tres semanas. Los casos fueron todos entre los sirvientes, que vivían en una casa apartada de la familia, por lo que pensaron que el problema estaba en la vivienda. Varias personas investigaron este brote, incluido el doctor R. L. Wilson, superintendente de hospitales para enfermedades transmisibles del Departamento de Salud de la Ciudad de Nueva York. La opinión de Wilson fue que la lavandera debió contraer la enfermedad antes de ingresar al empleo en Sands Point, pero, aunque lo intentó, no pudo encontrar el modo en que sucedió.

Después de dejar Oyster Bay, Mary Mallon fue empleada como cocinera en Tuxedo. Permaneció del 2 de septiembre al 27 de octubre de 1906. Catorce días después de la llegada de Mary, una lavandera de la casa fue trasladada con fiebre tifoidea al Hospital St. Joseph en Patterson.

Sin duda, los casos eran curiosos y maliciosamente parecidos. En casi todos, una familia acomodada y socialmente prominente había experimentado un brote de fiebre tifoidea poco después de mudarse de la ciudad al campo para pasar el verano. En ninguna ocasión había sido explicada satisfactoriamente la causa. La cocinera siempre se marchaba poco después de ocurrir el brote, pero nunca cayeron sospechas sobre ella.

Tras semanas olisqueando las pistas y rastreando a Mary, Soper alcanzó a la cocinera unos cuatro meses después de comenzar a investigar la epidemia de Oyster Bay. Mary estaba trabajando como cocinera en Nueva York, en una casa antigua con un pórtico alto en Park Avenue, en el lado oeste, dos puertas más arriba de la iglesia de la calle 60. La lavandera había sido llevada recientemente al Hospital Presbiteriano con fiebre tifoidea y el único hijo de la familia, una niña preciosa, estaba a punto de morir por la enfermedad. Soper charló por primera vez con Mary en la cocina de esta casa. Fue un tipo de entrevista inusual, en la que Soper intentó ser lo más diplomático posible, pero lanzó sospechas que invitaban a pensar que Mary podía estar enfermando a la gente. En medio de la turbación, para echar más leña al fuego, Soper pidió a Mary muestras de orina, heces y sangre.

Mary reaccionó mal a la sugerencia, cogió un tenedor de trinchar y avanzó en dirección a Soper, que escapó corriendo por un pasillo largo y angosto, hasta atravesar la alta puerta de hierro de la entrada y alcanzar la acera. El encuentro rechinó por todos lados, pero las pruebas epidemiológicas de Soper apuntaban a que Mary era un foco de gérmenes tifoideos y resultaba imprescindible averiguar cómo ocasionaba los brotes.

Soper descubrió que Mary tenía la costumbre de ir, al terminar la jornada laboral, a una casa de huéspedes en la Tercera Avenida, debajo de la calle 33, donde pasaba las tardes con un hombre de mala reputación, a quien llevaba comida, y que tenía una habitación en el último piso. Durante el día, el cuartel general del personaje estaba ubicado en un salón de la esquina. Soper entabló relación con aquel hombre y conoció la habitación donde vivía. Era un lugar de suciedad y desorden. La presencia de un perro grande y descuidado, al que Mary adoraba, penalizaba aún más. Soper arregló un encuentro con Mary. Acudió a la habitación con un viejo asistente, el doctor B. Raymond Hoobler, más tarde director del Children's Hospital en Detroit. Una noche esperaron a Mary en lo alto de las escaleras. El encuentro inesperado enfadó a Mary. Soper recitó un discurso comedido, bien pensado y memorizado de antemano, con la intención de asegurar que Mary entendiera que no pretendía hacerle daño.

Mary negó tener relación con la fiebre tifoidea. Nunca había estado enferma ni había producido la enfermedad. No había habido más fiebre tifoidea donde ella estaba que en cualquier otro lugar. Había fiebre tifoidea por todas partes. Nadie la había acusado nunca de causar ningún caso, ni había tenido ocasión de hacerlo. Nunca había oído hablar de algo así. Estaba en perfecto estado de salud y no presentaba ningún signo o síntoma de enfermedad alguna. No permitiría que nadie la acusara. De nuevo Mary avanzó hacia Soper con intenciones violentas. Hoobler y Soper huyeron, seguidos por una andanada de improperios, lanzados desde lo alto de las escaleras.

La forzada entrevista precipitó los acontecimientos. Mary decidió dejar el trabajo. Soper se enteró de que la cocinara iba a dejar la ocupación de Park Avenue y sabiendo que si lo hacía sería difícil volver a encontrarla, presentó el caso al comisionado Thomas Darlington y al doctor Hermann M. Biggs, oficial médico del Departamento de Salud de la Ciudad de Nueva York, recomendando que Mary Mallon fuera detenida. Soper quería que el doctor William H. Park examinara las excreciones de Mary en el Laboratorio de Investigación del Departamento. Soper dijo que Mary era un productor crónico de gérmenes de la fiebre tifoidea y una amenaza comprobada para la comunidad. Según Soper, resultaba imposible tratar con ella de manera razonable y pacífica y, si el Departamento pretendía examinarla, debía estar preparado para usar la fuerza, aunque fuera en abundancia.

El Departamento actuó en favor de la recomendación de Soper. Intentaría conseguir las muestras pacíficamente, si fuera posible, aunque si esto no fuera factible, las conseguiría de todos modos.

El encargo de conseguir las muestras fue encomendado a la doctora Sara Josephine Baker. Al principio no tuvo éxito y solo consiguió que Mary le diera con la puerta en las narices. A la mañana siguiente, una ambulancia del Departamento de Salud, que circulaba en silencio por la calle 60, detuvo la marcha junto a la iglesia. En el interior viajaban tres policías bajo las órdenes de la doctora Baker. Dos de los policías tomaron posiciones estratégicas para evitar la huida de Mary. La doctora Baker, junto con otro policía, caminaron hasta la puerta principal. Tocaron el timbre del sótano y Mary abrió la puerta antes de ver quién estaba allí. Sorprendida, intentó cerrarla de inmediato, pero el policía interpuso el pie. Mary volvió corriendo a la cocina y desapareció. Baker y el policía la siguieron rápidamente, pero no pudieron encontrarla. Otros sirvientes estaban allí, pero

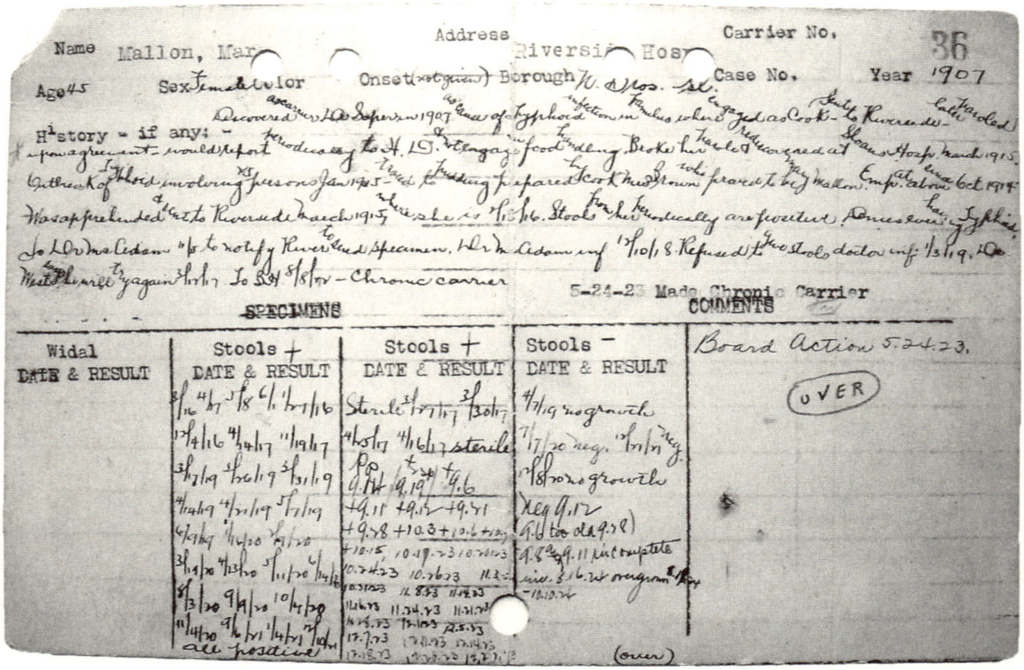

Análisis de heces de Mary Mallon, Typhoid Mary (1907) [Jtamad, CC BY-SA 3.0].

declararon que no la habían visto. Registraron la bodega, carboneras y armarios, pero sin resultado. Al mirar por una ventana trasera, la doctora Baker notó que una silla había sido colocada junto a la cerca alta que separaba la propiedad de la contigua. El suelo estaba cubierto de nieve y las huellas iban desde la casa hasta la silla. La doctora Baker fue a la casa de al lado y realizó un registro minucioso, pero no pudo encontrar a Mary. En ese momento habían pasado unas tres horas desde el comienzo de la búsqueda. La doctora Baker era tozuda y rigurosa, lejos de tirar la toalla, salió a la calle y en compañía de un policía reanudó la caza. Desanimados, con la batida a punto de terminar, avistaron un trozo de guinga atrapado en la puerta de un armario exterior en la parte trasera de la segunda casa. Había botes de ceniza apilados contra la puerta. Retiraron las latas y allí estaba Mary. En palabras de la doctora Baker, la cocinera peleó, forcejeó y maldijo, provocando un viaje bastante salvaje hasta el hospital.

Unos días después de la captura, Soper recibió una llamada telefónica del doctor Park, confirmando que las deposiciones de Mary contenían al patógeno responsable de la fiebre tifoidea. Los exámenes fueron realizados tres veces por semana, desde la fecha en que Mary fue detenida, el 20 de marzo, hasta el 16 de noviembre de 1907. Fueron analizadas 163 muestras biológicas, de las cuales 120 resultaron positivas para *Salmonella typhi*. La mayoría de las muestras contenían a los organismos tifoideos. Soper visitó a Mary algunas semanas después de su llegada al Hospital Willard Parker, donde la habían llevado tras el arresto. Mary había sido colocada en una de las salas de aislamiento exterior. En vista de las acciones que Mary realizó cuando fue arrestada, era considerada una persona peligrosa y poco confiable que podría intentar escapar si tuviera la oportunidad. Por eso la encerraron. No era una habitación agradable, ni particularmente cómoda, y no había razón para que una mujer de cuarenta años, fuerte y activa, que sentía estar en perfecta salud, estuviera contenta. La habitación, con sus paredes, techo y suelo blancos, la cama de color blanco y el albornoz que vestía Mary de un blanco impoluto, combinados con el aspecto terriblemente enfadado de la cocinera, ofrecían un escenario sorprendente. Soper dio el primer paso.

—Mary —dijo—, he venido a hablar contigo y ver si entre nosotros podemos sacarte de aquí. Cuando te he pedido que me ayudes antes, te has negado y cuando otros te lo han pedido, tú los has rechazado también. No estarías donde estás ahora si no hubieras sido tan obstinada. Así que desecha tu idea equivocada y sé razonable. Nadie quiere hacerte daño. Dices que nunca has causado un caso de fiebre tifoidea, pero sé que lo has hecho. Nadie piensa que lo has hecho a propósito. Pero lo has hecho de la misma manera. Muchas personas han enfermado y sufrido mucho; algunos han muerto. Te negaste a dar muestras que hubieran ayudado a aclarar el problema. Por ello fuiste arrestada y traída aquí, para obtener las muestras a pesar de tu resistencia. Han probado de lo que eras acusada. Ahora, seguramente, debes ver cuán equivocada estabas. ¿No lo reconoces?

Mary miró con fijación a Soper. No habló ni manifestó movimiento alguno, pero los ojos de la cocinera brillaban encendidos en rencor e ira.

—Bueno —continuó Soper—, te diré cómo lo haces. Cuando vas al baño, los gérmenes que crecen dentro de tu cuerpo se pegan a tus dedos, y cuando manipulas la comida al cocinar, se adhieren a la comida. Las personas que comen este alimento tragan los gérmenes y enferman. Si te lavas las manos después de ir al baño y antes de cocinar, podría no haber problemas. No mantienes las manos lo suficientemente limpias.

La expresión de Mary no cambió. No pronunció palabra. Soper prosiguió:

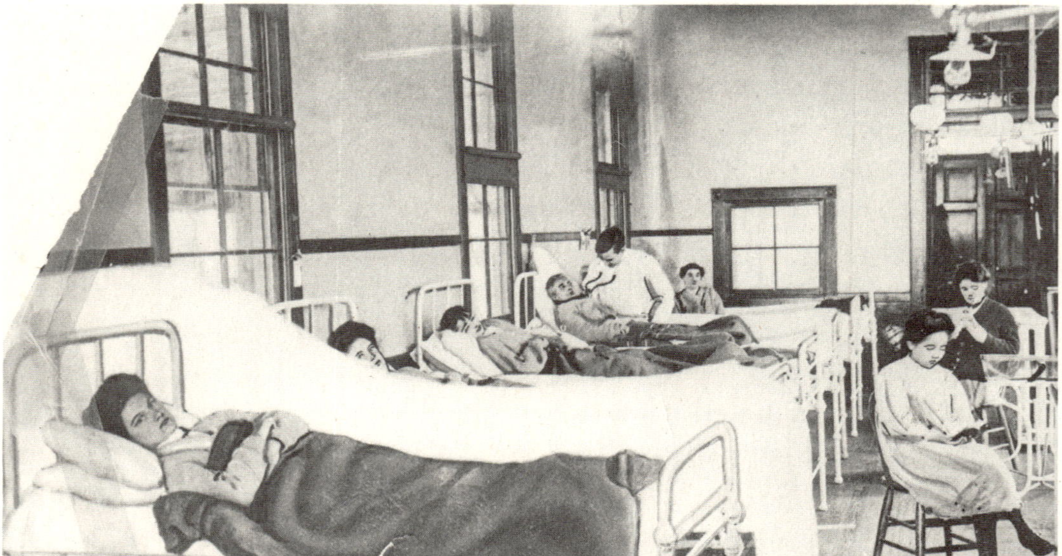

Mary Mallon, en primer plano, tumbada en la cama del hospital, mira fijamente a cámara. Original (1907) de la imagen publicada en *The New York American* el 20 de junio de 1909 [NOVA].

—Los gérmenes probablemente están creciendo en tu vesícula biliar. La mejor manera de deshacerse de ellos es deshacerse de la vesícula biliar. No necesitas una vesícula biliar más de lo que necesitas un apéndice. Hay muchas personas que viven sin ellos. Mary —prorrogó Soper—, no sé cuánto tiempo el Departamento de Salud tiene la intención de mantenerte aquí. Creo que eso depende en parte de ti. Puedo ayudarte. Si respondes a mis preguntas, haré todo lo posible para liberarte. Haré más de lo que piensas. Escribiré un libro sobre tu caso. No mencionaré tu verdadero nombre. Ocultaré cuidadosamente tu identidad. Te garantizo que obtendrás todos los beneficios. Te será fácil responder a mis preguntas. Sabes lo que quiero averiguar. Sobre todo, quiero saber si has tenido fiebre tifoidea y cuándo, y cuántos brotes y casos has visto.

Cuando terminó la perorata, Soper estaba de espaldas contra la puerta. Mary se levantó. Cogió el albornoz y, sin apartar los ojos de las pupilas de Soper, abrió la puerta del baño, con lentitud, dejando claro el desdén que destilaba, e inmediatamente desapareció dentro. La puerta cerró de golpe. No era necesario que Soper esperara. Era evidente que Mary no tenía la intención de hablar con él. Soper abandonó el lugar. Poco después enviaron a Mary al Hospital Riverside en North Brother Island. Allí le dieron un pequeño *bungalow* que había sido construido para el superintendente de enfermeras. Constaba de salón, cocina y baño. Tenía suministró de gas, plomería moderna y electricidad. Estaba agradablemente situado en la orilla del río, al lado de la iglesia. Mary cocinaba su comida y la comía sola. Unos dos años después del arresto, Mary demandó a la ciudad por su liberación bajo procedimientos de *habeas corpus*. Un abogado inteligente llamado George Francis O'Neill presentó una demanda ante la Corte Suprema. Argumentó con decisión a favor de Mary, afirmando que había sido encarcelada sin el debido proceso legal. De hecho, no había sido acusada de ningún delito, ni se le había dado audiencia, ni había sido representada por un abogado. Mary subió al estrado y testificó que nunca había tenido fiebre tifoidea ni la había causado en otros. Los artículos periodísticos la describieron como robusta, de ojos centelleantes y enérgica.

El doctor Park testificó que, a pesar de las apariencias y el testimonio defensor, Mary era una amenaza para la comunidad. El juez finalmente desestimó el caso y dijo que el tribunal no estaba dispuesto a asumir la responsabilidad de liberar a Mary Mallon. Tras dos años y once meses encarcelada, el Departamento de Salud había hecho varios intentos para curar a

Mary, pero nada había resultado efectivo. Lo único que restaba era extirpar la vesícula biliar, donde creían que estaba el foco germinal, pero como Mary no permitió la operación, consideraron que no era posible hacer nada más al respecto. Llegado este punto, las autoridades competentes consideraron que Mary había tenido la oportunidad de aprender a controlar a los microbios y que así conseguiría evitar infectar a las personas, por lo que liberó a la mujer, con el compromiso de que renunciara a la vocación de cocinera, que no manipulara la comida de los demás, que considerara otras precauciones y que informara al Departamento cada tres meses.

Nada más ser liberada, Mary desapareció más rápido que un pez de hielo nadando en Cancún. Y ya puesta, violó cada detalle de la promesa hecha al Departamento de Salud. Cambió de nombre y volvió a cocinar. Bajo el nombre de Marie Breshof, y en ocasiones de «señora Brown», cocinaba en hoteles, restaurantes y sanatorios. Hubo un tiempo en que dirigió una casa de huéspedes barata, de las que tienen pinta rancia, pero la mantuvo tan mal que no pudo mantenerla a flote. Trató de planchar, pero pronto fue consciente que cocinar estaba mejor pagado. Durante cinco años, Mary viajó por Nueva York y sus alrededores, sin restricciones y sin que las autoridades descubrieran la verdadera identidad de la mujer.

Trabajó en un restaurante de Broadway, un hotel en Southampton, una posada en Huntington, un hotel de moda y un sanatorio en Nueva Jersey. Allá donde trabajaba, aparecían casos de fiebre tifoidea. Un día, a principios de 1915, el doctor Edward B. Cragin, obstetra y ginecólogo jefe de la Maternidad Sloane en Manhattan, llamó por teléfono a George Soper, solicitando que fuera de inmediato al hospital por un asunto de gran importancia.

Cuando Soper llegó, Cragin afirmó que había una epidemia de fiebre tifoidea en la maternidad. El brote afectó a veinticinco profesionales de la plantilla de médicos y enfermeras. Dos de ellos murieron. Los trabajadores habían apodado, medio en broma medio en serio, Mary la Tifoidea a la cocinera. Soper identificó la descripción y la letra de la mujer, que no era otra que Mary Mallon. Soper aconsejó notificar al Departamento de Salud. Mary fue nuevamente detenida y enviada al Hospital de Riverside en North Brother Island. En esta ocasión no opuso resistencia. Permaneció en aislamiento especial y bajo supervisión durante muchos años. Nunca trató de escapar. Algunos piensan que había llegado a reconocer su condición como inevitable y que había aceptado vivir prisionera. En North Brother Island, la ciudad proporcionó a Mary un lugar cómodo para vivir, donde podía cocinar, dormir y leer todo lo que quisiera. Habían planificado cada minuto de su calendario vital. La vejez estaba prevista. Había un buen hospital con médicos cerca. Mary sabía por experiencia que la gente de la isla sería amable con ella y que podía evitar que hablaran de la fiebre tifoidea o que hicieran preguntas incómodas, por lo que anunció que su vida pasada era un «incidente cerrado» y nadie la molestó al respecto.

Mary volvió a vivir en el pequeño *bungalow* del Hospital Riverside. No organizó ningún alboroto y le dieron un trabajo en el laboratorio. Aprendió a realizar pruebas simples de rutina como las requeridas en todos los hospitales y fue bien pagada por el trabajo hecho. Cuando quería, podía ir sola al continente, y cuando regresaba, nadie la obligaba a dar cuenta de sí misma. A veces iba hasta Queens y hacía una larga visita a una familia que conocía allí. Los miembros de la familia no estaban particularmente contentos de verla, pero toleraban las visitas.

"TYPHOID MARY" MALLON

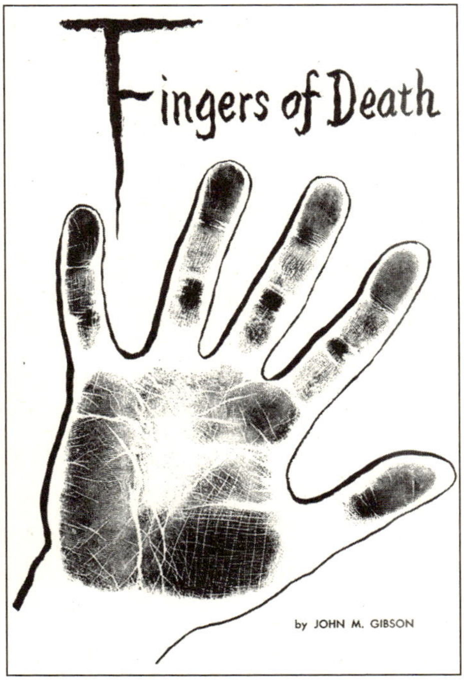

Izqda.: retrato de Mary la Tifoidea aparecido en la revista *Medical Economics* en agosto de 1935.
Dcha.: portadilla de «Dedos de muerte», reportaje sobre Mary en *Today's Health*, febrero de 1950.

En la mañana de Navidad de 1932, Mary fue encontrada paralizada en el suelo de su *bungalow.* Había sufrido un ataque de apoplejía. Nunca volvió a caminar. A partir de entonces, durante seis años, fue atendida en el hospital. Murió en noviembre de 1938. El cadáver de Mary fue trasladado a toda prisa y enterrado en una tumba comprada a tal efecto en el cementerio de St. Raymond en el Bronx. No hubo autopsia. El certificado oficial de defunción dice que el diagnóstico fue bronconeumonía terminal de siete días de evolución, tras nefritis crónica y miocarditis crónica de diez años de evolución, y que contribuyó el hecho de que la fallecida fuera portadora de fiebre tifoidea desde hacía veinticuatro años.

El funeral fue orquestado en la gran Iglesia Católica Romana de St. Luke's, en la calle 138 del Bronx. Solo nueve personas estaban presentes. De todos los empleados de la ciudad que habían conocido a Mary Mallon y la habían visto ir y venir durante tantos años, nadie la siguió hasta la tumba. El número total de casos de fiebre tifoidea atribuidos a Mary Mallon fue de cincuenta y tres, incluidas tres muertes. En realidad, no es un gran número de víctimas, en comparación con los registros de algunos portadores que se han encontrado desde entonces. Sin duda hubo muchos casos producidos por Mary que nunca salieron a la luz.

El primer registro que tenemos de portadores de fiebre tifoidea y el peligro que suponen para la comunidad fue detallado por sir Percival Horton-Smith en un artículo titulado «The Goulstonian Lectures on the Typhoid Bacillus and Typhoid Fever», que fue publicado en 1900. Horton-Smith enfatizó el riesgo de los portadores urinarios crónicos y llamó la atención sobre su importancia etiológica. En aquella época, y décadas más tarde, las autoridades británicas detuvieron a al menos cuarenta y tres mujeres portadoras de fiebre tifoidea que fueron encerradas de por vida en un hospital psiquiátrico, al ser consideradas mentalmente incapaces de mantener los estándares sanitarios. Las mujeres estuvieron recluidas en el asilo Long Grove en Epsom, Surrey, en el período comprendido entre 1907 y hasta el cierre del centro en 1992. Dado que, desde principios del siglo XX, la fiebre tifoidea seguía disminuyendo en los países de altos ingresos, el tratamiento obsceno dado a los portadores rara vez aparecía en los titulares.

Al final de la Segunda Guerra Mundial surgió un creciente optimismo sobre la posibilidad de una eventual eliminación de la fiebre tifoidea. En Europa y América del Norte, los sistemas de saneamiento en pleno funcionamiento; la cloración; la vigilancia nacional detallada de los brotes de fiebre tifoidea; el control de los portadores por parte de las autoridades de salud pública; las vacunas; y el advenimiento de terapias eficaces tanto para las víctimas de la fiebre tifoidea, con la cloromicetina en 1948, como para los portadores, con la ampicilina en 1961, convirtieron a la enfermedad en una amenaza teóricamente insignificante para la salud.

Aunque los brotes individuales en los transatlánticos, en los centros turísticos y ocasionalmente en las ciudades continuaron atrayendo el interés público, la fiebre tifoidea fue presentada cada vez más como una enfermedad del pasado, que había sido derrotada con heroicas intervenciones sanitarias y médicas. Era una era de confianza generalizada en la inminente derrota de las enfermedades infecciosas y parecía haber pocas razones para temer a la fiebre tifoidea.

Evidentemente, la tranquilidad estaba fuera de lugar, porque la fiebre tifoidea seguía siendo endémica en muchas regiones del mundo, y una combinación de crecimiento de la población, limitaciones de recursos y acceso inadecuado a las infraestructuras de agua, saneamiento y salud creó un caldo de cultivo perfecto para que la enfermedad emergiera con fuerza en el hemisferio sur. Esto también condujo a una dependencia excesiva de antibióticos comparativamente baratos para mantener la enfermedad bajo control. El resultado fue un aumento evolutivo de cepas de fiebre tifoidea cada vez más resistentes a los antibióticos. La resistencia contra el primer tratamiento antibiótico para la fiebre tifoidea, el cloranfenicol, fue notificada dentro de los dos años posteriores al primer uso del antibiótico contra la fiebre tifoidea en 1948. Algunas cepas también demostraron resistencia contra la ampicilina dentro de los años posteriores a su lanzamiento en 1961.

En 1967, investigadores en Israel y Grecia informaron sobre el aislamiento de cepas de fiebre tifoidea con resistencia transferible al cloranfenicol. En el mismo año, expertos británicos, que analizaban cepas de fiebre tifoidea de Kuwait, detectaron resistencia transferible no solo contra el cloranfenicol sino también contra la ampicilina y las tetraciclinas. Cinco años más tarde, un brote explosivo de fiebre tifoidea que infectó a más de 10.000 personas en la Ciudad de México resultó resistente a varios antibióticos, incluido el cloranfenicol, pero afortunadamente no a la ampicilina. India y Vietnam informaron brotes paralelos. En 1988, un brote de fiebre tifoidea en Cachemira demostró ser resistente a los tres antibióticos de primera línea. Al poco fueron informados brotes similares en Shanghái, Pakistán y el delta del Mekong. La secuenciación genética reveló que una gran parte del aumento de la resistencia a los antibióticos estaba asociada con la propagación de un haplotipo específico que fue denominado H58. El haplotipo H58 es una cepa de *Salmonella typhi* resistente a múltiples fármacos (MDR), que también es resistente al ácido nalidíxico, lo que reduce la sensibilidad frente a las fluoroquinolonas. El haplotipo H58 está experimentando una expansión demográfica significativa y confiriendo resistencia bacteriana no solo contra los medicamentos de primera línea más antiguos, sino cada vez más contra los nuevos antibióticos de reserva como las fluoroquinolonas y las cefalosporinas. A fines de la década de 1990, la mayoría de las cepas aisladas de un brote a gran escala que involucró a miles de pacientes en el antiguo Tayikistán soviético demostraron ser resistentes a las fluoroquinolonas. La resistencia esporádica a las cefalosporinas ha sido notificada desde principios de la década del 2000. El brote actual de fiebre tifoidea en Pakistán, que comenzó en 2016, es causado por una variante de H58 que es resistente a todos los antibióticos, excepto la azitromicina, comúnmente utilizados contra la fiebre tifoidea.

La fiebre tifoidea puede ser prevenida mediante la vacunación; el acceso a agua potable y saneamiento adecuado; la educación sanitaria; y la higiene apropiada entre los manipuladores de alimentos. Las vacunas contra la fiebre tifoidea han sido recomendadas por la Organización Mundial de la

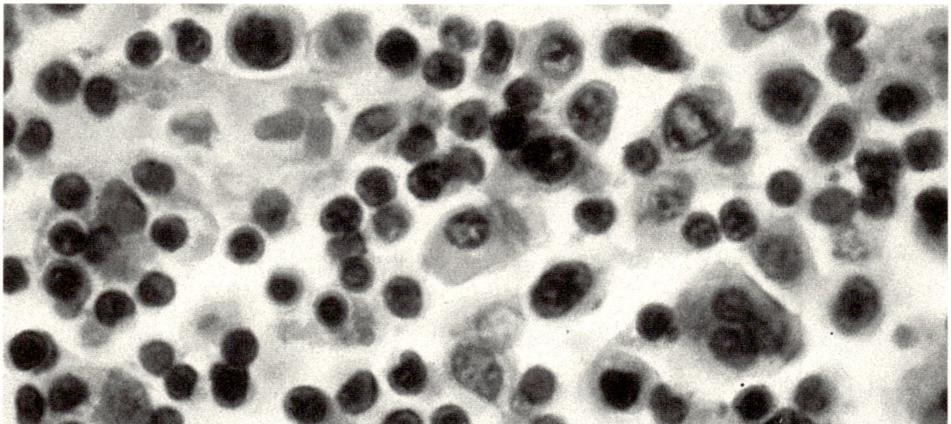

Fotomicrografía (detalle) de una muestra de tejido de ganglio linfático en un caso de fiebre tifoidea. Macrófagos con *S. typhi* [CDC; AFIP y Charles N. Farmer; Public Health Image Library, PHIL].

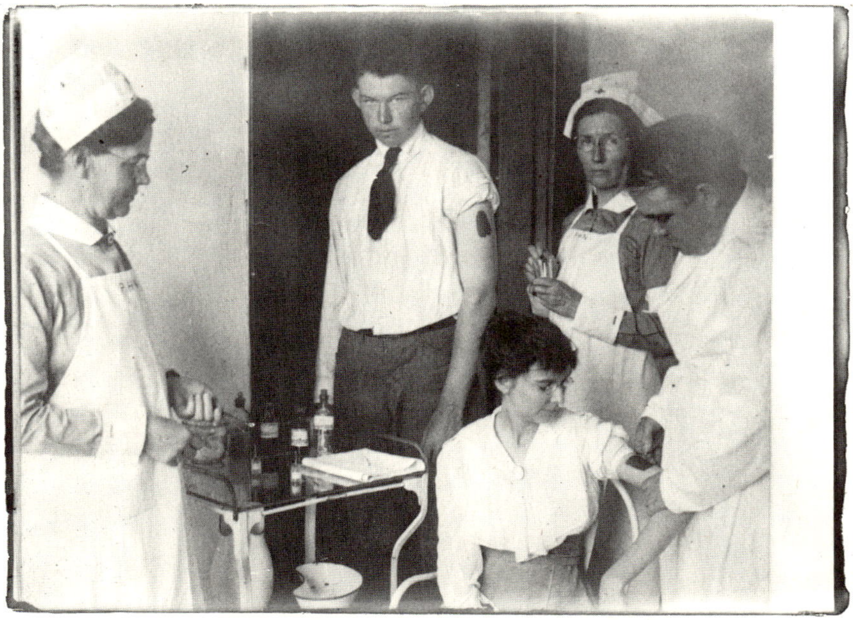

«Inoculación contra la fiebre tifoidea en la clínica de la Cruz Roja» (9 de septiembre de 1919) [American Red Cross; Library of Congress].

Salud (OMS) desde el año 2008 para ser utilizadas en áreas donde la fiebre tifoidea es endémica y existe transmisión local o bien en zonas donde ocurren brotes recurrentes. Afortunadamente, la nueva generación de vacunas conjugadas contra la fiebre tifoidea (TCV) ofrecen una mejor y más prolongada protección. Una de estas vacunas, la denominada Typbar-TCV®, ha sido aprobada como dosis única para personas de seis meses a cuarenta y cinco años. Con datos derivados del metaanálisis de la carga de morbilidad en setenta y tres países elegibles para el apoyo de Gavi, Vaccine Alliance, algunos investigadores han demostrado que la introducción de la inmunización de rutina de los niños a partir de los nueve meses de edad con vacunas antitifoideas conjugadas (TCV), evitaría, en un período de diez años, 66,7 millones de casos y 826.000 muertes causadas por la fiebre tifoidea.

Las estimaciones globales apuntan a que cada año acontecen en todo el mundo entre once y veintiún millones de casos de fiebre tifoidea y 200.000 muertes por la enfermedad. Sin tratamiento, esta puede durar de tres a cuatro semanas y las tasas de mortalidad oscilan entre el 12 % y el 30 %.

La recaída ocurre en hasta el 10 % de los pacientes no tratados, aproximadamente de una a tres semanas después de recuperarse de la enfermedad inicial, y suele ser más leve que la enfermedad original. Un estado de portador crónico, en el que los cultivos de heces o de orina permanecen positivos para *Salmonella typhi* durante más de un año, ocurre en hasta el 5 % de las personas infectadas.

Mary Mallon fue la primera portadora conocida de fiebre tifoidea en los Estados Unidos de América y su caso puso de relieve la naturaleza problemática del tema y la necesidad de un modelo de tratamiento médico y jurídico-social optimizado, destinado a mejorar el estado de los portadores de enfermedades y limitar su impacto en la sociedad.

🕮 PARA LEER MÁS:

Andrews, Jason. 2018. «Extensively Drug-Resistant Typhoid - Are Conjugate Vaccines Arriving Just in Time?». *The New England Journal of Medicine* 379: 1493-1495.

Chisholm, Rebecca. 2018. «Implications of asymptomatic carriers for infectious disease transmission and control». *Royal Society Open Science* 5 (2): 172341.

Feasey, Nicholas. 2015. «Rapid Emergence of Multidrug Resistant, H58-Lineage *Salmonella typhi* in Blantyre, Malawi». *PLoS Neglected Tropical Diseases* 9 (4): e0003748.

Gradmann, Christoph. 2010. «Robert Koch and the invention of the carrier state: tropical medicine, veterinary infections and epidemiology around 1900». *Studies in History and Philosophy of Biological and Biomedical Sciences* 41: 232-240.

Jalal, Khurshid. 2021. «Identification of a Novel Therapeutic Target against XDR *Salmonella Typhi* H58 Using Genomics Driven Approach Followed Up by Natural Products Virtual Screening». *Microorganisms* 9 (12): 2512.

Keddy, Karen. 2022. «Modelling vaccination to mitigate typhoid fever burden». *The Lancet Infectious Diseases* 22 (5): 571-573.

Kirchhelle, Claas. 2019. «A Biohistorical Perspective of Typhoid and Antimicrobial Resistance». *Clinical Infectious Diseases* 69: S388-394.

Marineli, Filio. 2013. «Mary Mallon (1869-1938) and the history of typhoid fever». *Annals of Gastroenterology* 26: 132-134.

28. PRIMERA GUERRA MUNDIAL, AÑO 1914 D. C.

Platero es pequeño, peludo, suave; tan blando por fuera, que se diría todo de algodón, que no lleva huesos. Solo los espejos de azabache de sus ojos son duros cual dos escarabajos de cristal negro.

Lo dejo suelto y se va al prado, y acaricia tibiamente con su hocico, rozándolas apenas, las florecillas rosas, celestes y gualdas... Lo llamo dulcemente: «¿Platero?», y viene a mí con un trotecillo alegre que parece que se ríe en no sé qué cascabeleo ideal...

Come cuanto le doy. Le gustan las naranjas mandarinas, las uvas moscateles, todas de ámbar; los higos morados, con su cristalina gotita de miel...

Es tierno y mimoso igual que un niño, que una niña...; pero fuerte y seco por dentro como de piedra. Cuando paso sobre él, los domingos, por las últimas callejas del pueblo, los hombres del campo, vestidos de limpio y despaciosos, se quedan mirándolo:

—Tien'asero...

Tiene acero. Acero y plata de luna, al mismo tiempo.

El texto corresponde a los primeros párrafos de la obra *Platero y yo*, escrita por Juan Ramón Jiménez y publicada en 1914. La lectura pausada de la obra, a ritmo de lira, introduce al lector a contemplar un mundo que huele a vacaciones infantiles, interpretado con mirada preciosista por el autor, e inspirado en el pueblo de Moguer, en el monte y en el mar, y sazonado con los juicios y prejuicios del poeta. El texto supera la tendencia romántica, modernista y superficial de años anteriores, para invocar las experien-

Ilustración a partir del original «Mujer montando en burro» (1810) [The New York Public Library].

Tísico [Wojciech Weiss, 1898].

cias y emociones reales de Platero y el poeta, que evidencian una transferencia de rasgos y caracteres. La obra dibuja con acuarela las costumbres, rutinas e incluso enfermedades que atizaban a la sociedad en la época. La revista ilustrada *Mundo Gráfico* informaba el miércoles 10 de junio de 1914 que cada año morían 2.000 individuos de tuberculosis en Madrid, 50.000 en España, 1.000.000 en Europa y 3.000.000 en el mundo. Juan Ramón Jiménez, permeable a la realidad social, ofrece un papel a la tuberculosis en el capítulo 46 de *Platero y yo*, que es titulado «La Tísica». Así describe el poeta a la paciente:

> *Estaba derecha en una triste silla, blanca la cara y mate, cual un nardo ajado, en medio de la encalada y fría alcoba. Le había mandado el médico salir al campo, a que le diera el sol de aquel mayo helado; pero la pobre no podía.*
>
> *—Cuando yego ar puente —me dijo—, ¡ya v'usté, zeñorito, ahí ar lado que ejtá!, m'ahogo...*
>
> *La voz pueril, delgada y rota, se le caía, cansada, como se cae, a veces, la brisa en el estío.*
>
> *Yo le ofrecí a Platero para que diese un paseíto. Subida en él, ¡qué risa la de su aguda cara de muerta, toda ojos negros y dientes blancos!*
>
> *... Se asomaban las mujeres a las puertas a vernos pasar. Iba Platero despacio, como sabiendo que llevaba encima un frágil lirio de cristal fino. La niña, con su hábito cándido de la Virgen de Montemayor, lazado de grana, transfigurada por la fiebre y la esperanza, parecía un ángel que cruzaba el pueblo, camino del cielo del Sur.*

Años más tarde de escribir *Platero y yo*, el autor topó de nuevo con la tuberculosis, escondida en los pulmones de un amigo. Juan Ramón Jiménez, galardonado con el Nobel de Literatura en 1956, entabló una amistad íntima, correspondencia epistolar fluida incluida, con Jaime Delclaux Ortíz de Bustamante, promesa de la poesía bilbaína perteneciente al grupo cultural ALEA. El comienzo de la guerra civil española, en julio de 1936, pilló a Jaime en Madrid. Las circunstancias obligaron al joven poeta a vivir en pseudoclandestinidad. Pronto aparecieron en Jaime signos de tuberculosis que endurecieron la vida en la capital. Por un amigo, llamado Fernando Haya, Jaime llegó a Aranjuez y desde allí al Hospital de Albacete. Había poco que hacer, murió completamente solo en 1937. Tenía veinticinco años.

«La retirada alemana a la línea Hindenburg». Cerca de Arras (Francia), 24 de marzo de 1917 [John Warwick Brooke, Imperial War Museums].

Juan Ramón Jiménez le dedicó el libro *La estación total. Con las canciones de la nueva luz*, publicado en Buenos Aires en 1946, con estas palabras: «A la memoria de Jaime Delclaux y a la vigilia de Pablo Bilbao Arístegui, con pensamiento acumulado».

Juan Ramón Jiménez perteneció a la «generación de 1914», un término que designa a un grupo generacional de escritores españoles y que fue acuñado por Lorenzo Luzuriaga, pedagogo y miembro de la Liga de Educación Política, en un artículo de 1947 donde reseñó las *Obras Completas* de José Ortega y Gasset. El estallido de la Primera Guerra Mundial, considerado el acontecimiento más relevante de 1914, fue especialmente significativo para esta generación.

La Primera Guerra Mundial fue una confrontación bélica, centrada especialmente en Europa, en la que estuvieron involucradas, divididas en dos alianzas, todas las grandes potencias militares e industriales de la época. Por un lado, estaba la Triple Alianza, formada especialmente por las potencias centrales, que eran encabezadas por el Imperio austrohúngaro, el Imperio alemán, el Imperio otomano y el Reino de Bulgaria. En la otra esquina del *ring* esperaba la Triple Entente, formada por Francia, el Imperio británico y el Imperio ruso, a la que más tarde se unieron potencias aliadas como el Imperio de Japón, el Reino de Italia y los Estados Unidos. La contienda empezó el 28 de julio de 1914 y finalizó el 11 de noviembre de 1918, con Alemania aceptando las condiciones del armisticio.

Dos disparos en Sarajevo motivaron el inicio del conflicto. El 28 de junio de 1914, el archiduque Francisco Fernando de Austria, presunto heredero del emperador Francisco José, visitó Sarajevo, capital de las provincias recientemente anexionadas de Bosnia y Herzegovina. Seis sicarios del movimiento conocido como Joven Bosnia tomaron posiciones a lo largo del recorrido de la caravana del archiduque, con la intención de asesinar al aristócrata. Provistos de armas por extremistas de la organización de inteligencia serbia Mano Negra, esperaban que la muerte del archiduque liberaría a Bosnia del dominio austríaco. Al paso de la comitiva, Nedeljko Čabrinović arrojó una granada al automóvil del archiduque, pero falló el objetivo principal, hiriendo a dos ayudantes, que fueron trasladados al hospital mientras el convoy seguía avanzando. Los demás asesinos no pudieron actuar y el séquito evadió potenciales ataques. Una hora más tarde, cuando Francisco Fernando regresaba del ayuntamiento de Sarajevo en dirección a un hospital para visitar a los heridos por el atentado, la caravana dio un giro equivocado y el automóvil en el que viajaba el archiduque entró en una calle donde, casualmente, estaba Gavrilo Princip, uno de los sicarios vinculados al movimiento Joven Bosnia. Al paso del vehículo, Princip sacó una pistola semiautomática, la FN Modelo 1910 diseñada por el estadounidense John Moses Browning, y disparó a Francisco Fernando de Austria y a su esposa Sofía Chotek von Chotkowa, duquesa de Hohenberg, que murieron poco después.

El asesinato inició la Crisis de Julio, un mes de maniobras diplomáticas entre Austria-Hungría, Alemania, Rusia, Francia y Gran Bretaña. Los funcionarios austriacos, creyendo que la inteligencia serbia había ayudado a organizar el asesinato del archiduque, quisieron aprovechar la oportunidad para poner fin a la injerencia de Serbia en Bosnia y contemplaron un escenario bélico como la mejor opción para lograr el objetivo. El 23 de julio, Austria entregó un ultimátum a Serbia, enumerando diez demandas, configuradas con intención para que fueran inaceptables y proporcionaran una excusa lícita con la que iniciar las hostilidades. Serbia ordenó la movilización general el 25 de julio, pero aceptó todos los términos, excepto aquellos que facultaban a los representantes austriacos para reprimir a los «elementos subversivos» dentro de Serbia y participar en la investigación y el juicio de los serbios vinculados al asesinato. Alegando que esto equivalía a un rechazo, Austria rompió relaciones diplomáticas, y el 28 de julio declaró la guerra a Serbia y comenzó a bombardear Belgrado. Militarmente, los serbios estaban en una situación desesperada. El país acababa de terminar una guerra con Turquía, la tercera guerra que libraban los serbios en dos años. Las municiones y el material bélico eran escasos. Belgrado, la capital, quedó expuesta en la frontera con Hungría y todo el país estaba extenuado por los conflictos armados recientes.

Tras bombardear Belgrado, los austriacos intentaron abrir camino a través del Sava, pero fueron rechazados. Más tarde, atacando desde la frontera con Bosnia, los austriacos lograron tomar Valjevo y Belgrado, aunque los defensores serbios tomaron unos 20.000 prisioneros. En el frente oriental, el intenso bombardeo de las ciudades serbias destruyó la infraestructura existente. La aterrorizada población civil huyó hacia el sur del campo de batalla. No había refugio. Escaseaban los hospitales, los médicos, las enfermeras y los medicamentos. A los muchos soldados enfermos y heridos, hubo que sumar la carga de vigilar a los 20.000 prisioneros austriacos. Serbia tenía solo cuatrocientos médicos en todo el país y la mayoría habían sido adscritos al Ejército, lo que provocó el rápido colapso del estado de salud de las poblaciones indefensas. La desnutrición, el hacinamiento y la falta de higiene allanaron el camino para que llegara el tifus. A finales de noviembre de 1914, el tifus hizo la primera aparición entre los refugiados y prisioneros. El tifus había sido endémico en Serbia durante siglos y estos primeros casos no causaron mucha alarma, pero, al poco, la enfermedad empezó a visitar a las tropas.

Un año después del estallido de las hostilidades, el tifus había matado a 150.000 personas, de las cuales 50.000 estaban prisioneras en Serbia. Un tercio de los médicos del país corrió la misma suerte. La tasa de mortalidad alcanzó un pico epidémico aproximado entre el 60 % y el 70 %. Se tomaron medidas drásticas, como la cuarentena de las personas con los primeros signos clínicos de la enfermedad, pero también se intentó aplicar normas de higiene entre la tropa, para prevenir infestaciones de piojos del cuerpo.

Serbia. Pacientes trasladados al Hospital de Belgrado en carros de bueyes por la Cruz Roja Americana, durante la epidemia de tifus (1916) [Library of Congress].

En 1909, Charles Nicolle descubrió que el tifus epidémico era transmitido por el piojo del cuerpo (*Pediculus humanus humanus*). Nicolle pudo transmitir el tifus de humanos a chimpancés y luego a macacos a través de la sangre y, finalmente, de macaco a macaco a través de un piojo del cuerpo. La enfermedad es provocada por la bacteria *Rickettsia prowazekii,* que es transmitida por el piojo del cuerpo. Entre 1903 y 1908, Howard Taylor Ricketts identificó la *Rickettsia rickettsii*, agente de la fiebre maculosa que está estrechamente relacionado con el agente del tifus. En 1910 contrajo tifus y murió en México mientras realizaba experimentos con la bacteria patógena. En 1914, Stanislaus von Prowazek confirmó las observaciones de Ricketts y también murió de tifus. En 1916, Henrique da Rocha Lima describió la bacteria y la denominó *Rickettsia prowazekii*, en honor a Ricketts y a Prowazek.

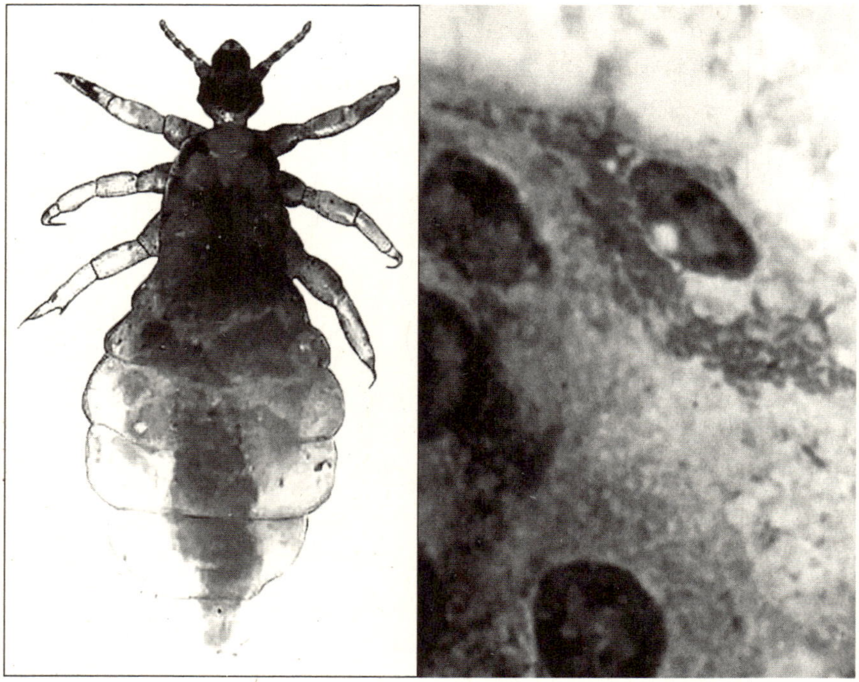

Izqda.: fotografía de una hembra de *Pediculus humanus humanus*, ca. 1914-1918 (detalle) [National Museum of Health and Medicine, CC BY 2.0]. Dcha.: fotomicrografía que revela la presencia de la bacteria *Rickettsia prowazekii* en una muestra de frotis del saco vitelino, procesada usando la técnica de tinción de Maquiavelo [CDC; doctor Cornelius B. Philip *et al.*; Public Health Image Library, PHIL].

Los seres humanos son el principal reservorio del tifus durante los brotes. Los piojos del cuerpo son muy prolíficos, consumen sangre humana y depositan los huevos en la ropa. Buscan escondite en cualquier espacio cercano a la piel, desde las costuras de la ropa a los dobladillos. Actos simples, como el roce accidental, el préstamo temporal de prendas o la simple proximidad, pueden provocar una migración de una persona a otra. Por ello, las condiciones de hacinamiento y de falta de higiene, a menudo combinadas en tiempos de guerra, favorecen la propagación de la enfermedad.

La bacteria afecta a decenas de cientos de miles de personas que viven circunstancias desfavorables, como son situaciones de guerra, hambruna, hacinamiento y en condiciones sórdidas asociadas con la marginación social. La tasa de mortalidad fluctúa entre el 10 % y el 15 %, pero puede alcanzar un 60 % en ausencia de tratamiento. La muerte de la persona afectada provoca el éxodo masivo de los piojos, porque el cadáver pierde temperatura con rapidez e invita a buscar un ambiente más hospitalario. El ciclo de vida del insecto dura aproximadamente treinta y cinco días. La hembra del piojo pone una media de doscientos huevos, lo que, en poco tiempo, puede aumentar el número de piojos de unos pocos a miles en un mismo individuo. El piojo del cuerpo ingiere un promedio de cinco comidas al día, generando deyecciones extremadamente secas. Al morder inyecta diversas sustancias que provocan picor, obligando al huésped a rascarse con fuerza y generando lesiones en la piel. La bacteria *Rickettsia prowazekii* penetra en la piel a través de estas lesiones o por la contaminación de las conjuntivas o las mucosas con heces de piojos que contienen el patógeno. También ha sido notificada la infección a través de los aerosoles de polvo infectado con heces, y es el principal riesgo entre los médicos.

El tifus epidémico es una enfermedad febril exantemática aguda potencialmente mortal que se caracteriza principalmente por el inicio repentino de fiebre con mialgia dolorosa, dolor de cabeza intenso, malestar general y erupción cutánea. Los síntomas inespecíficos a veces incluyen tos, dolor abdominal, náuseas y diarrea. El exantema característico del tifus epidémico comienza clásicamente a los pocos días del inicio de los síntomas, manifestándose como una erupción macular o maculopapular roja en el tronco que luego se extiende de forma centrífuga a las extremidades. La enfermedad puede provocar gangrena y necrosis de dedos de manos y pies que requieren amputación. Los síntomas neurológicos incluyen confusión y somnolencia, pero también coma, convulsiones y signos neurológicos focales en algunos pacientes. La tasa de mortalidad varía del 0,7 % al 60 % para los casos no tratados, dependiendo de la edad del paciente, con una tasa de letalidad inferior al 5 % en pacientes menores de trece años. En los casos de resolución espontánea, *Rickettsia prowazekii* puede persistir de por vida en humanos y, en condiciones de estrés, puede ocurrir un recrudecimiento como una forma más leve de la enfermedad de Brill-Zinsser. Una persona infectada con la enfermedad de Brill-Zinsser puede transmitir con rapidez la enfermedad cuando está infestada de piojos del cuerpo. Los factores comunes que aumentan el riesgo de tifus epidémico son la guerra, las condiciones insalubres, la falta de vivienda, el clima frío, la pobreza, el hacinamiento y los campos de refugiados. El brote regional más reciente de tifus epidémico ocurrió en Rusia en 1997. Esta enfermedad estuvo olvidada en Europa hasta el año 2022. La amenaza volvió con el inicio de la guerra en Ucrania y el desplazamiento masivo de población.

Durante la Segunda Guerra Mundial, Ucrania y los países adyacentes fueron devastados por una epidemia de tifus y especialmente las poblaciones judías fueron obligadas a vivir en guetos. La ciudad de Lviv, en el oeste de Ucrania, fue un centro de investigación de vacunas contra el tifus, sobre todo gracias al trabajo de Fleck y Weigl. En Ucrania, alrededor de 1,8 millones de personas tienen más de ochenta años y algunas de este grupo podrían haber contraído la infección por *Rickettsia prowazekii* durante la década de 1940. Estos individuos son extremadamente susceptibles a contraer la enfermedad de Brill-Zinsser. La infestación de piojos del cuerpo entre los refugiados que residen en refugios superpoblados con condiciones antihigiénicas puede desencadenar un brote epidémico de tifus; esta población también tiene un mayor riesgo de infección por la bacteria *Bartonella quintana*, que causa la fiebre de las trincheras y también es transmitida a través de los piojos del cuerpo. Además del peligro del tifus, la reintroducción del poliovirus de tipo salvaje o del poliovirus circulante derivado de la vacuna (cVDPV) es una amenaza notable en Ucrania, que es considerado un país de alto riesgo de infecciones prevenibles por vacunación, incluida la poliomielitis, una enfermedad extremadamente peligrosa que causa parálisis en niños. El 6 de octubre de 2021 fue confirmado un caso de poliomielitis paralítica en un niño de un año del oeste de Ucrania, con una diseminación del poliovirus genéticamente similar a una muestra ambiental de Dushanbe, Tayikistán. De enero a junio de 2022 se confirmaron diecinueve casos de poliomielitis paralítica en el oeste de Ucrania, lo que condujo a la declaración de una emergencia de salud pública en las provincias de Rivne y Zakarpattia. La invasión del país por parte de la Federación Rusa el 24 de febrero de 2022 provocó miles de víctimas, territorios ocupados, millones de refugiados y desplazados internos. Todo esto interrumpió el acceso a la atención médica y paralizó significativamente la administración de vacunas rutinarias disminuyendo la respuesta al brote de polio en Ucrania.

En 1914, la aparición del tifus, la gran cantidad de refugiados y la ruina general del país no detuvieron, en un principio, a los militares serbios. El 3 de diciembre lanzaron un contraataque. Después de tres días de batalla, los serbios tomaron más de 40.000 prisioneros, pero la parte norte del país quedó devastada. Mientras tanto, el tifus, a hurtadillas, tomaba posiciones entre la población civil y militar. El largo período de incubación de la enfermedad significaba que probablemente circulaba en la sangre de los serbios que expulsaron a los austriacos. La confusión de la guerra ofreció al tifus una oportunidad irrechazable.

Es imposible afirmar con precisión dónde comenzó la epidemia. La primera acumulación de casos ocurrió entre prisioneros austriacos en Valjevo. Los brotes en el resto del país siguieron en una semana. La infección viajó con la población errante, con los trenes de prisioneros y con las tropas en movimiento hasta llegar al último rincón del país. Al comienzo de la Primera Guerra Mundial, Serbia contaba con unos tres millones de personas. En seis meses, 500.000, uno de cada seis, desarrollaron tifus. Más de 200.000, 70.000 de ellos soldados serbios, fallecieron a causa de la enfermedad. La mitad de los 60.000 prisioneros austriacos también murieron de tifus. Los serbios no pudieron hacer frente a la epidemia. Los pocos hospitales existentes rebosaban de pacientes y hubo que improvisar zonas de atención dentro de edificios que a menudo carecían de todo tipo de servicios sanitarios. No había enfermeras. Tampoco camas, ni sábanas o medicinas. De los menos de cuatrocientos médicos del país, casi todos contrajeron la enfermedad y 126 murieron. Por no haber, ni había suficientes sepultureros, porque muchos de ellos también fallecieron víctimas del tifus.

A lo largo de febrero y marzo, la epidemia estalló con una velocidad y violencia insólitas, jamás vistas en ningún brote de tifus del que haya registro confiable. En abril de 1915, cuando alcanzó el punto máximo, los nuevos casos por día ascendieron a 10.000, de los cuales 2.500 fueron ingresados solo en los hospitales militares. La tasa de mortalidad osciló entre el 20 % al inicio y al final de la epidemia y el 60 %-70 % en su apogeo, en marzo y abril.

Durante seis meses, Serbia estuvo política y militarmente indefensa, pero Austria no atacó. Los estrategas austriacos sabían que entrar en Serbia, mientras la epidemia hacía estragos, era muy peligroso. Las circunstancias disuadieron al mando germano-austriaco de ejecutar la idea primitiva de invadir el país, porque eludiendo su entrada evitarían la propagación del tifus dentro de sus territorios. De este modo, la enfermedad que azotaba a la población serbia mantuvo la frontera a salvo y las potencias centrales desperdiciaron medio año en el momento más crítico de la guerra. Este retraso tuvo un efecto negativo en las primeras campañas rusas, e incluso en las occidentales, porque un avance rápido a través de Serbia, para establecer un frente sudoccidental contra el poderío ruso, habría inclinado la balanza a favor de las entonces muy vigorosas potencias centrales. Desde luego, el tifus pudo cambiar el resultado final de la contienda, impidiendo que las potencias centrales conquistaran los Balcanes en un momento trascendental.

«El tifus. Wittenberg, enero-mayo de 1915». Entierro de víctimas retratado en el álbum *Prisonniers de guerre* (1918), del pintor Jean-Pierre Laurens, preso en el citado campo de concentración alemán.

Las principales potencias evitaron que una epidemia de tifus paralizara sus ejércitos, pero, aun así, Rusia quedó expuesta. Al acabar la Primera Guerra Mundial, el hambre barrió el imperio, los refugiados pululaban por toda Rusia. Al poco, el zar fue derrocado y una revolución violenta agregó otra ristra de males a los maltrechos rusos. El cólera, la fiebre tifoidea y la disentería colapsaron los servicios esenciales, y en el invierno de 1918, para sumar desgracias, el tifus apareció en forma epidémica. Durante los veinte años anteriores a la revolución, el tifus había producido un promedio de 82.000 casos por año. Cuando comenzó la Gran Guerra, la enfermedad se propagó lenta pero constantemente. En los primeros años hubo 100.000 casos. La gran epidemia que estalló a finales de 1918 invadió el país por tres costados, Petrogrado, el frente rumano y la región del Volga. Durante cuatro años, la epidemia hizo estragos en medio de la hambruna y la dislocación de la revolución. Hubo veinte millones de casos. Diez millones de ellos murieron. Durante un tiempo pareció que el destino de la revolución rusa estaba a merced del tifus, y Lenin, examinando la situación, en 1919, expresó su inquietud con la siguiente frase: «Toda la atención a este problema, camaradas. O los piojos vencen al socialismo o el socialismo vencerá a los piojos».

🕮 PARA LEER MÁS:

Anstead, Gregory. 2016. «The centenary of the discovery of trench fever, an emerging infectious disease of World War 1». *The Lancet Infectious Diseases* 16: e164–72.

Barović, Vladimir. 2021. «Reporting of the Politika Belgrade daily newspaper on the epidemic of typhus in Serbia during the First World War». *Vojnosanitetski Pregled* 78 (7): 789-793.

Besser, Michael. 2015. «Typhus: the influence of society and state on a human disease». *AIJCR* 5 (5): 107-117.

Jacobs, Daniel. 2020. «The introduction of gas warfare and its medical response in world war one». *Journal of Anesthesia History* 6: 8-11.

Newton, Paul. 2022. «Renewed Risk for Epidemic Typhus Related to War and Massive Population Displacement, Ukraine». *Emerging Infectious Diseases 28 (10).*

Pennington, Hugh. 2019. «The impact of infectious disease in war time: a look back at WW1». *Future Microbiology* 14 (3): 165-168.

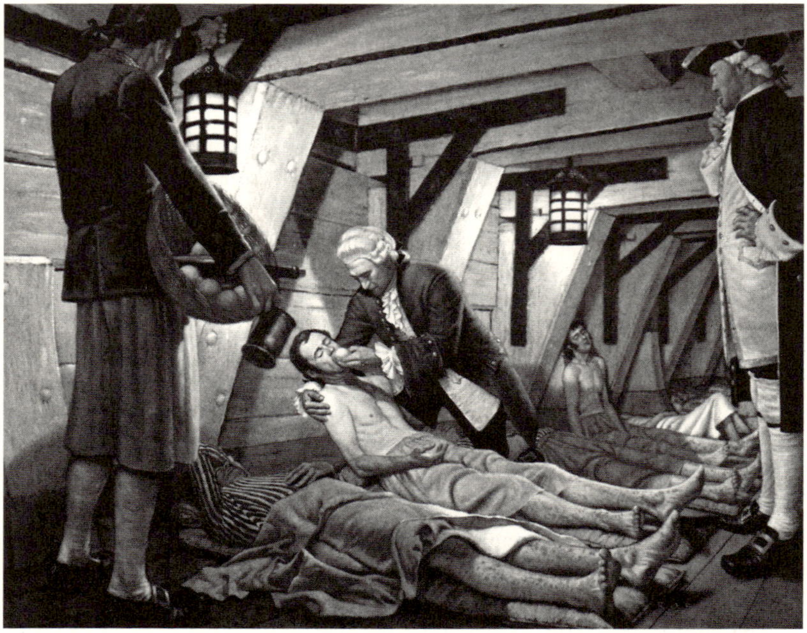

James Lind – Vencedor del escorbuto (Robert Thom, 1959) [*Today's Health*, julio de 1961].

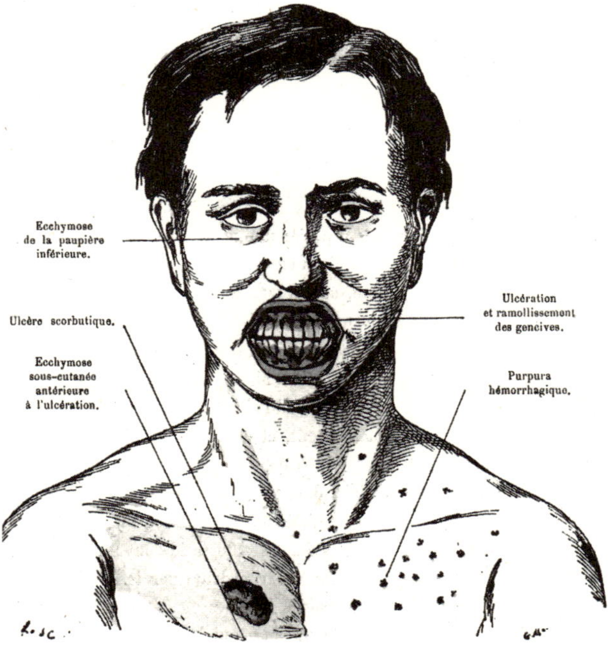

Principales lesiones del escorbuto [*Les grands maux et les grands remèdes*, J. Rengade, 1879]

29. ÁCIDO CÍTRICO, AÑO 1917 D. C.

18 de septiembre de 1740. El comodoro George Anson conduce un escuadrón de barcos de la Royal Navy. Parten desde St. Helens en la isla de Wight. La misión, encomendada por el almirantazgo, era molestar y afligir a los españoles en las costas sudamericanas, tomando, hundiendo, incendiando o destruyendo como fuere todos los barcos que encontraran, además de tomar posesión de los asentamientos españoles que pudieran ser vulnerables y alentar a los indios y a los colonos peruanos a la rebelión. En suma, si había ocasión, debían interceptar y capturar el gran galeón del tesoro español, mientras realizaba el recorrido anual entre Manila y Acapulco. Anson partió con ocho barcos y una dotación total de 1.955 hombres. Regresó tres años y nueve meses después con un barco y 145 miembros de la tripulación original. El escorbuto mató a casi 1.300 marineros de la dotación.

Los viajes oceánicos durante la era de la navegación a vela, que estuvo comprendida entre el siglo XVI y mediados del XIX, estaban plagados de peligros. Las cartas a menudo eran inexactas, las ayudas a la navegación eran toscas y el mal clima, espinoso e imprevisible, podía aparecer en cualquier momento y destrozar al barco más imponente y mejor construido. Igual de malo era el escorbuto, enfermedad misteriosa que aparecía a los pocos meses de iniciar la travesía. Al principio era leve y los pacientes reportaban malestar y dolor en las articulaciones. Con el paso del tiempo, no mucho, los síntomas empeoraban a matacaballo. De la piel brotaban magulladuras con facilidad, las encías sangraban, los dientes y el cabello perdían fuerza hasta caer y las viejas heridas se reabrían. Sin tratamiento, las víctimas entraban en un letargo mortecino que solía desembocar en la muerte.

Las estimaciones apuntan a que la enfermedad mató a más de dos millones de marineros entre los siglos XVI y XVIII. En un viaje largo, la pérdida de la mitad de la tripulación era común, aunque en casos extremos podía ser mucho peor. Vasco da Gama perdió 116 de 170 hombres en el primer viaje realizado a la India en 1499, casi todos por escorbuto. A pesar de los muchos esfuerzos por encontrar una cura para el escorbuto, la ciencia del siglo XVIII no estaba bien equipada para el desafío, aunque hubo intentos notables. Entre los que buscaron con ahínco solución a la enfermedad estaba James Lind, un cirujano de la Royal Navy, que había leído con horror los relatos del viaje de Anson.

Lind comenzó examinando la literatura existente y encontró varias pistas que apuntaban hacia la dieta. Los marineros sabían por habladurías, folclore, conocimiento ancestral o vaya usted a saber la razón, que comer vegetación verde podía prevenir el escorbuto. Así es que, cuando los hombres de Anson comenzaron a presentar los primeros síntomas de la enfermedad, durante el paso de la flota por el cabo de Hornos, dirigieron las naves a la fértil isla de Juan Fernández, donde se atiborraron de *Cochlearia officinalis,* una planta herbácea de la familia de las brasicáceas que acumula vitamina C y que es conocida por el nombre común de «hierba de escorbuto».

Los primeros exploradores de América del Norte notaron que los nativos americanos, limitados a una dieta de carne seca durante el invierno, la

86. Cochlearia officinalis L.
Scurvy-grass.

Cochlearia officinalis. La hierba de escorbuto [*llustrations of the British Flora*, W. H. Fitch, 1924].

complementaban con un té hecho con agujas de pino. Lind también redescubrió las observaciones de John Woodall, cirujano general de la East India Company un siglo antes, quien percibió que los cítricos, especialmente los limones, tenían un efecto positivo en los pacientes.

Con los pocos datos disponibles, en 1747, a bordo del barco Salisbury de la Royal Navy, Lind llevó a cabo lo que desde entonces ha sido reconocido como el primer ensayo clínico aleatorio. Después de dos meses en el mar, el escorbuto hizo acto de presencia en la tripulación. En poco tiempo Lind tuvo doce casos para tratar. Dividió en pares a los afectados. Todos los hombres recibieron el mismo cuidado, comida y bebida, con la diferencia de que cada pareja tenía un tratamiento específico de seis posibles. El tratamiento de la primera pareja era a base de sidra. La siguiente tomó vitriolo, un elixir hecho de ácido sulfúrico diluido. La tercera bebió vinagre. La cuarta, agua de mar. La quinta, ingirió una pasta de extractos de plantas, y la sexta, dos naranjas y un limón cada día. El resultado de la prueba fue concluyente. Solo la pareja que recibió cítricos sanó con rapidez. Los que bebieron sidra al menos lo pasaron bien.

Lind sugirió conservar los limones durante períodos prolongados en el mar y propuso fabricar un concentrado hecho de jugo de limón llamado rob. Sin embargo, el método no funcionó, porque el proceso de ebullición y destilación, necesario para obtener el rob, destruía casi toda la vitamina C, cuya ausencia hoy sabemos que es la causa real que provoca el escorbuto. Años más tarde varios médicos recomendaron encarecidamente y sin éxito el uso de cristales de ácido cítrico para combatir el escorbuto. El ácido cítrico era demasiado caro y por ello no fue contemplado como remedio por la Royal Navy. Mientras buscaban soluciones, el doctor Gilbert Blane fue nombrado miembro del personal del almirante George Brydges Rodney como médico de la flota en 1779. Blane fue un reformador médico que quedó convencido por el experimento original de Lind con los cítricos y apreció la necesidad de almacenar los limones de una forma práctica. Después de una considerable experimentación, determinó que agregar al jugo de limón un 10 % de «espíritu de vino», es decir alcohol etílico destilado, lo preservaría casi indefinidamente, sin destruir las propiedades beneficiosas del zumo. Los resultados obtenidos hicieron que Blane fuera nombrado comisionado de la Junta de Enfermos y Heridos, y el almirantazgo fue persuadido para que introdujera un suplemento diario de jugo de limón en la dieta de los marineros.

Bodegón con limón y vaso tallado (detalle) [Maria Margaretha van Os, 1823-1826].

Desde 1795 en adelante, existió la orden de administrar tres cuartos de onza de jugo de limón, por día, a todos los marineros que prestaban servicio en la Royal Navy. La medida casi consiguió erradicar de un plumazo el escorbuto de los navíos británicos, pero la decisión acarreó considerables desafíos logísticos. En 1804, por ejemplo, la Junta de la Marina tuvo que obtener 50.000 galones de jugo de limón, que generalmente provenía de frutas españolas, y, en ese momento, Gran Bretaña estaba en guerra con España. Como resultado, la junta cambió a jugo de lima, que podía ser obtenido de las posesiones británicas en el Caribe.

Otras armadas tardaron en adoptar medidas similares. Algunos vieron la práctica de la Royal Navy como extraña. Otros, como los franceses, fueron intimidados por el costo y los desafíos logísticos involucrados con el suministro de ingentes cantidades de fruta. Y otros, como España, que producía suficientes limones para hacer ceviche de medio océano, tenían la prohibición de dar alcohol a los marineros, lo que hacía inaceptable el método de conservación de Blane.

Sin embargo, el control de la enfermedad brindó beneficios tácticos considerables. En la batalla de Trafalgar, la flota mediterránea británica, capitaneada por lord Horatio Nelson, había bloqueado las naves francesas en Toulon durante veintidós meses antes de la contienda. Finalmente, cuando las fuerzas francesas, al mando del almirante Pierre-Charles Villeneuve, iniciaron el combate, persiguieron a Nelson fuera del Mediterráneo, cruzaron el Atlántico hasta el Caribe y luego regresaron a Europa hasta las aguas gaditanas del cabo de Trafalgar, en octubre de 1805. Muchos de los barcos británicos estuvieron navegando durante la mayor parte de este tiempo. En una carta enviada al hogar, Nelson escribió que había pasado dos años en el Victory. Dado este período extraordinario en el mar, debería haber sido la Royal Navy la diezmada por el escorbuto antes de la batalla, y sus oponentes, que habían estado fuera del puerto solo tres meses, los que deberían haber estado a salvo de la enfermedad, pero sucedió lo contrario.

Leonard Gillespie, médico de la flota de Nelson, informó que los 7.000 hombres de la flota del Mediterráneo habían sufrido 110 muertes por escorbuto y 141 habían sido enviados al hospital entre el 13 de agosto de 1803 y el 4 de agosto de 1805. Por el contrario, el comandante español en Trafalgar, el almirante Federico de Gravina, informó, justo antes de la batalla, que varios de sus barcos tenían más de doscientos casos de escorbuto cada uno, e incluso en uno más de trescientos. La ausencia de escorbuto mostrada por la mayoría de los marineros de la Royal Navy, en comparación a los oponentes de la coalición franco-española, fue sin duda un factor importante que contribuyó a la victoria británica en Trafalgar. Además, entre 1802 y 1804, una epidemia de fiebre amarilla había azotado Andalucía dejando a la flota española sin la cantidad suficiente de tripulantes con experiencia, por lo que muchos marineros fueron reclutados en una apresurada y obligada leva, que alistó a la población civil en el Ejército. Muchos de estos marineros eran campesinos, soldados de infantería, mendigos e incluso reclusos, por lo que, pobrecitos, poco pudieron hacer para cambiar el ruinoso resultado final de la contienda.

Por supuesto, en la actualidad sabemos que el ácido cítrico no cura el escorbuto, aunque tiene otras propiedades muy interesantes. Es un ácido orgánico débil presente en el jugo de limones y otras frutas cítricas y uno de los aditivos alimentarios más comunes. Exhibe capacidad para actuar como agente acidulante, conservante, emulsionante, aromatizante, secuestrante y tamponador. Es ampliamente utilizado en muchas industrias, especialmente en alimentos, bebidas, productos farmacéuticos, piensos para mascotas, limpiadores domésticos, detergentes, adhesivos y selladores, revestimientos, tintas, plásticos y polímeros nutracéuticos y cosméticos. Alrededor del 75 % del consumo mundial de ácido cítrico corresponde a la industria de alimentos y bebidas, principalmente como acidulante en refrescos carbonatados. Además de esto, es utilizado con frecuencia para controlar el crecimiento de microorganismos, para ajustar el pH e inducir la acidez. En detergentes y limpiadores domésticos, el ácido cítrico es utilizado como coadyuvante, principalmente en detergentes líquidos concentrados. El ácido cítrico proporciona una formulación menos dañina que los fosfatos en los detergentes, por lo que está ganando terreno entre los fabricantes. Es un agente quelante que puede unir iones metálicos, comúnmente calcio y magnesio, en el agua y eliminarlos de tuberías, electrodomésticos, etc. La capacidad del ácido cítrico para quelar metales hace que sea utilizado como acondicionador de agua en el tratamiento de agua industrial y agua potable. La concentración de ácido cítrico en el zumo de limón natural listo para consumir es de alrededor de 41 mg/kg y alrededor de 31 mg/kg en concentrados comerciales. Los limones contienen entre un 7 % y un 9 % de ácido cítrico. En las bebidas comerciales a base de jugo de limón, como la limonada, el contenido oscila entre 0,62 y 0,96 mg/kg.

En 2020 fue el producto número 1.570 más comercializado del planeta. En el año 2021, el mercado mundial de ácido cítrico alcanzó un volumen de 2,7 mills. de toneladas. El comercio de ácido cítrico representa el 0,0083 % del comercio mundial total. Este ácido posee muchas cualidades importantes, como palatabilidad, alta solubilidad y una toxicidad extremadamente baja para humanos y mamíferos. El número de aditivo alimentario europeo es el E330. Resulta sorprendente comprobar, con la simple lectura del etiquetado, la gran cantidad y diversidad de productos que contienen este aditivo.

El descubrimiento del ácido cítrico es atribuido a Abu Musa Jabir Ibn Hayyan Al-Azdi, a veces llamado al-Harrani y al-Sufi, alquimista islámico considerado el padre de la química árabe y uno de los fundadores de la farmacia moderna. Era conocido por los europeos como Geber. Nació en la ciudad de Tus, en la provincia de Khorasan, en Irán, en el año 721. Los eruditos medievales de Europa eran conscientes de la naturaleza ácida del jugo de limón y dicho conocimiento quedó registrado en el *Speculum Majus* (*El gran espejo*), importante enciclopedia compilada por Vicente de Beauvais en el siglo XIII.

Fotomicrografía (100x) que revela parte de la morfología ultraestructural del hongo *Aspergillus niger* [CDC, doctor Hilliard F. Hardin; Public Health Image Library, PHIL].

El ácido cítrico fue aislado por primera vez en 1784 por el químico sueco Carl Wilhelm Scheele, quien lo cristalizó a partir de jugo de limón. Fue producido comercialmente por primera vez en Inglaterra alrededor de 1826, a partir de limones italianos importados. La producción de ácido cítrico a escala industrial comenzó en 1860, basada en la industria citrícola italiana. El jugo de limón siguió siendo la fuente comercial de ácido cítrico hasta 1917, cuando fue iniciado en Bélgica el primer proceso industrial utilizando al hongo *Aspergillus niger*.

Aspergillus niger es un patógeno oportunista que aparece en variedad de ambientes interiores y exteriores. Las esporas de *Aspergillus niger* pueden ser aerosolizadas con facilidad y tienen el potencial de depositarse en los bronquiolos del tracto respiratorio humano. Las infecciones causadas por *Aspergillus niger* pueden conducir al desarrollo de aspergilosis broncopulmonar alérgica o aspergilosis invasiva, las cuales pueden ser letales en grupos de pacientes susceptibles. Sin embargo, *Aspergillus niger* también es un hongo versátil, explotado para producir ácidos, proteínas, enzimas y medicamentos.

El procedimiento de obtención del ácido cítrico a partir de *Aspergillus niger* fue publicado en julio de 1917 por James Currie, un químico de alimentos. Currie mostró el medio de crecimiento necesario para la biosíntesis de ácido cítrico y la capacidad del hongo *Aspergillus niger* para crecer a un pH bajo (entre 2,5 y 3,5), sin dejar de producir grandes cantidades del metabolito. Además, demostró la correlación directa entre la cantidad de sustrato en el medio y la cantidad de producto, sentando las bases para la fermentación industrial moderna del ácido cítrico. Dos años más tarde, la empresa estadounidense Pfizer construyó una planta piloto para la producción bioquímica de ácido cítrico y, a mediados de la década de 1920, la producción mediante la fermentación de *Aspergillus niger* superó con creces a la extracción de los cítricos. El precio del ácido cítrico, que era de 1,25 dólares la libra en 1919, bajó a veinte centavos.

Una botella de ácido cítrico (1913) [Norsk Farmasihistorisk Museum, CC BY-SA 4.0] y un pequeño cristal extraido.

Ayudado por Jasper Kane, un precoz asistente de laboratorio de dieciseis años, oriundo de Brooklyn, James Currie intentó crecer el hongo en una gran bandeja plana, pero tuvo un éxito limitado. Cortó la bandeja en fuentes más pequeñas y menos profundas e inmediatamente aumentó el rendimiento. Aun así, el proceso era impredecible y estaba sujeto a una serie de variables difíciles, como la calidad de las esporas del hongo, la pureza de los cultivos, la contaminación del aire y del medio, la humedad y la temperatura, y muchas otras.

Pfizer comenzó a aplicar la fermentación a otros productos, como el ácido glucónico, utilizado como conservante y limpiador de alimentos, y el ácido ascórbico, la famosa vitamina C que cura el escorbuto, experimentando con tecnologías innovadoras para aumentar los rendimientos. Al final, la empresa comenzó a ejecutar un proceso de fermentación en tanques profundos, en lugar de recipientes y matraces poco hondos. Los avances tecnológicos de Pfizer en el uso de tanques profundos para la fermentación demostraron ser críticos cuando los Gobiernos aliados demandaron penicilina en la Segunda Guerra Mundial. Inicialmente, los investigadores de Pfizer, dirigidos por Jasper Kane, usaban recipientes y matraces poco profundos, como los usados para el ácido cítrico, y lograron un progreso gradual en la mejora de la potencia y la pureza de la penicilina obtenida a partir del hongo *Penicillium*. El gran avance ocurrió cuando Kane sugirió un enfoque diferente, basado en el método de tanque profundo que había resultado exitoso en la producción de ácido glucónico. Necesitaban tanques enormes que pudieran contener miles de galones de «licor de fermentación». Pfizer compró una antigua planta de hielo en Brooklyn, que contaba con el equipo de refrigeración necesario, y la convirtió en una fábrica de penicilina que abrió el 1 de marzo de 1944.

La planta contenía catorce tanques de 7.500 galones, y pronto la empresa estaba produciendo más penicilina en un mes que en todo 1943. La mayor parte de la penicilina que desembarcó con las fuerzas aliadas el Día D procedía de las instalaciones de Pfizer en Brooklyn. Después de la Segunda Guerra Mundial, Pfizer aplicó el método de fermentación en tanque profundo para fabricar estreptomicina, el primer antibiótico utilizado para tratar la tuberculosis. La estreptomicina fue aislada por Albert Schatz bajo la supervisión de Selman Waksman en 1943.

Desde 1919, otras especies de *Aspergillus* como *Aspergillus flavus*, *Aspergillus awamori*, *Aspergillus nidulans* y *Aspergillus goingii* han sido utilizadas para producir ácido cítrico en presencia de azúcares, pero *Aspergillus niger* sigue siendo la principal fuente de obtención. Algunas levaduras de los géneros *Candida*, *Saccharomyces*, *Zygosaccharomyces*, *Kloeckera*, *Torulopsis*, *Debaryomyces*, *Pichia*, *Torula*, *Yarrowia* y *Hansenula* también pueden ser empleadas para producir ácido cítrico a partir de carbohidratos y n-alcanos. En la actualidad, el 99 % del ácido cítrico producido en el mundo es obtenido por fermentación microbiana.

🕮 PARA LEER MÁS:

Baron, Jeremy. 2009. «Sailors' scurvy before and after James Lind--a reassessment». *Nutrition Reviews* 67 (6): 315-332.

Behera, Bikash. 2020. «Microbial citric acid: Production, properties, application, and future perspectives». *Food Frontiers* 2: 62-76.

Cairns, Timothy. 2018. «How a fungus shapes biotechnology: 100 years of Aspergillus niger research». *Fungal Biology and Biotechnology* 5: 13.

Ellena, Valeria. 2022. «The importance of complete and high-quality genoma sequences in *Aspergillus niger* research». *Frontiers in Fungal Biology* 3: 935993.

Lambros, Maria. 2022. «Citric Acid: A Multifunctional Pharmaceutical Excipient». *Pharmaceutics* 14: 972.

Massadeh, Muhannad. 2022. «Production of Citric Acid by *Aspergillus niger* Cultivated in Olive MillWastewater Using a Two-Stage Packed Column Bioreactor». *Fermentation* 8: 153.

Xie, Hui. 2020. «Metabolic engineering of an industrial *Aspergillus niger* strain for itaconic acid production». *3 Biotech* 10: 113.

Zhang, Lifang. 2022. «Sustainable citric acid production from CO_2 in an engineered cyanobacterium». *Frontiers in Microbiology* 13: 973244.

30. LA GRIPE ESPAÑOLA, AÑO 1918 D. C.

«La enfermedad, la locura y la muerte fueron los ángeles negros que velaron mi cuna y desde entonces me han seguido a lo largo de la vida», escribió una vez Edvard Munch. Los motivos relacionados con la muerte y la enfermedad formaron parte importante y significativa del mundo pictórico de Munch, representante temprano del expresionismo y autor de *El grito*, una de las pinturas más reproducidas y universalmente aclamadas de la historia del arte.

Edvard Munch fue un artista prolífico, siempre preocupado por asuntos relacionados con la mortalidad humana, las enfermedades crónicas, la liberación sexual y las aspiraciones religiosas. Expresó estas obsesiones a través de la simplificación de formas, la elección e intensidad de los colores y la semi-abstracción, creando obras misteriosas que eran extremadamente ajenas e incomprensibles para muchas personas, algunas de las cuales incluso intentaron cuestionar el estado mental del artista. En realidad, Munch fue testigo de un giro, iniciado en la segunda mitad del siglo XIX, en la temática artística y en el modo de expresión. Con el advenimiento del realismo en las décadas de 1870 y 1880, muchos pintores prefirieron plasmar la vida cotidiana en sociedad, incluidos los aspectos más oscuros, frente a las representaciones idealizadas de personas y de paisajes del romanticismo. Por aquel entonces, la tuberculosis era una de las enfermedades que aterraba al globo y el impacto que tenía en la sociedad condujo a que fuera uno de los motivos favoritos para el arte visual contemporáneo. La obra de Edvard Munch no fue una excepción. De hecho, Munch tuvo una relación cercana y siniestra con la enfermedad. La tuberculosis, que también afectó durante años al pintor, zarandeó con violencia el árbol familiar de Munch, influyendo en la composición y creación de la obra del artista. En una nota manuscrita, redactada en noruego y fechada entre 1930 y 1934, Munch escribió lo siguiente:

Autorretrato con la gripe española [Edvard Munch, 1919].

Para que se entiendan mis afirmaciones sobre cómo creí que sería un delito que me casara, aclararé lo siguiente: mi abuela materna murió de tuberculosis. Mi madre murió de tuberculosis al igual que su hermana Hansine.

Mi tía, que vino a vivir con nosotros, aparentemente fue tuberculosa. A lo largo de toda su vida padeció resfriados acompañados de esputos sanguinolentos y bronquitis. Mi hermana Sofie murió de tuberculosis.

Los otros niños sufrimos resfriados severos mientras crecíamos. Vine a este mundo con mala salud. Me bautizaron en casa y mi padre no creía que sobreviviera. Me vi obligado a abandonar la escuela casi por completo. Tenía ataques continuos de resfriados violentos y fiebre reumática. Tenía hemorragias abundantes y lanzaba esputos teñidos de sangre. Mi hermano tenía los pulmones débiles y murió de neumonía cuando era joven.

Mi abuelo paterno, el vicario de la parroquia, murió de tuberculosis vertebral. La cual... creo que fue la causa de la ansiedad y disposición mórbida de mi padre, que se desarrolló cada vez más en nosotros, los niños.

En consecuencia, no creo que mi arte sea morboso, como creen Scharfenberg y muchos otros. Son personas que no entienden la esencia del arte ni conocen la historia del arte.

Cuando pinto la enfermedad y la desgracia es por el contrario una sana liberación. Es una sana reacción que uno puede aprender y vivir.

En mi arte he buscado explicar, a mí mismo, la vida y su significado. También he tenido la intención de ayudar a otros a comprender sus propias vidas.

En particular, la muerte prematura de su hermana Sofie en 1877, a la edad de quince años, dejó huella imborrable en el alma de Munch, pero también sentó las bases de varias de las obras principales del artista. Inspirado por el trabajo de Henrik Ibsen, Munch estudió psicoanálisis y creó un arte que desentrañaba los misterios de la psique. Los lienzos de Munch, anticipándose a la obra teatral y cinematográfica de Ingmar Bergman, están llenos de una incertidumbre agónica y una soledad insoportable. Las neurosis personales y las dolencias físicas de Munch impregnan la ansiedad cultural expresada en la obra del pintor. Incluso mientras pintaba el drama existencial de su propia vida, Munch lo hizo sin representaciones gráficas de monstruos o apariciones. Más bien, provocó una respuesta emocional a través del color antinatural, el ritmo interno y las líneas ondulantes, como ocurre en *El grito*. Parece evidente que la enfermedad, personificada en la tuberculosis durante los primeros años de vida y seguida de otros achaques posteriores, gobernó la obra de Munch e inspiró cuadros inmortales.

En el invierno de 1918 a 1919, Munch enfermó de gripe española. Sobrevivió al episodio y decidió describir la terrible experiencia en varios óleos, dibujos y acuarelas. De la serie de autorretratos inspirados en la enfermedad, el titulado *Autorretrato con gripe española* muestra a Munch desplomado en una silla de mimbre, envuelto en una bata y cobijado por una manta para enfermos. Está demacrado, con la piel pálida y el cabello ralo. La mirada, construida con ojos hundidos, denota desorientación y delirio. La boca abierta recuerda a *El grito* y sugiere que tenía dificultad para respirar. Munch pintó este autorretrato en medio de la enfermedad y manifiesta la desesperación y el aislamiento del paciente griposo, la opresión, la debilidad, el malestar, la falta de aire, el estupor y la desesperación del afectado.

Después pintó el cuadro titulado *Autorretrato después de la gripe española*. En él, Munch se retrata a sí mismo en las primeras etapas de la recuperación. Está de pie, sin usar la silla de mimbre, que aparece vacía al fondo de la sala. La supuesta ictericia y el color cetrino del rostro han desaparecido. Ha recuperado el tono y ha dejado crecer la barba. Despojado de la bata de enfermo, viste un traje verde. La gripe ha desaparecido, pero el color rojo intenso que rodea sus ojos hinchados sugiere una profunda angustia y muestra el agotamiento generado por la enfermedad. Estas pinturas, caracterizadas por la obsesión del artista con el drama existencial, escenifican los sentimientos de trauma y desespero que fueron generalizados en la pandemia de gripe iniciada en 1918. La pandemia de gripe española mató a millones de personas en apenas dos años, incluidos artistas notables como el pintor Egon Schiele, discípulo de Gustav Klimt, y los poetas Guillaume Apollinaire y Emanuel Goldstein, amigo íntimo de Munch.

El 7 de febrero de 1918, Egon Schiele, entonces con veintisiete años, visitó la morgue de Allgemeines Krankenhaus en el Hospital General de Viena para llorar la muerte de Gustav Klimt, mentor adorado y pintor austriaco que creó luminosas obras doradas como *El beso*. El día anterior, Klimt había muerto de un derrame cerebral, resultado, según muchos historiadores, de padecer la gripe española. Durante la visita, Schiele, provisto de un rosario de sollozos, pero también de lápices, esbozó tres dibujos inquietantes de la cabeza del Klimt fallecido, que muestran con claridad el rostro deformado por el derrame cerebral. Ese mismo año, Schiele comenzó a trabajar en una pintura titulada *La familia*, que pretendía ser un retrato de él, su esposa Edith y el hijo que esperaban. Por desgracia, antes de que pudiera terminar la pieza, Edith, embarazada de seis meses, murió de gripe el 28 de octubre de 1918. Tres días después, Egon Schiele falleció por la misma enfermedad.

La pandemia de influenza o gripe española de 1918 fue la epidemia más devastadora de la historia moderna. En once meses, entre la primavera de 1918 y el invierno de 1919, el número estimado de muertes relacionadas con la infección en todo el mundo osciló entre 20 y 150 millones. El patrón de morbilidad, que afectó principalmente a personas jóvenes y sanas, junto con la rápida progresión de la enfermedad hasta desembocar en fallo multiorgánico fatal y la muerte fueron características distintivas de la pandemia de influenza de 1918-1919. Una característica notable de la influenza pandémica de 1918 es que ocurrió en al menos tres oleadas de letalidad variable. La primera ola apareció en la primavera de 1918, en un brote bien documentado en Camp Funston, un campo de entrenamiento del Ejército de los EE. UU. en Kansas. A principios de marzo de 1918, los trabajadores chinos contratados en Camp Funston presentaron influenza.

«Alístate al Ejército: debemos ganar». San Francisco, 1918 [H. H. Dobbin; California State Library].

Posteriormente, la enfermedad se propagó por todo el campamento y requirió la hospitalización de más de 1.100 soldados en tres semanas, además de miles más que recibieron tratamiento en enfermerías alrededor del campo. Entre principios de marzo y el verano, ocurrieron cinco brotes consecutivos en el campo, coincidiendo con la llegada de un gran número de nuevos reclutas. De Camp Funston, la influenza viajó en trenes a otros campos de entrenamiento del Ejército de los EE. UU. En total, el 11,8 % de más de 1,2 millones de hombres que el Ejército estadounidense mantenía en los campos de entrenamiento, es decir unos 144.000 soldados, fueron hospitalizados por enfermedades respiratorias entre marzo y mayo de 1918. La enfermedad saltó a Europa a bordo de barcos de tropas. A partir de ahí, avanzó con rapidez por el continente, y hacia el este y el sur de Asia, a través de los campos militares congestionados, infectando a miles de contendientes

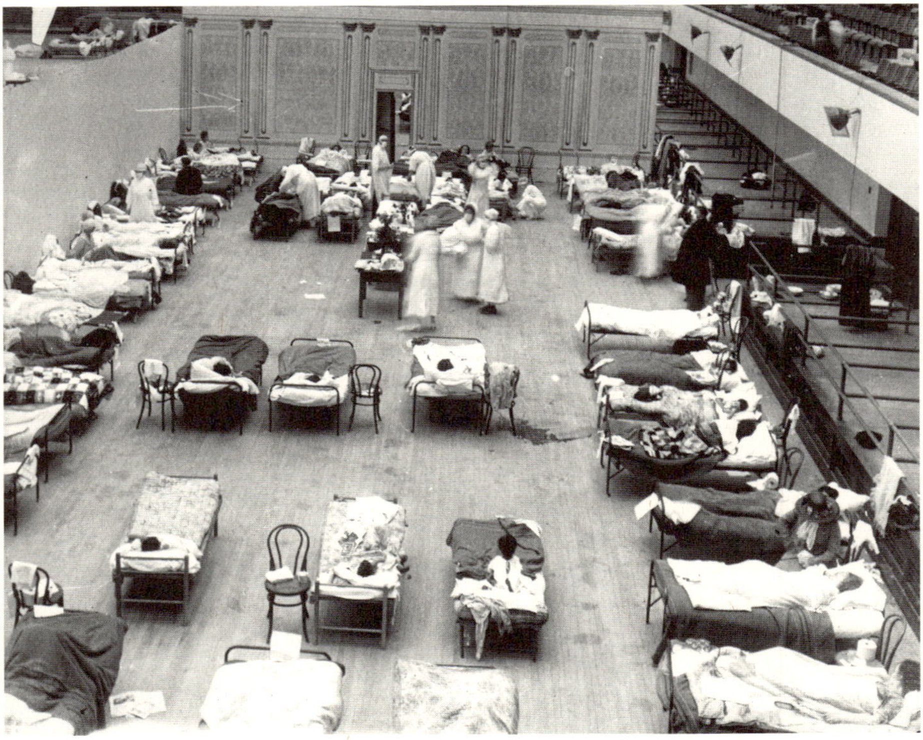

Epidemia de gripe de 1918: el Auditorio Municipal de Oakland, Estados Unidos, usado como hospital temporal [Edward A. «Doc» Rogers; Oakland Public Library].

que participaban en la Primera Guerra Mundial. La segunda ola apareció en varios lugares a finales de agosto de 1918, cursó a nivel mundial entre septiembre y noviembre de 1918 y fue especialmente mortal. La enfermedad seguía a los soldados que eran trasladados de un campamento a otro, viajando de puerto a puerto. En los campos de entrenamiento del Ejército de EE. UU., la segunda ola surgió el 8 de septiembre, cuando llegó a Camp Devens, en las afueras de Boston, en Massachusetts, donde entrenaban más de 100.000 soldados de las divisiones de infantería 12 y 76. Ambos bandos sucumbieron a la enfermedad. Según los informes, el Ejército alemán perdió a 14.000 soldados a causa de la gripe, mientras en Inglaterra y Gales, las muertes asignadas a la influenza durante 1918, entre hombres no civiles, ascendieron a 7.591. Sin embargo, en todos los Ejércitos, la censura militar podría haber minimizado las cifras de mortalidad ocasionadas por la gripe. La tercera ola, que involucró a menos países, probablemente fue exacerbada por el final de la Primera Guerra Mundial, con el regreso de los soldados a casa y la reanudación del comercio.

La dimensión de la gripe española fue extraordinaria. Batió a más personas que la Primera Guerra Mundial, que tuvo 9,2 millones de muertes en combate, y que la Segunda Guerra Mundial, que alcanzó 15,9 millones de muertos. Cobró más vidas que la peste negra de la Edad Media en cien años, y recaudó más almas en veinticuatro semanas que el sida en sus primeros veinticuatro años. La mayoría de los fallecidos eran personas jóvenes, con edades comprendidas entre los veinte y los treinta años, y varios historiadores apuntan a que la gripe disminuyó entre el 8 % y el 10 % de la población total mundial de personas en este grupo de edad. Alimentada por el conflicto, la enfermedad voló con rapidez por el planeta. Las manifestaciones patrióticas, los desfiles, el flujo de refugiados y, sobre todo, los movimientos masivos de tropas proporcionaron excelentes billetes de viaje y de expansión a la gripe. En los Estados Unidos de América alrededor del 28 % de la población estaba infectada, y tantas personas murieron que la esperanza de vida estadounidense se redujo de cincuenta y un años en 1917 a treinta y nueve años en 1918.

La enfermedad es denominada gripe española porque los medios de comunicación españoles alertaron e informaron en abundancia acerca de la pandemia. España era un país neutral, no participó en la guerra, y esto facilitó el flujo de información sobre la gripe. A medida que llegaba el final de la guerra, el país se enfrentaba a una situación social y política difícil.

Alfonso XIII, el rey de España, gobernó un país socialmente dividido, con la mayoría de sus cerca de veinte millones de ciudadanos empobrecidos, debido a la falta de comercio y suministros que resultó de la Primera Guerra Mundial. La tasa de inflación llegó al 20,1 % y hubo una incidencia creciente de conflictos de clase social, incluidas varias huelgas generales. Las primeras noticias públicas de la epidemia aparecieron en la capital. El 22 de mayo de 1918, el diario *ABC* de Madrid se hizo eco. Los reportes indicaron que la propagación de una extraña enfermedad similar a la influenza, que era muy leve, había estado en curso desde principios de mayo.

Debido a las fiestas patronales de San Isidro en Madrid, un gran número de personas acabaron reunidas en salones de baile y verbenas populares durante las semanas de mayo y, por lo tanto, probablemente estuvieron expuestas a un alto riesgo de transmisión del virus. La enfermedad cursaba de forma repentina. Algunas personas incluso colapsaban mientras caminaban por la calle. Aparecía fiebre de dos a tres días, síntomas gastrointestinales y malestar general. El 28 de mayo, el rey Alfonso XIII enfermó, al igual que el presidente del Gobierno y varios miembros del gabinete.

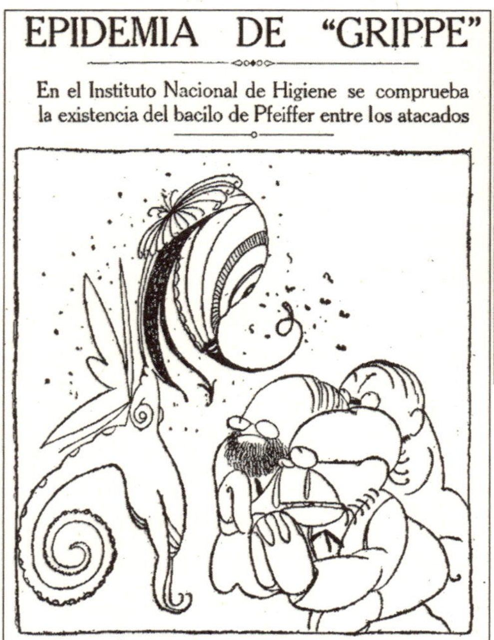

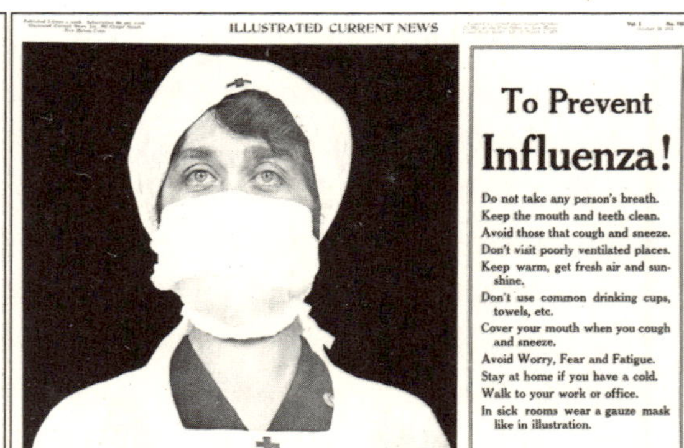

Izqda.: «Los biólogos.— ¡Anda, precioso! ¡Dinos quién eres!». Viñeta en *El Sol*, 7 de junio de 1918, sobre los esfuerzos del Instituto Nacional de Higiene de Alfonso XIII para identificar al causante de la gripe. Dcha.: instrucciones para prevenir la influenza en *Illustrated Current News*, 18 de octubre de 1918.

Muchos trabajadores fueron alcanzados por la enfermedad y tuvieron que permanecer en casa. Algunas prestaciones básicas, incluidos los servicios de correos y telégrafos, junto con diversos bancos y cajas de ahorro estuvieron obligados a cerrar temporalmente las operaciones por falta de personal. A partir de ese momento, la enfermedad comenzó a ser noticia diaria, bajo el titular de «La epidemia reinante». La percepción inicial de falta de gravedad de la enfermedad, unida al sentido de humor español, facilitó que la gripe fuera conocida popularmente en Madrid como el «Soldado de Nápoles», que era el nombre de una contagiosa canción popular representada en *La canción del olvido*, una zarzuela que había sido estrenada con gran éxito en el Teatro Lírico de Valencia el 17 de noviembre de 1916 y en el Teatro de la Zarzuela de Madrid el 1 de marzo de 1918.

Con el paso de las semanas el número de muertes aumentó. En el otoño de 1918 el ánimo del pueblo ya caía más rápido que las hojas de los árboles. Cada día, las portadas de los diarios españoles anunciaban los nombres de los numerosos fallecidos por la pandemia en el país. Era una catástrofe. Sin embargo, en otros países europeos, la prensa evitó ofrecer información sobre la propagación de la infección. Nadie quería alarmar en exceso a la población en general, que ya sufría las privaciones provocadas por la Primera Guerra Mundial. Los países inmersos en el conflicto no comunicaron noticias relacionadas con la escalada epidémica e incluso sus propios ciudadanos no sabían lo que estaba ocurriendo, porque *a priori* no interesaba que el enemigo supiera que las tropas rivales y la población civil del adversario estaban infectados y fenecían a puñados. El 22 de agosto de 1918, el Ministerio de Interior italiano negó los alarmantes informes sobre la propagación de la pandemia de gripe y, en los meses siguientes, los periódicos nacionales e internacionales hicieron lo mismo. La censura también fue extendida a informaciones y comentarios que eran discordantes con las versiones oficiales sobre la naturaleza de la epidemia. Por ello, gran parte de la población mundial pensó que España, que llevaba meses chorreando información desde la vertiente cantábrica hasta la punta de San García en Algeciras, era el origen de la nueva gripe, por lo que resultó lógico adjetivar de esta manera el nombre de la enfermedad.

El agente causal de la pandemia fue el virus de la influenza subtipo H1N1. Existen cuatro tipos de virus de gripe estacional, que son denominados como virus influenza A, virus influenza B, virus influenza C y virus influenza D. El reservorio ancestral de todos los virus influenza tipo A son las aves acuáticas. En particular, las incluidas en el orden *Anseriformes*, al que pertenecen los gansos o los patos, y en el orden *Charadriiformes*, donde están las gaviotas. Todas las pandemias de gripe conocidas han sido ocasionadas por virus gripales del tipo influenza A. Los influenzavirus A son los únicos responsables de la gripe común en humanos, además de ser los agentes causales de las gripes aviar, porcina, canina y equina. En las aves acuáticas, los virus de influenza A se replican y son eliminados del tracto digestivo. Esto permite la transmisión por el agua. En humanos, porcinos y otros modelos de mamíferos, los virus de la influenza se replican en el tracto respiratorio superior o inferior, debido a la presencia de los receptores de ácido siálico necesarios, lo que favorece la transmisión aérea.

Los virus de la gripe poseen una alta tasa de mutación y un fenómeno conocido como redistribución genética que permite al virus generar muchas combinaciones distintas. Los virus de la influenza tipo A pueden dividirse en diferentes subtipos dependiendo de los genes que constituyen las proteínas de superficie, la hemaglutinina (H) y la neuraminidasa (N).

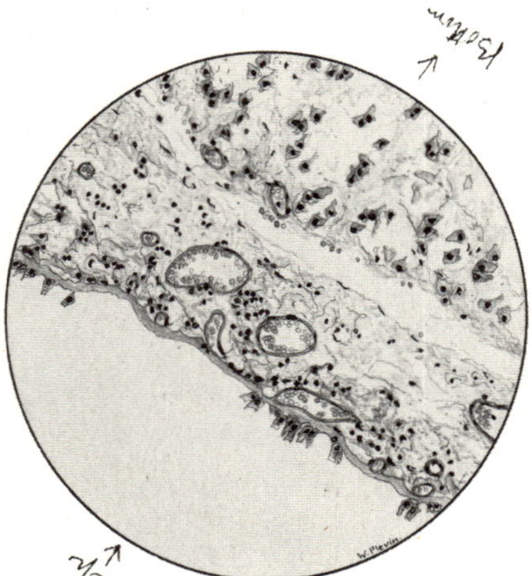

Izqda.: bronquio principal de pulmón con influenza en 1918; vasos congestionados, infiltración de células redondas y membrana engrosada [Wellcome Collection, CC BY 4.0]. Dcha: ánsar piquicorto (*Anser brachyrhynchus*) [*Svenska Fåglar*, Hnos. Von Wright, 1929].

Estas proteínas constituyen los sitios principales de reconocimiento antigénico por parte del sistema inmunitario del hospedador. Existen dieciocho subtipos de hemaglutinina y once subtipos de neuraminidasa diferentes, de H1 a H18 y de N1 a N11 respectivamente, por lo que, potencialmente, existen decenas de combinaciones del subtipo de la influenza A y H1N1 es una de ellas. Es destacable que dentro de cada subtipo existe una considerable variabilidad genética, antigénica y fenotípica, lo que repercute en la patogenicidad de la cepa.

La mayoría de los subtipos de virus influenza patógenos para los seres humanos tienen origen en aves y cerdos. Estos últimos son considerados un recipiente de recombinación ideal para variantes de diversos orígenes. En la actualidad, tan solo los subtipos H1N1 y H3N2 del virus de la influenza A están en circulación entre las personas, pero otros subtipos como H5N1, H10N8, H10N7, H6N8, H7N9, etc. también pueden infectar y afectar a los humanos. Algunos subtipos causan enfermedades en otras especies animales infectadas. Por ejemplo, el virus H7N7 afecta a los caballos, y el virus H3N8 tiene capacidad para enfermar a perros, caballos y focas, entre otros mamíferos. Los virus de influenza B se clasifican en dos linajes: B/Yamagata y B/Victoria. Las vacunas antigripales tetravalentes o trivalentes contienen virus de la influenza A (H1N1 y H3N2) y virus de la influenza B (linaje B/ Victoria y linaje B/ Yamagata). Cada año la OMS publica las recomendaciones de la composición de las vacunas antigripales de la siguiente temporada. En febrero para el hemisferio norte y en agosto o septiembre para el hemisferio sur. Las recomendaciones son construidas a partir de diversas fuentes de información que incluyen entre otras a la vigilancia epidemiológica de la gripe, la caracterización antigénica y genética de los virus detectados, los estudios serológicos, la efectividad vacunal y la resistencia a antivirales.

Cuatro décadas después del primer envite, en los años 1957 y 1968, el mundo tuvo que enfrentarse, en poco más de diez años, a dos nuevas pandemias de gripe. La de 1957, denominada «gripe asiática», resultó del reordenamiento entre el virus de la influenza aviar de baja patogenicidad (LPAI) H3N2 y el virus H1N1 estacional, mientras que la de 1968, denominada «gripe de Hong Kong», resultó del reordenamiento del virus LPAI H3N2 y el virus H3N2 estacional que circulaba desde la pandemia de 1957. La pandemia de «gripe asiática» de 1957 causó una mortalidad estimada de 1,1 millones de muertes, dos tercios en personas menores de sesenta y cinco años, y la pandemia de 1968 mató aproximadamente a un millón de personas.

Niña haciendo gárgaras en el ala de influenza. Hospital de Sagamihara, Japón, 9 de agosto de 1957 (detalle) [National Museum of Health and Medicine, CC BY 2.0].

En marzo y abril del año 2009 comenzó a circular, en México y en Estados Unidos, el primer virus de influenza pandémica del siglo XXI. El virus fue denominado H1N1pdm09 y era una nueva cepa vírica de la influenza en humanos. Había aparecido por una combinación de linajes porcinos euroasiáticos y norteamericanos. La mayoría de los genes de H1N1pdm09 derivaban de virus H3N2 y H1N2, que habían sufrido reordenamiento triple en cerdos, mientras que los genes de la neuraminidasa derivaron de un virus de influenza aviar que ingresó a la población porcina euroasiática. La «gripe porcina» resultante era distinta de los virus de la influenza A estacional en circulación; contenía material genético de virus porcinos, aviares y humanos; y las personas más jóvenes tenían poca o ninguna inmunidad natural. Por ello, la mortalidad fue elevada. A nivel mundial fue estimada entre 151.700 y 575.400 muertes en el primer año de circulación. El 80 % de las muertes relacionadas con H1N1pdm09 ocurrieron en personas menores de sesenta y cinco años, en comparación con el 10 %-30 % habitual en los brotes de influenza estacional. Los medios de comunicación bautizaron al evento como «pandemia de gripe A», pero esto podía dar lugar a confusión, porque había habido otras pandemias de gripe A en épocas pasadas. Por esa razón, el patógeno fue nombrado por la OMS como virus H1N1/09 pandémico, haciendo referencia al año de su aparición. El 30 de abril de 2009, la OMS decidió denominarla «gripe A (H1N1)». Actualmente los virus de influenza A (H1N1) en circulación están relacionados con los virus pandémicos H1N1pdm09 que aparecieron en la primavera de 2009 y que han seguido circulando cada temporada, y sufriendo cambios genéticos y modificaciones en sus propiedades antigénicas desde entonces.

La pandemia de gripe de 1918 reveló que las enfermedades infecciosas eran un problema que debía ser abordado a nivel poblacional. En los años posteriores, muchos países cambiaron su estrategia de salud pública: por un lado, optaron por adoptar el concepto de medicina socializada y, por otro, reforzaron los sistemas de vigilancia y de atención médica. El dramático descenso poblacional fue compensado después por el efecto *baby boom*, que, alentado por estrategias gubernamentales, impulsó la natalidad y la creación de las características familias numerosas de mediados del siglo XX.

PARA LEER MÁS:

Brüssow, Harald. 2022. «The beginning and ending of a respiratory viral pandemic-lessons from the Spanish flu». *Microbial Biotechnology* 15 (5): 1301-1317.

Chen, Qiang He. 2019. «The matrix segment of the "Spanish flu" virus originated from intragenic recombination between avian and human influenza A viruses». *Transboundary and Emerging Diseases* 66: 2188-2195.

Chorba, Terence. 2018. «Concurrent Conflicts - the Great War and the 1918 Influenza Pandemic». *Emerging Infectious Diseases* 24 (10): 1968-1969.

Goldstein, Joseph. 2020. «The Spanish 1918 flu and the COVID-19 disease: the art of remembering and foreshadowing pandemics». *Cell* 183: 285-289.

Kain, Taylor. 2019. «Preparing intensive care for the next pandemic influenza». *Critical Care* 23: 337.

Morens, David. 2009. «The Persistent Legacy of the 1918 Influenza Virus». *The New England Journal of Medicine* 361 (3): 225-229.

Økland, H. 2019. «Race and 1918 influenza pandemic in the U. S.: a review of the literature». *International Journal of Environmental Research and Public Health* 16: 2487.

Worobey, Michael. 2014. «Genesis and pathogenesis of the 1918 pandemic H1N1 influenza A virus». *PNAS* 111 (22): 8107-8112.

Lonja de los Paños, Ypres, 1914 [Alfred Bastien, ca. 1916].

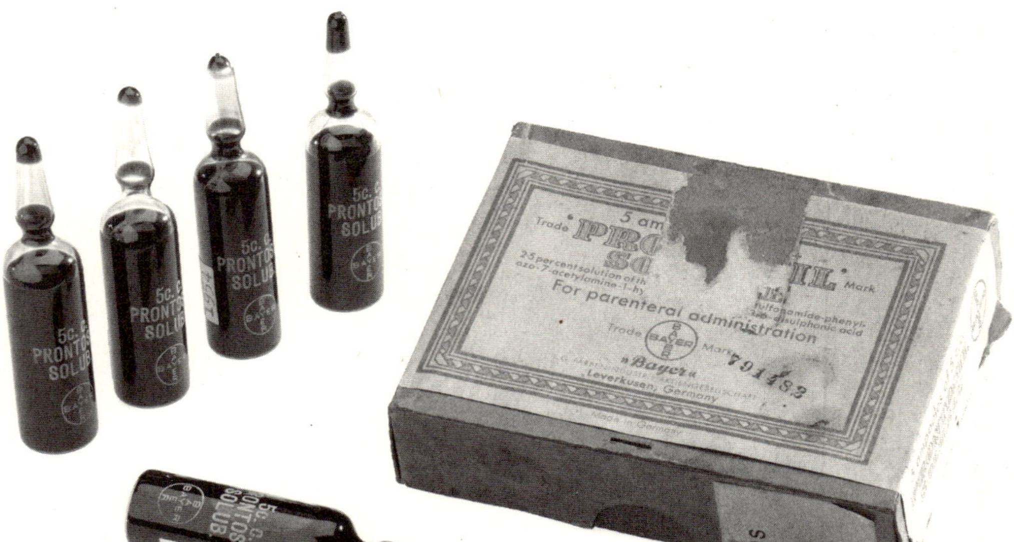

Caja de cinco ampollas de Prontosil. Alemania, 1936-1940 [Wellcome Collection, CC BY 4.0].

31. PRONTOSIL, DE TINTE ROJO A TERAPIA ANTIBACTERIANA; AÑO 1932 D. C.

Ypres es una coqueta ciudad situada al oeste de Bélgica. En cada esquina asoma la típica arquitectura que moldea las principales localidades flamencas. Los turistas suelen disfrutar con los paseos por el centro medieval y con las visitas a la Lonja de Paños o a la catedral, dos edificios imponentes que, aunque resulte chocante, son recreaciones completas de los inmuebles originales. Ypres es una urbe nueva, reconstruida piedra a piedra. En noviembre de 1918, casi todos los edificios del municipio estaban demolidos y en 1919 Ypres era una ciudad hecha de escombros. La ciudad fue restaurada con los pagos alemanes por las reparaciones de guerra. Las fechas de construcción modernas aparecen en los frentes de las casas. Hoy en día, alrededor de Ypres, encontramos terrenos salpicados de grandes cementerios para los caídos, junto con fortines y restos de trincheras, aún visibles después de más de un siglo.

La demolición de Ypres comenzó el 19 de octubre de 1914, durante la Primera Guerra Mundial, cuando las fuerzas aliadas y alemanas iniciaron una batalla para controlar la ciudad y ocupar una posición ventajosa en la costa norte de Bélgica. El primer contacto de los habitantes de Ypres con la Gran Guerra fue inesperado y angustioso. Las tropas alemanas llegaron a la localidad el 7 de octubre de 1914. Entraron en la ciudad desde el sureste, por la carretera de Menin a través de la puerta de Menin, y desde el sur, a través de la puerta de Lille (Rijselpoort). Los grupos de exploración avanzaron hacia el norte y el oeste, superando Ypres en dirección a Boesinghe, Vlamertinghe y Elverdinghe. A las nueve de la noche, las calles del pueblo y la plaza del mercado estaban impregnadas de una atmósfera inquietante. Miles de soldados cansados deambulaban de un lado a otro.

Los vehículos militares expulsaban un sonido mecánico y un olor acre que mezclaban bien con el desasosiego. La mayoría de los civiles, atrincherados en las ventanas, tenían la garganta abotonada. Cientos de caballos, dirigidos por jinetes uniformados, relinchaban poderosos y amilanaban a los pocos transeúntes con golpes de cascos sobre la calzada. El desfile iba aderezado con carros de combate, cocinas de campaña y armas, muchas armas. Puestos a contar, llegaron al menos unos 10.000 efectivos. Los soldados buscaron alojamiento para pernoctar y pasaron la noche en los pasillos de la Lonja de Paños, en las escuelas, en los cuarteles del Ejército, en las salas de espera de la estación de tren y en las casas con la población local. El señor Colaert, alcalde del municipio, aconsejó a la gente de Ypres que mantuviera la calma y que permaneciera guarecida en los hogares.

Las tiendas estaban repletas de soldados alemanes que buscaban ropa y comida. Algunos ofrecían monedas alemanas, otros pagaban con billetes de papel y la mayoría entregaban cupones preimpresos sin valor. Los panaderos recibieron la orden de tener 8.000 panecillos horneados y listos para las ocho y media de la mañana del día siguiente, 8 de octubre, con el objetivo de que fueran distribuidos entre las tropas. El ejército alemán requisó heno, paja y avena, y vaciaron las arcas de la ciudad incautando 62.000 francos. Confiscaron caballos y carros, y comenzaron a salir de la ciudad alrededor del mediodía. Los soldados a pie fueron en dirección a Dickebusch. La caballería transitó en dirección a Vlamertinghe. Nunca más regresaron.

Pocos días después, el 13 de octubre, las tropas de los Ejércitos francés y británico llegaron a Ypres, atravesaron la ciudad por el este y tomaron posiciones defensivas para contener el avance alemán. A partir de ese momento, la ciudad estuvo envuelta en una guerra infernal que duró cuatro años. En el otoño de 1914, los combates fueron feroces, pero el ejército alemán no pudo capturar Ypres. Las fuerzas francesas y británicas negaron a los comandantes alemanes una ruta a través de Bélgica hasta los puertos costeros franceses de Calais y Dunkerque. Del 14 de octubre al 17 de noviembre de 1914, los choques fueron casi continuos, desde el canal de la Bassée hasta el Yser. En ese frente, durante ese período, las pérdidas británicas ascendieron a más de 54.000 muertos, heridos y desaparecidos. Los franceses perdieron al menos 50.000 soldados en Ypres, mientras que los belgas sufrieron más de 20.000 bajas en Yser e Ypres. Un mes de lucha en Ypres costó a los alemanes más de 130.000 bajas. El reclutamiento era continuo; cualquier hombre joven y sano podía servir en el Ejército, ya fuera en uno u otro bando.

Cuando estalló la Primera Guerra Mundial en 1914, Gerhard Domagk era estudiante de Medicina en Kiel. Casi de inmediato se unió al Ejército alemán y ese otoño luchó en la primera batalla de Ypres. Transferido al frente oriental, Domagk resultó herido en una pierna. Tras la convalecencia, volvió al frente como auxiliar médico, sirviendo, entre otros lugares, en los hospitales de cólera de Rusia. Durante este tiempo quedó decisivamente impresionado por la impotencia de los médicos de la época ante el cólera, el tifus, las infecciones diarreicas y otras enfermedades infecciosas. Estaba especialmente influenciado por el hecho de que la cirugía tenía poco valor en el tratamiento de estas enfermedades, e incluso las amputaciones y otras formas de tratamiento radical, a menudo, iban seguidas de infecciones bacterianas graves como la gangrena gaseosa, causada por *Clostridium perfringens,* en los soldados heridos. En aquellos días juró, ante Dios y ante él mismo, contrarrestar aquella locura destructiva.

Terminada la guerra, Domagk regresó a Kiel y obtuvo la graduación en medicina en 1921. Después realizó diferentes investigaciones y obtuvo un puesto de profesor universitario, pero en 1927 aprovechó una oportunidad para trabajar en I. G. Farbenindustrie, un conglomerado alemán de fabricación de productos químicos. La I. G. Farbenindustrie fue creada en 1925 en Frankfurt por las principales compañías químicas alemanas entre las que destacaba Bayer AG. Los activos tecnológicos aportados por las distintas empresas para la creación de la I. G. Farbenindustrie eran impresionantes. BASF había desarrollado colorantes sintéticos como la alizarina (1869), el azul de metileno (1877), el azul índigo (1880) o el indantreno (1901); procedimientos para producir sustancias como el ácido sulfúrico fumante (1888), el cloro líquido (1888), el ácido ftálico (1892), el amoniaco (1913), la urea (1922) y el metanol (1923); además del primer material surfactante (1916) y del método de lecho fluido para generar calor (1921). Por otra parte, Bayer y Hoechst aportaron medicamentos como la antipirina (1883), el antiserum (1891), la aspirina (1897), la adrenalina (1904), la novocaína (1905), el salvarsán (1909) o la insulina (1922). AGFA ofreció el material fotográfico «rodinal» (1891) y la placa a color (1916). Griesheim-Elektron contribuyó con la electrolisis del cloro-álcali (1884), el soplete de corte por hidrógeno-oxígeno (1903), la aleación Elektron (1908), el colorante Naftol o el acetato de polivinilo (1912). Weiler-Ter-Meer añadió anilinas (1861) y pigmentos basados en óxido de hierro (1925). En definitiva, Gerhard Domagk investigaba para un consorcio alucinante.

Gerhard Domagk (1895-1964).

En 1929, la I. G. Farben construyó un nuevo instituto de investigación de anatomía patológica y bacteriología. Domagk estaba al frente. El recuerdo de los soldados malheridos continuaba fresco y estimuló en Domagk para buscar moléculas eficaces contra las infecciones estreptocócicas. La investigación estuvo enfocada en los colorantes azoicos como agentes quimioterapéuticos. Tras cinco años de trabajo, a finales de 1932, encontró que una sustancia nombrada KL730, y más tarde conocida como Prontosil, daba buenos resultados contra infecciones estreptocócicas en ratones de laboratorio, incluso a dosis muy bajas, aunque no funcionaba en ensayos directos *in vitro* contra la bacteria responsable de la enfermedad. A pesar de ello, el día de Navidad de 1932, la empresa solicitó una patente. Las pruebas en humanos con infecciones estreptocócicas, para las que no había otro tratamiento, salieron bien y el medicamento fue patentado.

En realidad, la vida útil y la popularidad del Prontosil no comenzó ocupando el papel de antibiótico. El Prontosil, un compuesto de color rojo rubí intenso, era un derivado de la sulfanilamida (p-aminobencenosulfonamida), que el químico vienés Paul Gelmo había sintetizado en 1908, y que era utilizado como un colorante sintético industrial para teñir cueros y lanas. Al principio del siglo XX, muchas sustancias colorantes eran investigadas como posibles agentes antimicrobianos, por lo que la incipiente industria farmacéutica solía estar relacionada con la producción de colorantes sintéticos. De hecho, el Prontosil era fabricado rutinariamente por la I. G. Farben.

Domagk administró «prontosil rubrum», el famoso tinte rojo, a ratones y conejos y comprobó que protegía a los animales contra dosis letales de estafilococos y estreptococos hemolíticos. El primer experimento de Domagk, con veintiséis ratones infectados, dio como resultado que los doce que recibieron Prontosil administrado por sonda gástrica sobrevivieron, mientras que los catorce controles restantes murieron. El KL730, inicialmente conocido en Bayer como Streptozon, fue sometido a muchos meses de pruebas en animales y presentado y discutido en reuniones científicas dentro de Alemania. Aparecieron varios informes preliminares sobre la actividad del compuesto que afirmaban que podía curar enfermedades típicamente estafilocócicas o estreptocócicas, como la erisipela, la escarlatina y la fiebre puerperal. Sin embargo, Domagk no estaba satisfecho con los experimentos, porque no estaba seguro de que el prontosil, tan eficaz en ratones, fuera activo en el ser humano. Fue entonces cuando sucedió un evento inesperado. El 4 de diciembre de 1935, Hildegard, la hija de seis años de Domagk, tropezó en casa y cayó por las escaleras. La aguja de coser que llevaba en la mano se clavó en la palma y llegó hasta la muñeca. El dolor fue atroz. Pasados unos días comenzó a tener fiebre y la mano muy hinchada. La herida estaba infectada. Al poco la niña enfermó de gravedad. Los médicos temían que muriera, incluso si el brazo era amputado para intentar parar la infección. Domagk estaba desesperado. El diagnóstico de las pruebas concluyó que la infección era ocasionada por bacterias del género *Streptococcus*. Eran los mismos microorganismos patógenos con los que Domagk había trabajado en el laboratorio. Todavía existía una oportunidad. No había tiempo que perder. La decisión era muy arriesgada, pero quizás era la única que podía salvar a la pequeña. Domagk administró varias dosis de Prontosil a la niña y esperó, suplicando haber acertado. En apenas dos días Hildegard sanó por completo, el tratamiento había funcionado, pero Domagk, cauteloso, omitió mencionar la recuperación de su hija en el informe sobre el efecto del fármaco. Los resultados finalmente fueron publicados en un artículo en la edición de febrero de 1935 de la revista alemana *Deutsche Medizinische Wochenschrift*. Todavía no está claro por qué Domagk no publicó el trabajo antes, pero quizás fuera por razones de secreto empresarial relacionado con las patentes.

A pesar de la publicación tardía de los resultados, circulaban algunos informes, poco convincentes y con escasa información sobre el uso de la droga en Alemania, por lo que se filtró la noticia de que existía un nuevo fármaco con supuestas características antibacterianas. En el Instituto Pasteur de París, la científica francesa Thérèse Tréfouël y otros colegas preguntaron a la I. G. Farben si podían suministrarles algo de Prontosil, pero la solicitud fue denegada. La negativa no paró a los científicos del Instituto Pasteur, que lograron sintetizar Prontosil o una sustancia muy parecida y pronto sorprendieron a todos al sugerir que la molécula constaba de dos partes unidas por un doble enlace y se descomponía en el cuerpo. Una parte, tri-amino-benceno, producía el color rojo, pero no tenía valor terapéutico, mientras que la otra, p-aminobenceno sulfonamida, posteriormente conocida como sulfanilamida, era probablemente el agente antibacteriano activo. El tiempo demostró que los franceses tenían razón. El establecimiento de la sulfanilamida como parte activa de Prontosil y congéneres derivados condujeron, a su vez, a investigaciones sobre el modo de acción. En 1940, Woods y Fildes descubrieron que tenía acción antagonista del ácido para-aminobenzoico (pABA).

En Inglaterra, Leonard Colebrook, un investigador preternaturalmente cauteloso, redujo drásticamente el número de muertes por fiebre puerperal utilizando Prontosil en 1936. En Inglaterra y Gales en 1934, justo antes de la introducción de las sulfonamidas, la tasa de mortalidad materna por fiebre puerperal era de 19,5 por 10.000 nacimientos, y este nivel era mantenido desde mediados del siglo XIX. Después de la introducción de las sulfonamidas, la tasa de mortalidad quedó reducida a 5,4 en 1940 y a menos de tres en 1944, cuando empezó a estar disponible la penicilina. También en 1936, el hijo del presidente estadounidense Franklin Delano Roosevelt desarrolló un dolor de garganta estreptocócico e infección de los senos paranasales. Estaba al borde de la muerte cuando Eleanor Roosevelt, la primera dama de los Estados Unidos, accedió a que le dieran Prontosil y el chaval recuperó la salud. Al instante el Prontosil quedó convertido en una estrella y fue administrado con éxito contra un brote de meningitis en el Ejército de los EE. UU.

El hallazgo tuvo un alcance excepcional porque la sulfanilamida, la parte activa de Prontosil, había sido sintetizada en 1908 por el químico vienés Paul Josef Jakob Gelmo, como parte del desarrollo de su tesis doctoral. Parecía un detalle sin importancia, pero resultó que, gracias a eso, la estructura de la sulfanilamida estaba publicada, lo que significaba que no podía ser patentada por nadie. Además, la sulfanilamida era mucho más fácil y barata de fabricar a granel que el Prontosil. Enseguida, varias empresas farmacéuticas produjeron sulfanilamida y, en un momento dado, estuvo en el mercado con al menos setenta nombres comerciales diferentes.

Los químicos pronto estuvieron ocupados modificando la molécula para mejorar su desempeño. Los primeros avances obtenidos de este modo fueron de dos tipos. El primero consiguió una mayor actividad contra una gama más amplia de bacterias. La sulfapiridina (M&B 693), descubierta en 1938, fue el mayor avance individual, ya que fue el primer fármaco eficaz contra el neumococo que causa neumonías. La siguiente etapa, con la introducción de sulfatiazol y sulfadiazina, mantenía, e incluso aumentaba, la actividad antibacteriana, pero eliminó las frecuentes náuseas y cianosis causadas por los medicamentos anteriores.

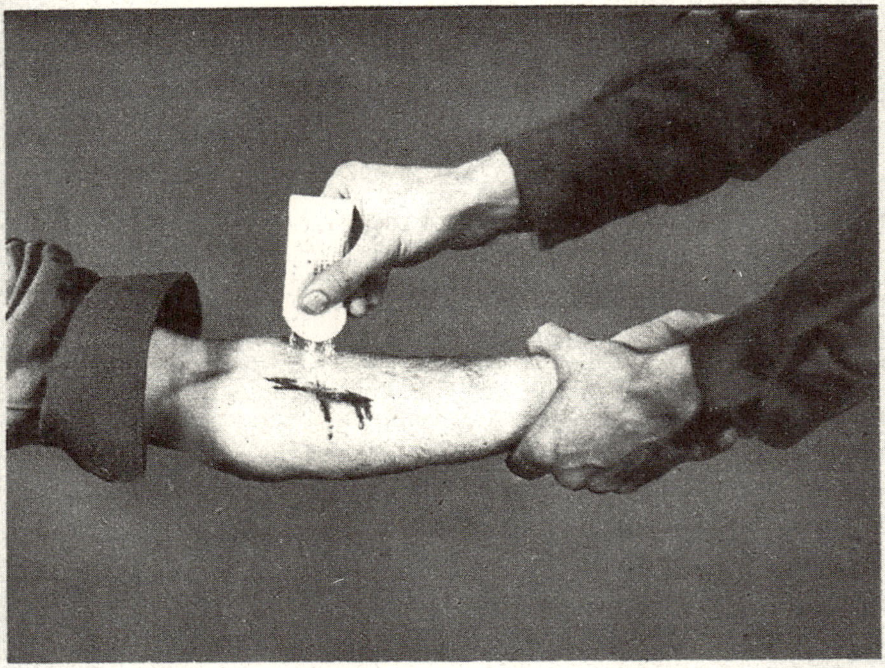

FIGURE 8.—Sprinkling sulfanilamide into a wound.

«Espolvoreando sulfanilamida en una herida» [*Basic Field Manual. FM 21-11 First aid for soldiers*; United States: Army Service Forces, War Department; 1943].

Quedó demostrado que la sulfanilamida y sus derivados eran eficaces contra la neumonía, la meningitis, la hematopoyesis y la gonorrea. La sulfanilamida facultó a los médicos para tratar infecciones bacterianas. Debido a que la sulfanilamida contiene azufre en la estructura, los medicamentos a base de azufre obtuvieron su nombre y se convirtieron en los principales agentes antibacterianos de esa época. Sin embargo, estos fármacos azufrados son básicamente aminas aromáticas que también inducen trastornos del tracto urinario, trastornos hematopoyéticos, porfiria y reacciones de hipersensibilidad como efectos secundarios. Cuando son administrados en grandes dosis, pueden causar fuertes reacciones alérgicas como el síndrome de Stevens-Johnson y la necrólisis epidérmica (síndrome de Lyell).

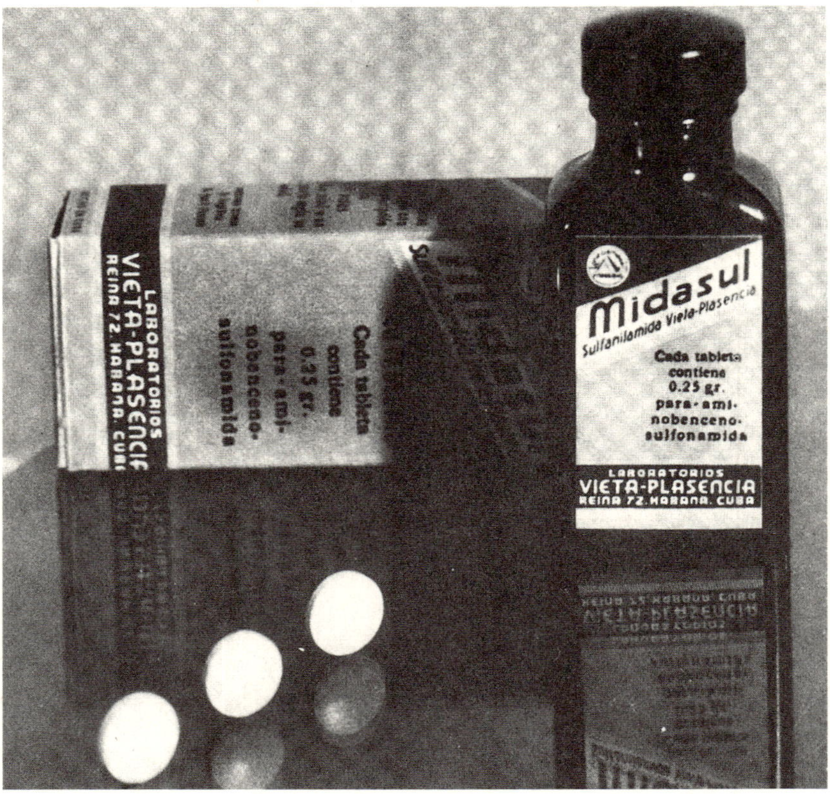

Midasul, tabletas de sulfanilamida, «específico contra las infecciones de estreptococos» (ca. 1941; detalle) [Laboratorios Vieta-Plasencia, S. A. (Cuba), Wellcome Collection].

Alrededor del 3 % de la población general desarrolló una reacción adversa. A pesar de los inconvenientes, en un momento en que no existía disponibilidad general de penicilina, el empleo de sulfanilamida y otras sulfonamidas resultó revolucionario. Así lo demuestra un artículo de salud pública publicado en octubre de 1943, porque menciona que la infección puerperal causada por estreptococos casi había dejado de ser una causa de mortalidad materna gracias a las sulfonamidas, que también habían demostrado ser eficaces contra la erisipela, neumonías, infecciones meningocócicas y gonocócicas, disentería bacilar e infecciones urinarias. De repente, las sulfonamidas redujeron la mortalidad de la fiebre cerebroespinal (meningitis meningocócica) del 70 % al 20 %. De hecho, las sulfonamidas también evitaron que la gonorrea ocasionara la pérdida de una gran cantidad de horas de trabajo por invalidez en las fuerzas armadas estadounidenses. Algunos oficiales daban los fármacos a los soldados antes y después de una cita amorosa. Las sulfonamidas salvaron cientos de vidas tras el ataque a Pearl Harbor. En 1943, Winston Churchill desarrolló neumonía con fibrilación auricular e insuficiencia cardíaca congestiva. Ganó la batalla a la infección y permaneció vivo porque fue tratado con la M&B 693, es decir, sulfapiridina fabricada por May y Baker en el intento número 693.

Todo el mundo ansiaba permanecer sano, por lo que millones de personas demandaron tener acceso a la sulfanilamida. Hubo una orgía de recetas excesivas y varias empresas farmacéuticas, como Squibb, Merck, Winthrop, Eli Lilly y Parke-Davis, comenzaron a fabricar productos corporativos que contenían sulfanilamida. Cada preparación recibió el respaldo del Consejo de Farmacia y Química de la Asociación Médica Estadounidense (AMA), una organización que revisaba nuevos medicamentos de forma voluntaria. Por aquella época, la S. E. Massengill Company de Bristol (Tennessee), que había sido fundada por Samuel E. Massengill, también comenzó a producir sulfanilamida. Esta empresa, relativamente pequeña, de inicio fabricaba cápsulas y tabletas, al igual que las otras compañías farmacéuticas. Poco después, la compañía percibió que existía demanda de una preparación líquida, pero no disponían de una solución de sulfanilamida, debido a la falta de un vehículo apropiado. Harold Watkins, el químico jefe de Massengill, recibió la tarea de encontrar el diluyente adecuado. Después de investigar varios posibles solventes, Watkins formuló una preparación rosa con sabor a frambuesa que constaba de un 10 % de sulfanilamida, un 72 % de dietilenglicol, un 16 % de agua y pequeñas cantidades de elixir saborizante, extracto de frambuesa, solución de sacarina, amaranto y caramelo. El brebaje recibió el nombre de «elixir de sulfanilamida», a pesar de la ausencia de etanol, un ingrediente requerido para que una preparación recibiera la designación de elixir. El laboratorio de control de Massengill evaluó la apariencia, el sabor y la flagrancia del producto. Encontró que era aceptable y lo aprobó para su distribución.

Nunca fue probada la toxicidad de los ingredientes individuales o del producto terminado. En un testimonio posterior, un agente de la Administración de Alimentos y Medicamentos de los Estados Unidos (FDA, por sus siglas en inglés) describió la nueva estrategia de desarrollo de medicamentos de la compañía Massengill como «mezclar medicamentos, y si no explotan, se ponen a la venta». A principios de septiembre de 1937, Massengill había fabricado 240 galones de elixir de sulfanilamida que fueron embotellados y distribuidos en 1.304 envíos por los Estados Unidos. La sulfanilamida del producto fue disuelta en dietilenglicol, un tóxico disolvente industrial, pero las botellas no divulgaban este aspecto. Uno de los principales puntos de entrega de la droga fue Tulsa en Oklahoma. A mediados de octubre de 1937, la noticia de varias muertes en Tulsa llegó a las oficinas de la FDA. Walter Campbell, jefe de la FDA, ordenó de inmediato una

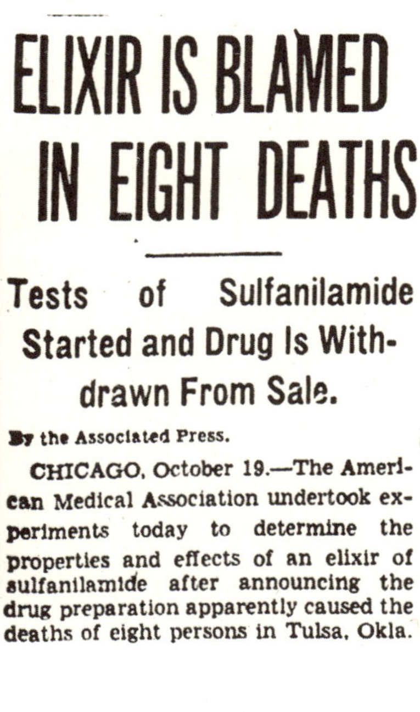
ELIXIR IS BLAMED IN EIGHT DEATHS

Tests of Sulfanilamide Started and Drug Is Withdrawn From Sale.

By the Associated Press.

CHICAGO, October 19.—The American Medical Association undertook experiments today to determine the properties and effects of an elixir of sulfanilamide after announcing the drug preparation apparently caused the deaths of eight persons in Tulsa, Okla.

Izqda.: la botella de elixir de sulfanilamida comercializada por Massengill Co. [Food and Drug Administration, FDA]. Dcha.: recorte del *Evening Star* (Washington D. C.) con la noticia de las ocho primeras muertes del elixir en Tulsa, Oklahoma, EE. UU.

investigación masiva y asignó al caso a casi todos los 239 inspectores y químicos de la FDA. El caso es conocido como «el incidente del elixir de sulfanilamida de 1937» y también como «el desastre de la sulfanilamida».

Trescientos cincuenta y tres pacientes recibieron elixir de sulfanilamida durante un período de cuatro semanas en el otoño de 1937. Hubo 105 muertos y 248 supervivientes, con una tasa de letalidad del 30 %. Treinta y cuatro niños y setenta y un adultos murieron. El fármaco fue administrado por indicación de un médico en 100 de los 105 pacientes que fallecieron. Las razones para su uso incluyeron gonorrea, dolor de garganta, infecciones de oído, infecciones de tejidos blandos y sífilis. Las instrucciones decían: «comience con dos a tres cucharaditas en agua cada cuatro horas. Disminuya en veinticuatro a cuarenta y ocho horas a una o dos cucharaditas y continúe con esta dosis hasta la recuperación». El problema, por supuesto, fue que ninguno de estos 105 pacientes se recuperó. La dosis letal media del elixir fue de 53 ml para niños y de 99 ml para adultos. Esto es equivalente a una dosis fatal media de dietilenglicol de 38 g en niños y 71 g en adultos. El tiempo de supervivencia desde la primera dosis fue de 9,4 días, con un rango de dos a veintidós días. Los primeros síntomas clínicos, náuseas y vómitos. Es muy probable que hubiera habido muertes adicionales si muchos supervivientes no hubieran interrumpido el uso del medicamento debido a los trastornos gastrointestinales. Los síntomas posteriores incluyeron manifestaciones de insuficiencia renal como poliuria, anuria, dolor en el costado, coma y, en algunos pacientes, convulsiones. Muchos desarrollaron encefalopatía urémica y fallecieron por insuficiencia renal.

En 1969, aconteció una epidemia de insuficiencia renal mortal entre siete niños en Ciudad del Cabo en Sudáfrica. Como terapia para la fiebre, administraron a cada niño sedantes formulados con dietilenglicol en lugar de propilenglicol. Poco después de que los niños recibieran la medicación, desarrollaron vómitos, diarrea y deshidratación. Manifestaron anuria, respiración acidótica y hepatomegalia. El examen *post mortem* mostró necrosis tubular extensa del riñón y degeneración hidrópica centrolobulillar del hígado. La dosis letal de dietilenglicol para humanos se estima en un rango entre 0,014 a 0,17 mg por kilogramo de peso. El peor caso de intoxicación por dietilenglicol ocurrió en el año 2006 en Panamá por un envenenamiento masivo tras el consumo de medicinas adulteradas a través de las farmacias de la Caja de Seguro Social. Hubo más de 1.300 personas afectadas y murieron unas 800.

A pesar de contener dietilenglicol, la única ley que incumplió Massengill fue la regulación de etiquetado incorrecto, porque el elixir de sulfanilamida carecía de etanol. Si no hubiera sido por este pequeño tecnicismo, la FDA no habría tenido la autoridad para incautar el producto. Afortunadamente, gracias a la diligencia de la FDA, fueron recuperados 228 de los 240 galones del elixir antes de que fueran distribuidos. Las estimaciones indican que, si se hubieran consumido los 240 galones, el número de muertes podría haber superado las 4.000. Consecuencia de la tragedia, el químico Harold Watkins se pegó un tiro en el corazón. El suceso dio fuerza a la FDA y desaparecieron muchos medicamentos patentados. Las Enmiendas de Nuevos Medicamentos resultantes de 1962 exigieron que la FDA monitoreara de cerca todas las etapas del desarrollo de nuevos medicamentos. El proceso de investigación del nuevo fármaco empezó a requerir pruebas exhaustivas en animales antes de comenzar los ensayos extensos en humanos. Fue exigida una prueba de eficacia y seguridad, y eliminadas las limitaciones de tiempo para la disposición de solicitudes de nuevos medicamentos. Sobrevino la transición completa de la FDA desde una agencia que responde a los eventos, a una agencia que examina activamente el desarrollo de nuevos medicamentos.

El descubrimiento de la actividad del Prontosil marcó el comienzo de la era de los antibióticos y tuvo un profundo impacto en la industria farmacéutica, la historia médica y el bienestar humano. El hecho de que las sulfonamidas hubieran salvado miles de vidas, antes de que fuera introducida la penicilina, fue el mayor tributo al descubrimiento que en 1932 hizo Domagk de las propiedades antibacterianas del Prontosil. Sin embargo, el hallazgo de la acción antibacteriana de las sulfonamidas no

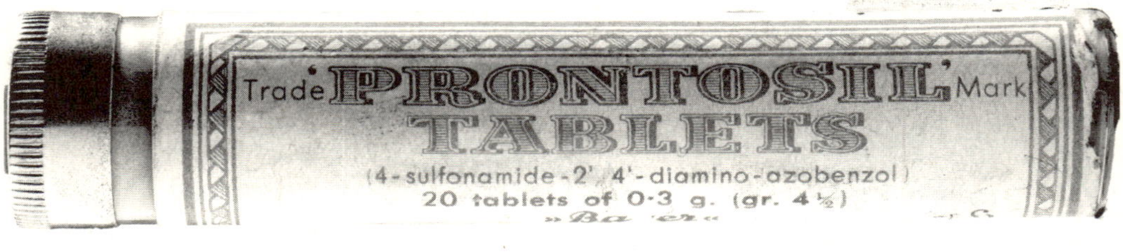

Tubo de tabletas Prontosil. Alemania, 1935-1950 [Wellcome Collection, CC BY 4.0].

fue la única contribución de Domagk a la quimioterapia. También descubrió el valor terapéutico de las bases de amonio cuaternario y amplió, en colaboración con Klarer y Mietzsch, su trabajo sobre las sulfonamidas. Posteriormente, atacó el problema de la quimioterapia de la tuberculosis, desarrollando para ello las tiosemicarbazonas (Conteben) y la hidrazida del ácido isonicotínico (Neoteben). Sin duda, el trabajo de Domagk derivó en un control más eficaz de muchas enfermedades infecciosas que hoy en día han perdido el terror que antes causaban. En 1939 recibió el Premio Nobel de Fisiología o Medicina por el descubrimiento de los efectos antibacterianos del Prontosil.

Ronald Hare, profesor de Bacteriología de la Universidad de Londres, que participó en la introducción médica de la penicilina, comentó en 1970: «no hay duda de ello, sin las sulfonamidas para mostrar el camino, es improbable que la penicilina hubiera surgido de la oscuridad».

🕮 PARA LEER MÁS:

Bonez, Pauline. 2021. «Sulfonamides complexed with metals as mycobacterial biofilms inhibitors». *Journal of Clinical Tuberculosis and Other Mycobacterial Diseases* 23: 100217.

Ellis, Harold. 2014. «Gerhard Domagk: a Nobel laureate pioneer of chemotherapy». *British Journal of Hospital Medicine* 75 (4): 231.

Loudon, Irvine. 2008. «The use of historical controls and concurrent controls to assess the effects of sulphonamides, 1936-1945». *The Journal of the Royal Society of Medicine 101: 148-155.*

Ovung, Aben. 2021. «Sulfonamide drugs: structure, antibacterial property, toxicity, and biophysical interactions». *Biophysical Reviews* 13 (2): 259-272.

Uddin, Tanvir. 2021. «Antibiotic resistance in microbes: History, mechanisms, therapeutic strategies and future prospects». *Journal of Infection and Public Health* 14: 1750-1766.

Uhlendahl, Hendrik. 2020. «Victim or profiteer? Gerhard Domagk (1895-1964) and his relation to National Socialism». *Pathology - Research and Practice* 216 (6): 152944.

Wainwright, Mark. 2011. «On the 75th anniversary of Prontosil». *Dyes and Pigments* 88: 231-234.

Guerrero fore en 1957 [«Early images of kuru and the people of Okapa», D. Carleton Gajdusek; *Philosophical Transactions of the Royal Society B: Biological Sciences*, 27 de noviembre de 2008; CC BY 4.0].

32. KURU, AÑO 1957 D. C.

«Quid pro quo, Clarice, quid pro quo. Yo te cuento cosas y tú me cuentas cosas». La sentencia, pronunciada por el caníbal Hannibal Lecter, aparece en la película *El silencio de los corderos*, en respuesta a la petición de ayuda, solicitada por la agente del FBI Clarice Starling, para resolver un caso de asesinato. El personaje del doctor Lecter, un psicópata de ficción que disfruta practicando el canibalismo, fue inventado por el novelista Thomas Harris y encarnado en el cine por Anthony Hopkins.

En el mundo real, la evidencia indiscutible más temprana de canibalismo fue encontrada en el nivel TD6 (Pleistoceno temprano) de la cueva de la Gran Dolina en los yacimientos burgaleses de Atapuerca, pero también han sido documentados otros ejemplos en varios sitios neandertales de Europa occidental, incluidos El Sidrón y Zafarraya en España y Moula-Guercy y Les Pradelles en Francia.

El canibalismo humano es un tema que sigue exhibiendo una fascinación morbosa en las sociedades actuales, y los informes que apuntan al ejercicio moderno de esta práctica están distribuidos de manera desigual en varias áreas culturales del planeta, aunque la mayoría provienen de América del Norte y las islas del Pacífico. Identificar las motivaciones que originan el canibalismo sigue siendo un tema polémico. Los acicates han sido relacionados con aspectos de supervivencia; agresividad; rasgos psicóticos o criminales; inclinaciones gastronómicas y nutricionales; motivaciones medicinales; o creencias espirituales y actividades rituales. De hecho, la tribu fore, nativa del distrito de Okapa, en el sureste de Papúa Nueva Guinea, tiene una larga historia de canibalismo ritual.

La sociedad de la tribu fore está organizada en grupos de parentesco, y aunque estos conjuntos de individuos no sean padres directos, tienen los mismos privilegios y responsabilidades. Durante siglos, los fore han mantenido prácticas mágicas y rituales, referidas principalmente al destino del alma de una persona fallecida. Los fore creen que el ser humano posee cinco almas, denominadas Auma, Ama, Kwela, Aona e Yesegi. Al morir un individuo, la tribu lleva a cabo rituales mortuorios para asegurar que cada alma llega a un destino específico. El Auma, similar al concepto occidental del alma, es la primera en dejar el cuerpo después de la muerte y viaja a *kwelanandamundi*, la tierra de los muertos. Para ayudar al Auma a llegar a *kwelanandamundi*, los familiares del difunto dejan comida junto al fallecido. Dos o tres días después de la muerte, el cadáver puede ser enterrado, sepultado o cocinado y consumido como parte de un ritual. Aunque parezca repulsivo, el cadáver era devorado porque, con la ingesta, pensaban que el Ama del difunto, vinculado a la idea occidental del amor, bendecía a los que lo comían. Con cada bocado, el Aona o conjunto de habilidades especiales de una persona eran transmitido al hijo preferido del difunto, mientras que el Yesegi o poder ancestral de una persona era transmitido a todos los hijos del fallecido.

«Un festival caníbal en Fiji, 1869. La carne, el fuego y los cocineros» [*Brown men and women, or The South Sea Islands in 1895 and 1896*; Edward Reeves, 1898].

En 1957, el antropólogo Charles Julius envió al Departamento de Salud Pública de Nueva Guinea un informe sobre las creencias y prácticas de hechicería de la tribu fore. La documentación incluía la importante observación de que las mujeres y los hombres no iniciados tenían tanto el derecho como el deber de comer parientes muertos, y además señalaba la obsesión de los fore con el kuru, una enfermedad misteriosa y mortal.

La palabra *kuru* significa «temblor» y está vinculada a los temblores corporales característicos de la enfermedad. Localmente también recibió el apelativo de *negi-nagi*, que significaba persona tonta, ya que las víctimas reían en intervalos espontáneos. El kuru es una encefalopatía o enfermedad neurodegenerativa limitada al distrito de Okapa, en la provincia de las Tierras Altas Orientales de Papúa Nueva Guinea. Siempre es fatal, con un curso subagudo, en promedio, de unos doce meses desde el inicio hasta la muerte. El primer testimonio europeo de la presencia de kuru data del año 1936, y fue realizado por Ted Ubank, un buscador de oro. En la década de 1940, muchos mineros de oro, misioneros protestantes y funcionarios gubernamentales estaban familiarizados con la presencia del kuru y con las prácticas de endocanibalismo en las tribus de las Tierras Altas Orientales, pero la enfermedad fue desconocida para el mundo exterior hasta alcanzada la década de 1950, cuando el Gobierno australiano puso por primera vez bajo control administrativo esta zona de las Tierras Altas. A partir de evidencias y narraciones de la historia local oral, parece que la epidemia comenzó a principios del siglo XX, en el año 1901 o 1902, con un solo caso. El afectado desarrolló de forma espontánea la enfermedad de Creutzfeldt-Jacob, murió y fue consumido por miembros de la tribu, en la forma tradicional de canibalismo ritual. La epidemia avanzó con lentitud, hasta llegar a matar a más de doscientas personas al año. En algunos poblados no quedaban mujeres jóvenes, muertas todas ellas por el kuru. En total, hay registradas 172 aldeas con antecedentes de kuru. Ocupan un área, de aproximadamente 65 kilómetros por 40 kilómetros, que rodea a la estación del Gobierno de Okapa, y que es denominada la región del kuru. Desde principios de 1957, han fallecido por kuru más de 2.700 personas en 145 de estos pueblos. Por encima del 80 %, las muertes ocurrieron en la gente del grupo lingüístico fore. El resto acontecieron en nueve grupos lingüísticos adyacentes a los fore, que presentaban estrechos lazos culturales y maritales con sus vecinos.

Clínicamente, el kuru es un trastorno cerebeloso progresivo. Comienza con signos de titubeo, inestabilidad troncal y temblor, con astasia y marcha atáxica con base de sustentación ancha. Esta situación progresa a dismetría en las extremidades, movimientos extraoculares espasmódicos, disfagia y disartria. El estado clínico de los pacientes con kuru empeora de manera constante e inexorable a través de etapas ambulantes, sedentarias y reclinadas, hasta un estado terminal en el que toda la actividad motora está tan descoordinada que no es funcional, aunque no hay parálisis. Los pacientes no pueden moverse, comer o hablar, pero están conscientes, realizan contacto visual e intentan responder adecuadamente a su entorno mientras esperan morir.

La gente fore creía que el kuru era causado por brujería y hechicería contagiosa o incluso por fantasmas, debido al comportamiento extraño y tembloroso que acompaña a los afectados. La investigación científica del kuru comenzó en 1957, con la descripción de la enfermedad y el mapeo de los límites de la región del kuru por parte de Gajdusek, Zigas y Baker.

«Cinco mujeres con kuru avanzado, que requieren bastones para caminar o estar de pie, y tres niñas (sentadas) con kuru, en 1957» [«Early images of kuru and the people of Okapa», D. Carleton Gajdusek; *Philos. Trans. R. Soc. Lond. B Biol. Sci.*, 27 de noviembre de 2008; CC BY 4.0].

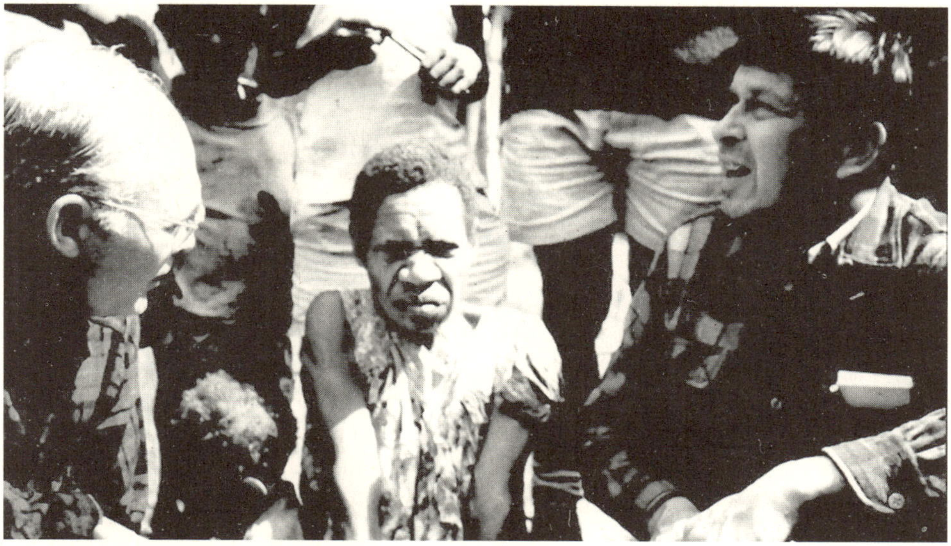

«El Dr. C. Joseph Gibbs (izquierda) y el Dr. Gajdusek con un paciente kuru en el pueblo de Awande, North Fore, en 1972.» [«Early images of kuru and the people of Okapa», D. Carleton Gajdusek; *Philos. Trans. R. Soc. Lond. B Biol. Sci.*, 27 de noviembre de 2008; CC BY 4.0].

En abril de 1956, el doctor Carleton Gajdusek, un científico y pediatra estadounidense, realizó una misión en el Instituto de Investigación Médica Walter and Eliza Hall, en el Royal Melbourne Hospital en Melbourne, Australia, para estudiar el crecimiento y desarrollo infantil en pueblos indígenas de Nueva Guinea y Nueva Bretaña. Mientras viajaba por las Tierras Altas Orientales de Nueva Guinea, en marzo de 1957, Gajdusek encontró una devastadora enfermedad mortal, restringida al grupo cultural y lingüístico fore y a sus vecinos más cercanos. El nombre local de la enfermedad era kuru. El doctor Vincent Zigas, funcionario médico del Departamento de Salud Pública de la Provincia de las Tierras Altas Orientales, que viajaba con Gajdusek, realizó observaciones de niños y adultos que morían de kuru. Durante 1957, los doctores Gajdusek y Zigas, con ayuda de un funcionario de la Administración, el señor Jack Baker, contabilizaron cada caso de kuru y trazaron los límites de la región afectada. Establecieron un hospital y un centro de investigación en Okapa y obtuvieron sangre, orina, líquido cefalorraquídeo y tejido *post mortem* para estudios patológicos, bioquímicos, serológicos y de metales traza. En seis meses, entre octu-

« Cuatro niños con kuru avanzado en Okapa, con dos de sus cuidadores, en 1957» [«Early images of kuru and the people of Okapa», D. Carleton Gajdusek; *Philos. Trans. R. Soc. Lond. B Biol. Sci.*, 27 de noviembre de 2008; CC BY 4.0].

bre de 1956 y marzo de 1957, hubo 114 casos de kuru. Las estimaciones apuntan a que, en los cinco años anteriores a octubre de 1956, ocurrieron al menos trescientas muertes por kuru.

Desde el principio hubo sospechas de que el canibalismo estaba relacionado con el kuru. El 5 de septiembre de 1959, el doctor William J. Hadlow envió una carta al editor de *The Lancet* señalando la sorprendente similitud del kuru y la tembladera o *scrapie*, que es un proceso neurodegenerativo progresivo que afecta a ovejas y cabras. Hadlow sugirió que el kuru, como la tembladera, podría ser una enfermedad transmisible expresada después de un largo período de incubación. La administración australiana de Papúa Nueva Guinea prohibió la antropofagia y la práctica casi quedó eliminada en 1960. El número de casos de kuru disminuyó. En un esfuerzo por comprender la patología de la enfermedad, Gajdusek estableció las primeras pruebas experimentales en chimpancés. Michael Alpers, un médico australiano, colaboró con Gajdusek proporcionando muestras de tejido cerebral tomadas de una niña fore de once años que había muerto de kuru. Gajdusek, junto a Joe Gibbs, monitoreó y registró el comportamiento de los simios expuestos al tejido cedido por Alpers. En dos años, uno de los chimpancés, Daisy, desarrolló kuru, lo que demostraba que un factor desconocido de la enfermedad era transmitido a través de biomaterial infectado, y que era capaz de cruzar la barrera de las especies a otros primates. Después, Elisabeth Beck confirmó que el experimento había provocado la primera transmisión experimental de kuru. El hallazgo fue considerado un avance muy importante en la medicina humana y condujo a que Gajdusek obtuviera en 1976 el Premio Nobel de Fisiología o Medicina, además de contribuir al establecimiento de la hipótesis del prión.

La vida de Gajdusek resultó ser un cuadro de Caravaggio, repleta de luces y sombras. Gajdusek era una estrella del mundo científico. Durante los años que trabajó entre las tribus de los mares del sur, adoptó a cincuenta y siete niños, la mayoría chicos, y los llevó a los Estados Unidos para ofrecerles nuevas oportunidades. Muchos de los muchachos completaron estudios universitarios. Las adopciones fueron aclamadas como una maravillosa beneficencia paterna, pero en 1996 comenzaron a correr rumores de que Gajdusek era un pedófilo. Uno de sus hijos, ya adulto y matriculado en la universidad, acudió a la policía y alegó abusos sexuales de Gajdusek cuando el chaval era adolescente. En abril de 1996 fue llevado a juicio, sobre la base de una conversación entre el denunciante y Gajdusek, que fue grabada por el FBI y en la que el científico reconocía los hechos. Gajdusek negoció un acuerdo con la fiscalía y en abril de 1997 fue sentenciado a entre doce y dieciocho meses de prisión. En el abril siguiente fue liberado e inmediatamente viajó a Francia. Pasó el resto de sus días trabajando y escribiendo en Europa. Vivió en Ámsterdam, París y Tromsø, una gélida ciudad noruega de largos y oscuros inviernos. Allí murió, en la habitación de un hotel local, el 12 de diciembre del 2008, a la edad de ochenta y cinco años, exiliado, obeso y con el corazón descuajeringado. La causa de la muerte, dictada por un médico del municipio, derivó de las complicaciones severas de una cardiopatía coronaria, asociada a hipertensión arterial, insuficiencia renal, exacerbados todos estos graves problemas de salud, por una hemorragia intestinal aguda y una grave caída. Antes de morir, Gajdusek nunca mostró arrepentimiento. Criticó la ley estadounidense afirmando que era excesivamente mojigata y argumentó que había elegido muchachos de culturas donde la relación sexual entre niños y adultos era habitual.

El término *prión* deriva del inglés *proteinaceous infectious particle* («partícula proteica infecciosa») y, tras los trabajos con el kuru de Gajdusek, fue descrito en 1982 por el neurobiólogo y bioquímico estadounidense Stanley B. Prusiner. El descubrimiento de que una proteína podía imitar a patógenos virales y bacterianos con respecto a la transmisión de algunas enfermedades del sistema nervioso fue inesperado. Al principio, la idea encontró gran resistencia y fue denunciada como herética, porque algunos pensaban que iba en contra del dogma central establecido de la biología molecular.

Hoy en día sabemos que los priones son patógenos que causan un grupo de encefalopatías espongiformes transmisibles (EET) zoonóticas mortales, también conocidas como enfermedades priónicas. Las enfermedades priónicas están caracterizadas por la neurodegeneración y la letalidad. Sobre la base de los primeros informes, quizás la enfermedad priónica más antigua conocida sea la tembladera (*scrapie*), habitual en las granjas europeas durante el siglo XVIII. El nombre en inglés *scrapie* probablemente deriva de la palabra *scrape*, que proviene de la noción de que las ovejas o cabras afectadas a menudo se raspan el pelaje porque sufren de prurito.

Aunque pertenecen a la clase de trastornos neurodegenerativos que incluye la enfermedad de Alzheimer (AD), la enfermedad de Huntington (HD) y la enfermedad de Parkinson (PD), las enfermedades priónicas son

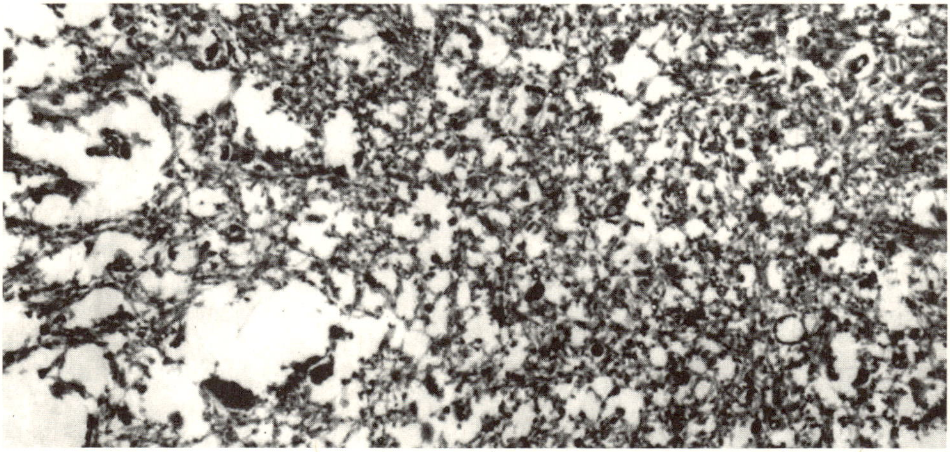

Micrografía electrónica (10.000x) de una placa de kuru recuperada de un bloque de parafina [«Kuru: a journey back in time from Papua New Guinea to the Neanderthals' extinction», Pawel P. Liberski; *Pathogens*, septiembre de 2013, 2(3): 472–505; CC BY 3.0].

un grupo estrechamente relacionado de condiciones neurodegenerativas que afectan tanto a humanos como a animales. Incluyen la encefalopatía espongiforme bovina (BSE) en bovinos, conocida coloquialmente como enfermedad de las vacas locas; la tembladera en ovejas y cabras; la caquexia crónica (CWD) en ciervos y alces; la encefalopatía transmisible del visón (TME); la encefalopatía espongiforme felina (FSE); la encefalopatía exótica de los ungulados; y las enfermedades priónicas humanas como el kuru, la enfermedad de Creutzfeldt-Jakob (CJD), la variante de CJD (vCJD), el insomnio familiar fatal (IFF), la prionopatía con sensibilidad variable a la proteasa (PrPSVP) y la enfermedad de Gerstmann-Sträussler-Scheinker. Antes de que los priones fueran identificados, se creía que afecciones como la enfermedad de Creutzfeldt-Jakob y otras encefalopatías espongiformes eran causadas por virus de acción lenta.

En realidad, los priones son patógenos excepcionales, desprovistos de ácido nucleico codificante significativo y muy diferentes a virus o bacterias. Son muy resistentes a muchos métodos comunes de descontaminación y pueden persistir en el medio ambiente durante extensos lapsos de tiempo. Las enfermedades priónicas están caracterizadas por largos periodos de incubación, en los que una proteína normal, denominada proteína priónica celular (PrP^{C}), cambia de forma, realiza un plegamiento incorrecto y se vuelve anormal. Esta proteína priónica anómala es denominada PrP^{Sc}.

En los mamíferos, los priones se reproducen reclutando la isoforma celular normal de la proteína priónica (PrP^{C}) y estimulando su conversión en la isoforma que causa la enfermedad (PrP^{Sc}). PrP^{C} y PrP^{Sc} tienen conformaciones distintas. PrP^{C} es rica en contenido de hélice α y tiene poca estructura de hoja β, mientras que PrP^{Sc} tiene menos contenido de hélice α y es rica en estructura de hoja β. La conversión conformacional de PrP^{C} a PrP^{Sc} es el evento fundamental que subyace a las enfermedades priónicas. Cuando es alcanzado un número determinado de priones, aparece la enfermedad. Los priones nunca regresan a ser de nuevo PrP^{C} normales. La PrP^{C} está presente en todas las células del cuerpo, pero en el encéfalo existe una alta concentración. Por lo tanto, la mayoría de las enfermedades por priones afectan de forma predominante o exclusiva al sistema nervioso. El cambio más frecuente causado por priones es la formación de pequeñas burbujas en las células cerebrales. En el encéfalo aparecen multitud de agujeros microscópicos, por lo que, cuando las muestras de tejido cerebral son examinadas al microscopio, recuerdan a un queso suizo o a una esponja, de ahí el término *espongiforme*.

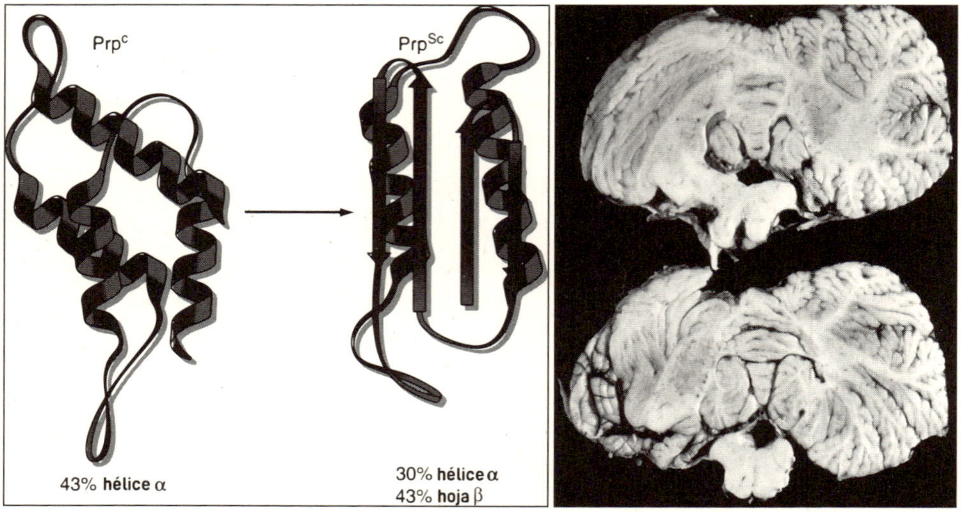

Izqda: estructura priónica normal (PrP^{C}) y alterada (PrP^{Sc}) [a partir de *Prion Biology and Diseases*; Prusiner, S.; 1999]. Dcha.: cerebelo de persona afectada por kuru (C. Gajdusek) [«Kuru: a journey back in time...», Pawel P. Liberski; *Pathogens*, septiembre de 2013, 2(3): 472–505; CC BY 3.0].

Los priones tienen potencial zoonótico, demostrado por la transmisión de la encefalopatía espongiforme bovina o enfermedad de las vacas locas a los humanos. Los primeros casos de animales enfermos por encefalopatía espongiforme bovina fueron notificados en Reino Unido en 1986. Al parecer, la infección de las vacas se debía a que habían sido alimentadas de piensos con proteínas de origen animal, probablemente harinas de matadero que incluían cerebros de otras vacas y de ovejas, algunas de las cuales estarían afectadas de *scrapie*. En 1996 fue detectada una nueva afección en humanos, variante de la enfermedad de Creutzfeldt-Jakob (vCJD), que se relacionó con la epidemia de encefalopatía espongiforme bovina en el ganado vacuno.

En el año 2000 se diagnosticaron en España los dos primeros casos de la llamada enfermedad de las vacas locas, ocasionando, por parte de todas las instituciones involucradas, uno de los mayores despliegues conocidos, con múltiples actuaciones dirigidas a controlar la epidemia en el ganado y a garantizar la ingesta de carne de vacuno libre de problemas para la salud. En enero de 2011, la variante de Creutzfeldt-Jakob (vCJD) había ocasionado 171 muertes en Gran Bretaña y otras cuarenta y ocho en el resto del mundo, de ellas cinco en España.

La epidemia de kuru en la tribu fore tenía un dato relevante e inexplicado. La enfermedad era entre ocho y nueve veces más frecuente en mujeres y niños que en hombres adultos. La antropóloga Shirley Lindenbaum descubrió que, durante el canibalismo ritual, representante del duelo y respeto por los parientes cercanos muertos, las mujeres y los niños consumían el cerebro, como un acto de bendición, mientras que los hombres comían preferentemente los músculos, una parte más atractiva y sabrosa. El cerebro es el principal órgano enriquecido con el prión, por lo que mujeres y niños consumían tejido altamente infeccioso y tenían una probabilidad mucho mayor de infectarse que los hombres. De hecho, el tejido cerebral infectado con kuru tiene una alta infectividad y es muy transmisible, incluso en diluciones de hasta 1:1.000.000. Por lo tanto, la autoinoculación a través de la boca, los ojos, la nariz o la piel era una certeza cada vez que una víctima era ingerida.

En la actualidad, las enfermedades priónicas no tienen un tratamiento efectivo y son invariablemente fatales. El último caso de kuru, acontecido en el año 2009, puso fin a la epidemia que una vez amenazó la supervivencia del pueblo fore. Las lecciones aprendidas de esta experiencia están dirigidas ahora a cuestiones culturales y médicas, asociadas con el diagnóstico y la atención de pacientes que sufren alguna de las formas de enfermedades priónicas, y a la promoción de la salud pública y animal en todo el mundo.

PARA LEER MÁS:

Cole, James. 2017. «Assessing the calorific significance of episodes of human cannibalism in the Palaeolithic». *Scientific Reports* 7: 44707.

Goldfarb, Lev. 2002. «Kuru: the old epidemic in a new mirror». *Microbes and Infection* 4: 875-882.

Liberski, Pawel. 2019. «Kuru, the First Human Prion Disease». *Viruses* 11: 232.

Requena, Jesús. 2020. «The protean prion protein». *PLoS Biology* 18 (6): e3000754.

Scragg, Roy. 2008. «Kuru memories from 1957». *Philosophical Transactions of the Royal Society B* 363: 3661-3663.

Zabel, Mark. 2015. «A brief history of prions». *FEMS Pathogens and Disease*, 73: ftv087.

Arreo de pavos. Paul Arnold, hijo de un cliente de la FSA (Farm Security Administration). Condado de Chaffee, Colorado, Estados Unidos (1939) [Arthur Rothstein; Library of Congress].

33. ENFERMEDAD X DEL PAVO, AÑO 1960 D. C.

En la primavera de 1960, los pavos de Inglaterra comenzaron a morir por una causa misteriosa y desconocida. De mayo hasta agosto surgieron unos quinientos brotes, la mayoría en granjas avícolas de la zona sureste del país. Fenecieron más de 100.000 pavos. En algunos lugares la tasa de mortalidad fue del 100 %. La variedad de estirpes y razas afectadas era notable.

Aunque los faisanes y los patitos también eran susceptibles, las poblaciones de pavos mostraban mayor vulnerabilidad, por lo que la plaga recibió el nombre de enfermedad X del pavo. Los pavos de dos a veinte semanas de edad sucumbían con facilidad, pero las mayores pérdidas acontecían en los pavipollos de alrededor de un mes. Las aves, que parecían estar en buenas condiciones, de repente, y en un momento dado, empezaban a mostrar síntomas de problemas nerviosos, entraban en coma y morían. No pudo ser aislado ningún virus o microorganismo patógeno reconocido, pero las autopsias de los animales descubrieron tejido necrótico en el hígado, lo cual era un indicio indicativo de que habían estado expuestos a algún tipo de veneno. Quedó descartada la posibilidad de que la enfermedad fuera causada por agentes infecciosos. Las granjas afectadas iniciaron una investigación concisa, analizando factores ambientales y rastreando los alimentos suministrados a los pavos. Desecharon uno a uno los posibles elementos implicados hasta que encontraron un factor común. Todas las aves muertas habían sido alimentadas con pienso que contenía harina de cacahuete procedente de Brasil y llegada a Inglaterra en el mismo barco.

El pienso fue examinado con cautela. Ratas experimentales, alimentadas con la harina de cacahuete sospechosa, exhibieron efectos tóxicos y desarrollaron cáncer de hígado. En las pruebas de examen *post mortem* en patitos, pollos, faisanes jóvenes, ganado, ratas y cerdos alimentados con la harina de cacahuete brasileño aparecieron lesiones hepáticas similares a las de los pavos, que eran consideradas el daño más grave de la enfermedad. En uno de los análisis, la comida, expuesta a luz ultravioleta, emitió un tono verde azulado fluorescente. Resultó ser una sorpresa mayúscula para los presentes y una muy mala señal.

Desde finales del año 1960 las conjeturas apuntaron a que las muertes eran causadas por una toxina. Al año siguiente, la suposición quedó confirmada. La harina estaba contaminada con un hongo. El Laboratorio Veterinario Central de Weybridge en Inglaterra identificó el moho contaminante. Era *Aspergillus flavus*. El siguiente paso fue cultivar, en condiciones de laboratorio, aislados seleccionados de *Aspergillus flavus*. El hongo cultivado sintetizó diversos metabolitos que fueron extraídos y analizados. Un 12,5 % de los extractos probados emitieron una mancha de fluorescencia azul bajo luz ultravioleta. Tras la administración oral del corres-

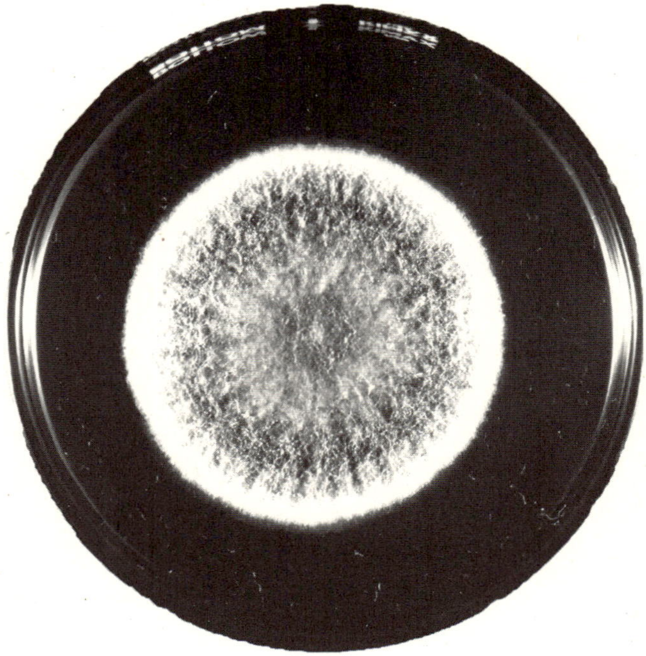

Placa de Petri con un medio de cultivo no identificado, inoculado con un cultivo del organismo fúngico *Aspergillus flavus* [CDC, doctor Hardin; Public Health Image Library, PHIL].

pondiente extracto a patitos de un día de edad, las aves murieron dentro de las primeras veinticuatro horas, y exhibieron los síntomas típicos de la enfermedad X del pavo, especialmente daño hepático. Los resultados invitaron a aislar la forma cristalina de la toxina, pero debido a que el extracto era poco puro, la mancha azul fluorescente probablemente contenía más metabolitos tóxicos. Después de la separación y cuantificación mediante cromatografía en capa fina, fueron detectadas dos manchas fluorescentes diferentes, la primera emitía fluorescencia azul y la segunda emitía fluorescencia verde. Los experimentos permitieron descubrir unas nuevas sustancias tóxicas, estrechamente relacionadas entre ellas y producidas por *Aspergillus flavus*, que recibieron el nombre de aflatoxinas.

Las micotoxinas son metabolitos secundarios producidos por diferentes especies de hongos, principalmente *Aspergillus*, *Alternaria*, *Fusarium* y *Penicillium*. La Organización para la Agricultura y la Alimentación (FAO) ha informado que un 25 % de los alimentos producidos en todo el mundo están contaminados por micotoxinas. En general, los cultivos que son afectados, con mayor frecuencia por el género *Aspergillus*, incluyen cereales (maíz, sorgo, trigo y arroz); semillas oleaginosas (soja, cacahuete, girasol y semillas de algodón); especias (ají, pimienta negra, cilantro, cúrcuma y jengibre); y frutos secos (pistacho, almendra, nuez, coco y nuez de Brasil).

El género *Aspergillus* contiene cuatro subgéneros y más de trescientas especies. Las aflatoxinas son un tipo de micotoxinas producidas comúnmente por *Aspergillus flavus* y *Aspergillus parasiticus*, pero algunas otras especies, como *Aspergillus nomius*, *Aspergillus pseudotamarii*, *Aspergillus parvisclerotigenus* y *Aspergillus bombycis* de la sección Flavi; *Aspergillus ochraceoroseus* y *Aspergillus rambellii* de la sección Ochraceorosei; *y Emericella astellata* y *Emericella venezuelensis* de Nidulatans, también han sido descritas como productoras de aflatoxinas.

Aspergillus flavus es un hongo saprófito que infecta el maíz, el cacahuete, las nueces y otros cultivos importantes para la agricultura. Una vez que el cultivo está infectado, el hongo tiene el potencial de secretar una o más micotoxinas, algunas de las cuales, como las aflatoxinas, son altamente cancerígenas. Los cultivos contaminados con aflatoxinas son considerados no aptos para el consumo humano o animal, lo que genera grandes pérdidas agrícolas y económicas. Además, *Aspergillus flavus* causa aproximadamente el 30 % de los casos de aspergilosis pulmonar, una enfermedad humana grave.

Grandes dosis de aflatoxinas pueden provocar una intoxicación aguda (aflatoxicosis) y pueden poner en peligro la vida, por lo general a través del daño al hígado. También ha sido demostrado que las aflatoxinas son genotóxicas, lo que significa que pueden afectar al ADN y causar cáncer en especies animales. Existe evidencia de que causan cáncer de hígado en humanos.

Hasta la fecha, han sido descubiertos más de dieciocho tipos diferentes de aflatoxinas, pero las más comunes e importantes son las aflatoxinas B1, B2, G1 y G2. La prevalencia en los alimentos de estas cuatro aflatoxinas eleva su importancia por encima del resto. Las aflatoxinas B1 y B2 muestran fluorescencia azul bajo luz ultravioleta a 425 nm, mientras que las aflatoxinas G1 y G2 aparecen verdes bajo luz ultravioleta a 540 nm.

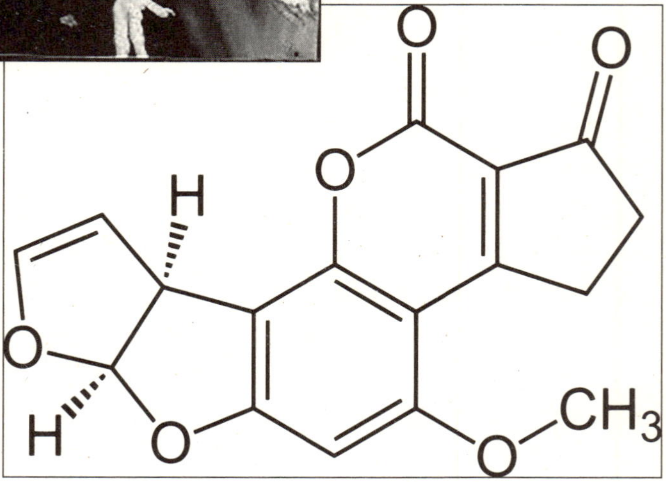

Izqda.: aflatoxicosis letal en pollos de engorde, con congestión hepática, decoloración y agrandamiento del páncreas [«Correlation between broiler aflatoxicosis and European production efficiency factor»; Shareef, A. *et. al.*; IJVS 22(1), 2008; CC BY 4.0]. Dcha.: fórmula estructural de la aflatoxina B1.

La aflatoxina B1 se une al ADN y altera la estructura, provocando genotoxicidad. Además, está relacionada con la aflatoxicosis, así como con la toxicidad aguda, la toxicidad crónica, la carcinogenicidad, la teratogenicidad y la inmunotoxicidad. Las aflatoxinas M1 y M2, que son derivados de las aflatoxinas B1 y B2, respectivamente, se han encontrado en la orina y la leche de animales cebados con alimentos contaminados. Las aflatoxinas B1 y M1 fueron declaradas carcinógenos humanos del Grupo 1 y del Grupo 2B, respectivamente, por la Agencia Internacional para la Investigación del Cáncer (IARC) en 1987. En grandes cantidades, la aflatoxina B1 causa sangrado extremo, cirrosis y destrucción de tejido hepático. También se han observado en tumores hepáticos de pacientes expuestos a una dieta rica en aflatoxina B1 mutaciones y expresión alterada del gen supresor de tumores p53. Por tanto, las aflatoxinas no solo causan cáncer, sino que también eliminan algunas de las defensas que el organismo aplica contra el cáncer.

Por todo ello, la contaminación con aflatoxinas de cultivos y alimentos económicamente importantes es una gran preocupación mundial. Aproximadamente 4.500 millones de personas en todo el mundo, principalmente en países en desarrollo, están expuestas de forma crónica a las aflatoxinas, a través de la ingesta diaria de productos contaminados. Un claro ejemplo de ello sucedió, entre los meses de enero a junio del año 2004, en el este de Kenia, con la aparición de un brote de aflatoxicosis, resultado de la ingesta de maíz contaminado, que provocó 317 casos y 125 muertes. Este incidente está catalogado como uno de los episodios más graves de intoxicación humana por aflatoxinas de la historia. En el año 2020, según la base de datos RASFF (Rapid Alert System for Food and Feed), las aflatoxinas fueron detectadas con mayor frecuencia en cacahuetes, higos secos, especias, arroz y varios frutos secos como avellanas, almendras y pistachos.

Los pacientes intoxicados con aflatoxinas pueden mostrar inapetencia alimentaria, tasa de crecimiento deficiente, depresión, hemorragia, ictericia y muerte. El costo de los efectos en la salud humana incluye el costo de la mortalidad, el costo de la capacidad productiva perdida cuando las personas mueren prematuramente, el costo de la morbilidad, las pérdidas por hospitalización y el costo de los servicios de salud, tanto públicos como privados. También existe un costo intangible, vinculado al dolor, sufrimiento, ansiedad y reducción de la calidad de vida.

La aflatoxicosis ocurre en muchas partes del mundo y, además de perjudicar a los humanos, también afecta a otros animales de relevancia económica, como las aves de corral en crecimiento, especialmente patos y pavos; cerdos jóvenes; cerdas preñadas; terneros; y perros. Los bovinos, ovinos y caprinos adultos son relativamente resistentes a la forma aguda de la enfermedad, pero son susceptibles si se alimentan con dietas tóxicas durante períodos prolongados.

El descubrimiento de las aflatoxinas, iniciado con la aparición de la enfermedad X del pavo, fue fruto del esfuerzo colectivo, con la participación de diversos expertos de varios campos de investigación entre los que destacaron la medicina veterinaria, la nutrición animal, la toxicología, la química y la micología, y resultó fundamental para desarrollar las estrategias de prevención y control actuales.

🕮 PARA LEER MÁS:

Benkerroum, Noreddine. 2020. «Chronic and Acute Toxicities of Aflatoxins: Mechanisms of Action». *International Journal of Environmental Research and Public Health* 17: 423.

Gilbert, Matthew. 2008. «Whole genome comparison of *Aspergillus flavus* L-morphotype strain NRRL 3357 (type) and S-morphotype strain AF70». *PLoS One* 13 (7): e0199169.

Joshi, Prateek. 2022. «Multi-Mycotoxin Contamination, Mold Incidence and Risk Assessment of Aflatoxin in Maize Kernels Originating from Nepal». *Microbiology Research* 13: 258-277.

Khan, Rahim. 2021. «Aflatoxin Biosynthesis, Genetic Regulation, Toxicity, and Control Strategies: A Review». *Journal of Fungi* 7: 606.

Omotayo, Oluwadara. 2019. «Prevalence of Mycotoxins and Their Consequences on Human Health». *Toxicological Research* 35 (1): 1-7.

Peles, Ferenc. 2019. «Adverse Effects, Transformation and Channeling of Aflatoxins Into Food Raw Materials in Livestock». *Frontiers in Microbiology* 10: 2861.

Shabeer, Saba. 2022. «Aflatoxin Contamination, Its Impact and Management Strategies: An Updated Review». *Toxins* 14: 307.

34. TERMÓFILOS, AÑO 1966 D. C.

Estimado Schrödinger:

Usted es el único físico contemporáneo, además de Laue, que ve que uno no puede eludir la suposición de la realidad, si uno es honesto. La mayoría de ellos simplemente no ven qué tipo de juego arriesgado están jugando con la realidad, la realidad como algo independiente de lo que se establece experimentalmente. De algún modo creen que la teoría cuántica proporciona una descripción de la realidad, e incluso una descripción completa; esta interpretación es, sin embargo, refutada de la manera más elegante por su sistema de átomo radiactivo + contador Geiger + amplificador + carga de pólvora + gato en una caja, en el que la función psi del sistema contiene al gato vivo y hecho pedazos. ¿Se crea el estado del gato solo cuando un físico investiga la situación en algún momento definido? Nadie duda realmente de que la presencia o ausencia del gato sea algo independiente del acto de observación. Pero entonces la descripción por medio de la función psi es ciertamente incompleta, y debe haber una descripción más completa. Si uno quiere considerar la teoría cuántica como definitiva (en principio), entonces debe creer que una descripción más completa sería inútil porque no habría leyes para ella. Si fuera así, la física solo podría reclamar el interés de los comerciantes y los ingenieros; todo el asunto sería una chapuza miserable.

Tienes toda la razón al enfatizar que la descripción completa no puede construirse sobre el concepto de aceleración, ni, me parece, puede construirse sobre el concepto de partícula. Solo queda una de las herramientas de nuestro oficio: el concepto de campo, pero Dios sabe si se mantendrá firme. Creo que vale la pena aferrarse a esto, es decir, al continuo, siempre que uno no tenga argumentos realmente sólidos en contra.

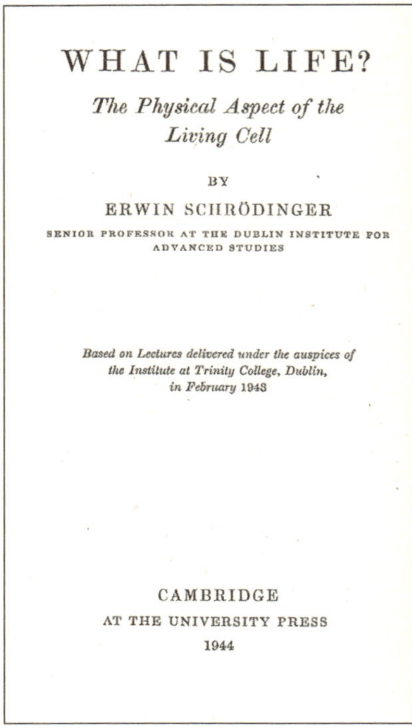
WHAT IS LIFE?

The Physical Aspect of the Living Cell

BY

ERWIN SCHRÖDINGER

SENIOR PROFESSOR AT THE DUBLIN INSTITUTE FOR ADVANCED STUDIES

Based on Lectures delivered under the auspices of the Institute at Trinity College, Dublin, in February 1943

CAMBRIDGE
AT THE UNIVERSITY PRESS
1944

Al físico Erwin Schrödinger (aquí retratado ca. 1921-1927) [Narodowe Archiwum Cyfrowe] también le interesaba la biología y fruto de ello surgió, en 1944, un pequeño libro titulado *¿Qué es la vida? El aspecto físico de la célula viva.*

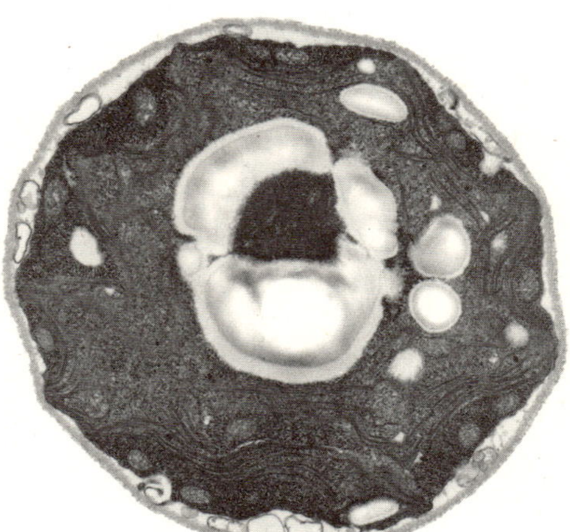

Imagen de microscopio electrónico de transmisión que muestra la estructura celular del alga *Chlamydomonas reinhardtii*, modelo en estudios de genética molecular [Dartmouth Electron Microscope Facility, Dartmouth College; *PD*].

Pero me parece seguro que el carácter fundamentalmente estadístico de la teoría es simplemente una consecuencia de lo incompleto de la descripción. Esto no dice nada sobre el carácter determinista de la teoría; de todos modos, ese es un concepto completamente nebuloso, siempre que uno no sepa cuánto se debe dar para determinar el estado inicial.

Es bastante duro ver que en esta etapa todavía estamos en pañales, y no es de extrañar que a los compañeros les cueste admitirlo.

¡Saludos!

Suyo,

Einstein.

Albert Einstein fechó esta carta, dirigida al físico y filósofo austriaco Erwin Schrödinger, el 22 de diciembre de 1950. Algunos años antes, en 1935, Schrödinger concibió el experimento mental del gato de Schrödinger para discutir las paradojas e interrogantes a los que abocaba la física cuántica.

La curiosidad de Schrödinger iba mucho más allá de la física y solía entrar en la filosofía y en otras áreas de la ciencia. De hecho, en 1943, pronunció una serie de conferencias en el Trinity College de Dublín que tenían por tema la naturaleza fundamental de la vida biológica, y más en concreto «¿Cómo puede la ciencia dar cuenta de la complejidad de los organismos vivos y las reglas que los gobiernan?». La biología interesaba a Schrödinger y, siguiendo esa dirección, meses más tarde, en 1944, estimulado por el fisiólogo alemán Max Delbrück, ganador del Premio Nobel en Fisiología o Medicina en 1969 por sus trabajos sobre virus bacteriófagos, escribió un pequeño libro titulado *¿Qué es la vida? El aspecto físico de la célula viva*. La obra introdujo la idea de que una molécula atípica contenía información genética configurada en sus enlaces químicos.

Ese mismo año, Oswald Avery, uno de los primeros biólogos moleculares, tras realizar varios experimentos con bacterias, descubrió que el material con el que están hechos los genes es el ADN y que, en realidad, este era la perseguida molécula responsable de la herencia. Nueve años después, en marzo de 1953, James Watson y Francis Crick publicaron un artículo en la revista *Nature* donde describieron por primera vez la estructura de doble hélice de la molécula de ADN. Por ello recibieron el Premio Nobel de Medicina en 1962.

Emblemático cartel del Yellowstone National Park y el Ranger Naturalist Service, protagonizado por el géiser Old Faithful (1938) [C. Don Powell; Library of Congress].

En aquella década, el ADN estaba lanzado al estrellato. La comunidad científica tenía claro que el ADN era una molécula fundamental para la vida, pero los científicos apuntaban pegas, como que las enzimas encargadas de la replicación del ADN funcionaban a temperaturas moderadas. Las supuestas estrictas condiciones de estabilidad del ADN incitaban a pensar que los organismos no podían sobrevivir en condiciones extremas. Esta contrariedad insinuaba que era imposible el desarrollo de la vida a temperaturas superiores a los 60 °C.

Por sorpresa, la apreciación cambió en 1966, cuando el microbiólogo estadounidense Thomas Brock descubrió la existencia de bacterias hipertermófilas, capaces de sobrevivir a más de 80 °C, en las áreas geotermales del parque nacional de Yellowstone, el popular hogar de los osos animados Yogui y Bubu. Al parecer, los géiseres de Yellowstone bullían de vida microscópica.

La primera investigación de Brock en el parque nacional de Yellowstone ocurrió en junio de 1965, cuando era profesor de Microbiología en la Universidad de Indiana. Brock estudió un gran grupo de piscinas termales, muchas de las cuales tenían buenos efluentes que proporcionaban gradientes térmicos, desde la ebullición hasta la temperatura ambiental. Pudo demostrar que había una temperatura superior definitiva para la vida fotosintética, que bailaba alrededor de los 70-73 °C, pero que las temperaturas más altas no carecían de vida. Observó que, en los efluentes de ciertos manantiales, había masas de bacterias filamentosas capaces de vivir a temperaturas mucho más calientes que aquellas en las que estaban presentes los organismos fotosintéticos. Un manantial en particular, «Octopus spring», tenía grandes cantidades de bacterias filamentosas rosadas que estaban tan panchas sometidas a temperaturas de 82-88 °C. Allí había organismos que vivían a temperaturas superiores a la supuesta «temperatura limitante para la vida».

Inicialmente, los intentos de cultivar estas bacterias rosadas no tuvieron éxito, pero durante los siguientes años, mientras continuaba con un trabajo más amplio sobre la ecología de los manantiales de Yellowstone, Brock siguió haciendo observaciones ocasionales sobre estas bacterias. En ese momento, Brock estaba trabajando duro y obteniendo gran cantidad de información sobre los microorganismos fotosintéticos de «Mushroom spring», un gran manantial en la cuenca del géiser inferior. El estanque de origen de este manantial tenía una temperatura de 73 °C, justo en el límite de temperatura superior conocido para la vida fotosintética.

Debido a la dificultad manifestada por Brock para cultivar microorganismos a temperaturas superiores a 80 °C, decidió estudiar las bacterias de «Mushroom spring», que vivían entre 70 y 73 °C. A partir del otoño de 1966, acompañado por un estudiante de pregrado llamado Hudson Freeze, Brock inició el trabajo que conduciría al descubrimiento y cultivo de la bacteria *Thermus aquaticus.*

Thermus aquaticus fue aislada el 5 de septiembre de 1966 en un medio de cultivo llamado YT-1, a partir de una muestra recolectada en Mushroom spring. En octubre de 1966, Brock y Freeze ya disponían de cultivos viables de *Thermus aquaticus.* Desde ese momento, comenzaron a buscar la bacteria por diversas zonas del planeta. Durante varios viajes, dedicados a estudiar áreas termales en diversas localizaciones, Brock aisló numerosos cultivos de *Thermus aquaticus.* También encontró la bacteria en el sistema de agua caliente de un edificio en el campus de la Universidad de Indiana, y, al poco, demostró que *Thermus aquaticus* estaba muy extendido en entornos de agua caliente artificial. Diferentes investigadores aislaron la bacteria del agua caliente del grifo en otras partes del mundo.

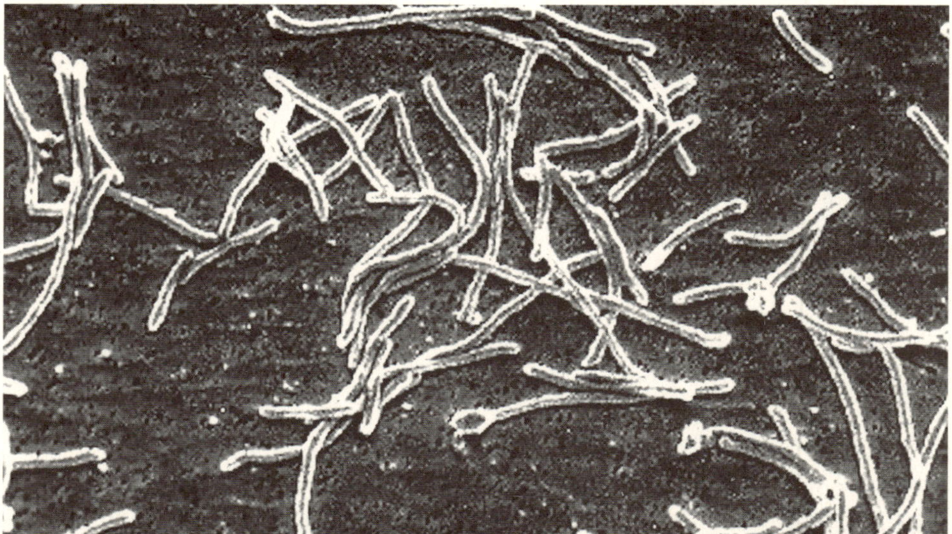

Thermus aquaticus. Bacterias depositadas en un filtro Millipore de 0,22 µm (escala 1 µm) [Diane Montpetit; Food Research and Development Centre, Agriculture and Agri-Food Canada].

Todos los cultivos de *Thermus aquaticus* tenían una temperatura óptima de crecimiento de alrededor de 70 °C y podían crecer a temperaturas de hasta 79 °C. Además, Freeze demostró que las enzimas de *Thermus aquaticus* eran capaces de tolerar temperaturas superiores a la temperatura máxima de crecimiento, e incluso seguían siendo viables en agua hirviendo. J. Gregorzye Ikus, otro estudiante del laboratorio de Brock, estudió aspectos del sistema de síntesis de proteínas de *Thermus aquaticus* y demostró que los ribosomas y las enzimas activadoras de aminoácidos también estaban activos a altas temperaturas. El resultado era sorprendente e inusual, porque la mayoría de las proteínas de los seres vivos a esas temperaturas se desnaturalizan y dejan de ser funcionales. Sin embargo, en los géiseres de Yellowstone había bacterias vivitas y coleando. *Thermus aquaticus* resultó ser un tesoro maravilloso, que poseía una enzima termo resistente utilizada para replicar su ADN. Esta particularidad abrió la puerta a la posibilidad de amplificar segmentos de ADN de forma artificial rutinaria.

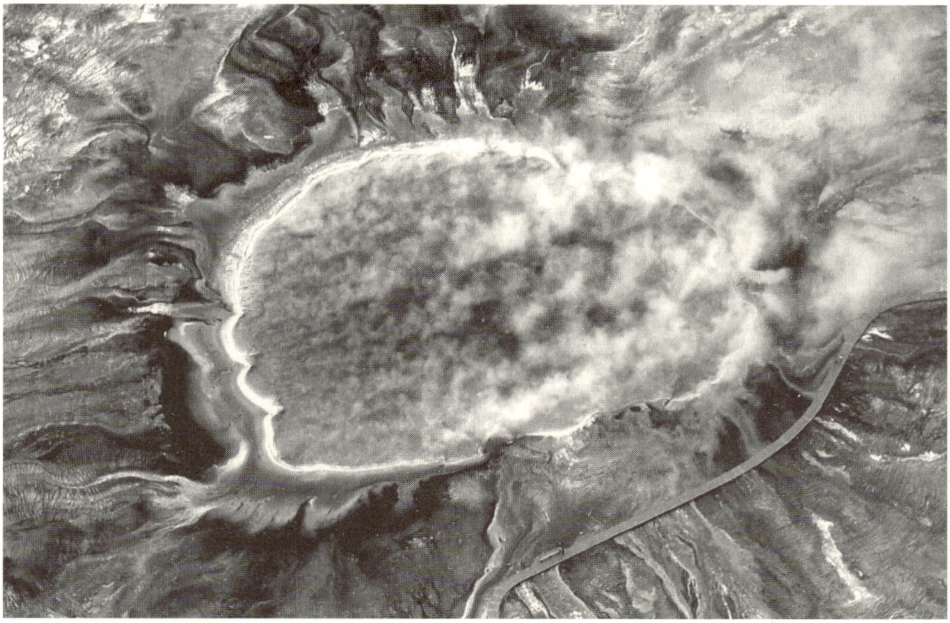

Vista aérea de la Gran Fuente Prismática [Grand Prismatic Spring], en el parque nacional de Yellowstone. El manantial contiene microorganismos extremófilos y tiene un tamaño aproximado de 75 x 91 m (julio de 2001) [Jim Peaco, National Park Service].

En aquella época, la ciencia estaba en plena efervescencia y jóvenes doctorandos, como el estadounidense Kary Mullis, parecían dispuestos a comerse el mundo a cucharadas. Mullis era una persona inquieta y proactiva a la que desde muy joven le encantó jugar en los laboratorios. Según cuenta el propio Mullis, siendo estudiante en Georgia Tech, durante las vacaciones de verano escolares, junto a su amigo Al Montgomery, construyó un laboratorio de síntesis orgánica en una antigua casa de pollos situada en las afueras de la ciudad. En aquel lugar, Kary y Al fabricaron productos químicos de investigación, con intención de vender los compuestos. La mayoría de los productos eran nocivos o explosivos; nadie quería fabricarlos, pero existía una demanda creciente y la producción y venta pasó a ser dominio de Mullis y Montgomery. En poco tiempo hicieron suficiente dinero para comprar nuevos equipos. Max Gergel, un hombre inusualmente amable que dirigía la empresa Columbia Organic Chemicals Company, animó y apoyó a los emprendedores. Compró la mayoría de los productos y luego los revendió, obteniendo cuantiosos beneficios. Fue una edad de oro en la que Mullis aprendió mucha química orgánica.

Al terminar la etapa estudiantil en Georgia Tech, Mullis ingresó en la escuela de posgrado de la Universidad de California en Berkeley para estudiar bioquímica. En ese momento, el código genético ya estaba resuelto y el ADN no interesaba a Mullis, que soñaba con ser neuroquímico, o incluso, si la cosa se ponía a tiro, un escritor de relumbrón.

Por fortuna, los planes de Mullis descarrilaron desde el inicio y terminó trabajando en una escuela de medicina, junto a dos cardiólogos pediátricos y un patólogo. Allí, por primera vez aprendió biología humana. Pasado un tiempo regresó a Berkeley y consiguió trabajo en un restaurante. En pocos meses, cansado de la experiencia hostelera, fichó por la Universidad de California en San Francisco, para trabajar con cerebros de ratas. En la Universidad de California coincidió con Max Delbrück, el mismo que espoleó a Erwin Schrödinger, y asistió a algunos seminarios sobre biología molecular. Uno de ellos, que describía la síntesis y la clonación de un gen para la somatostatina, una hormona que regula el sistema endocrino, impresionó a Mullis. Por primera vez cayó en la cuenta de que piezas significativas de ADN podían ser sintetizadas químicamente. Desde ese instante, Mullis estudió a diario la síntesis de ADN y buscó un puesto relacionado con el arte de hacer moléculas de ADN.

En otoño de 1979, la compañía californiana Cetus Corp. contrató a Mullis. En la empresa empezó a trajinar con oligonucleótidos, los ladrillos que permiten construir el ADN. Transcurrieron meses con Mullis enfrascado en pruebas experimentales, hasta que un viernes por la noche, mientras conducía desde Berkeley a una cabaña que poseía en Mendocino, comenzó a configurar la idea de intentar unir oligonucleótidos para obtener un filamento extenso de ADN. De repente, tras un rato elucubrando, Mullis paró el automóvil en la milla 46,7 de la autopista 128. Había hallado la solución. Cogió papel y bolígrafo de la guantera y apuntó la concepción. ¿Funcionaría?

El lunes por la mañana revolvió la biblioteca en busca de artículos que citaran el proceso que había imaginado. Durante toda la semana habló con biólogos moleculares que reconocieron desconocer el sistema de amplificación de ADN que describía Mullis. Nadie recordaba que tal proceso hubiera sido probado, pero tampoco ninguno mostró especial interés o entusiasmo por el potencial de la técnica. En realidad, cada paso involucrado en el proceso ya había sido dado, así es que todos coincidieron en que era un procedimiento realizable.

Tras varios meses de experimentos y anhelos, por fin Mullis obtuvo resultados positivos, consiguiendo desarrollar una técnica de biología molecular que permitía obtener millones de copias de ADN a partir de una única copia original de material genético. Aquello supuso una revolución científica extraordinaria y el proceso fue denominado reacción en cadena de la polimerasa, la popular PCR.

Sin embargo, el rendimiento era poco eficiente. Mullis pensó en cuál podría ser la solución y encontró una excepcional, emplear polimerasas termoestables para copiar el ADN. La polimerasa termoestable utilizada es denominada Taq polimerasa y proviene de la bacteria *Thermus aquaticus* que Brock descubrió en Yellowstone. De ahí que el nombre de la polimerasa (Taq) provenga de las siglas del nombre de la bacteria (*Thermus aquaticus*).

En 1989, el proceso de PCR y la enzima ADN polimerasa fueron nombrados por la revista *Science* como «molécula del año», ya que era muy probable que tuvieran una influencia mayúscula en la historia. Acertaron de pleno. La PCR revolucionó la ciencia y permitió un gigantesco avance del conocimiento. En 2020, la PCR cobró un especial interés público por ser una prueba de detección de enfermedades infecciosas y, más en concreto, del coronavirus SARS-CoV-2, responsable de la pandemia de covid-19.

Sin embargo, la PCR es mucho más que eso. Es una herramienta soberbia utilizada en el diagnóstico de enfermedades hereditarias; detección de infecciones; diagnóstico genético y clínico; análisis prenatal; secuenciación del genoma humano y de otros organismos celulares y virus; terapias personalizadas contra el cáncer; biotecnología agrícola; tipificado de tejidos para trasplante de órganos; genotipado de cultivos vegetales; análisis paleontológicos y antropológicos; pruebas de paternidad; análisis forenses; pruebas de criminalística; detección de fraude alimentario; y otras muchas aplicaciones.

El desarrollo científico se escribe despacio, con ahínco, dedicación, entusiasmo y determinación, permitiendo conectar acontecimientos y personajes que, *a priori*, no tienen conexión. En 1933, Erwin Schrödinger recibió el Premio Nobel de Física, y, sesenta años después, Kary Mullis fue galardonado con el Premio Nobel de Química. Tan brillante como excéntrico, Mullis negaba la existencia del sida y del cambio climático. Murió de neumonía en agosto de 2019.

Kary Mills, ofreciendo una charla TED (2009) [a partir de Erik Charlton, CC BY 2.0]. Junto a él, Baby Blue, prototipo de máquina de reacción en cadena de la polimerasa (PCR) desarrollado por Cetus, ca. 1986 [a partir de Science and Society Picture Library, CC BY-SA 2.0].

Las bacterias termófilas descubiertas por Brock establecieron la casilla de salida para buscar otros microorganismos con capacidad de vivir en condiciones extremas. Hoy en día sabemos que existen extremófilos capaces de soportar valores muy altos o extremadamente bajos de pH; concentraciones elevadas de sal; temperaturas heladoras; o presiones gigantescas, entre otras condiciones infernales. Estas características, propias de super organismos, resultan de especial interés en investigación y han permitido que la industria biotecnológica haya desarrollado productos estratégicos muy eficientes.

PARA LEER MÁS:

Aragaw, Tadele. 2022. «Adaptive Response of Thermophiles to Redox Stress and Their Role in the Process of dye Degradation From Textile Industry Wastewater». *Frontiers in Physiology* 13: 908370.

Kaunitz, Jonathan. 2015. «The Discovery of PCR: ProCuRement of Divine Power». *Digestive Diseases and Sciences* 60: 2230-2231.

Lusk, Bradley. 2019. «Thermophiles; or, the Modern Prometheus: The Importance of Extreme Microorganisms for Understanding and Applying Extracellular Electron Transfer». *Frontiers in Microbiology* 10: 818.

Schultz, Júnia. 2022. «Unraveling the Genomic Potential of the Thermophilic Bacterium *Anoxybacillus flavithermus* from an Antarctic Geothermal Environment». *Microorganisms* 10: 1673.

Straub, Christopher. 2018. «Biotechnology of extremely thermophilic archaea». *FEMS Microbiology Reviews* 42: 543-578.

Stetter, Karl. 2006. «Hyperthermophiles in the history of life». *Philosophical Transactions* of the *Royal Society B* 361: 1837-1843.

Vavitsas, Konstantinos. 2022. «Synthetic Biology of Thermophiles: Taking Bioengineering to the Extremes?». *Applied Microbiology* 2, 165-174.

Verma, Digvijay. 2022. «Genomic attributes of thermophilic and hyperthermophilic bacteria and archaea». *World Journal of Microbiology and Biotechnology* 38: 135.

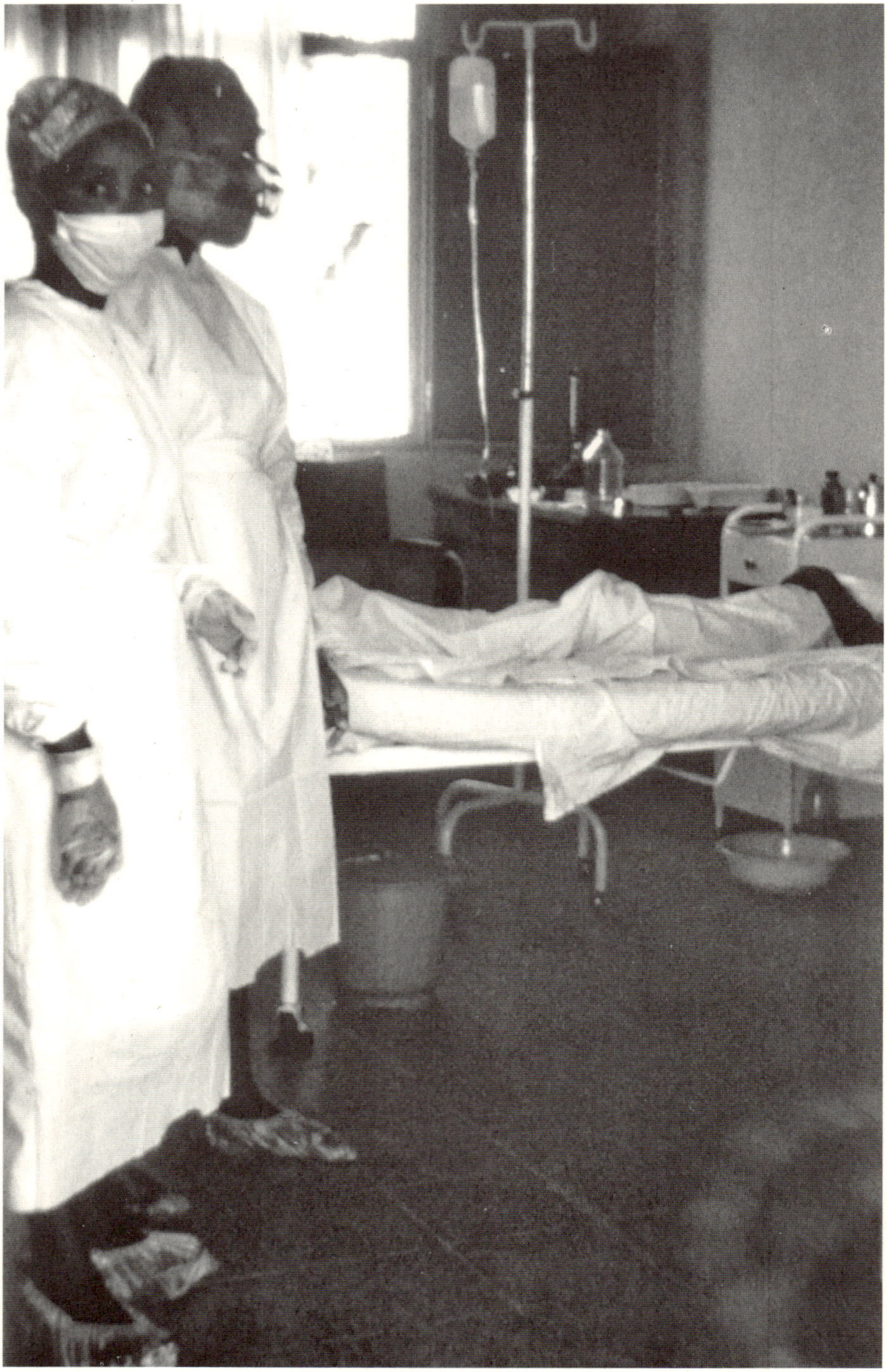

«Esta fotografía de 1976 muestra a dos enfermeras de pie frente al caso n.º 3 de ébola, que fue tratado y luego murió en el Hospital de Ngaliema, en Kinshasa, Zaire» [CDC, doctor Lyle Conrad; Public Health Image Library, PHIL].

35. ÉBOLA, AÑO 1976 D. C.

En el verano de 1976, Satanás visitó África. El 26 de agosto, el director de la Escuela de la Misión de Yambuku, un hombre de cuarenta y dos años llamado Mabalo Lokela, acudió achacoso al hospital rural de la misión de Yambuku, en el noroeste de Zaire, hoy la República Democrática del Congo. Mabalo estaba muy enfermo. Mostraba hemorragias nasales, escalofríos, disentería y fiebre. Unos días antes, había regresado de una excursión en automóvil de dos semanas al norte de Zaire. En el camino compró carne de antílope y mono ahumado. Todo parecía ir bien, pero estando ya en casa comenzó a sentir molestias. Quizás fuera poca cosa, pensó, aunque las sensaciones eran horribles.

Los médicos diagnosticaron que Mabalo sufría paludismo. Fue hospitalizado y tratado, con aparente alivio, a base de inyecciones de cloroquina y antipiréticos. De inicio, la fiebre del paciente disminuyó. Permaneció dos días en el hospital y en cuanto mejoró, partió a Yandongi, un pueblecito cercano en el que residía. Transcurrida una semana, Mabalo regresó al hospital ondeando una salud de chichinabo. Llegó con jaqueca severa, dolor muscular, náuseas, molestias abdominales y sangrado intestinal. Murió el 6 de septiembre con un síndrome hemorrágico de causa desconocida. Y, mientras tanto, otras personas que habían estado en contacto con Mabalo, también comenzaron a enfermar. Varias docenas de pacientes desarrollaron un síndrome hemorrágico febril similar y murieron en aproximadamente una semana, al igual que muchos de sus contactos. ¿Qué estaba ocurriendo?

Algunos médicos apuntaban a que eran casos severos de fiebre tifoidea y de fiebre amarilla. En la mañana del 24 de septiembre, fueron recolectadas muestras de tejido hepático *post mortem* de tres enfermeras fallecidas y se tomaron muestras de sangre para el diagnóstico de la fiebre tifoi-

Arriba, residentes de Yambuku, Zaire, esperan en fila a ser examinados por los funcionarios del CDC. Abajo, imagen tomada durante el traslado del voluntario Del Conn (en la ventanilla del coche), con síntomas de ébola (1976) [CDC, doctor Lyle Conrad; Public Health Image Library, PHIL].

dea. En medio del guirigay, una monja partera belga de cuarenta años, que había estado asistiendo a recién nacidos alumbrados por mujeres enfermas, comenzó a tener fiebre y dolores de cabeza. Dijo estar vacunada contra la fiebre tifoidea y la fiebre amarilla. El panorama era desconcertante. La monja y varias otras personas enfermas fueron tratadas con antimicrobianos. Las autoridades recomendaron iniciar actividades de vacunación antitifoidea. El mismo 24 de septiembre, la monja enferma, acompañada de otra hermana belga y de un sacerdote, tomaron dos vuelos comerciales de Bumba a Kinshasa, vía Kisangani, y llevaron consigo lo que fuera que tuviesen.

El 28 de septiembre de 1976, Jacques Courteille, un médico belga que trabajaba en el Hospital de Ngaliema en Kinshasa, recogió nuevamente una muestra de sangre de la monja enferma de Yambuku, justo antes de que la mujer muriera. Courteille informó que la monja sufría una enfermedad hemorrágica febril que duró cinco días. Era posible que tuviera fiebre amarilla. La muestra recogida por Courteille llegó el 29 de septiembre en un termo de plástico barato, brillante y azul, al Instituto de Medicina Tropical de Amberes. Un día después llegó una muestra de hígado *post mortem*. Al desenroscar el termo, encontraron una sopa de hielo medio derretido. Estaba claro que las temperaturas bajo cero no se habían mantenido constantes. El termo también había recibido algunos golpes. Uno de los tubos de ensayo estaba intacto, pero había pedazos de un tubo roto, y su contenido letal estaba mezclado con el agua helada, así como con una nota escrita a mano, cuya tinta había desaparecido parcialmente con la humedad. El mensaje, que era del doctor Jacques Courteille, describía el contenido del termo como dos viales, cada uno con 5 ml de sangre coagulada de una monja flamenca que estaba demasiado enferma para ser evacuada de Zaire. Según Courteille, la monja sufría de una epidemia misteriosa que había evadido la identificación, aunque posiblemente era fiebre amarilla. Enviar aquellas muestras de sangre en un simple termo, sin ningún tipo de precaución, fue un acto increíblemente temerario y peligroso.

Una vez desembaladas en el Departamento de Microbiología dirigido por Stefaan Pattyn, las muestras fueron inoculadas en células Vero, un linaje celular fácilmente replicable y utilizado con frecuencia en los laboratorios. El análisis corrió a cargo de Guido van der Groen, un belga tímido y divertido de unos treinta años; René Delgadillo, un estudiante posdoctoral boliviano; y Peter Piot, un joven veinteañero que tiempo después se convertiría en uno de los epidemiólogos más respetados del mundo.

Arriba: interior de un avión Fokker Friendship de la Fuerza Aérea Zaireña. El voluntario Del Conn, del Cuerpo de Paz de EE. UU., es evacuado a Johannesburgo desde Bumba. El aislador no se ajusta a las diferencias de presión del aire y se derrumba sobre él. Finalmente se descubrió que no tenía rastros de ébola. Abajo: helicópero Puma de la Fuerza Aérea Zaireña empleado para traslado de personas y suministros (1976) [CDC, doctor Lyle Conrad; Public Health Image Library, PHIL].

En los días siguientes, las pruebas de anticuerpos para la fiebre amarilla, la fiebre de Lassa y varios otros candidatos dieron negativo, y parecía probable que las muestras se hubieran dañado fatalmente por ser transportadas a una temperatura semidescongelada. Inyectaron algo de muestra en el cerebro de ratones adultos y roedores recién nacidos. Los jóvenes científicos visitaban a los animales cada dos por tres y revisaban los cultivos celulares cuatro veces al día. Estaban impacientes. Todos esperaban que creciera algún patógeno o que hubiera señales de que algo estaba pasando. Y, por fin, el lunes 4 de octubre por la mañana sucedió. Varios ratones adultos habían muerto. Tres días después, todos los ratones bebés también habían fenecido, un signo de que probablemente había un virus patógeno presente en las muestras de sangre que habían usado para inocular a los animales.

El grupo observó un efecto citopático manifiesto y el microscopista electrónico Wim Jacob alucinó, cuando, examinando las muestras, contempló un virus similar al de Marburg. La enfermedad por el virus de Marburg es una enfermedad extremadamente virulenta, que causa atroces hemorragias y que alcanza una tasa de letalidad de hasta el 88 %. Había sido identificada solo nueve años antes, en 1967, cuando dos grandes brotes ocurrieron simultáneamente en la ciudad de Belgrado en Serbia y en las ciudades alemanas de Frankfurt y Marburg, de donde el virus tomó el nombre. Los primeros afectados, varios trabajadores farmacéuticos, se infectaron con un lote de monos importados de Uganda. El patógeno parecía ser extremadamente virulento y rápidamente letal. Siete de las veinticinco personas infectadas por contacto directo con los monos murieron de fiebre hemorrágica, y seis personas más enfermaron después del contacto con esas infecciones primarias. El Marburg era claramente una enfermedad aterradora, aunque quizás el nuevo brote fuera ocasionado por un virus diferente con una morfología similar. Aun contemplando esa posibilidad, los investigadores no eran idiotas, ni suicidas, y con urgencia notificaron a la OMS.

Jean-François Ruppol, jefe del Fondo Médico Tropical Belga (FOMETRO); Gerardo Raffier, jefe de la Misión Médica Francesa; y el doctor Krubwa, de la Universidad Nacional de Zaire, visitaron Bumba y Yambuku en helicóptero militar del 4 al 9 de octubre. La zona fue puesta en estricta cuarentena, y el hospital de la misión de Yambuku cerrado. Detuvieron los aterrizajes de aviones comerciales, el movimiento dentro y fuera de las aldeas y prohibieron el atraque de barcos fluviales a lo largo del río Zaire.

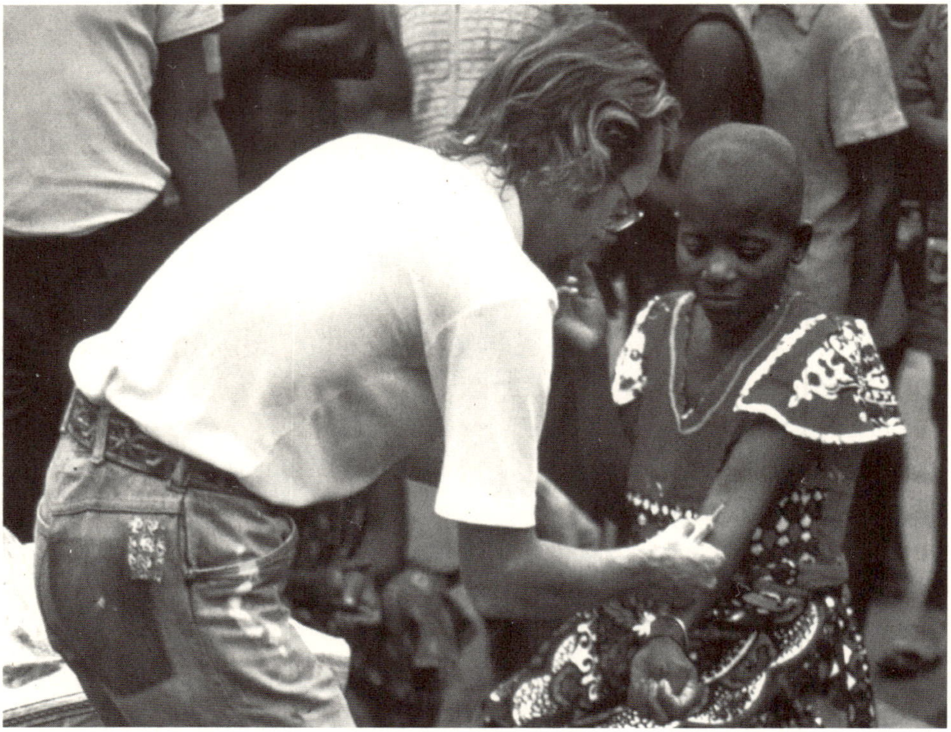

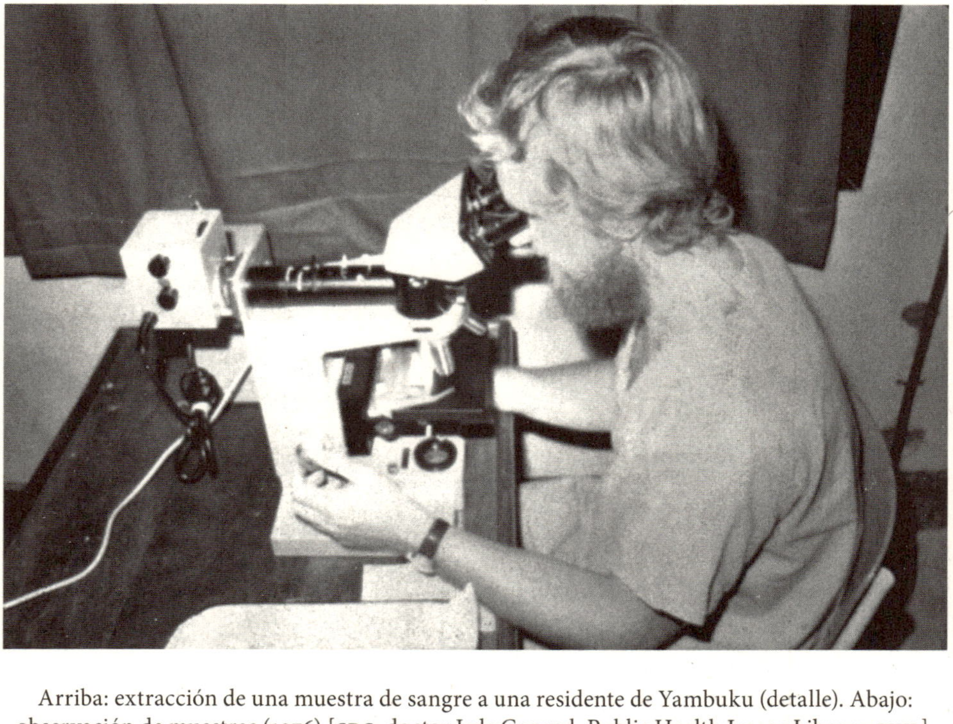

Arriba: extracción de una muestra de sangre a una residente de Yambuku (detalle). Abajo: observación de muestras (1976) [CDC, doctor Lyle Conrad; Public Health Image Library, PHIL].

Paul Brès, de la OMS, dijo al equipo de Amberes que enviara, inmediatamente, todas las muestras al Establecimiento de Investigación Microbiológica de Porton Down, en Reino Unido. Las muestras llegaron el 5 de octubre. Algunos materiales fueron enviados a los Centros para el Control y la Prevención de Enfermedades de Atlanta y Georgia, en Estados Unidos. Llegaron el 11 y el 13 de octubre. Ambos laboratorios contaban con instalaciones de contención máxima para virus altamente patógenos. La alarma creció más rápido que el desorden en el camarote de los hermanos Marx. Analizaron las muestras inoculando animales y líneas celulares. En el estudio, mediante microscopía electrónica, del sobrenadante del cultivo de células Vero, aparecieron partículas de filovirus, semejantes al virus de Marburg, aunque con particularidades distintas. El suero de un paciente convaleciente no reaccionó de forma cruzada con un virus de Marburg. Poco a poco, la borrasca dio paso a un escenario despejado. Eran dos virus diferentes, ¿acaso un nuevo filovirus?

El jueves 14 de octubre llegó la respuesta. Efectivamente era un nuevo virus. Karl Johnson, jefe de Patógenos Especiales de los CDC, informó que su equipo había aislado un virus similar de otras muestras de sangre de la misma monja flamenca en Kinshasa.

Poco después de ser notificado el brote en Zaire, a finales de septiembre, la OMS informó que un brote similar de fiebre hemorrágica estaba ocurriendo en el sur de Sudán. Posteriormente, una investigación nacional determinó que el 27 de junio de 1976 comenzaron a morir pacientes con una enfermedad hemorrágica en Nzara, Provincia Ecuatorial Occidental. El brote se propagó a la ciudad vecina de Maridi el 6 de agosto. Las autoridades nacionales de salud pública fueron notificadas por primera vez de la epidemia el 26 de septiembre, después de lo cual visitaron Maridi, donde fueron hospitalizados treinta pacientes con el síndrome y fueron recolectadas muestras. Al regresar a Jartum el 29 de septiembre de 1976, se notificó a la OMS y las muestras fueron enviadas al Establecimiento de Investigación Microbiológica de Porton Down.

Al parecer, el aceite de palma y otros productos comerciales viajaban a lo largo de las rutas del norte de la República Democrática del Congo (antes Zaire) a los países vecinos, incluido Sudán, por lo que la hipótesis inicial del equipo de Zaire fue que las epidemias estaban conectadas. A finales de octubre, los epidemiólogos Joseph McCormick del CDC y Simon van Nieuwenhove de FOMETRO fueron transportados en avión al noreste de Zaire, con los objetivos de seguir rutas altamente degradadas y prácticamente intransitables; interrogar a las autoridades locales; buscar casos, recolectar muestras de pacientes y de aquellos que posiblemente se hubieran recuperado; y revisar registros médicos. El equipo de McCormick cruzó veinticinco kilómetros hacia Sudán y visitó Nzara. Después de tres semanas de viaje, no encontró ningún vínculo entre los brotes de Sudán y Zaire, pero es interesante destacar que las personas afligidas en Nzara trabajaban en una fábrica de algodón, en la que colgaban muchos murciélagos de las vigas.

Debido a que en aquel momento ocurría una guerra civil en Sudán, el equipo de investigación de la OMS en el país no pudo acceder al área del brote hasta después de la visita del equipo de Zaire.

Mientras todo esto pasaba, Peter Piot, el indómito chaval de Amberes, fue elegido para viajar a Zaire en busca de respuestas. Tenía veintisiete años y una inexperiencia del tamaño de la torre Eiffel. Antes de viajar a África trató de familiarizarse con los procedimientos para la máxima protección contra virus peligrosos, tanto en el laboratorio como en el campo. Básicamente consistían en proteger ojos, boca, nariz y manos, y evitar pinchazos con agujas. Su compañero, Guido van der Groen, le regaló unas gafas de moto, que resultaron ser de gran utilidad. También realizó una capacitación relámpago en procedimientos de laboratorio de hematología y análisis de sangre. Nada estaba de más.

Al llegar a Kinshasa, flipó. Las carreteras eran increíbles, con personas y animales deambulando al azar por ellas, sin mencionar los vehículos que se precipitaban desde todas las direcciones. Los informes afirmaban que más del 80 % de las personas infectadas estaban muriendo. Solo tenían una opción de tratamiento posible, en forma de suero de convalecientes que tenían niveles muy altos de anticuerpos. Piot y el resto del grupo necesitaban rastrear a esas personas, analizar su sangre para estar seguros de que no contenía virus vivo y luego tratarla para ser capaz de inyectar anticuerpos en personas enfermas.

Apenas quince días antes de la llegada de Piot a África, tres personas de la misión belga en Yambuku, dos monjas y un sacerdote, habían sido llevadas a la capital para recibir tratamiento. Todos estaban ya muertos cuando Piot aterrizó en Zaire, y habían infectado al menos a una enfermera, Mayinga N'Seka, que estaba hospitalizada en estado crítico. En aquel momento, estaban haciendo esfuerzos en localizar a todos sus contactos en la ciudad para ponerlos en cuarentena. Los contactos incluían al personal de la Embajada de los Estados Unidos, donde la enfermera había finalizado los trámites para obtener una visa de estudiante. ¿Fue ese el comienzo del brote en Kinshasa?

La situación política era explosiva para el Gobierno. La epidemia era pública y el pánico reinaba en el país. Piot y otros pocos viajaron a la Clinique Ngaliema, un hospital para ricos. Estaba cerca del río Congo, en Gombe, una de las partes más bonitas de la ciudad, que en la época colonial había sido un barrio reservado para los blancos. Había un ambiente de mucho miedo en los pasillos de la clínica. El doctor Courteille, director de Medicina Interna, recibió a los forasteros e informó de las precauciones de seguridad. Después de la muerte de las dos monjas belgas, y de la infección de la enfermera Mayinga, sus colchones fueron quemados y sus habitaciones cerradas con llave y fumigadas con vapor de formaldehído durante cuatro días consecutivos. La eliminación de los cuerpos fue llevada a cabo envolviéndolos en sábanas de algodón impregnadas con un desinfectante fenólico, y los cuerpos, completamente envueltos, fueron sellados dentro de dos bolsas de plástico grandes y resistentes, antes de colocarlos en los correspondientes ataúdes.

Mayinga había sido hospitalizada el viernes 15 de octubre con fiebre alta y con un fuerte dolor de cabeza. Estaba muy enferma, completamente desesperada y convencida de que iba a morir. El lunes 18 empezó a sangrar. Tenía manchurrones negros y pegajosos alrededor de la nariz, las orejas y la boca, y manchas debajo de la piel donde se acumulaba sangre. Sufría diarrea y vómitos incontrolables. Los sanitarios intentaban tranquilizar a Mayinga, hablándole del suero que le administraría Margaretha Isaacson de Sudáfrica. Contenía anticuerpos contra el virus de Marburg, de una paciente convaleciente en Sudáfrica. El tratamiento podría fortalecer su sistema inmunológico para combatir el virus. Lamentablemente, el suero no funcionó y Mayinga murió unos días después.

Piot examinó la sangre de Mayinga. El recuento de plaquetas era terriblemente bajo. La verdadera letalidad de este virus comenzaba a ser asimilada y empezaron a surgir nuevos miedos. ¿Cómo se transmitía?, ¿a través de insectos?, ¿por fluidos corporales o polvo?, ¿quizás por aire? Para intentar responder a todas las incógnitas que manaban a borbotones en cada momento, Piot y otros científicos partieron hacia Yambuku, el corazón del misterioso virus asesino.

Condujeron dos Land Rover en silencio, atravesando la fuerza abrumadora, imparable y exuberante de la selva ecuatorial virgen. A los lados de la carretera emergían muros verdes de más de diez metros de altura, compuestos de ramas, hojas y lianas musculosas que parecían sacadas de una película de Tarzán. Algunos tramos eran casi intransitables. En ocasiones, la vía quedaba transformada en un sumidero de lodo y agua, con secciones enteras arrasadas por las lluvias torrenciales ecuatoriales. De vez en cuando, aparecían pequeños pueblos de no más de diez a veinticinco cabañas, acurrucados al pie de los imponentes árboles tropicales. El final del trayecto estuvo adornado de cafetales. Los cultivos precedieron a la iglesia y a los techos rojos de la misión de Yambuku. El entorno era surrealista, un espejismo que combinaba conventos idílicos con patios rodeados de palmeras y césped inmaculado. Había orden y limpieza. No parecía el hogar de un virus homicida.

La realidad volvió a grito pelado. «¡No se acerquen más! —chilló la hermana Marcella, la madre superiora—. ¡Quédense fuera de la barrera o morirán como nosotros!». «Buenos días —respondió Piot en tono apaciguador, al mismo tiempo que estrechaba la mano de la monja—. Estamos aquí para ayudarles y detener la epidemia —continuó—. Usted estará bien».

Al no tener ni idea de cómo se transmitía el virus, y de si el virus podía sobrevivir de alguna manera en materiales como colchones y sábanas, decidieron dormir en el piso de una sala empleada para impartir clases en el internado de niñas, que primero fumigaron con formaldehído y después fregaron con lejía.

Durante los siguientes dos días recorrieron aldeas todas las mañanas, extrayendo sangre, anotando detalles y apuntando datos potencialmente reveladores. Vieron pacientes con sangre formando costras alrededor de la boca o rezumando de las encías hinchadas. Sangraban por los oídos y la nariz y por el recto y la vagina. Estaban intensamente letárgicos, sin fuerzas. Escucharon de familias enteras que habían sido aniquiladas por el veloz demonio.

Dos elementos vinculaban a casi todas las víctimas de la misteriosa epidemia. Un factor fueron los funerales. Muchos de los muertos habían estado presentes en las exequias de una persona enferma o habían tenido contacto cercano con alguien que lo había hecho. La otra circunstancia fue la presencia en el Hospital de la Misión Yambuku. Casi todas las primeras víctimas del virus habían asistido a la clínica ambulatoria unos días antes de enfermar. A esas alturas, parecía probable que el contacto con aerosoles no fuera suficiente para transmitir la enfermedad. ¿Por qué había diferencias entre hombres y mujeres? La respuesta apareció de repente. Casi todas las mujeres que murieron estaban embarazadas y habían asistido a la clínica prenatal en la misión de Yambuku, donde recibieron inyecciones de vitaminas. Con educación y sutileza entrevistaron a las monjas. La hermana Genoveva comentó, con bastante libertad, que las pocas jeringas de vidrio eran reutilizadas para cada paciente. Todas las mañanas, dijo, eran hervidas rápidamente, como los instrumentos obstétricos empleados en la sala de maternidad. Luego, durante el día, eran empleadas una y otra vez, enjuagándose simplemente con agua estéril, para ser utilizadas con unos y otros pacientes.

Era evidente, las jeringas sin esterilizar transmitían libremente la infección. Las monjas tenían buenas intenciones, pero sus propias prácticas y la falta de capacitación adecuada, habían amplificado y propagado la epidemia. El trabajo estaba hecho. Tenían respuestas y soluciones. Regresaron a Kinshasa con termos llenos de muestras de sangre y dos sobrevivientes, Sophie y Sukato, que aceptaron viajar a la capital para realizar más pruebas y comprobar que su sangre efectivamente tenía anticuerpos contra el virus.

Quedaba la labor de nombrar al virus. Una noche, a horas tempestuosas e inspirados por una botella de bourbon de Kentucky, varios investigadores de la expedición a Yambuku discutieron cuál debería ser el nombre del nuevo virus. Uno abogó por el virus Yambuku, que tenía la ventaja de la sencillez y era la denominación informal utilizada por la mayoría. Sin embargo, no hubo aprobación general, porque nombrar virus asesinos en honor a lugares específicos puede ser muy estigmatizante. Ocurrió con el virus Lassa, descubierto en 1969 en un pequeño pueblo nigeriano del mismo nombre, que causó innumerables problemas a los habitantes de la localidad. A Karl Johnson le gustaba llamar a sus virus por el nombre de ríos, porque decía que eso le quitaba algo de crudeza a las acusaciones geográficas. Era lo que había hecho cuando descubrió el virus Machupo en Bolivia en 1959. Esa noche quedó claro que Karl tenía toda la intención de hacer lo mismo en Zaire, pero no podían llamar al virus por el majestuoso río Congo. Ya existía un virus llamado Crimea-Congo. ¿Había otros ríos cerca de Yambuku? Estudiaron un mapa de Zaire, no muy grande, que estaba clavado en la pared de un pasillo. A esa escala, parecía que el río más cercano a Yambuku era el Ébola, «río Negro» en lingala. Parecía convenientemente acertado.

La hermana Marietta camina entre las tumbas de sus colegas fallecidas durante el brote de ébola en Zaire (1976) [CDC, doctor Lyle Conrad; Public Health Image Library, PHIL].

En realidad, no hay conexión entre la fiebre hemorrágica y el río Ébola. El río Ébola tiene 250 kilómetros de longitud, forma parte de la red del río Congo y discurre a unos sesenta kilómetros de Yambuku, fuera del área de la epidemia. De hecho, el río Ébola ni siquiera es el río más cercano a la misión de Yambuku, pero la fatiga mental y el convincente bourbon apremiaron la resolución. El nombre del virus Ébola fue el elegido. Contra pronóstico, el nombre Ébola fue aceptado por los miembros de la Comisión Internacional en Kinshasa. Más tarde, en una reunión en Londres en 1977, después de cierto debate, la denominación de virus Ébola quedó reconocida.

Los dos brotes simultáneos ocurridos en 1976 en Zaire y Sudán ocasionaron 318 afectados y 280 fallecidos y fueron causados por dos virus genéticamente distintos. Ambos agentes infecciosos pertenecían al mismo mortífero tipo de virus, el virus del Ébola, pero a dos especies diferentes, el *Zaire ebolavirus* (EBOV) y el *Sudan ebolavirus* (SUDV).

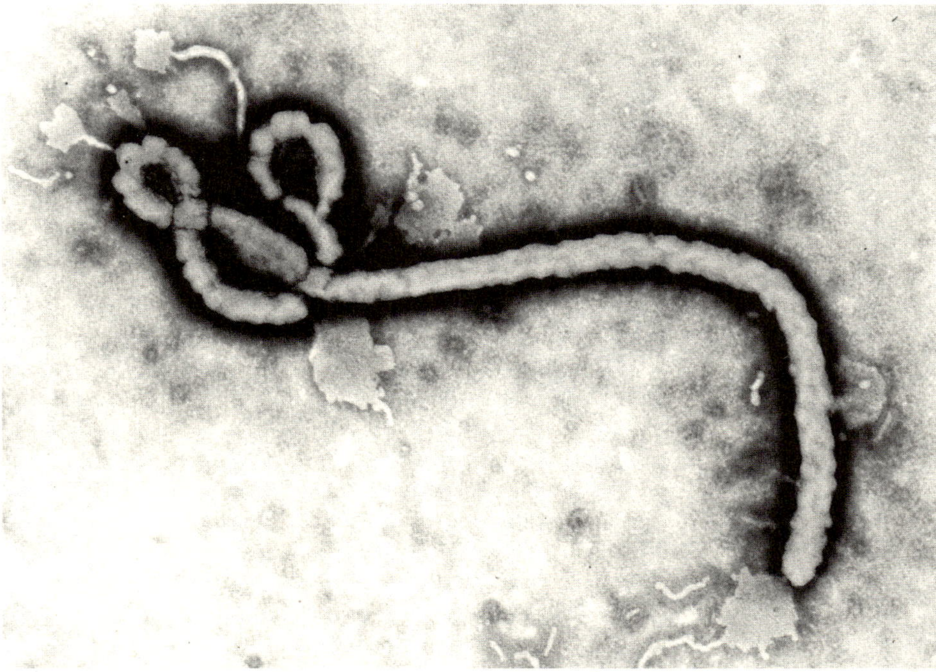

Imagen de microscopio electrónico de transmisión que muestra la morfología filamentosa y curva de una partícula del virus del Ébola [CDC, doctor Fred Murphy ; Public Health Image Library, PHIL].

El virus del Ébola afecta con mayor frecuencia a personas y primates no humanos, como monos, gorilas y chimpancés. Hasta la fecha han sido descritas seis especies del virus del Ébola que reciben los nombres de *Bundibugyo ebolavirus* (BDBV), *Zaire ebolavirus* (EBOV), *Reston ebolavirus* (RESTV), *Sudan ebolavirus* (SUDV), *Taï Forest ebolavirus* (TAFV) y *Bombali ebolavirus* (BOMV). Las tres primeras han sido asociadas a grandes brotes de ébola en África y la tasa de mortalidad varía según la especie de virus, alcanzando, de media, el 40 % para Bundibugyo, el 50 % para Sudán y el 90 % para Zaire. La incidencia en personas del más reciente, el Bombali, es desconocida. Los ébolavirus Reston y Taï Forest, aunque tienen capacidad de infectar a los humanos, de momento no han producido fallecimientos. El subtipo Reston del virus del Ébola fue identificado por primera vez en 1989 en los Estados Unidos, en monos alojados en una instalación de cuarentena en Reston, Virginia. Al menos cuatro humanos se infectaron, pero ninguno enfermó. Brotes adicionales del ébolavirus Reston ocurrieron entre 1989 y 1996 en Texas, Pensilvania e Italia. Ningún ser humano enfermó en ninguno de estos casos. La fuente de todos los brotes del ébolavirus Reston fue rastreada hasta una única instalación en Filipinas que exportaba los monos. En julio de 2009 se informó del descubrimiento del ébolavirus Reston en cerdos domésticos en Filipinas. El análisis genético sugiere que el virus ha estado circulando ampliamente entre los cerdos durante muchos años, posiblemente incluso antes del brote de 1989 en los Estados Unidos. El virus ha sido detectado en granjeros que han tenido contacto con cerdos infectados, pero no han mostrado signos de enfermedad.

La hipótesis más aceptada es que el reservorio natural del virus del Ébola son los murciélagos frugívoros de la familia *Pteropodidae* como el murciélago de cabeza de martillo (*Hypsignathus monstrosus*), el zorro volador de charretera de Franquet (*Epomops franqueti*) y el murciélago frugívoro de collar (*Myonycteris torquata*). Desde 1976, el virus ha azotado África en sucesivas oleadas, producidas, con regularidad, por el *Zaire ebolavirus* (EBOV), *Bundibugyo ebolavirus* (BDBV) y el *Sudan ebolavirus* (SUDV).

Entre 1976 y 2014, los brotes de ébola aparecieron principalmente en aldeas remotas cercanas a las selvas tropicales de África central y occidental.

Izqda.: *Hypsignathus monstrosus* [*Tierleben: Allgemeine Kunde des Tierreichs*; Strassen, O. v; 1920]. Dcha.: *Epomops franqueti* [*The American Museum Congo expedition collection of bats*; Allen, J. A. et al.; 1917].

Ese fue el entorno de la mayoría de los casos confirmados en la República Democrática del Congo, Sudán, Gabón, Uganda y la República del Congo. Sin embargo, en el año 2014 hubo un cambio profundo en la distribución de la enfermedad y se produjeron por primera vez brotes de ébola en África occidental (Guinea, Liberia y Sierra Leona). En estos países hubo una transmisión intensa en las zonas urbanas, lo que aumentó la extensión de la enfermedad. Asociados a este extenso brote, fueron importados casos de ébola a Italia, Nigeria, Malí, Senegal, España, Reino Unido y los Estados Unidos. El último gran brote de la enfermedad por el virus del Ébola acontecido entre los años 2018 y 2020 en la República Democrática del Congo, provocó 2.387 muertes oficiales. El peor ocurrió en África occidental entre los años 2014 y 2016 y ocasionó más de 11.000 muertes.

El virus del Ébola llega a la población humana a través del contacto cercano con la sangre, secreciones, órganos u otros fluidos corporales de animales infectados como murciélagos frugívoros, chimpancés, gorilas, monos, antílopes del bosque o puercoespines que están enfermos o aparecen muertos en la selva tropical. Luego, el virus se transmite de humano a humano mediante el contacto directo, a través de la piel lesionada o las membranas mucosas, con la sangre o los fluidos corporales de una persona que está enferma o ha muerto a causa de la enfermedad. También a partir de objetos que han sido contaminados con fluidos corporales, como sangre, heces o vómito de una persona enferma o que ha fallecido por la infección.

El período de incubación varía de dos a veintiún días. Los síntomas pueden ser repentinos e incluyen fiebre, fatiga, dolor muscular, dolor de cabeza y dolor de garganta, seguidos posteriormente de vómitos, diarrea, erupción cutánea, síntomas de insuficiencia renal y función hepática. En algunos casos, el paciente puede presentar sangrado tanto interno como externo.

La emergencia de nuevos brotes de ébola en África parece ser cada vez más habitual. Por tanto, urge tomar medidas preventivas que incluyan el despliegue, en las zonas afectadas, de epidemiólogos; expertos en prevención y control de infecciones; y expertos en laboratorio. Cuando surge un brote, las actividades previstas, además de compartir información sobre la salud de la población, incorporan el mapeo de los patrones de movimiento poblacional para identificar posibles puntos de cruce, establecer puestos de detección, realizar exámenes de salud para los viajeros e implementar medidas sanitarias públicas, incluido el monitoreo de la temperatura y las intervenciones de prevención y control de infecciones.

Crear conciencia sobre los factores de riesgo de la infección por ébola y las medidas de protección, incluida la vacunación, es una estrategia eficaz para reducir la transmisión humana de la enfermedad. La participación de la comunidad es clave para controlar con éxito un brote. Además de la aplicación de un paquete de intervenciones, que incluye la gestión de casos, un buen servicio de laboratorio, la vigilancia y el rastreo de contactos, es fundamental realizar entierros seguros, uno de los espacios habituales de transmisión. Se calcula que cada enfermo transmite la enfermedad a otras dos personas. La manipulación de los cadáveres es un momento de alto riesgo para la propagación. Los ritos funerarios de las culturas donde suelen aparecer los brotes de ébola están basados en el amortajamiento personal de los muertos por sus seres queridos, y cambiar esta situación constituye uno de los desafíos para las actividades de sensibilización en las comunidades. También es muy relevante transmitir mensajes que lleven a una reducción del contacto con murciélagos frugívoros, monos, simios, antílopes de bosque o puercoespines infectados y el consumo de su carne cruda, así como tomar medidas de protección individual, reduciendo el riesgo de transmisión de persona a persona por contacto directo o cercano con individuos que manifiestan síntomas de ébola, particularmente con sus fluidos corporales.

En noviembre de 2014, la Iniciativa de Medicamentos Innovadores (IMI) respondió al importante brote de ébola aparecido en África occidental asignando 280 millones de euros a una convocatoria integral de propuestas dirigidas al desarrollo de vacunas y ensayos clínicos. El 19 de diciembre de 2019, la Administración de Alimentos y Medicamentos de los Estados Unidos de América (FDA) aprobó la vacuna rVSV-ZEBOV, desarrollada por la compañía estadounidense Merck (en Europa denominada Merck Sharp & Dohme, MSD) y comercializada bajo el nombre de Ervebo. Es una vacuna de nueva generación que utiliza el virus de la estomatitis vesicular, una enfermedad del ganado que no afecta a humanos. El virus de la estomatitis ha sido atenuado y modificado para que produzca una proteína del virus del Ébola Zaire. Fue la primera vacuna contra el virus ébola que consiguió la autorización. Los ensayos, realizados durante el brote de 2018-2020, mostraron una alta eficacia. De momento, ha mostrado ser segura y protectora contra la especie ébolavirus Zaire y ha sido utilizada para contener brotes recientes ocurridos en los años 2021 y 2022.

Las vacunas son empleadas de acuerdo con la estrategia de vacunación en anillo, que consiste en buscar y vacunar, cuanto antes, a todos los contactos de un caso recién confirmado, y también a los contactos de tales contactos, para así frenar la propagación del virus y proteger al mayor número de vidas posible. En el año 2020, fue aprobada otra vacuna, desarrollada por Janssen, contra el virus del Ébola. La vacuna de Janssen, denominada Ad26.ZEBOV/MVA-BN-Filo, contiene dos componentes comercializados bajo las marcas Zabdeno y Mvabea. La vacuna es administrada secuencialmente con cincuenta y seis días de intervalo. Primero es administrada una única inyección de Zabdeno, seguida de una inyección de Mvabea, aproximadamente ocho semanas después. Zabdeno está basada en un adenovirus tipo 26 (Ad26) que expresa la glicoproteína de un virus del Ébola especie Zaire (ZEBOV) variante Mayinga (Ad26.ZEBOV). ¿Recuerda el nombre de la enfermera infectada de ébola que murió en 1976? Mvadea está basada en un poxvirus vaccinia Ankara modificado (MVA) que expresa glicoproteínas de los virus del Ébola especies Zaire (ZEBOV), Sudán (SEBOV) y del virus Marburg, además de una proteína nuclear del virus ébola especie Tai Forest (MVA-BN-Filo).

Las vacunas no pueden provocar la enfermedad, pero desencadenan en el cuerpo una respuesta inmunitaria que permite a la persona vacunada enfrentarse con éxito a la infección ocasionada por el virus del Ébola real, en especial el ébolavirus Zaire.

El ébola representa una amenaza para la seguridad de los países afectados. El impacto económico de la enfermedad es desmesurado e incluye la pérdida de la producción interna bruta; la amenaza a la seguridad alimentaria; la caída del empleo y los medios de subsistencia; y la disminución de la inversión extranjera. Según las proyecciones del Banco Mundial, se estima que Guinea, Liberia y Sierra Leona perdieron, en el año 2015, 2.200 millones de dólares de producto interno bruto (PIB) como consecuencia de los brotes de ébola. Las implicaciones sociales también son elevadas. Las cuarentenas tienen un impacto desproporcionado en los ancianos, los pobres y las personas con enfermedades o discapacidades crónicas. Las personas afectadas por el ébola o las que trabajan para combatirlo, como los trabajadores sanitarios y los equipos funerarios, se enfrentan a la estigmatización. La cohesión social disminuye por las políticas de «no tocar». Las mujeres y los niños se ven especialmente afectados. El cierre de las escuelas significa pérdida de educación y mayores riesgos de abandono escolar, embarazo adolescente y trabajo infantil. Los sistemas de salud colapsan y la mortalidad no relacionada con el ébola aumenta. Durante los brotes, los disturbios y las tensiones crecen. La desviación del gasto en desarrollo, especialmente para carreteras, energía, construcción de escuelas y hospitales, para responder a los brotes de ébola, deja una huella muy negativa. Las consecuencias del ébola son vastas. Por ello, el objetivo de la OMS es prevenir los brotes de ébola mediante el mantenimiento de la vigilancia de la enfermedad y la prestación de apoyo a los países en riesgo para que elaboren planes de preparación. Confiemos en que el esfuerzo conjunto y la ayuda internacional logren minimizar el terrible daño que causa el ébola en África.

PARA LEER MÁS:

Bokelmann, Marcel. 2021. «Tolerance and Persistence of Ebola Virus in Primary Cells from Mops condylurus, a Potential Ebola Virus Reservoir». *Viruses* 13 (11): 2186.

Genisca, Alicia. 2022. «Risk Prediction Score for Pediatric Patients with Suspected Ebola Virus Disease». *Emerging Infectious Diseases* 28 (6): 1189-1197.

Jacob, Shevin. 2020. «Ebola virus disease». *Nature Reviews Disease Primers* 6 (1): 13.

Keite, Alpha. 2021. «Resurgence of Ebola virus in 2021 in Guinea suggests a new paradigm for outbreaks». *Nature* 597 (7877): 539-543.

Sun, Jeffrey. 2022. «Ebola virus outbreak returns to the Democratic Republic of Congo: An urgent rising concern». *Annals of Medicine and Surgery* 79: 103958.

Wadoum, Raoul. 2021. «The 2018-2020 Ebola Outbreak in the Democratic Republic of Congo: A Better Response Had Been Achieved Through Inter-State Coordination in Africa». *Risk Management and Healthcare Policy* 14: 4923-4930.

Watson-Jones, Deborah. 2022. «Protocol for a phase 3 trial to evaluate the effectiveness and safety of a heterologous, two-dose vaccine for Ebola virus disease in the Democratic Republic of the Congo». *BMJ Open* 12 (3): e055596.

36. VIH: DE LA PESTE ROSA AL PÁNICO POR EL SIDA, AÑO 1981 D. C.

El 21 de julio de 1985, París lucía esplendoroso. No era para menos. La serpiente multicolor del Tour de Francia llegaba a la ciudad para culminar la edición número setenta y dos de la carrera ciclista, e iba rodeada del boato propio que requieren los grandes acontecimientos deportivos. Los brillantes maillots del Panasonic, KAS, La Vie Claire, Peugeot, Lotto, Orbea o Café de Colombia, entre otros equipos, colorearon las carreras francesas durante veintidós días. La etapa final, que era de trámite, constaba de 196 kilómetros. Partió desde la población de Orleans, capital administrativa del departamento de Loiret, y concluyó, como era tradición, en los Campos Elíseos parisinos. Bernard Hinault, el emblemático ídolo francés, era el líder destacado, con una ventaja de un minuto y cuarenta y dos segundos sobre Greg Lemon, la estrella estadounidense. El español Pedro Delgado ocupaba el sexto puesto en la clasificación general, por delante de los recordados campeones colombianos Lucho Herrera y Fabio Parra, y a casi doce minutos del virtual vencedor.

Desde primera hora del día, las puertas de los hoteles drenaron a miles de turistas ansiosos por contemplar el esprint final entre el belga Rudy Matthijs, el italiano Guido Bontempi, el canadiense Steve Bauer o el mítico irlandés Sean Kelly. Era un espectáculo extraordinario y fugaz que combinaba a las mil maravillas con la pompa parisina. Hoteles emblemáticos de la capital, como el Hôtel de Vendôme, el Hôtel Lutetia, el Hôtel Napoléon, ubicado a dos pasos del Arco del Triunfo, o el Hotel Crillon, a los pies de los Campos Elíseos, estaban completos. El Ritz no era una excepción. Nada más amanecer, el vestíbulo del Hôtel Ritz de París ya palpitaba con fuerza. Había un continuo flujo de personas y maletas, aparentemente des-

Rock Hudson (1925-1985; detalle) [fotografiado por Ray Jones; *Photoplay*, (47)1, enero de 1955].

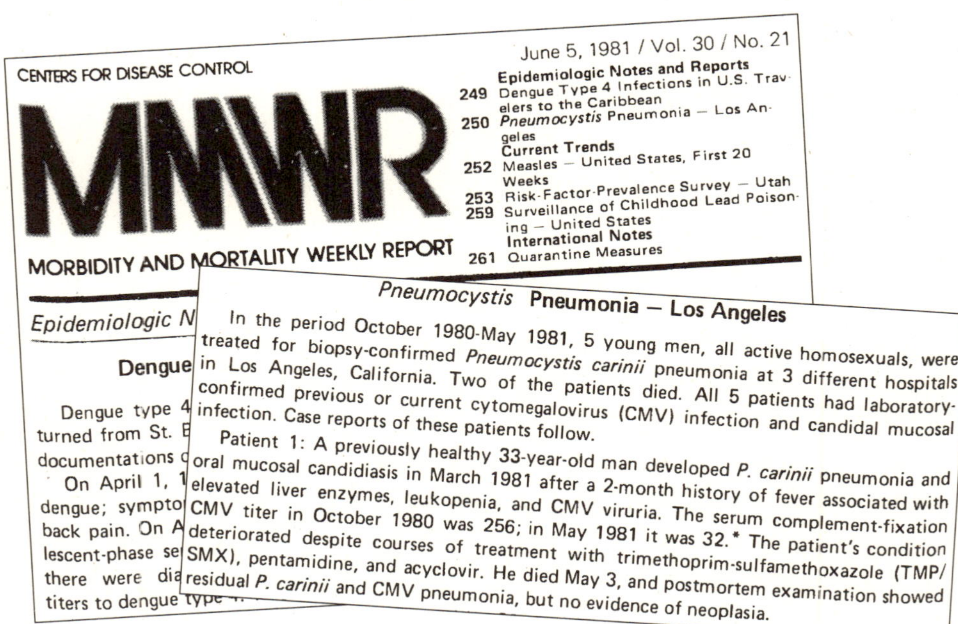

CENTERS FOR DISEASE CONTROL

MMWR

MORBIDITY AND MORTALITY WEEKLY REPORT

June 5, 1981 / Vol. 30 / No. 21

Epidemiologic Notes and Reports

249 Dengue Type 4 Infections in U.S. Travelers to the Caribbean

250 *Pneumocystis* Pneumonia – Los Angeles

Current Trends

252 Measles – United States, First 20 Weeks

253 Risk-Factor-Prevalence Survey – Utah

259 Surveillance of Childhood Lead Poisoning – United States

International Notes

261 Quarantine Measures

Epidemiologic N

Dengue

Dengue type 4 … turned from St. E … documentations … On April 1, 1 … dengue; sympto… back pain. On A… lescent-phase se… there were dia… titers to dengue type …

Pneumocystis **Pneumonia – Los Angeles**

In the period October 1980-May 1981, 5 young men, all active homosexuals, were treated for biopsy-confirmed *Pneumocystis carinii* pneumonia at 3 different hospitals in Los Angeles, California. Two of the patients died. All 5 patients had laboratory-confirmed previous or current cytomegalovirus (CMV) infection and candidal mucosal infection. Case reports of these patients follow.

Patient 1: A previously healthy 33-year-old man developed *P. carinii* pneumonia and oral mucosal candidiasis in March 1981 after a 2-month history of fever associated with elevated liver enzymes, leukopenia, and CMV viruria. The serum complement-fixation CMV titer in October 1980 was 256; in May 1981 it was 32.* The patient's condition deteriorated despite courses of treatment with trimethoprim-sulfamethoxazole (TMP/SMX), pentamidine, and acyclovir. He died May 3, and postmortem examination showed residual *P. carinii* and CMV pneumonia, but no evidence of neoplasia.

Cabecera y detalle del informe de los CDC anunciando cinco casos de neumonía por *Pneumocystis carinii* [*Morbidity and Mortality Weekly Report*, 30(21), 5 de junio de 1981].

organizado, pero que estaba en perfecta armonía con las indicaciones de los conserjes, los botones y el resto del personal del establecimiento. Todo eran prisas, aunque estuvieran vestidas de Yves Saint Laurent y perfumadas por Givenchy. Recordaba al barullo que surge en los hormigueros al comienzo del otoño. De repente, en medio del follón, un hombre alto, elegante y escuchimizado cayó desplomado al suelo. Varias personas asistieron al desmayado. Era un saco de piel y huesos. El rostro, ahora marchito y hundido, apuntaba épocas de esplendor. «¿Sabes quién es?», preguntó uno de los socorristas. «Es Rock Hudson, el actor de Hollywood», apuntó un espabilado. «Está fatal», dijo otro de los congregados en la escena. Minutos después llegó una ambulancia. Los medios de comunicación recibieron un aviso rápido del suceso. La noticia tenía miga. Empezaron a presionar para obtener un comunicado sobre la salud de Hudson. ¿Estaba enfermo? ¿Había muerto? Los rumores eran constantes.

El 22 de julio, Hudson estaba recuperado del vahído, aunque seguía con un estado de salud pésimo. Llamó a Yanou Collart, una amiga que era publicista francesa. «Tengo sida. Sal y tíralo a los perros. Eso es lo que quieren», espetó Rock. Hudson confesó estar harto de sostener una vida que no era la suya. La excusa de Hudson para viajar a París había sido la asistencia a un festival de cine, pero la razón real, alejada de las alfombras rojas, estaba relacionada con una cita en el Instituto Pasteur para probar el HPA-23, un prometedor tratamiento para combatir el VIH.

El sida fue reconocido, por primera vez, en el verano de 1981. El 5 de junio de 1981, el informe semanal de morbilidad y mortalidad de los Centros para el Control de Enfermedades describió cinco casos de neumonía por *Pneumocystis carinii*, hoy denominado *Pneumocystis jirovecii*, en hombres homosexuales. *Pneumocystis carinii* es un hongo patógeno, oportunista, extracelular, que parasita los pulmones humanos. En las siguientes semanas, más jóvenes homosexuales comenzaron a enfermar y a morir de infecciones oportunistas que, en condiciones normales, sus sistemas inmunológicos deberían haber evitado. Los afectados estaban demacrados y, a menudo, desarrollaron lesiones de color púrpura oscuro en los brazos y en la cara, debido a una forma de cáncer relativamente rara y agresiva llamada sarcoma de Kaposi. La enfermedad recibió el apelativo de «peste rosa» o «plaga de los gais». En ciudades como Nueva York y San Francisco, los casos crecían desmesuradamente. El 3 de julio, un informe de los CDC alertó de que veintiséis hombres homosexuales en Nueva York y California sufrían de sarcoma de Kaposi y neumonía por *Pneumocystis*. Los médicos estaban desconcertados y el miedo fluía sin control por la comunidad homosexual. Casi sin excepción, los pacientes experimentaron pérdida rápida de la salud, decaimiento y muerte. Los facultativos trataron en vano con una infección oportunista tras otra. Los casos estadounidenses aparecían por doquier, saltando de estado en estado e incluso haciendo acto de presencia en diferentes países.

El 24 de septiembre de 1982, el Centro para el Control de Enfermedades (CDC) recomendó el nombre de síndrome de inmunodeficiencia adquirida (SIDA) y publicó la primera definición de un caso de la enfermedad. Como el sida parecía ser más común en hombres homosexuales y usuarios de drogas intravenosas, las primeras teorías sobre la causa estuvieron centradas en cuestiones del estilo de vida de los afectados. La aparición del sida en haitianos alimentó la especulación de que la enfermedad era originaria de Haití.

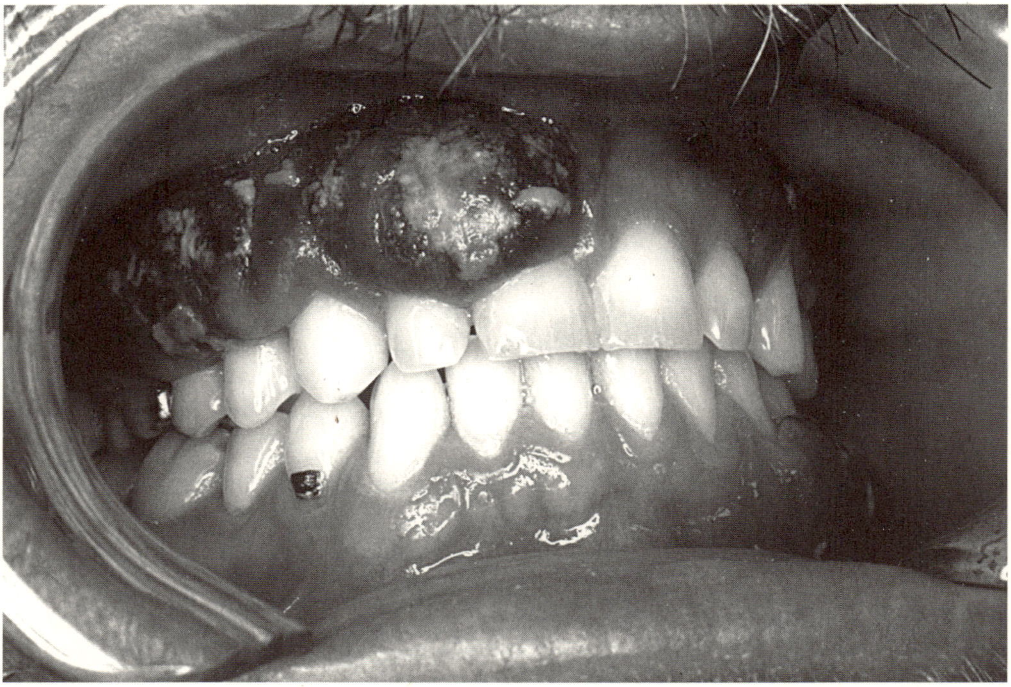

Vista intraoral de un paciente con VIH/SIDA positivo. Lesión de sarcoma de Kaposi e infección por candidiasis suprayacente [CDC, doctor Sol Silverman, Jr., DDS; Public Health Image Library, PHIL].

Aunque no convincentes, estas teorías avivaron el miedo y los prejuicios en torno a la enfermedad. A finales de 1982, la evidencia epidemiológica indicó que el sida era una enfermedad infecciosa transmitida por fluidos corporales y por exposición a sangre o productos sanguíneos contaminados. Los CDC informaron que la enfermedad no era transmitida por contacto casual, alimentos, agua, aire o superficies ambientales.

Sin una prueba específica para el sida, los bancos de sangre tenían dificultades para salvaguardar el suministro de sangre y la mayoría se negaba a interrogar a los donantes para detectar si eran homosexuales. Los marcadores sustitutos, como el antígeno central de la hepatitis B, demostraron ser imperfectos en el mejor de los casos. Por lo tanto, el suministro de sangre siguió siendo inseguro durante años y muchas personas recibieron transfusiones de sangre contaminada. Una de esas personas fue Elizabeth Glaser, quien a su vez transmitió la enfermedad a su hijo por nacer, Ariel. Las muertes de Elizabeth y Ariel provocaron una fuerte protesta, demandando más investigación y, en última instancia, condujeron a la formación de la Elizabeth Glaser Pediatric AIDS Foundation, una organización sin fines de lucro, fundada en 1988, dedicada a prevenir la infección pediátrica por VIH y eliminar el sida pediátrico a través de programas de investigación, defensa y prevención y tratamiento. Aproximadamente 15.000 hemofílicos en los EE. UU. se infectaron con el VIH como resultado de una transfusión de productos sanguíneos contaminados entre 1981 y 1984. De manera similar, los usuarios de drogas intravenosas estaban en alto riesgo debido al intercambio de sangre al compartir agujas. Así, hubo cuatro colectivos especialmente sensibles a la enfermedad: homosexuales, heroinómanos, hemofílicos y haitianos (originarios de Haití). De ahí que la enfermedad también empezara a ser conocida como el síndrome de las cuatro haches.

Las primeras pistas sobre la verdadera causa del sida surgieron de cuidadosas investigaciones inmunológicas. Una manifestación consistente era la rápida disminución en los niveles de linfocitos T CD4 circulantes. Una vez que los niveles caían por debajo de aproximadamente doscientas células por mililitro cúbico, los pacientes se volvían muy vulnerables a una miríada de infecciones oportunistas y a diversas neoplasias malignas. Sorprendentemente, este mismo subconjunto de células T es el objetivo del virus linfotrópico de células T humanas de tipo 1, o HTLV-I por su acrónimo en inglés, un retrovirus aislado en 1980 por Robert Gallo y colegas. Sin embargo, en lugar de inducir el agotamiento de las células T CD4, el HTLV-I transforma estas células T CD4, lo que resulta clínicamente en leucemia de células T del adulto. Al principio, el suero de pacientes infectados con HTLV-I parecía teñir débilmente las células de pacientes con sida, lo que sugería que esta nueva inmunodeficiencia podría ser causada por un retrovirus estrechamente relacionado con HTLV-I. Si bien, finalmente, quedó demostrado que esta conexión era falsa, en retrospectiva, los científicos estaban en el camino correcto al sospechar de un retrovirus.

En 1983, el CDC documentó la transmisión heterosexual del sida, un hallazgo que comenzó a cambiar la percepción de que era una enfermedad exclusiva de los homosexuales. Surgieron informes de dos epidemias diferentes en Europa, una que involucraba a homosexuales, pero la segunda en inmigrantes de África central sin factores de riesgo conocidos. Posteriormente, quedaría claro que la transmisión heterosexual representa más del 80 % de las nuevas infecciones en todo el mundo y que el África subsahariana presenta las tasas de infección más altas. En 1983, el mundo también pudo vislumbrar por primera vez la verdadera causa del sida. Usando tejido de un paciente presida con linfadenopatía aguda, Luc Montagnier y otros investigadores del Instituto Pasteur detectaron un nuevo retrovirus humano. Por microscopía electrónica, parecía ser diferente de HTLV-I. Sin embargo, con solo un aislado viral, no estaba claro si este retrovirus era realmente la causa del sida. En 1984, Robert Gallo y sus colegas de los Institutos Nacionales de Salud forjaron un vínculo causal entre este virus y el sida. En mayo de 1986, el Comité Internacional de Taxonomía de Virus, presidido por Harold Varmus, recomendó que este patógeno, identificado hasta entonces con muchos nombres, fuera denominado virus de la inmunodeficiencia humana (VIH).

El aislamiento del VIH permitió el desarrollo de la primera prueba de sangre en 1985, un paso que ofreció una gran esperanza, tanto a la comunidad científica como a la profana. Margaret M. Heckler, por entonces secretaria de Salud y Servicios Humanos de los Estados Unidos, predijo en 1984 que una vacuna contra el VIH estaría disponible en dos años. Desafortunadamente, el entusiasmo de Heckler chocó con la realidad y con la comprensión limitada del virus.

En 1985, Ryan White, un niño de trece años con hemofilia, fue expulsado de la escuela porque estaba infectado con el VIH. El temor a la enfermedad y la desinformación sobre el virus eran alarmantes. El 2 de octubre de 1985, después de batallar con la enfermedad hasta la extenuación, el sida mató a Rock Hudson. Tenía cincuenta y nueve años y era la primera celebridad afectada. El caso acaparó la atención mediática y cambió el panorama global de manera radical. En una de sus últimas declaraciones, Hudson dijo que no estaba feliz por tener sida, pero que, si esto podía ayudar a otros, al menos sabría que su propia desgracia tuvo algo positivo. La muerte de Rock Hudson convulsionó la industria cinematográfica y causó una conmoción global. Elizabeth Taylor y Doris Day, amigas de Hudson, y otros actores de renombre se convirtieron en activistas, recaudando millones de dólares para la lucha contra el VIH/SIDA. Rock logró que la pandemia fuera visible, que los científicos recibieran fondos para investigación, que la sociedad tuviera conciencia de la enfermedad y que las autoridades ejecutaran políticas públicas. De hecho, tras morir Hudson, el presidente Ronald Reagan, amigo personal del actor, finalmente mencionó la palabra sida durante una conferencia de prensa, provocando que su administración estuviera obligada a hacer frente a una epidemia que había ignorado durante años. Al tiempo, la princesa Diana de Gales visitó personalmente a pacientes con sida y les estrechó la mano sin guantes, demostrando al mundo que el virus no se transmitía por casualidad.

El espaldarazo definitivo llegó el 7 de noviembre de 1991. Ese día, Magic Johnson, icono mundial del baloncesto, anunció en rueda de prensa que era portador del VIH. La noticia impresionó de nuevo al mundo, y cambió la visión sobre el virus y la enfermedad que originaba. En el año 1991, el sida continuaba siendo sinónimo de muerte, pero Magic no desarrolló la enfermedad, aunque era portador del virus VIH. Había una gran diferencia. El virus ataca preferentemente al sistema inmunitario y destruye las defensas del organismo. De ahí deriva el nombre de la enfermedad que provoca, síndrome de inmunodeficiencia adquirida, que es recordado cada año en todo el mundo el 1 de diciembre. El sida es la etapa más avanzada de la infección con el VIH. Las personas con el sistema inmunológico debilitado o parcialmente desactivado por el virus contraen diferentes infecciones oportunistas o desarrollan ciertos tipos de cáncer, como el linfoma o el sarcoma de Kaposi. Por fortuna, la terapia antirretroviral desarrollada en las últimas décadas, iniciada con la aprobación de la zidovudina o azidotimidina (AZT) como tratamiento en 1987, ha reducido significativamente la morbilidad y la mortalidad de las personas que viven con el VIH. Son tratamientos de por vida que solo puede suprimir la replicación productiva del VIH en las células infectadas, pero no pueden curar o erradicar la infección. El virus de la inmunodeficiencia humana (VIH) infecta a las células del sistema inmunitario, alterando o anulando su función. Es un retrovirus que se propaga a través de diferentes fluidos corporales transmitidos por las relaciones sexuales vaginales, anales u orales con una persona infectada, la transfusión de sangre contaminada, la transmisión de madre a hijo durante el embarazo, el parto o la lactancia y por el uso compartido de agujas, jeringuillas u otros instrumentos punzantes.

Varios eventos independientes de transmisión zoonótica de primates a humanos a principios del siglo XX en África central y occidental dieron lugar al síndrome de inmunodeficiencia adquirida (SIDA) en la población humana. La epidemia de VIH es el resultado de dos tipos de virus, el VIH-1 y el VIH-2, que están estrechamente relacionados con virus de inmunodeficiencia símica. El reservorio primate del VIH-2 ha sido identificado con el mangabey gris (*Cercocebus atys*), una especie de mono arborícola de hábitos diurnos, y el del VIH-1 con el chimpancé.

L'Atys.

Simia atys.

Fig. 1. Der Schimpanse.

Izqda.: el mangabey gris (*Simia atys*, basónimo de *Cercocebus atys*) [*Histoire naturelle des singes et des makis*, J. B. Audebert, 1797]. Dcha.: el chimpancé (*Pan troglodytes*) [*Illustriertes Haus- und Familien-Lexikon*, I, 1860].

El VIH-1 es más virulento e infeccioso que el VIH-2, y es el causante de la mayoría de las infecciones por VIH en el mundo. El virus probablemente pasó de los chimpancés a los seres humanos que cazaban a estos animales para comer su carne. Las personas entraron en contacto con la sangre infectada, y el virus se propagó lentamente por toda África, a lo largo de varias décadas, y después a otras partes del mundo. A medida que fueron tomadas muestras de cepas de VIH-1 de todo el mundo, fue evidente que exhiben una heterogeneidad genética extremadamente alta. Desde un enfoque sanitario, esta situación es muy negativa. Para que nos hagamos una idea, las cepas del VIH-1 pueden ser divididas en cuatro grupos distintos denominados M (principal), O (atípico), N (no-M/no-O) y P (pendiente). De estos, el grupo M es el más extendido a nivel mundial. Pero también dentro del grupo M existe una gran diversidad y comprende nueve subtipos distintos: A, B, C, D, F, G, H, J y K. Algunos de ellos dominan en diferentes zonas geográficas, por ejemplo, el C en el sur de África y el B en los Estados Unidos. El epicentro de esa diversidad está en África y, en particular, en Kinshasa, en la República Democrática de Congo. El ancestro común de las cepas del grupo M del VIH-1 ha sido fechado alrededor de la década de 1920.

La diversidad de los subtipos de VIH-1 es un reto en el desarrollo de una vacuna contra el VIH, porque una vacuna eficaz debe proteger contra los diversos grupos, subtipos, cepas y formas recombinantes. Para que una vacuna tenga éxito contra el VIH-1 deberían existir altos niveles de anticuerpos neutralizantes protectores en el momento de la transmisión, con el fin de prevenir completamente la infección. Un escenario muy difícil de alcanzar. Además, el VIH muta constantemente a una velocidad endiablada, lo que le permite tener una notable diversidad de cepas y exhibir estrategias extraordinarias de evasión inmunológica. Existe una enorme cantidad de variación entre las cepas del virus, no solo de un individuo a otro, sino incluso dentro de un solo individuo. Para tener conciencia de la magnitud, la variabilidad del VIH dentro de un solo individuo infectado excede a toda la variabilidad de la secuencia mundial del virus de la gripe durante toda una temporada.

Además, la diversidad en los subtipos de VIH-1 afecta a la efectividad de las pruebas de diagnóstico del VIH y a los análisis de la carga viral. El VIH-1 se contagia a través del intercambio de líquidos corporales de la persona infectada, como la sangre, la leche materna, el semen o las secreciones vaginales, y también se puede transmitir de la madre al hijo durante el embarazo y el parto. No es posible infectarse mediante los contactos ordinarios cotidianos como los besos, los abrazos y los apretones de manos o por el hecho de compartir objetos personales, agua o alimentos. La transmisión da lugar a una rápida diseminación viral sistémica. Un ejemplo de esto es la nueva variante VB (VIH-1 del grupo M y subtipo B) descubierta en los Países Bajos gracias al estudio ATHENA. Esta variante es más virulenta y presenta una mayor transmisibilidad, pero por fortuna todavía es sensible al tratamiento retroviral. Los individuos infectados con ella tienen una mayor carga viral, una notable reducción en los linfocitos T CD4 en comparación con otras variantes y la esperanza de vida disminuye. Los análisis apuntan que surgió en Ámsterdam en la década de 1990 y que desde principios del siglo XXI se extendió con rapidez por los Países Bajos.

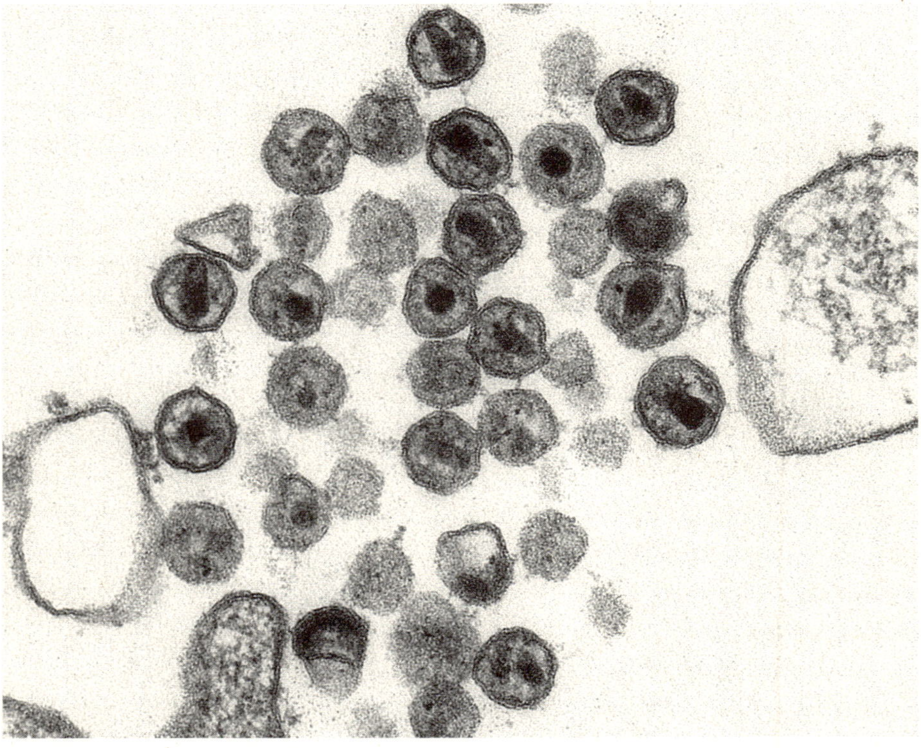

Micrografía electrónica de transmisión, sección delgada, que muestra numerosos viriones del VIH [CDC, doctores Maureen Metcalfe y Tom Hodge; Public Health Image Library, PHIL].

El VIH también ha desarrollado una capacidad increíble para protegerse del reconocimiento de los anticuerpos. Los virus con envuelta, como los coronavirus, codifican en su superficie estructuras denominadas glicoproteínas que están compuestas por azúcares y proteínas y hacia las que es posible diseñar una vacuna. En el caso del coronavirus SARS-CoV-2 es la famosa proteína S o «Spike protein», la espícula del virus. Sin embargo, la glicoproteína del VIH es especial porque tiene un porcentaje inusual de azúcares que el virus utiliza como escudos para protegerse del reconocimiento de los anticuerpos que el huésped infectado está tratando de producir. La célula huésped humana agrega los azúcares de la glicoproteína del VIH y luego los percibe como propios, por lo que el sistema inmunitario no genera anticuerpos contra el virus. Como el VIH está evolucionando continuamente dentro de una sola persona infectada, el resultado es una replicación viral continua e implacable que dificulta en extremo el desarrollo de una vacuna efectiva.

Hasta ahora han sido realizados varios ensayos a gran escala contra el VIH, aplicando algunas potenciales vacunas que llegaron a fase 3. Cada uno tuvo un coste de más de cien millones de euros. Los tres primeros fracasaron de manera rotunda. No mostraron protección contra la infección por VIH ni disminución de la carga viral en aquellos que sí se infectaron. De hecho, en el tercero de estos ensayos, el STEP basado en el adenovirus 5, hubo una mayor frecuencia de infección estadísticamente significativa en las personas que habían sido vacunadas. El cuarto ensayo, conocido como ensayo RV144 tailandés, informó inicialmente de cierto éxito contra la adquisición de la infección por VIH, pero un análisis estadístico posterior concluyó que no existía una protección real, por lo que también fue suspendido. El quinto ensayo de una potencial vacuna fue el HVTN 702, puesto en marcha para confirmar y ampliar los resultados del ensayo RV144. También se detuvo antes de tiempo debido a su inutilidad.

Tras estos fracasos continuaron en marcha otros dos ensayos: Imbokodo y Mosaico. El ensayo Imbokodo probaba una pauta de vacunación para prevenir el VIH en aproximadamente 2.600 mujeres jóvenes, en la franja de edad de dieciocho a treinta y cinco años de edad, procedentes de cinco países del África subsahariana, una región donde mujeres y niñas representaron el 63 % de todas las nuevas infecciones por el VIH en el año 2020. Desafortunadamente, en el mes de septiembre de 2021, Imbokodo fue interrumpido en la fase 2b, porque los resultados evidenciaban que la vacuna no estaba proporcionando suficiente protección frente a la infección por el VIH.

La única esperanza que quedó abierta fue el ensayo Mosaico, un estudio en fase III a gran escala en el que participaron numerosos hospitales europeos y que evaluó la eficacia de un régimen diferente de la vacuna contra el VIH entre hombres que tienen sexo con hombres (HSH) y personas transgénero. El ensayo comenzó en 2019 como una asociación público-privada que incluía al Instituto Nacional de Alergias y Enfermedades Infecciosas de los Estados Unidos, Janssen Vaccines & Prevention B. V., la Red de Ensayos de Vacunas contra el VIH y el Comando de Desarrollo e Investigación Médica del Ejército de los Estados Unidos. Participaron 3.900 hombres de ocho países de Europa y América, incluido Estados Unidos. La vacuna utilizada en el ensayo Mosaico se denomina Ad26.Mos4.HIV y está compuesta por un adenovirus tipo 26 modificado y gp140 bivalente, con dos proteínas conocidas como gp140 de clado C y gp140 mosaico. Los participantes recibieron cuatro inyecciones a lo largo de doce meses, bien de la vacuna o de un placebo, pero el comité de supervisión no encontró diferencias significativas en la tasa de adquisición del VIH entre los dos grupos y, por desgracia, el estudio fue cancelado.

El 29 de septiembre del año 2020 murió, a los cincuenta y cuatro años, un hombre llamado Timothy Ray Brown. La causa fue una leucemia mieloide aguda. Timothy era conocido como «el paciente de Berlín» y fue la primera persona del mundo que se curó del virus de la inmunodeficiencia adquirida (VIH). Era un traductor estadounidense originario de Seattle, pero es conocido como «paciente Berlín» porque fue en la capital alemana donde se le detectó el VIH. En 1995, mientras estudiaba en la Universidad de Berlín, Timothy fue diagnosticado de VIH. Inmediatamente comenzó un tratamiento con zidovudina en dosis bajas (AZT), pero al año siguiente, los inhibidores de la proteasa, que evitan la multiplicación del virus, salieron al mercado y, como muchas personas infectadas por el VIH en ese momento, comenzó a tener una actividad bastante normal y una esperanza de vida casi ordinaria. Todo fue bien durante los siguientes diez años, pero tras asistir a una boda en Nueva York, Timothy comenzó a sentir un cansancio desmesurado. Regresó a Berlín y descubrió que tenía anemia. Las transfusiones no resolvieron el problema y tras la consulta a un oncólogo y una biopsia de médula ósea, los médicos le informaron que tenía leucemia mieloide aguda (AML) y que necesitaba ser tratado en un hospital.

Timothy fue atendido por el doctor Gero Huetter, que propuso cuatro ciclos de tratamientos de quimioterapia, cada uno de los cuales tomaba siete días, con descansos de varias semanas en el medio. En el primer ciclo todo fue bien, pero en el segundo Timothy sufrió una neumonía causada por hongos, y en el tercero una nueva y peligrosa infección provocó que los médicos tuvieran que mantenerlo en coma inducido. Un día después, Timothy despertó del coma y el doctor Huetter le dijo que se fuera de vacaciones. El paciente obedeció y viajó a Italia.

En esos momentos, Timothy desconocía que, antes del tercer tratamiento con quimioterapia, el doctor Huetter había enviado una muestra de sangre del paciente al banco de donantes de células madre de la Cruz Roja Alemana, para buscar coincidencias en caso de que necesitara un trasplante. Aparecieron hasta 267 coincidencias; eran muchas y el doctor Huetter tuvo la genial idea de buscar un donante que tuviera una mutación llamada CCR5-delta-32. La mutación genética «delta 32» se refiere a un segmento de 32 pares de bases faltantes en el gen CCR5. La mutación CCR5-delta-32 fue identificada en 1996 en individuos que parecían estar protegidos frente al virus VIH, a pesar de haberse expuesto al mismo en repetidas ocasiones. Estos sujetos carecían de receptores CCR5 en sus linfocitos T CD4, lo cual impide la unión del VIH y, por tanto, la infección.

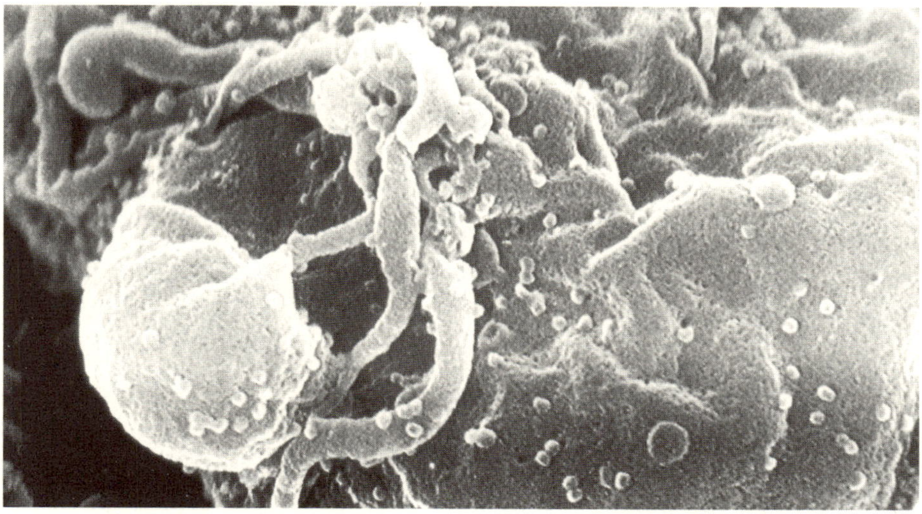

Micrografía electrónica de barrido del VIH-1 sobre linfocitos cultivados. Las múltiples protuberancias redondas en la superficie celular representan sitios de ensamblaje y penetración de viriones [CDC, doctores Goldsmith, C. *et. al.*; Public Health Image Library, PHIL].

La proteína CCR5 se halla en la superficie de la célula T CD4 y actúa como puerta para que el virus del VIH entre. Quita esa entrada y las células T CD4 no se infectarán y por tanto la persona no contraerá el VIH. Tras una búsqueda infatigable durante semanas, el día 61, el equipo médico encontró un donante con esta mutación. El donante acordó donar si fuera necesario. La leucemia parecía en remisión y Timothy tenía miedo al trasplante, ya que en ese momento la supervivencia a los trasplantes de células madre no era muy alta, por lo que descartó la operación y decidió seguir tomando la medicación antirretroviral por tiempo indefinido.

Por desgracia, a finales del año 2006, la leucemia volvió con fuerza. Era evidente que Timothy necesitaba el trasplante de células madre para sobrevivir. No había otra alternativa por lo que recibió el trasplante el 6 de febrero de 2007. Ese mismo día dejó de tomar la medicación contra el VIH. Transcurridos tres meses, el VIH había desaparecido de la sangre de Timothy. La vida cambió e incluso Timothy recuperó su musculatura, porque sin el VIH ya no sufría el síndrome de emaciación, un tipo de adelgazamiento patológico.

Desafortunadamente, después de un viaje a los Estados Unidos por Navidad y de ser diagnosticado con neumonía mientras estaba en Idaho, los médicos descubrieron que la leucemia había vuelto al cuerpo de Timothy. Los facultativos de Berlín optaron por una segunda ronda de trasplante con el mismo donante. Timothy recibió las células madre por segunda vez en febrero de 2008. La operación tuvo complicaciones, pero Timothy superó la leucemia y no volvió a mostrar indicios de la existencia del VIH en su organismo, por lo que se convirtió en la primera persona de la historia en curarse por completo de la enfermedad.

La prestigiosa revista *The Lancet HIV* publicó el 10 de marzo de 2020 un estudio que presentó el segundo caso de remisión a largo plazo del VIH. Era el venezolano Adam Castillejo, el denominado «paciente de Londres», que recibió un trasplante alogénico de células madre con células portadoras de la mutación CCR5-delta-32. El paciente, en ausencia de medicación antirretroviral, no manifestó presencia del virus VIH.

El llamado «paciente de Düsseldorf» fue el tercer caso en el mundo de remisión a largo plazo del VIH. Era un hombre de cincuenta años con infección de VIH que recibió un tratamiento de células madre para tratar una leucemia mieloide aguda. Las células del donante también tenían la mutación CCR5-delta-32. En noviembre del 2018, los médicos interrumpieron la medicación antirretroviral y el paciente continuó sin rebrote viral. El hecho de que los casos de los pacientes de Londres y Düsseldorf fueran notificados al mismo tiempo no es una coincidencia. Ambos pacientes forman parte del programa IciStem, un proyecto europeo de colaboración. IciStem incluye una cohorte de pacientes, con enfermedades hematológicas malignas, que han recibido o podrían recibir un trasplante alogénico de células madre de 22.000 donantes potenciales identificados que son homocigotos para CCR5-delta-32. Hasta el momento, treinta y nueve pacientes registrados en IciStem han recibido trasplantes, y los pacientes de Londres y Düsseldorf eran los únicos dos posibles ejemplos de cura notificados hasta la primavera de 2023, con virus VIH indetectable mantenido durante un período sustancial después de la interrupción del tratamiento. El 16 de marzo de 2023, la revista *Cell* publicó el caso de la «paciente de New York», la cuarta persona del mundo, y la primera mujer, que ha conseguido eliminar el VIH de su organismo, tras ser sometida a un trasplante de células madre, provenientes de sangre de cordón umbilical, que contenían la mutación CCR5-delta-32. La paciente, que padecía leucemia, recibió el trasplante en el año 2017 en el Weill Cornell Medicine de la ciudad de New York y el caso formó parte del Grupo de Ensayos Clínicos Internacionales sobre el Sida Materno, Pediátrico y de Adolescentes (IMPAACT). Para aumentar las probabilidades de éxito del procedimiento contra el VIH y la leucemia, las células del cordón umbilical fueron infundidas junto con células madre seleccionadas de un donante emparentado haploidéntico con el alelo CCR5 de tipo salvaje. La leucemia remitió, y treinta y siete meses después del trasplante, la paciente pudo dejar de tomar la medicación antiviral contra el VIH.

Más de ochenta y cuatro millones de personas han contraído la infección por el VIH desde el comienzo de la epidemia, y de ellas, unos cuarenta millones han muerto de enfermedades relacionadas con el sida. En el año 2021, 38,4 millones de personas vivían con el VIH, siendo 1,7 millones niños menores de catorce años. La mayoría viven en el África subsahariana. En el año 2020, al menos 300.000 niños y niñas se infectaron por primera vez con el VIH, uno cada dos minutos. El mismo año, 120.000 niños, niñas y adolescentes murieron por causas relacionadas con el sida, uno cada cinco minutos.

Por fortuna, a finales de diciembre de 2021, 28,7 millones de personas tenían acceso a la terapia antirretroviral, en comparación con los 7,8 millones de 2010. Desde 2016, la OMS recomienda una política de tratamiento generalizado que consiste en proporcionar tratamiento antirretrovírico de por vida a todas las personas con el VIH, incluidos los niños, los adolescentes, los adultos y las mujeres embarazadas y en periodo de lactancia, con independencia de su estado clínico y de su recuento de linfocitos T CD4. Hasta junio de 2022, 189 países, donde vive el 99 % de las personas infectadas por el virus a nivel mundial, habían adoptado esta recomendación. En el año 2021, los grupos de población clave (trabajadores/as sexuales y sus clientes, los hombres que tienen relaciones sexuales con hombres, las personas que se inyectan drogas, las personas transgénero) y sus parejas sexuales representaron el 70 % de las nuevas infecciones por VIH.

El impacto negativo del VIH/sida en el desarrollo en África, especialmente en los países de alta prevalencia, está bien documentado y tiene implicaciones económicas, sanitarias y académicas. Las altas tasas de enfermedades relacionadas con el VIH y las muertes prematuras de adultos comprometen la estabilidad del hogar y la inversión en los niños. Además, retrasan el crecimiento de la renta per cápita, facilitando las situaciones de pobreza.

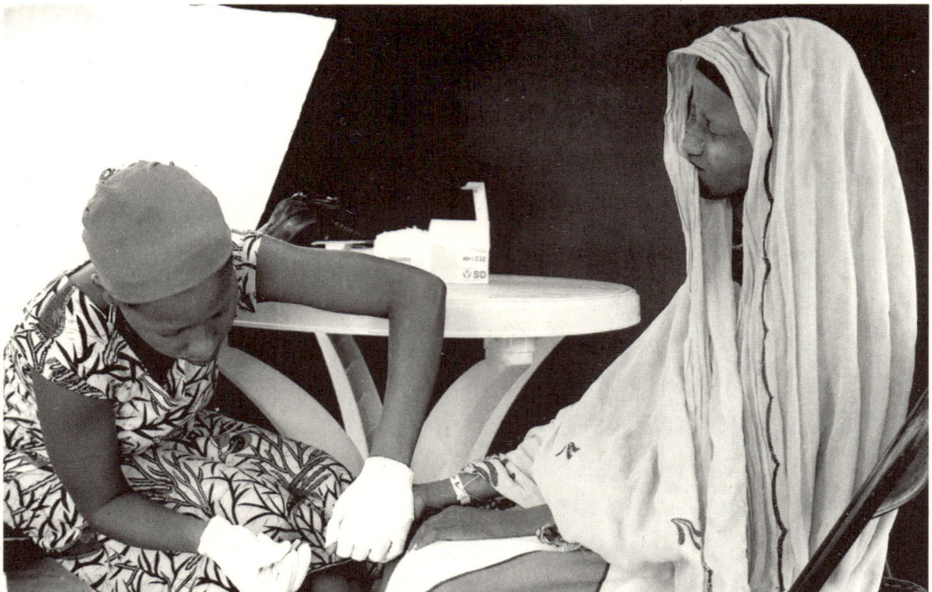

Mary Kadzo (AIDS Population and Health Integrated Assistance) extrae sangre del dedo de una mujer keniana para una prueba de VIH (Assa, Kenia, 2011) [Major Gregg Tooley, U. S. Army; *PD*].

La presencia del VIH cambió el mundo, modificando las costumbres, el comportamiento, los hábitos sanitarios, el consumo de drogas, los métodos de prevención, las prácticas de atención médica y las relaciones sexuales de millones de personas. No debemos rendirnos. La ciencia sigue progresando y cada vez está más cerca el día en el que esta cruel enfermedad tan solo sea un recuerdo.

PARA LEER MÁS:

De Cock, Kevin. 2021. «Reflections on 40 Years of AIDS». *Emerging Infectious Diseases* 27 (6): 1553-1560.

Fauci, Anthony. 2020. «Four Decades of HIV/AIDS Much Accomplished, Much to Do». *The New England Journal of Medicine* 383 (1): 1-4.

Gao, Feng. 1999. «Origin of HIV-1 in the chimpanzee *Pan troglodytes troglodytes*». *Nature* 397 (6718): 436-441.

Godfrey-Faussett, Peter. 2022. «HIV prevention for the next decade: Appropriate, person-centred, prioritised, effective, combination prevention». *PLoS Medicine* 19 (9): e1004102.

Gryseels, Sophie. 2020. «A near full-length HIV-1 genome from 1966 recovered from formalin-fixed paraffin-embedded tissue». *PNAS* 117 (22): 12222-12229.

Hsu, Jingmei. 2023. «HIV-1 remission and possible cure in a woman after haplo-cord blood transplant». *Cell* 186 (6): P1115-P1126.

Manosuthi, Weerawat. 2021. «A retrospective study of survival and risk factors for mortality among people living with HIV who received antiretroviral treatment in a resource-limited setting». *AIDS Research and Therapy* 18:71.

Nketiah-Amponsah, Edward. 2019. «Effect of HIV/AIDS on Economic Growth in Sub-Saharan Africa: Recent Evidence». *International Advances in Economic Research* 25: 469-480.

Peluso, Michael. 2019. «HIV "cure": A shot in the arm?». *EBioMedicine* 42: 3-5.

Staupe-Delgado, Reidar. 2022. «Living through and with the global HIV/AIDS pandemic: Distinct "pandemic practices" and temporalities». *Social Science & Medicine* 296: 114809.

Arriba: haciendo queso en una fábrica rural de quesos. Condado de Oswego, Nueva York (1937) [Arthur Rothstein; The New York Public Library]. Abajo: venta en la sección de quesos, supermercado Albertsons, Seattle, Washington (1955) [Seattle Municipal Archives, CC BY 2.0].

37. AL QUESO CONTAMINADO, NI UN BOCADO; AÑO 1985 D. C.

«Algo tendrá el queso, para venderlo al peso», dice el refranero español. Existen más de dos mil variedades de queso disponibles, presentadas en incontables formatos. En el año 2021, la producción mundial de queso ascendió a alrededor de veintidós millones de toneladas métricas. La Unión Europea fue, con mucho, el principal productor de queso, con un volumen de producción ese año de alrededor de diez millones de toneladas métricas. Una auténtica barbaridad.

La gran aceptabilidad de los quesos por parte de los consumidores es atribuible a que poseen agradables características sensoriales, buenas propiedades nutricionales, versatilidad y también al advenimiento de productos innovadores con ingredientes, empaques y formatos de venta novedosos. Las características organolépticas de un tipo específico de queso, incluidas la textura, el aroma y el sabor, dependen de sus constituyentes, por ejemplo, compuestos volátiles, aminoácidos libres o fenoles, que a su vez están influenciados por el origen de la leche; la microbiota endógena de la leche; los cultivos iniciadores utilizados para su elaboración; las poblaciones microbianas presentes en los ambientes de producción; y los aspectos tecnológicos de los procesos productivos.

Durante la elaboración del queso, la coagulación de las proteínas de la leche tiene lugar mediante la adición de cuajo u otros agentes coagulantes, lo que da como resultado la formación de cuajada, a la que sigue el escurrido del suero. Los quesos se clasifican según la firmeza, desde blandos hasta extraduros, y según la maduración principal, desde madurados hasta en salmuera. Los quesos madurados se mantienen en condiciones controladas durante períodos variables de tiempo para desarrollar las características bioquímicas, fisicoquímicas y organolépticas del producto. Además, los quesos procesados son productos que resultan del calentamiento y la mezcla del queso con sales fundidas y otros ingredientes lácteos y no lácteos. Por desgracia, los quesos son productos que, con frecuencia, han estado implicados en intoxicaciones alimentarias. La transmisión de patógenos bacterianos durante la elaboración, la maduración y el almacenamiento del queso puede ser atribuida a eventos de contaminación directa o cruzada durante el procesamiento, en entornos minoristas y domésticos. Si bien la leche cruda es considerada la principal fuente de contaminación de los quesos y estuvo directamente implicada en el brote de listeriosis ocurrido en 1985 en la ciudad de Los Ángeles.

La edición del 21 de junio de 1985 de *Morbidity and Mortality Weekly Report* (MMWR) publicó que el Centro Médico de la Universidad del Sur de California del Condado de Los Ángeles había percibido que un número elevado de mujeres hispanas embarazadas estaban enfermas de listeriosis. La listeriosis es una infección grave causada principalmente por la bacteria *Listeria monocytogenes*. El género *Listeria* está formado por numerosas especies diferentes y fue nombrado así en honor a Joseph Lister, cirujano británico pionero en las prácticas quirúrgicas de la asepsia y antisepsia.

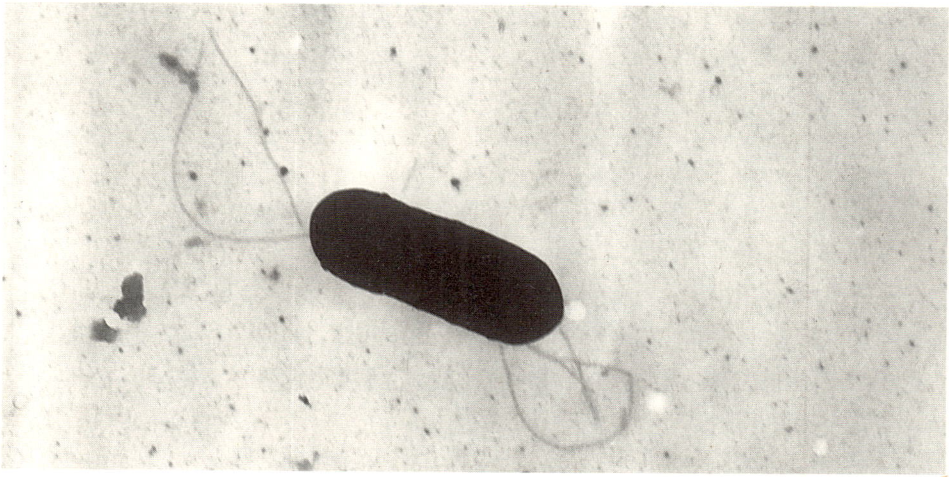

Microscopía electrónica de transmisión (41.250x) de una bacteria flagelada *Listeria monocytogenes* [CDC; doctor Balasubr Swaminathan; Peggy Hayes; Public Health Image Library, PHIL].

Las especies de *Listeria* son comunes en la naturaleza, y pueden ser aisladas de suelo, materia vegetal en putrefacción, aguas residuales y tracto digestivo de humanos y animales, entre otros ambientes. En enero de 2019, fue descrita una de las últimas, *Listeria thailandensis*, aislada de pollo frito. Dos de ellas, *Listeria monocytogenes* y *Listeria ivanovii*, son patógenos importantes de animales, incluidos los humanos. En concreto, *Listeria monocytogenes* produce una toxina citolítica y hemolítica llamada listeriolisina O, que favorece la supervivencia intracelular de la bacteria cuando el microorganismo es fagocitado por un fagolisosoma que intenta eliminarlo. La enfermedad afecta principalmente a mujeres embarazadas, bebés, adultos mayores y personas con el sistema inmunitario debilitado. En personas adultas, la listeriosis invasiva se manifiesta como bacteriemia o como meningoencefalitis secundaria, con mortalidad de hasta el 30 %.

Al tener una amplia distribución, *Listeria* tiene oportunidades de contaminar alimentos, siendo la vía más frecuente de infección en humanos. El 2 de marzo de 2018, el Punto Focal Nacional Australiano (PFN) notificó a la OMS un brote de listeriosis asociado al consumo de melones. El 16 de agosto de 2019, las Autoridades Sanitarias Regionales de Andalucía en España notificaron un brote de listeriosis causado por la bacteria *Listeria monocytogenes*, asociado al consumo de un producto cárnico de cerdo asado refrigerado fabricado por Magrudis Company Limited, y vendido bajo la marca La Mechá. Este brote fue notificado el 20 de agosto de 2019 por las autoridades españolas a la OMS, a través de la Red Internacional de Autoridades de Seguridad Alimentaria (INFOSAN). El 23 de agosto, las autoridades españolas emitieron una alerta de seguridad alimentaria, aconsejando a los consumidores que evitaran cualquier producto vendido bajo esa marca, e informando que también había sido vendida sin marca por otra empresa una pequeña cantidad de la carne de cerdo asada refrigerada implicada. Desde el 7 de julio hasta mediados de octubre fueron notificados casi 250 casos confirmados. Fallecieron cuatro personas y hubo seis abortos.

A diferencia de muchas otras enfermedades bacterianas comunes transmitidas por los alimentos, *Listeria monocytogenes* sobrevive y se multiplica a bajas temperaturas, por lo que la bacteria puede pervivir y reproducirse en alimentos refrigerados o guardados en frigorífico. Es importante destacar, que, si la infección ocurre durante el embarazo, la bacteria *Listeria monocytogenes* puede propagarse al bebé por medio de la placenta. La listeriosis puede presentarse en forma de epidemia y los síntomas pueden incluir fiebre, dolor de cabeza, rigidez en el cuello, dolores musculares, confusión, diarrea, pérdida del equilibrio y convulsiones, manifestados de inmediato o varias semanas tras la exposición. Hay dos tipos principales de listeriosis, una forma no invasiva y una forma invasiva. La invasiva es más grave y afecta a grupos de alto riesgo como mujeres embarazadas; pacientes sometidos a tratamiento por cáncer, sida y trasplantes de órganos; personas mayores; y bebés. Aunque la bacteria puede eliminarse con terapia antibiótica, ya se han descrito resistencias a macrólidos y tetraciclinas. Además, la mayoría de las cepas son resistentes a fosfomicina, un antibiótico de amplio espectro.

La incidencia en la población es aproximadamente de 0,29 casos por 100.000 habitantes, aumentando en mayores de sesenta y cinco años y embarazadas a 1,3 casos por 100.000 habitantes y tres casos por 100.000 habitantes, respectivamente. El alcoholismo y la desnutrición representan factores de riesgo en la infección y gravedad de la enfermedad. Por fortuna,

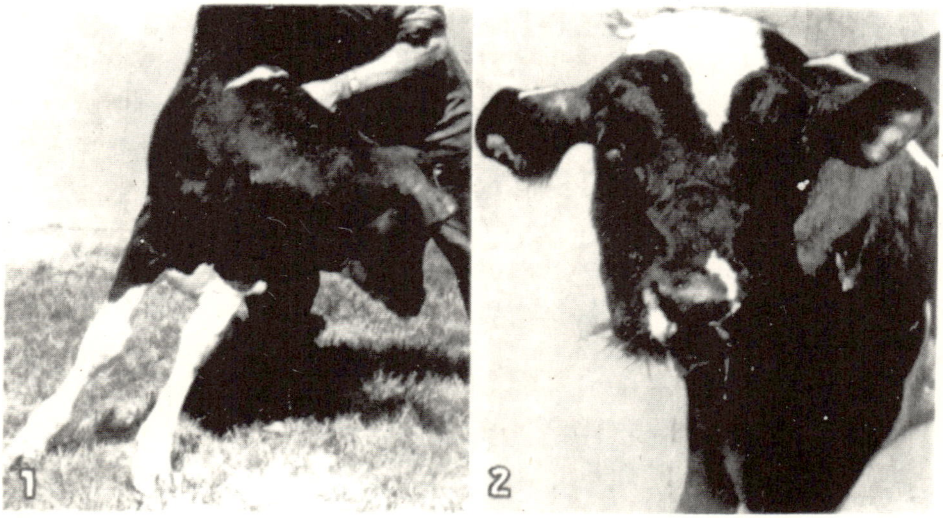

El *American Journal of Veterinary Research* publicó, en abril de 1957, un ensayo titulado «Potenciación de la listeriosis en ovejas con material de la enfermedad de las mucosas bovina» (Olson, C. *et. al.*) con el que se probó el efecto que esta última tenía en el agravamiento de la listeriosis en el ganado ovino. Figura 1: «Listeriosis experimental en un ternero que muestra desequilibrio y tendencia a dar vueltas. Aunque su fuerza era adecuada, el ternero no podía mantenerse en pie sin apoyo». Figura 2: «Secreción nasal y salivación del mismo ternero (...). También se observa parálisis facial del lado derecho» [AJVR, (18)67, abril de 1957].

de momento podemos combatir la infección, el tratamiento habitual para eliminar la bacteria consiste en una terapia antibiótica con ampicilina o penicilina G junto con un aminoglucósido como la gentamicina. Los alimentos que con más frecuencia son asociados con la listeriosis incluyen alimentos con una larga vida útil bajo refrigeración y alimentos que se consumen sin tratamiento adicional como es el cocinado.

El control de *Listeria monocytogenes* es requerido en todas las etapas de la cadena alimentaria y resulta necesario un enfoque integrado para evitar la multiplicación de esta bacteria en el producto final. Por ello, todos los sectores de la cadena alimentaria deben implementar un sistema de gestión de seguridad alimentaria basado en los principios de Puntos Críticos de Control de Análisis de Peligros (HACCP). La pasteurización y la cocción son dos buenos métodos para destruir a *Listeria monocytogenes*. El consumo de leche cruda supone un riesgo para contraer listeriosis y otras enfermedades de origen microbiano. En general, la orientación de la OMS para prevenir la listeriosis incluye seguir cinco claves que consisten en mantener alimentos limpios; separar crudos y cocidos; cocinar bien; conservar los alimentos a temperaturas seguras; y usar agua y materias primas fiables. En 1985, algunas de estas cuestiones fallaron y dieron origen al brote de Los Ángeles.

Entre el 1 de enero y el 14 de junio de 1985, ochenta y seis personas, cincuenta y ocho de ellas parejas de madres e hijos, enfermaron de listeriosis en Los Ángeles. El 96 % eran hispanos. La investigación se centró rápidamente en los quesos frescos de estilo mexicano, y en concreto en productos elaborados por la empresa Jalisco Mexican Projects Inc. Tras las investigaciones, se comprobó que la compañía utilizaba leche sin pasteurizar para elaborar los quesos. El fiscal de distrito de Los Ángeles alegó que la empresa no podía pasteurizar toda la leche que compraba, y acusó al fabricante de queso de usar una mezcla de leche cruda y pasteurizada en su producto. El primer estudio de casos y controles con pacientes hispanos hospitalizados reveló que habían consumido quesos frescos producidos al estilo mexicano. Fueron recolectadas muestras de queso comercializadas en los mercados de Los Ángeles, y varios paquetes de queso fresco y de la variedad Cotija contenían *Listeria monocytogenes* serotipo 4b. Las cepas de *Listeria monocytogenes* difieren en su capacidad para causar listeriosis humana. Por ejemplo, más del 90 % de los casos de listeriosis humana son causados por cepas de *Listeria monocytogenes* que pertenecen a solo 3 de 13 serotipos, 1/2a, 1/2b y 4b, y la mayoría de las cepas asociadas con bro-

Año 1988. La investigadora de la Food and Drug Administration (FDA) Rose Bucey examina los tanques de mezcla de una gran planta de helados. «En busca de bacterias, se centra en la *Listeria monocytogenes*, en medio de una serie de brotes de enfermedades relacionadas con la bacteria a lo largo de la década de 1980» [The U.S. Food and Drug Administration; U. S. Government Works].

tes de listeriosis pertenecen al serotipo 4b. Todas las muestras recogidas en los mercados de Los Ángeles tenían diferentes fechas de caducidad, lo que sugirió a los Centros para el Control y la Prevención de Enfermedades (CDC, por sus siglas en inglés) federales que había un problema continuo con los productos de queso de ese fabricante.

El 13 de junio de 1985 la empresa retiró los productos de queso sospechosos, que eran distribuidos únicamente dentro de California a los condados de Los Ángeles y Orange. Era demasiado tarde. Los otros productos de la compañía habían sido distribuidos en hasta dieciséis estados, incluido todo California. Se realizaron anuncios en televisión, radio y prensa advirtiendo al público contra la ingestión de productos de queso de la marca Jalisco, así como de las marcas Guadalajara, Jiménez y La Vaquita, fabricadas en la planta de Jalisco. En ese momento, el jefe de asuntos del consumidor del fiscal de distrito de Los Ángeles dijo que la lección para la comunidad empresarial era que las leyes de protección de los alimentos no son meros tecnicismos.

Jalisco Mexican Projects Inc. demandó a Alta-Dena Certified Dairy, tratando de persuadir al jurado de que su proveedor de leche era la fuente de la contaminación. Sin embargo, la lechería fue absuelta de toda responsabilidad por los casos de listeriosis de 1985. Alta-Dena era entonces la lechería más grande de California, y nunca fue encontrada *Listeria* en su leche o rebaños. Por el contrario, *Listeria* fue hallada en la planta de Jalisco Mexican Projects Inc., donde a los empleados sin licencia se les permitía pasteurizar la leche.

Como consecuencia del brote, murieron veintinueve personas, diez recién nacidos y diecinueve adultos. También hubo veintiún abortos espontáneos. El veredicto del jurado fue decepcionante para las familias de las víctimas, incluidas algunas con niños que nacieron con defectos de nacimiento porque sus madres contrajeron listeriosis. Ni la empresa, que cerró permanentemente, ni la cobertura del seguro tenían suficiente dinero, que fue estimado en cien millones de dólares, para compensar de forma adecuada a todas las víctimas.

La causa exacta de la contaminación nunca fue desentrañada. Los métodos de pasteurización eran defectuosos y la planta de Jalisco Mexican Projects Inc. no era higiénica, pero la leche cruda de Alta-Dena siguió siendo la principal sospechosa.

A raíz del suceso, hubo reformas de profundo calado. El Departamento de Agricultura del Estado de California comenzó a realizar análisis concienzudos de los rebaños, las plantas físicas y la fabricación de queso. Algunas administraciones empezaron a emplear agentes encubiertos, que no levantaban sospechas y obtenían información abundante. En suma, fueron reforzadas las reglamentaciones federales para el queso fresco y se empezó a prestar más atención a otros productos lácteos, lo que procuró mayor seguridad alimentaria en la fabricación y comercialización.

🕮 PARA LEER MÁS:

Chen, Yuetao. 2020. «Heterogeneity, Characteristics, and Public Health Implications of *Listeria monocytogenes* in Ready-to-Eat Foods and Pasteurized Milk in China». *Frontiers in Microbiology* 11: 64.

Kayode, Adeoye. 2022. «Assessment of multidrug-resistant *Listeria monocytogenes* in milk and milk product and One Health perspective». *PLoS ONE* 17 (7): e0270993.

Lachmann, Raskit. 2022. «Invasive listeriosis outbreaks and salmon products: a genomic, epidemiological study». *Emerging Microbes & Infections* 11(1): 1308-1315.

Macleod, Joshua. 2022. «An Exploration of *Listeria monocytogenes*, Its Influence on the UK Food Industry and Future Public Health Strategies». *Foods* 11 (10): 1456.

Moura, Alexandra. 2021. «Emergence and global spread of *Listeria monocytogenes* main clinical clonal complex». *Science Advances* 7 (49): eabj9805.

Unrath, Natalia. 2021. «Application of Whole Genome Sequencing to Aid in Deciphering the Persistence Potential of *Listeria monocytogenes* in Food Production Environments». *Microorganisms* 9 (9): 1856.

Valenti, Maria. 2021. «Listeria monocytogenes infections: presentation, diagnosis and treatment». *British Journal of Hospital Medicine* 82 (10): 1-6.

38. SARS, MERS Y LA PANDEMIA DE COVID-19, AÑO 2019 D. C.

El 26 de febrero de 2003, después de haber visitado Hong Kong y Shanghai, el empresario estadounidense Johnny Chen, de cuarenta y ocho años, fue ingresado en el Hospital Francés de Hanoi en Vietnam.

La fiebre alta, la tos seca y el dolor muscular y de garganta de Chen apuntaban a un caso grave de gripe como posible causa del malestar. Sin embargo, la dificultad respiratoria y otras complicaciones fueron apareciendo durante los días posteriores a la hospitalización. Aunque el empresario fue trasladado de regreso a Hong Kong para recibir tratamiento, no pudo superar la infección y murió el 13 de marzo. La pesadilla acababa de comenzar.

Desde el ingreso de Chen, unas cuarenta personas relacionadas con el hospital vietnamita enfermaron, incluido el equipo sanitario del centro. Las radiografías de tórax de los contagiados fueron similares a las del empresario estadounidense. El pánico comenzaba a filtrarse en el corazón de los sanitarios, quienes comprendieron que se enfrentaban a algo muy grave y extremadamente inusual.

Tiempo después, el incidente de Hanoi fue relacionado con un brote inexplicable de neumonía en la provincia sureña china de Cantón. Este había comenzado en noviembre de 2002, en la ciudad de Foshan. Las evidencias científicas señalaron que la enfermedad fue causada por un nuevo virus, el SARS-CoV. Este fue el origen de la epidemia de 2003, que provocó más de 8.000 contagios en una treintena de países y más de 900 muertes. La nueva enfermedad provocó que el Gobierno chino impusiera cuarentenas y aislamiento a gran parte de la población, impidiendo el desarrollo de las prácticas comerciales habituales. Consecuencia de ello, algunas empre-

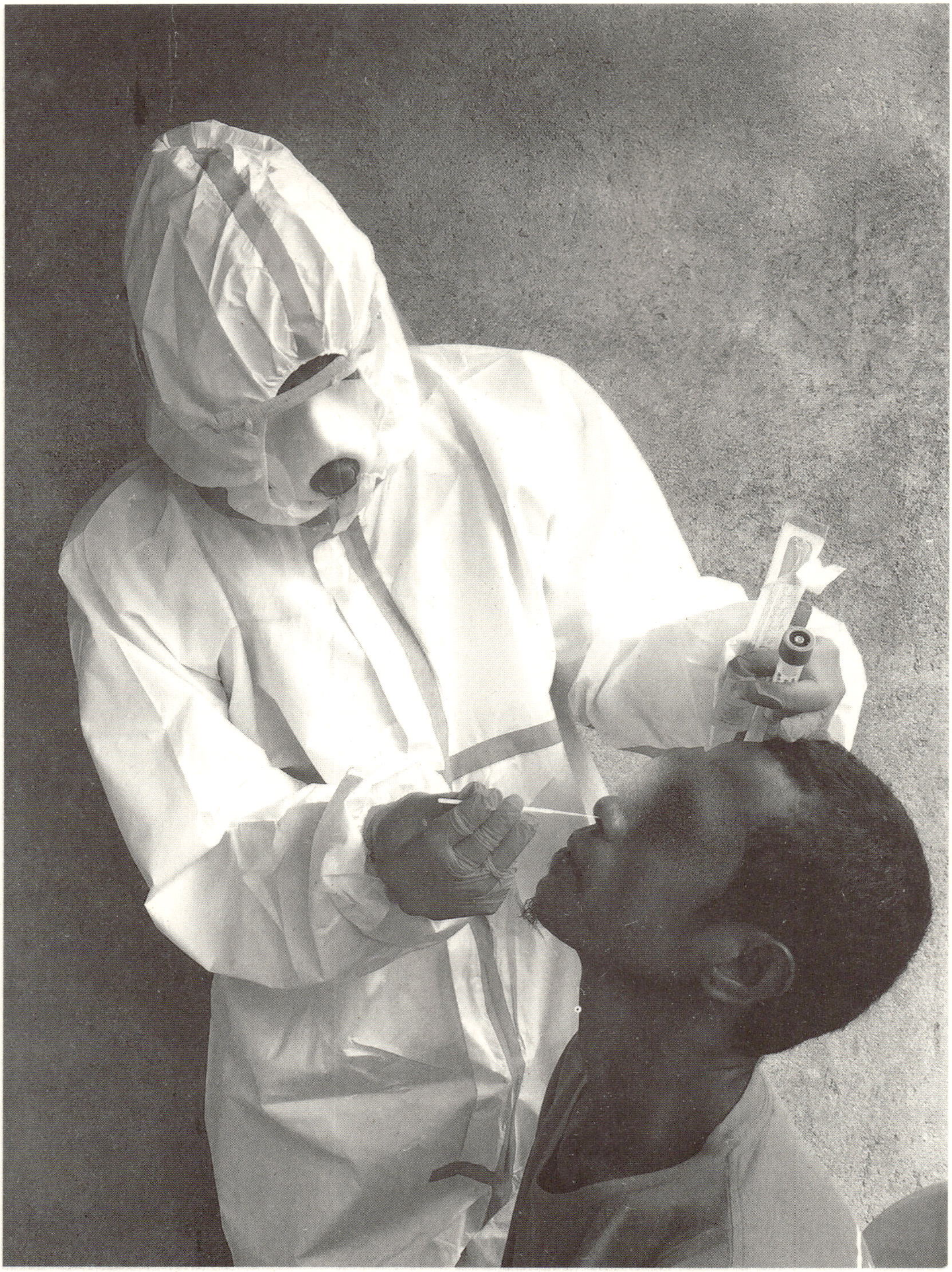

Recogida de muestras para realizar un test de detección de SARS-CoV-2 en Maubisse, Timor Oriental (14 de mayo de 2020) [Gesundheitsministerium Osttimors; *PD*].

sas comenzaron a fomentar el comercio electrónico. Por citar un ejemplo relacionado, el negocio de la plataforma Alibaba creció un 50 %. La compañía lanzó Taobao, que en apenas dos años superó a eBay, convirtiéndose en líder del mercado chino y facilitando el desarrollo del próspero comercio electrónico actual.

Aunque las investigaciones sugieren que la causa fue la capacidad del virus de transmitirse de animales a personas, el reservorio animal todavía es incierto. Una de las posibilidades es que fuesen los murciélagos los que transmitieran el patógeno a otros animales, como las civetas, y estas las que lo contagiaron al ser humano.

El SARS-CoV pertenece a la pandilla de los coronavirus, y tiene un número importante de compañeros. El primer coronavirus de origen humano, denominado B814, fue descrito en 1965. Era difícil de cultivar en el laboratorio y solo podía ser detectado infectando voluntarios. La naturaleza exacta del virus era un misterio, hasta que en 1967 una joven viróloga de treinta y cuatro años llamada June Almeida desarrolló un nuevo método para poder verlo por microscopía electrónica. La técnica era absolutamente novedosa y consistía en emplear anticuerpos marcados que se unían a las partículas virales resaltando la morfología del microorganismo. Las imágenes obtenidas por los investigadores revelaron que acababan de descubrir un nuevo tipo de virus respiratorios. Una tras otra, las fotografías recordaban a la corona solar y por ello decidieron bautizarlos con el nombre de coronavirus. June Almeida fue la primera persona de la historia en visualizar la forma de un coronavirus, pero también fue quien, a finales de los años 1980, ayudó a publicar algunas de las primeras imágenes en alta calidad del VIH y el primer ser humano en fotografiar y ver el virus de la rubeola.

Todo apunta a que las primeras observaciones de la capacidad infectiva de los coronavirus fueron realizadas en 1933 por los investigadores Baudette y Hudson. Fueron ellos quienes observaron un síndrome respiratorio en los pollos ocasionado por un agente infeccioso. Posteriormente consiguieron transmitir la letal y devastadora enfermedad respiratoria a embriones. Años después, el patógeno fue identificado como el virus de la bronquitis infecciosa aviar (IBV), una enfermedad aguda y muy contagiosa que afecta a aves gallináceas. En la actualidad, sigue siendo una de las principales causas de pérdidas económicas en la industria avícola mundial.

Hoy en día conocemos treinta y nueve especies distintas de coronavirus, siete de las cuales pueden infectar a humanos. A estas alturas, también sabemos que los coronavirus son virus con envuelta, no segmentados y con genomas de ARN monocatenario de aproximadamente 26 a 32 kilobases de tamaño. En general, los coronavirus son similares en cuanto a organización y expresión génica. Y ese detalle, unido a que se mantienen circulando en la naturaleza, da lugar a situaciones de recombinación genética que favorecen la aparición de nuevos virus y la capacidad para adaptarse a nuevos hospedadores. Los coronavirus son virus zoonóticos.

En las dos décadas iniciales del presente siglo, los coronavirus ya han dado lugar a importantes y peligrosas enfermedades. Entre ellas, el síndrome respiratorio agudo grave, originado por el coronavirus SARS-CoV; el síndrome respiratorio de Oriente Medio, provocado por MERS-CoV; y la pandemia de covid-19, originada por el SARS-CoV-2. Este último virus fue identificado por primera vez en la provincia china de Hubei en diciembre de 2019, y hay profundas sospechas, basadas en datos científicos, de que tiene un origen animal. No en vano, el primer caso fue detectado en una persona que trabajaba en el mercado local de pescado y animales silvestres. Lo más probable es que el SARS-CoV-2 fuera transmitido a los humanos a través de perros mapache, que podrían actuar de huéspedes intermediarios, ya que se encontró un virus con una identidad de secuencia del 99,998 % con el SARS-CoV-2 en las heces de estos animales presentes en jaulas de metal del mercado de Huanan en Wuhan, China.

Posteriormente habría sido transmitido de persona a persona a través de gotitas respiratorias, aerosoles o contacto directo. El receptor del huésped para la entrada en las células del SARS-CoV-2 es el mismo que para el SARS-CoV, la enzima convertidora de angiotensina 2 (ACE2). El SARS-CoV-2 se une a ACE2 a través del dominio de unión al receptor de su proteína S, aunque la serina proteasa celular TMPRSS2 también parece importante para la entrada en las células del virus. Al igual que otros virus, el SARS-CoV-2 evoluciona con el tiempo. La mayoría de las mutaciones en el genoma del SARS-CoV-2 no tienen impacto en la función viral, pero ciertas variantes han atraído una atención generalizada, debido a su rápida aparición dentro de las poblaciones y a la evidencia de una transmisión más eficaz o de implicaciones clínicas notables. Estas han sido consideradas variantes de preocupación. Cada variante tiene diversas designaciones basadas en la nomenclatura utilizada por distintos sistemas de clasificación filogenética, aunque la OMS también ha empleado etiquetas, basadas en el alfabeto griego, para designar variantes notables. Dos de las más conocidas han sido las variantes delta y ómicron.

La variante ómicron fue notificada por primera vez en Botswana y muy poco después en Sudáfrica, en noviembre de 2021. En Sudáfrica, estuvo asociada a un aumento en las infecciones regionales y fue identificada con rapidez en muchos otros países, donde también fue vinculada con aumentos drásticos en las infecciones notificadas. Posteriormente, surgieron sublinajes de ómicron, con ventajas de replicación cada vez mayores, reemplazando al sublinaje predominante anterior. La variante original de ómicron era el sublinaje BA.1. Después, el sublinaje BA.2 se convirtió en la variante predominante en todo el mundo, aunque en algunos países fue suplantado por BA.2.12.1, BA.4 y BA.5. Las dos últimas aumentaron en muchos otros lugares para convertirse en las variantes dominantes, hasta que fueron reemplazadas por otras. Cada sublinaje se diferencia de los demás por varias mutaciones en la proteína S, excepto BA.4 y BA.5, que tienen proteínas S idénticas. Varios sublinajes de ómicron tienen una ventaja de replicación sobre la variante delta y evaden la inmunidad humoral inducida por la infección y la vacuna en mayor medida que las variantes anteriores. También parecen estar asociados con una enfermedad menos grave que otras variantes. A partir del 3 de marzo de 2023, el ECDC eliminó a BA.2, BA.4 y BA.5 de su lista de variantes preocupantes (VOC) del SARS-CoV-2, ya que estos linajes parentales ya no circulan. La diversidad es considerable, pero con el paso del tiempo algunas subvariantes de ómicron han llegado a ser más habituales que otras. En los primeros meses de 2023, la subvariante XBB ha sido la más frecuente en los EE. UU., en comparación con otras subvariantes de ómicron. XBB es una subvariante recombinante que combina información genética de las subvariantes ómicron BA.2.10.1 y BA.2.75. Además, XBB.1.5, un descendiente de la subvariante XBB, también es recombinante y, de momento, la limitada evidencia existente sugiere que puede ser más transmisible que la cepa original XBB, debido tanto a las características epidemiológicas observadas como a una mayor afinidad de unión a ACE-2. En muchas ocasiones, XBB.1.5 es denominada variante Kraken. Como cantaba Elton John en la película *El rey León*, es un ciclo sin fin. A medida que continúan surgiendo nuevas subvariantes de ómicron, aumenta la posibilidad de que la protección inmunológica de una infección previa no proteja contra una nueva variante.

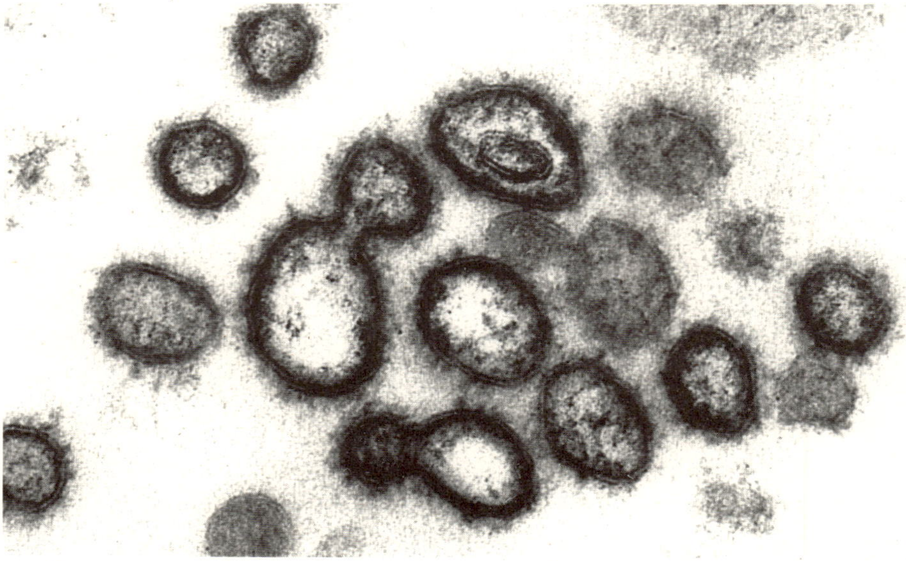

Imagen de microscopía electrónica del virus SARS-CoV-2, aislado de un paciente en los EE. UU. Se aprecia una morfología que recuerda a la corona solar [NIAID, CC BY 2.0].

Tras la aparición del SARS-CoV en Asia en el año 2003, el MERS-CoV fue el segundo salto, detectado este siglo, de un coronavirus a humanos. Los primeros casos de infección por MERS-CoV fueron notificados el 13 de junio de 2012 en Arabia Saudita, específicamente en Jeddah, la segunda ciudad más grande del país. El MERS-CoV puede transmitirse de persona a persona por contacto directo, gotitas respiratorias o aerosoles, pero los estudios epidemiológicos actuales sugieren que la transmisión del virus entre seres humanos es algo ineficiente y que la principal fuente de infección es zoonótica, es decir, a partir de animales. Por suerte, la cantidad y el tamaño de los brotes han disminuido en los últimos años, pero por desgracia la proporción de casos primarios de MERS-CoV está aumentando gradualmente. Un factor importante de las infecciones zoonóticas es la exposición a los camellos y dromedarios o el consumo de sus productos crudos, como la leche. El mecanismo de transmisión de estos animales a los seres humanos es desconocido. La mayoría de las personas con infección por MERS-CoV confirmada han sufrido una enfermedad respiratoria grave con síntomas de fiebre, tos y dificultad para respirar. Algunas también desarrollaron diarrea, náuseas y vómitos. Un porcentaje importante de las personas que padecieron el MERS también tuvieron complicaciones más graves, como neumonía e insuficiencia renal. Los síntomas del MERS suelen comenzar a aparecer unos cinco o seis días después de la exposición al virus, pero el rango puede variar entre dos y catorce días.

En once años, desde abril del año 2012 hasta marzo de 2023, han sido reportados en el mundo 2.604 casos de MERS y 936 muertes relacionadas, lo que supone una letalidad del 36 %. Globalmente, en este periodo, veintisiete países han confirmado casos de MERS en sus territorios, aunque la mayoría han acontecido en Arabia Saudí (2.196 casos), incluidas 855 muertes relacionadas, lo que supone una mortalidad del 39 %. El virus sigue circulando en la península arábiga. Hasta la fecha, la mayoría de las personas infectadas vivían o viajaron a esa región antes de enfermar. Por supuesto también han acontecido casos de personas que contrajeron el MERS después de tener contacto cercano con una persona infectada que había viajado desde la península arábiga. El mayor brote conocido de MERS fuera de la península arábiga ocurrió en Corea del Sur en el año 2015. El virus llegó a Seúl por intermedio de un empresario de sesenta y ocho años que estuvo en Catar y Bahrein, donde contrajo la enfermedad. Al final del brote, se habían registrado 186 casos confirmados por laboratorio (185 en Corea del Sur y uno en China) y treinta y ocho muertes. Además de los fallecimientos, el MERS provocó el aislamiento de unas 4.000 personas, sospechosas de portar la enfermedad, y cuantiosas pérdidas millonarias, porque numerosos turistas suspendieron sus viajes a Corea del Sur. Las estadísticas indican que el grupo de edad de cincuenta a cincuenta y nueve años sigue teniendo el mayor riesgo de contraer la infección como casos primarios, mientras que el grupo de edad de treinta a treinta y nueve años tiene mayor riesgo como casos secundarios. El número de muertes es mayor en el grupo de edad de cincuenta a cincuenta y nueve años como casos primarios y de setenta a setenta y nueve años como casos secundarios.

La OMS considera que ciertos grupos de personas tienen un alto riesgo de sufrir MERS grave si son infectados por el virus. Estos grupos incluyen personas con diabetes, insuficiencia renal, enfermedad pulmonar crónica, y, en general, personas con sistemas inmunitarios debilitados. Por ello, la OMS recomienda que estos grupos tomen diversas precauciones que incluyen evitar el contacto con camellos, no beber leche cruda de camella y no comer carne de camello poco cocinada.

En diciembre de 2022, varios jugadores de la selección francesa de fútbol presentaron síntomas compatibles con una infección por el virus causante del síndrome respiratorio de Oriente Medio (MERS-CoV). En aquellas fechas, Catar organizó dos eventos masivos simultáneos, el campeonato de la Copa Mundial de la FIFA 2022 y el festival de concursos de belleza de camellos del Camel Mzayen Club. Estos dos acontecimientos atrajeron, en un reducido espacio geográfico, a cientos de miles de personas de Oriente Medio y de todo el mundo, creando las condiciones ideales para la transmisión de patógenos zoonóticos asociados a los camellos, y que tienen potencial epidémico. Por supuesto, estos patógenos incluyen el altamente letal MERS-CoV. Para reducir el riesgo de propagación del MERS-CoV, las autoridades de la OMS y Catar transmitieron extensos mensajes de salud a las personas que viajaron en aquellas fechas al país. Francia no pudo contar con todos sus efectivos para la semifinal del Mundial y la final estuvo precedida por dimes y diretes acompañados de serias dudas acerca de la salud de varios jugadores. ¿Limitó el virus las opciones francesas de ganar el campeonato?

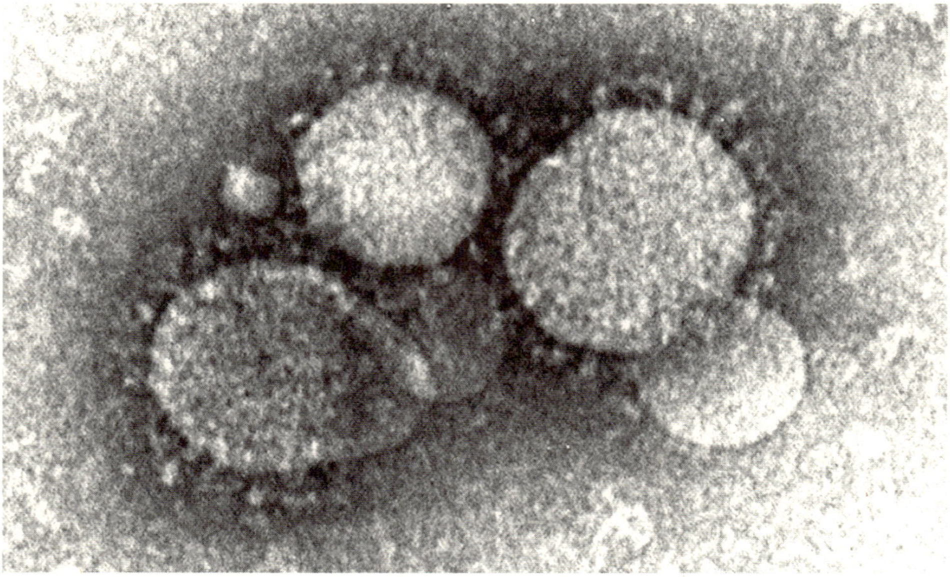

Partículas de MERS-CoV vistas por microscopía electrónica de tinción negativa. Los viriones contienen proyecciones características en forma de garrote que emanan de la membrana viral [CDC; Maureen Metcalfe; Azaibi Tamin; Peggy Hayes; Public Health Image Library, PHIL].

A pesar de los sustos recientes y la popularidad contemporánea, los coronavirus son viejos conocidos desde la década de 1960, y han tenido muchos años para demostrar su capacidad para infectar y causar enfermedades en animales y humanos. Entre los que afectan a los animales destacan el virus de la bronquitis infecciosa aviar (IBV), el coronavirus respiratorio canino (CRCoV), el virus de la hepatitis del ratón (MHV), el coronavirus bovino (BCV), el coronavirus del pavo (TCV), el virus de la diarrea epidémica porcina (PEDV), el coronavirus respiratorio porcino (PRCV), el coronavirus de la encefalomielitis hemaglutinante porcina (PHEV), el deltacoronavirus porcino (PDCoV), el coronavirus de la enteritis felina (FECV), el coronavirus de la peritonitis infecciosa felina (FIPV) y el virus de la gastroenteritis transmisible del cerdo (TGEV).

En cuanto a los humanos, el primer coronavirus identificado fue gracias al análisis de las secreciones nasales de pacientes con resfriado común. Además de las enfermedades más graves y sonadas, las causadas por los coronavirus SARS-CoV, MERS-CoV y SARS-CoV-2, existen otros cuatro tipos que pueden producir resfriados e infecciones leves y parecidas a la gripe en humanos. Son el 229-E, el OC43, el NL63 y el HKU1. Algunas investigaciones apuntan a que uno de ellos, el OC43, se originó en roedores y compartió un ancestro común con el coronavirus bovino (BCV). Según algunos autores, este podría ser el verdadero responsable de la pandemia de gripe de 1889 y 1890, también conocida como la gripe rusa.

Es importante tener en cuenta que la ecología de estos agentes infecciosos favorece su recombinación viral con otros coronavirus en poblaciones animales. Esto puede dar lugar a nuevos tipos de coronavirus que sean transmisibles y patógenos para los humanos. Por ejemplo, los murciélagos albergan de forma natural dos de los cuatro géneros de coronavirus: alfa y beta. Esto explica por qué la diversidad de coronavirus que circula en las poblaciones de estos animales es la más alta detectada hasta la fecha en cualquier grupo de hospedadores mamíferos. Los otros dos géneros, delta y gamma, se encuentran sobre todo en aves. De hecho, los murciélagos son los huéspedes reservorios de tres de los diez grupos de virus de preocupación pandémica: henipavirus (virus Nipah y virus Hendra), filovirus (virus del Ébola y virus Marburg) y coronavirus.

Los murciélagos son el segundo orden de mamíferos más diverso, con más de 1.400 especies, y albergan una diversidad excepcional de coronavirus con linajes virales antiguos distribuidos en los seis continentes donde habitan estos animales. Han sido detectadas más de 4.800 secuencias de coronavirus en murciélagos, lo que representa más del 30 % de todos los virus de murciélago secuenciados, aunque la verdadera diversidad de coronavirus de murciélago es probablemente mucho mayor. Después de que en el año 2020 el virus SARS-CoV-2 protagonizara una pandemia mundial, el estudio de animales que pudieran actuar como reservorios del virus, o de otros coronavirus, ha sido constante. Eso ha llevado a estudiar una gran diversidad de murciélagos insectívoros del género *Rhinolophus*, los llamados murciélagos de herradura.

En ello estaba un grupo de virólogos rusos cuando en el año 2020 encontraron y describieron genéticamente dos nuevos virus emparentados con el SARS-CoV-2. Son dos sarbecovirus hallados en las heces y en la boca de murciélagos de herradura mayor (*Rhinolophus ferrumequinum*) y menor (*Rhinolophus hipposideros*) del sur de Rusia. Han sido denominados Khosta-1 y Khosta-2 y presentan rasgos preocupantes. El virus Khosta-2, al igual que

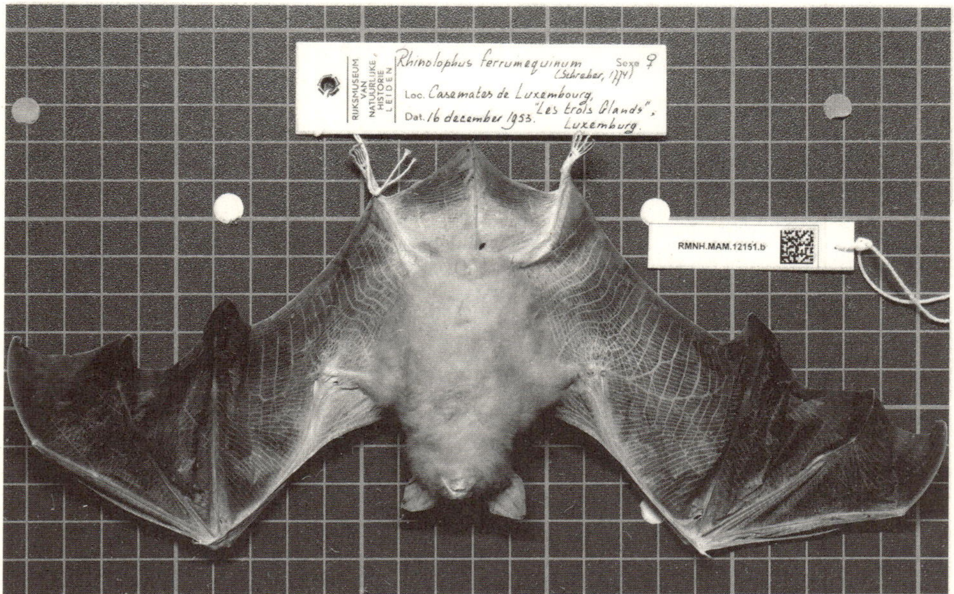

Murciélago de herradura mayor (*Rhinolophus ferrumequinum*), espécimen preservado. Casamatas de Luxemburgo, 16 de diciembre de 1953 [Naturalis Biodiversity Center, CCO 1.0]

el SARS-CoV-2, tiene preferencia por el receptor ACE2 y puede utilizar la proteína S para infectar células humanas. Son malas noticias. Además, parece ser resistente a los anticuerpos monoclonales, al suero de personas vacunadas contra el SARS-CoV-2 y al suero de personas que habían sido infectadas por la variante ómicron. Por suerte, al parecer, Khosta-2 carece de algunos de los genes implicados en la patogénesis en humanos. Aun así, existe el riesgo de recombinación con otros virus cercanos, como el SARS-CoV-2, y de que se convierta en un virus muy peligroso para los humanos. Las enfermedades emergentes causadas por coronavirus de probable origen en murciélagos son un enorme foco de preocupación.

Cada derrame zoonótico de un nuevo coronavirus representa una oportunidad para la adaptación evolutiva y una mayor propagación. Por tanto, los programas de prevención son esenciales. Obtener una vacuna pancoronavirus supone un reto que, de conseguirse, sería uno de los mayores logros relacionados con la salud mundial. En este sentido, un efecto colateral de la pandemia de SARS-CoV-2 ha sido conseguir asombrosos avances tecnológicos en cuanto al desarrollo de vacunas basadas en ARNm, en adenovirus modificados y en proteínas recombinantes, así como en su formulación en nanopartículas.

Un estudio reciente publicado en la prestigiosa revista *The Lancet Infectious Diseases*, estima que la vacunación contra la covid-19 ha evitado nada menos que 19,8 millones de muertes. Gran parte de las vacunas que lo han hecho posible han sido vacunas de ARN mensajero. Este tipo de vacunas usan un material genético creado artificialmente y encapsulado en nanopartículas. El ARNm que contienen es una especie de instructor, diseñado para enseñarle a nuestras células cómo producir una proteína determinada, o incluso solo una parte de una proteína, que actúa como antígeno y desencadena una respuesta inmunitaria dentro de nuestro cuerpo. Esa respuesta inmunológica, que produce anticuerpos, ayuda al organismo en la protección contra el patógeno. La presencia del ARNm en la célula es transitoria ya que es metabolizado y eliminado con rapidez. Eso lo convierte en un proceso seguro y eficaz. Todavía existen importantes preguntas clínicas sobre las vacunas de ARNm, como su riesgo-beneficio fuera de un entorno pandémico o la durabilidad de la inmunidad protectora. A pesar de ello, el potencial es indudable y el desarrollo de tecnologías para la obtención de nuevas vacunas de ARNm contra enfermedades infecciosas emergentes, desatendidas o de tratamiento poco eficaz, tan solo acaba de empezar.

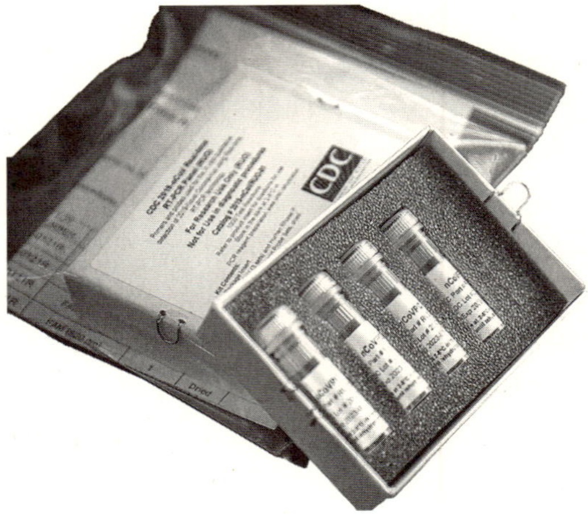

Reactivos para diagnóstico por PCR con transcriptasa inversa en tiempo real (RT) para el nuevo coronavirus 2019-nCoV [U. S. Centers for Disease Control, CDC].

La pandemia de covid-19 ha cambiado nuestra vida. Muchos animales también son susceptibles a la infección por SARS-CoV-2. Uno de ellos, los visones, manifiestan problemas respiratorios similares a los humanos y ha sido comprobado que pueden transmitir el virus a las personas. Los Países Bajos era el cuarto país del mundo en producción de visones, unos seis millones de animales al año. Aunque en 2012 el senado holandés votó a favor de prohibir la cría por motivos éticos y permitió un período de transición de doce años, la situación cambió radicalmente en el año 2020. La rápida propagación del virus, a más de un tercio de todas las granjas de visones holandesas, demostró que la transmisión del patógeno del animal al humano en las alquerías era un peligro evidente. Por ello, el Gobierno holandés adelantó el fin de los programas de cría de visones del 1 de enero de 2024 a finales de marzo de 2021.

Según los datos oficiales, en poco más de dos años, el virus SARS-CoV-2 ha infectado a más de 625 millones de personas y ha ocasionado más de 6,5 millones de muertes. Es seguro que las cifras reales son considerablemente más altas. Un estudio colaborativo, publicado el 8 de abril de 2022 en la revista *Lancet*, que utilizó múltiples fuentes de información, incluidas bases de datos sobre recuentos de casos, muertes relacionadas con covid-19 y seroprevalencia, estimó que, para noviembre de 2021, más de 3.000 millones de personas (lo que supone más o menos el 44 % de la población mundial) se habían infectado con el SARS-CoV-2 al menos una vez.

La pandemia de covid-19 ha desencadenado una de las peores crisis laborales desde la Gran Depresión. El impacto ha sido terrorífico y ha demostrado que las vulnerabilidades sanitarias pueden tener profundas implicaciones para la salud, el progreso económico, la confianza en los Gobiernos y la cohesión social. Contener y mitigar la tasa de propagación e infección del virus sigue siendo fundamental, pero también lo es fortalecer la capacidad de los sistemas de salud para responder con rapidez y eficacia a las amenazas presentes y futuras.

Dada la enorme diversidad de coronavirus que parece existir en la vida silvestre y su fantástica capacidad de evolución y adaptación continua a los humanos y otros animales, es presumible y casi indudable que causarán nuevos brotes en el futuro. Desconocemos cuándo ocurrirá, pero, llegado el momento, debemos estar preparados ante ese nuevo desafío. Por ello, conviene reflexionar, aprender y, desde ahora, poner todos los medios necesarios para salir victoriosos del próximo combate.

PARA LEER MÁS:

Biancolella, Michela. 2022. «COVID-19 2022 update: transition of the pandemic to the endemic pase». *Human Genomics* 16: 19.

Covid-19 Cumulative Infection Collaborators. 2022. «Estimating global, regional, and national daily and cumulative infections with SARS-CoV-2 through Nov 14, 2021: a statistical análisis». *Lancet* 399: 2351-2380.

Cui, Jie. 2019. «Origin and evolution of pathogenic coronaviruses». *Nature Reviews Microbiology* 17 (3): 181-192.

Delaune, Deborah. 2021. «A novel SARS-CoV-2 related coronavirus in bats from Cambodia». *Nature Communications* 12 (1): 6563.

Ji, John. 2020. «Origins of MERS-CoV, and lessons for 2019-nCoV». *The Lancet Planetary Health* 4 (3): E93.

Maxmen, Amy. 2022. «Wuhan market was epicentre of pandemic's start, studies suggest». *Nature* 603 (7899): 15-16.

Seifert, Stephanie. 2022. «An ACE2-dependent Sarbecovirus in Russian bats is resistant to SARS-CoV-2 vaccines». *PLoS Pathogens* 18 (9): e1010828.

Watson, Oliver. 2022. «Global impact of the first year of COVID-19 vaccination: a mathematical modelling study». *The Lancet Infectious Diseases* 22 (9): 1293-1302.

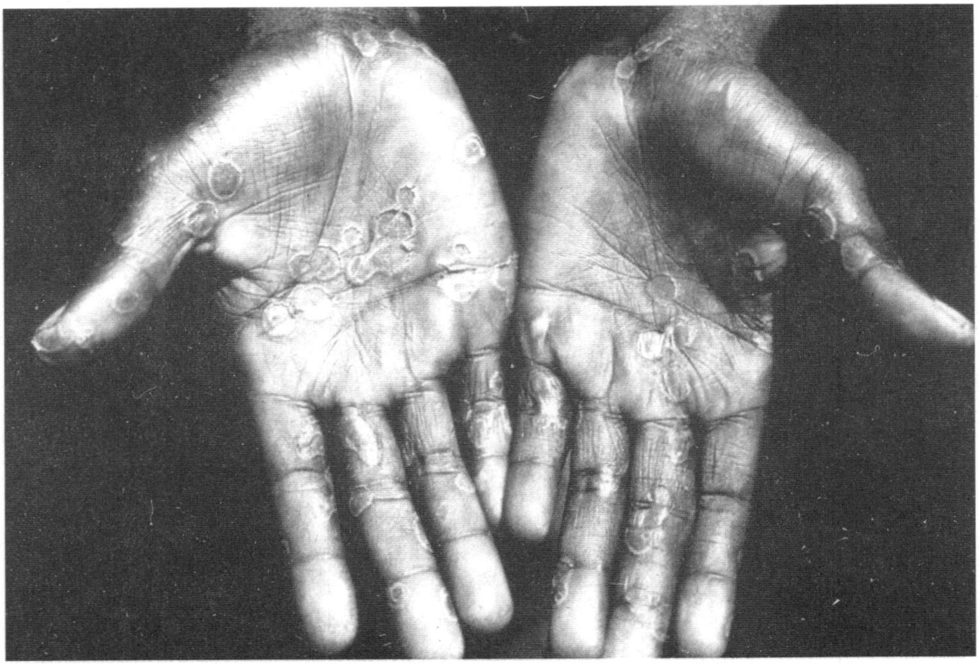

Arriba: macaco Rhesus (*Macaca mulatta*) en un bosque al norte de la India en 1974; los CDC se hallaban capturando ejemplares en el marco de la investigación de la viruela del simio. Abajo: palmas de un paciente de viruela símica en la República Democrática del Congo (1997) [CDC; doctores Roger Broderson y Brian W. J; Public Health Image Library, PHIL].

39. VIRUELA DEL SIMIO, AÑO 2022 D. C.

En mayo de 2022, la Agencia de Seguridad Sanitaria del Reino Unido (UKHSA, por sus siglas en inglés) confirmó que varias personas residentes en Londres y en otros municipios de Inglaterra habían sido diagnosticadas con viruela del simio, una infección zoonótica rara y emergente, potencialmente mortal, que puede propagarse a los humanos y que suele aparecer en África occidental y central, donde es endémica. Todos los pacientes de Inglaterra que necesitaron atención médica fueron trasladados a unidades especializadas en enfermedades infecciosas. Por suerte, los individuos tenían el clado de África occidental del virus, que es leve en comparación con el clado de África central. Todo parecía controlado y, por eso, pocos presagiaban lo que iba a ocurrir.

La enfermedad fue descubierta en Copenhague, en 1958, cuando surgieron, en colonias de monos mantenidos para labores de investigación, dos brotes de una enfermedad similar a la viruela. Por esta razón recibió el nombre de «viruela del mono» o «viruela del simio». El primer caso humano de viruela del simio fue notificado en agosto de 1970 en Bokenda, una aldea remota en la provincia ecuatorial de la República Democrática del Congo. El infectado fue un niño de nueve meses que ingresó en el Hospital Basankusu con sospecha de haber contraído la viruela. Una muestra, enviada al Centro de Referencia de Viruela de la OMS en Moscú, reveló que los síntomas eran causados por el virus de la viruela del mono. La familia del paciente dijo que en ocasiones comían monos, como un manjar, aunque no podían recordar si habían consumido simios durante el último mes o si el niño había estado en contacto con un mono antes de presentar síntomas. La investigación demostró que el chaval era el único de la familia que no había sido vacunado contra la viruela humana.

La viruela del simio está causada por el virus de la viruela del mono, un orthopoxvirus similar al virus Variola (el agente causante de la viruela), al virus de la viruela bovina y al virus Vaccinia. Desde la erradicación de la viruela, la viruela del simio ha asumido el papel del orthopoxvirus más destacado que afecta a las comunidades humanas. Los casos de viruela del simio son frecuentes en Nigeria. Uno de los últimos informes del Centro para el Control de Enfermedades de Nigeria (NCDC) menciona que el país registró 558 casos de viruela del simio y ocho muertes en treinta y dos estados de la federación y el Territorio de la Capital Federal entre los años 2017 y 2022. El continente africano se enfrenta en esta última década a un resurgimiento de la viruela del simio. Han sido diagnosticados más casos confirmados de viruela símica desde el año 2016 que en los cuarenta años anteriores. Para esclarecer la situación, se plantean cuatro explicaciones, posiblemente simultáneas, que dan respuesta al aumento de la incidencia de la viruela del simio. La primera es el cese, en 1980, de la vacunación contra la viruela, y la consiguiente caída de inmunidad frente a los orthopoxvirus.

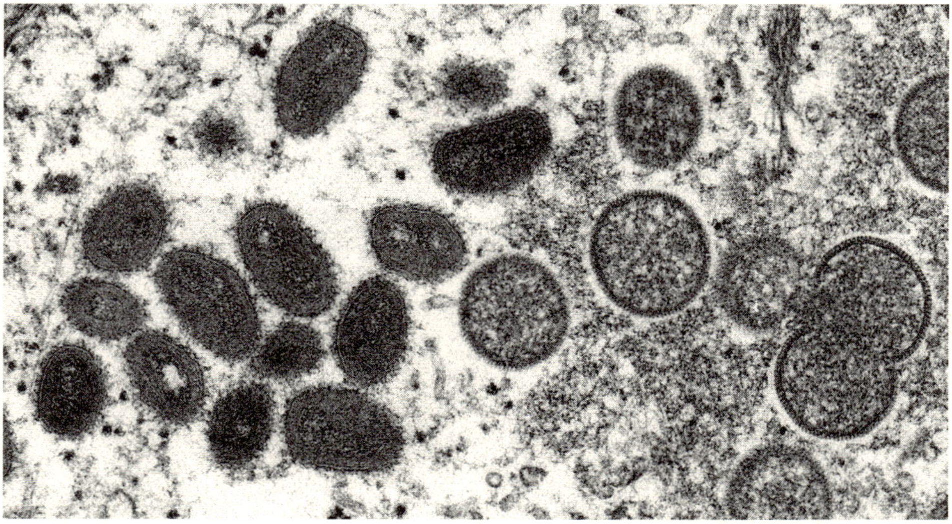

Imagen de microscopía electrónica de viriones de la viruela del simio, obtenidos de una muestra clínica de piel humana asociada con el brote de perros de las praderas de 2003. A la izqda., partículas de virus maduras con forma ovalada; a la derecha, partículas esféricas de viriones inmaduros [CDC; Cynthia S. Goldsmith; Public Health Image Library, PHIL].

La segunda es la mayor o más frecuente exposición a las especies animales que actúan como reservorio de la enfermedad. La tercera es el aumento de la tasa de transmisión de persona a persona, particularmente en anfitriones inmunocomprometidos. La cuarta es el avance en la capacidad diagnóstica y el desarrollo de programas de educación sanitaria.

En África, la tasa de letalidad oscila entre el 4 % y el 22 %. La mayoría de los pacientes son niños. La presencia continua del virus en el continente africano es, en gran parte, el resultado del acceso desigual a las reservas mundiales de vacunas y a los recursos de atención médica. Independientemente de esta cuestión, la enfermedad también es un problema de seguridad sanitaria mundial, como demostró el brote en EE. UU. del año 2003 y como está demostrando el brote global iniciado en la primavera de 2022. En el año 2003, los investigadores determinaron que un cargamento de animales provenientes de Ghana, importado a Texas en abril, introdujo el virus de la viruela símica en los Estados Unidos. El envío contenía aproximadamente 800 pequeños mamíferos que representaban nueve especies diferentes, incluidos seis tipos de roedores. Las pruebas de laboratorio de los Centros para el Control y Prevención de Enfermedades (CDC) demostraron que dos ratas gigantes africanas, nueve lirones y tres ardillas estaban infectados con el virus de la viruela del mono. Después de la importación a los Estados Unidos, algunos de los animales infectados fueron alojados cerca de perritos de las praderas, en las instalaciones de un vendedor de animales de Illinois. Estos perritos de las praderas fueron vendidos como mascotas antes de que desarrollaran signos de infección. Consecuencia de la compra de animales, enfermaron setenta y dos personas de la viruela del simio, todas después de tener contacto con los perros de las praderas infectados.

El brote de 2022 ha alcanzado dimensiones estratosféricas y por ello, en el mes de julio de 2022, fue declarado por la Organización Mundial de la Salud (OMS) como una emergencia de salud pública de importancia internacional (ESPII), el nivel de alerta mundial más elevado. Es la séptima vez que se hace una declaración de este tipo en los últimos años. En el año 2009 fue por la pandemia del virus H1N1 (gripe porcina); en el 2014, por la poliomielitis; en el periodo 2013-2016, por el brote de ébola en África occidental; en los años 2015 y 2016, por la epidemia del virus del Zika; de 2018 a 2020, por la epidemia de ébola de Kivu; y la penúltima, por la pandemia de covid-19.

La declaración formal de la OMS define una emergencia de salud pública de interés internacional como «un evento extraordinario que se determina que constituye un riesgo para la salud pública de otros Estados a través de la propagación internacional de la enfermedad y que potencialmente requiere una respuesta internacional coordinada». Se toma esta decisión cuando surge una situación que es grave, repentina, inusual o inesperada, que conlleva implicaciones para la salud pública más allá de la frontera nacional del Estado afectado y que puede requerir una acción internacional inmediata. El brote de 2022 cumplía con las características. La OMS notificó que el riesgo de viruela del simio era moderado a nivel global, pero alto en Europa, donde se habían producido gran parte de las infecciones desde que surgió el brote en la pasada primavera de 2022. En apenas cinco meses, desde el 6 de mayo hasta el 6 de octubre, fueron confirmados más de 70.000 casos de viruela del mono en al menos 107 países diferentes, la gran mayoría en localizaciones donde, históricamente, la enfermedad no había sido reportada. En ese periodo acontecieron veintisiete muertes. Por suerte, en las siguientes semanas las medidas surtieron efecto y la enferme-

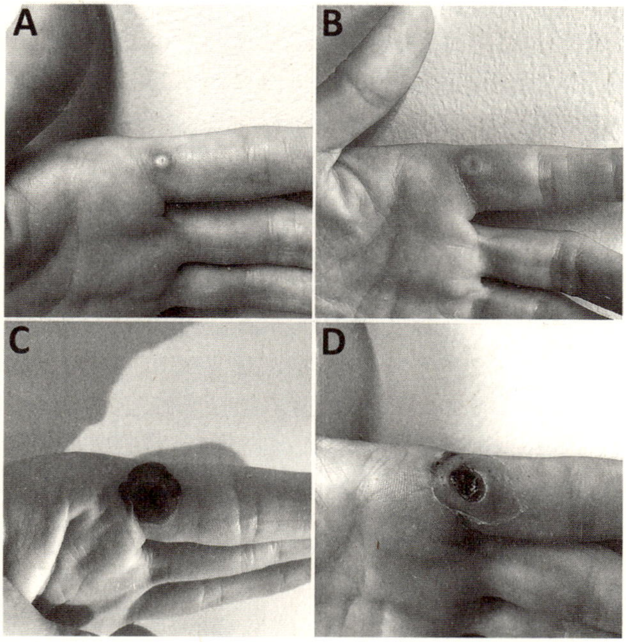

Progreso de lesión ocupacional de viruela del simio en el dedo de un médico tras un pinchazo con una pústula. De A) a D), cuarto día de enfermedad, sexto día, decimoctavo día y vigésimocuarto día [*Emerging Infectious Diseases*; Caldas, J. P. *et al.*; (28)12, diciembre de 2022; CDC].

dad levantó el pie del acelerador. Aun así, en abril de 2023 los casos confirmados alcanzaron unas cifras de 86.900 personas infectadas y 116 muertes.

En los seres humanos, los síntomas de la viruela del simio son similares a los síntomas de la viruela, aunque algo más leves. Comienzan con fiebre, dolor de cabeza, dolores musculares, dolor de espalda, escalofríos y agotamiento. La principal diferencia entre los síntomas de la viruela humana y la viruela del simio es que la segunda provoca que los ganglios linfáticos se inflamen (linfadenopatía), mientras que la primera no.

El período de incubación de la viruela símica suele ser de siete a catorce días, pero puede reducirse a cinco y elevarse a veintiún días. Es normal desarrollar una erupción, que a menudo comienza en la zona de entrada del virus y luego se extiende a otras partes del cuerpo, particularmente a la cara, manos y pies. Al poco tiempo, la erupción cambia y pasa por diferentes etapas antes de formar una costra y caer finalmente. El brote de 2022 ha estado concentrado entre hombres que tienen sexo con hombres, especialmente en aquellos que tienen múltiples parejas, por lo que es considerado inusual y preocupante.

A medida que este brote de viruela del simio se expande, ofrecemos al virus una oportunidad sin precedentes para establecerse en especies no africanas. Eso podría ocasionar, en diversos países y continentes, brotes recurrentes en humanos. Y en el peor de los casos, propiciar que evolucionen variantes del virus más peligrosas. Motivos de sobra para considerar la declaración de la OMS oportuna.

La enfermedad es endémica en países de África occidental y central, y, hasta ahora, los casos confirmados fuera de estas regiones habían estado asociados a importaciones desde zonas endémicas. Es evidente que la situación ha cambiado. Por esa razón, los esfuerzos internacionales se han centrado en secuenciar al virus causante del brote, para caracterizar al patógeno, identificar el origen, rastrear la distribución, analizar la diversidad genética, orientar el diagnóstico, dirigir la investigación, evaluar la dinámica viral y conocer la trayectoria evolutiva del patógeno, entre otras facetas. Los resultados obtenidos confirmaron que todas las cepas del brote de 2022 se agrupan estrechamente y que pertenecen al clado 3 del virus de la viruela del simio. El clado 3, al igual que el clado 2, está incluido en el linaje anteriormente denominado «África occidental». El virus de la viruela del simio de los clados 2 y 3 es notificado con mayor frecuencia en zonas que van desde el oeste de Camerún hasta Sierra Leona. Por lo general, tiene una tasa de letalidad inferior al 1 %. En contraste, los virus del clado 1, anteriormente designados como linaje «África central», son más agresivos y alcanzan una tasa de letalidad superior al 10 %.

Desde el instante en que empiezan los síntomas, el virus de la viruela del simio se puede propagar de persona a persona. Lo hace a través del contacto directo con la erupción infecciosa, costras o fluidos corporales. Pero también con las secreciones respiratorias durante el contacto cara a cara prolongado o durante el roce físico íntimo, como es el contacto sexual. Es más, basta con tocar ropa o ropa de cama que anteriormente hayan estado en contacto con la erupción infecciosa o los fluidos corporales de una persona infectada para que se produzca el contagio.

Las embarazadas pueden transmitir el virus al feto a través de la placenta. También es posible que las personas contraigan la viruela del simio de animales infectados, ya sea al ser arañados o mordidos por el animal o al preparar o comer carne o usar productos de un animal infectado. Además, ha sido detectado ADN de viruela del simio en semen hasta once días después de la infección aguda en hombres. Por ello, algunas agencias sanitarias han adoptado un enfoque cauteloso y recomiendan que los casos confirmados usen condones durante las relaciones sexuales hasta doce semanas después de la recuperación completa de la infección. La enfermedad suele durar de dos a cuatro semanas. Los datos disponibles sugieren que los roedores africanos actúan como reservorio natural y que el virus de la viruela del simio es capaz de infectar ardillas, ratas, ratones, monos, perritos de las praderas y otros animales, entre los que por supuesto están los humanos.

Por fortuna, existen tratamientos antivirales y vacunas eficaces. Los antivirales Cidofovir y Brincidofovir tienen actividad comprobada contra poxvirus en estudios *in vitro* y en animales. El Brincidofovir es un potente inhibidor de la ADN-polimerasa de gran variedad de virus de ADN bicatenario como es el caso del virus de la viruela del simio. También el Tecovirimat (ST-246) es eficaz en el tratamiento de enfermedades inducidas por orthopoxvirus, y los ensayos clínicos en humanos indican que el medicamento es seguro y tolerable, con solo algunos efectos secundarios menores. El Tecovirimat está indicado para el tratamiento de la viruela bovina, la viruela del mono y la viruela humana en adultos y niños con un peso corporal de trece kilogramos como mínimo. En cuanto a las vacunas, las originales de la viruela humana (primera generación) ya no están disponibles en el mundo, pero han sido desarrolladas nuevas vacunas de segunda y tercera generación basadas en el virus Vaccinia. Estas vacunas presentan actividad frente a la viruela humana y a la viruela del mono. Las vacunas ACAM2000 y Aventis Pasteur Smallpox Vaccine (APSV) están basadas en virus Vaccinia atenuado con capacidad de replicación, y son administradas mediante la técnica de punción múltiple. La vacuna Jynneos, nombrada como Imvanex en la Unión Europea e Imvamune en Canáda, es una vacuna de tercera generación que contiene un virus Vaccinia Ankara modificado (MVA-BN), incapaz de replicarse en el cuerpo humano pero capaz de provocar una potente respuesta inmunitaria frente a la viruela humana y a la viruela del simio. No obstante, el rápido aumento de casos resulta inquietante, y alarmante la aparición de una elevada variedad de hallazgos clínicos dermatológicos y sistémicos. Hasta el 13 % de los casos de viruela del simio fueron transmitidos a través de rutas inusuales en el brote de 2022, por lo que se presentaron de forma atípica. Dado que estos casos eran más difíciles de diagnosticar, resultaron en brotes más significativos. Incluso existe evidencia de transmisión de humano a perro.

Algunos estudios sugieren que el agrupamiento sólido de las secuencias apunta a que el brote en curso tiene un único origen inicial. La transmisión silenciosa de persona a persona no parece factible, considerando las características conocidas de la enfermedad, que generalmente involucra lesiones cutáneas localizadas o generalizadas en las personas afectadas. Tampoco parece probable la transmisión críptica en un huésped animal en un país no endémico. Sin embargo, cabe la posibilidad de que el desbordamiento veloz y la magnificación de la enfermedad haya ocurrido mediante eventos superpropagadores, como pueden ser reuniones sociales masivas con encuentros sexuales multitudinarios.

Además, la situación actual nos lleva a un hecho preocupante, y es que los virus de la viruela del mono responsables del brote divergen una media de 50 SNP (*single nucleotide polymorphism*) respecto a los virus de la viruela del mono más relacionados, y que fueron responsables de los brotes ocurridos en los años 2018 y 2019 en los Estados Unidos, Israel y Singapur. Un SNP es una mutación puntual en la secuencia de ADN que afecta a un único nucleótido de una secuencia del genoma. Las estimaciones anteriores de la tasa de mutación en los orthopoxvirus, como es el virus de la viruela del mono, manejaban de una a dos sustituciones por sitio por año, por lo que medio centenar de cambios en tan poco tiempo podrían representar una evolución acelerada del virus.

Muchas de las mutaciones encontradas hasta ahora son silenciosas porque no cambian ninguna de las proteínas virales. Sin embargo, al menos veintiuna de las mutaciones encontradas causan cambios en esas proteínas. En la actualidad es difícil predecir el efecto que pueden tener estas mutaciones individuales en el virus, pero en base a la función conocida de las proteínas virales de otros orthopoxvirus, y con el objetivo de ser analizadas y realizar un seguimiento exhaustivo, pueden ser clasificadas en prioridad baja, media y alta. De estas mutaciones, hay tres (D209N, P722S, M1741I) que están localizadas en la proteína B21, que producen cambios en tres aminoácidos y que son clasificadas de alta prioridad. Estudios previos indican que las glicoproteínas de la familia B21/22 de la viruela del simio podrían ser un objetivo importante para los anticuerpos. Aunque las mutaciones del clado del brote están distribuidas por todo el genoma, es preocupante la existencia de un pequeño subconjunto de mutaciones en proteínas importantes que pueden estar involucradas en la transmisión del virus, la virulencia o la interacción con los medicamentos antivirales.

Por otra parte, la hipermutación observada puede sugerir la potencial acción de enzimas tipo APOBEC3, que son parte del sistema de defensa innato. Estas enzimas tienen la capacidad de editar el ADN vírico y bloquear la replicación del virus por lo que pueden inhibir a una amplia gama

Estructura más actualizada de la enzima APOBEC3A [Rishi aeleti 891, CC BY-SA 4.0].

de virus mediante la introducción de mutaciones. Sin embargo, en algunas ocasiones, no logran interrumpir completamente la replicación del virus. Eso aumenta la probabilidad de que surjan variantes hipermutadas («editadas» por las enzimas) pero viables, con características alteradas que les permiten, entre otras cosas, escapar a la respuesta inmune. A fecha de abril de 2023, no se puede discernir si el exceso de mutaciones observadas en el virus de la viruela del simio es una consecuencia directa de la edición del genoma mediada por APOBEC3 en el huésped humano. Dado el escenario, la trayectoria actual de la incidencia de la enfermedad es incierta, pero parece lógico pensar que han aparecido los primeros signos de microevolución de este virus durante la transmisión de persona a persona, por lo que es posible que esté en curso la adaptación del patógeno al ser humano.

🕮 PARA LEER MÁS:

Adesola, Ridwan. 2023. «Is monkeypox going to be the next pandemic?». *Bulletin of the National Research Centre* 47 (1): 19.

Chen, Yangzhen. 2022. «The monkeypox outbreak in 2022: adaptive evolution associated with APOBEC3 may account for». *Signal Transduction and Targeted Therapy* 7: 323.

Ferdous, Jannatul. 2023. «A review on monkeypox virus outbreak: New challenge for world». *Health Science Reports* 6 (1): e1007.

Isidro, Joana. 2022. «Phylogenomic characterization and signs of microevolution in the 2022 multi-country outbreak of monkeypox virus». *Nature Medicine* 28: 1569-1572.

Koenig, Kristi. 2022. «Monkeypox 2022 Identify-Isolate-Inform: A 3I Tool for frontline clinicians for a zoonosis with escalating human community transmisión». *One Health* 15: 100410.

Kraemer, Moritz. 2022. «Tracking the 2022 monkeypox outbreak with epidemiological data in real-time». *The Lancet Infectious Diseases* 22 (7): 941-942.

Patel, Aatish. 2022. «Clinical features and novel presentations of human monkeypox in a central London centre during the 2022 outbreak: descriptive case series». *British Medical Journal* 378: e072410.

Seang, Sophie. 2022. «Evidence of human-to-dog transmission of monkeypox virus». *Lancet* 10353: 658-659.

Thornhill, John. 2022. «Monkeypox Virus Infection in Humans across 16 Countries – April-June 2022». *The New England Journal of Medicine* 387: 679-691.

Zhu, Miaojin. 2022. «Unusual global outbreak of monkeypox: what should we do?». *Frontiers of Medicine* 16: 507-517.

Epílogo

¿Qué nos depara el futuro?

«Me interesa el futuro porque es el sitio donde voy a pasar el resto de mi vida». La frase es atribuida a Charles Franklin Kettering, un empresario e ingeniero estadounidense, poseedor de más de 180 patentes, que inventó el sistema de arranque, encendido e iluminación totalmente eléctrico para automóviles. Kettering era un tipo brillante y perspicaz.

Por si no es consciente, el futuro siempre nos espera, hoy, mañana o la semana que viene. Es imposible escapar, pero no iremos solos. Los microbios también estarán allí. Las tendencias actuales en investigación y los avances tecnológicos apuntan a que los microorganismos desempeñarán un papel importante en el tratamiento terapéutico y en el diseño de nuevas técnicas de diagnóstico. ¿Tendrán aplicabilidad en el control de la disbiosis oral y de las infecciones respiratorias las prometedoras terapias basadas en fagos? ¿Aumentar la comprensión del papel que juega el microbioma humano permitirá mejorar la salud de las personas? ¿Obtendremos nuevos fármacos de origen microbiano? Seguro que sí. Por citar un ejemplo, en el año 2022 fue anunciada la identificación de un péptido inusual, producido por la bacteria *Lentzea flaviverrucosa*, que exhibe una potente actividad *in vitro* contra el cáncer de ovario humano A2780, el fibrosarcoma HT1080, el cáncer de próstata humano PC3 y las líneas celulares de linfocitos T humanos Jurkat. El futuro se atisba ilusionante y sorprendente.

El profesor Julian Davis, de la Universidad de British Columbia, citó que «una vez que sea catalogada la diversidad del mundo microbiano, la astronomía parecerá una ciencia lamentable». Desde luego, la afirmación es posible. El descubrimiento de la materia oscura microbiana revelará aún más nuevos procesos y fenómenos que conducirán a avances teóricos y a la comprensión ecológica de los ya descritos. El empleo de la biotecnología microbiana aumentará las potenciales intervenciones de biorremediación a una dimensión sin precedentes. El empleo de microorganismos específicos permitirá la restauración de suelos frágiles, facilitará una producción agrícola amigable con el medio ambiente y favorecerá la sostenibilidad ambiental. A partir de los microorganismos obtendremos nuevos y fabulosos bioproductos. Incluso, quizás, la adaptación de los microbios terrestres a la vida fuera del planeta, en entornos planetarios cercanos como Marte, también sea otro evento microbiano destacado que podamos presenciar en los próximos años.

Por desgracia, no todo serán buenas noticias, porque también existe una necesidad urgente de adoptar enfoques sostenibles para controlar la recurrencia de epidemias y pandemias. Que existan epidemias y pandemias no es nada nuevo. Basta un repaso a la historia de la humanidad, o a los capítulos de este libro, para comprobar que la lucha de las personas contra las enfermedades infecciosas ha sido constante. La peste negra, el cólera, la tuberculosis, la gripe, el tifus o la viruela son tan solo algunos ejemplos de enfermedades que nos han dejado cicatrices imborrables. Cada enfermedad requiere una actuación específica y la puesta en marcha de distintos mecanismos de prevención, respuesta y tratamiento. Por esta razón, es fundamental identificar los orígenes y los patrones de aparición de los patógenos. La emergencia reciente de diversas enfermedades de origen zoonótico, como la influenza aviar H5N1, la influenza aviar H7N9, el VIH, el zika, el virus del Nilo Occidental, el síndrome respiratorio agudo grave (SARS), el síndrome respiratorio de Oriente Medio (MERS), la enfermedad por el virus Ébola o la covid-19 (SARS-CoV2), han planteado serias amenazas para la salud humana y el desarrollo económico mundial. En general son impredecibles, ya que muchas se originan en animales y son causadas por virus nuevos que solo son detectados una vez producido un brote.

Sin embargo, hay varios factores que estarán vinculados a la aparición de una futura epidemia o pandemia. El primero, por empezar por alguno, son las guerras y las hambrunas. Los daños causados por la guerra son muchos y complejos. La muerte, las lesiones y el desplazamiento son los más obvios, pero la aparición de epidemias infecciosas también está estrechamente relacionada con los conflictos bélicos. En el año 2006, se informó de brotes de cólera en treinta y tres países africanos, y en el 88 % de los casos los informes procedían de países afectados por conflictos bélicos. Otro factor es el cambio en el uso de la tierra. Estas alteraciones pueden afectar a la abundancia y distribución de la vida silvestre, y la hacen más susceptible a la infección por patógenos. Además, al crear oportunidades de contacto nuevas, facilitamos la circulación de patógenos entre especies, lo que en última instancia conduce a la infección humana y a una mayor propagación de los agentes infecciosos.

Otra circunstancia es la deforestación y la fragmentación de los bosques, que favorece la extinción de especies especialistas en hábitats, permitiendo que prosperen las generalistas. Se ha comprobado que las especies de vida silvestre que son anfitrionas de patógenos, particularmente en el caso de murciélagos y otras especies de mamíferos como los roedores, son relativamente más abundantes en paisajes manipulados por el ser humano, como los ecosistemas agrícolas y las áreas urbanas, que en sitios adyacentes no perturbados. También los cambios demográficos en el tamaño y la densidad de la población, a través de la urbanización, afectan a la dinámica de las enfermedades infecciosas. Desde luego, el cambio climático aumenta el riesgo de transmisión viral entre especies. Muchas especies de virus son todavía desconocidas, pero es probable que tengan la capacidad de infectar a los humanos. Por suerte, en la actualidad la gran mayoría circula silenciosamente en los mamíferos salvajes. Sin embargo, el aumento de las temperaturas provocará migraciones masivas de animales que busquen condiciones ambientales más suaves, facilitando la aparición de puntos críticos de biodiversidad. Si llegan a áreas de alta densidad de población humana, principalmente en Asia y África, surgirán nuevas oportunidades para la propagación zoonótica al ser humano. Predicciones recientes bajo escenarios de cambio climático apuntan que, para el año 2070, la transmisión de virus entre especies aumentará unas cuatro mil veces.

Resulta evidente que un factor a vigilar es la globalización, ya que ha facilitado la propagación de numerosos agentes infecciosos a todos los rincones del planeta. La transmisión de enfermedades infecciosas es el mejor ejemplo de la creciente porosidad de las fronteras. La globalización y el aumento de la conectividad aceleran la posible aparición de una pandemia por la movilización constante de los microorganismos a través del comercio y el transporte internacional. La caza, el comercio y el consumo de carne de animales silvestres también serán asuntos críticos en la posible aparición de una futura pandemia. Al igual que lo serán el tráfico ilegal de especies y los mercados de animales salvajes. Un ecosistema natural con un alto grado de riqueza de especies reduce la tasa de encuentro entre individuos susceptibles e infecciosos, disminuyendo la probabilidad de transmisión de un patógeno. Por el contrario, los mercados de animales vivos y los recintos dedicados a ocultar animales destinados al comercio ilegal son lugares donde especies animales de todo tipo son enjauladas y hacinadas. En esas circunstancias no solo comparten el mismo espacio insalubre y antinatural, sino también los ectoparásitos y endoparásitos vectores de enfermedades. Los animales sangran, babean y se defecan y orinan unos sobre otros, lo que lleva al intercambio de microorganismos patógenos y parásitos forzando interacciones entre especies que nunca deberían ocurrir.

No podemos obviar que otro factor estará vinculado a que los microorganismos están en constante evolución en respuesta a las presiones de selección indirectas y directas en su entorno. Un claro ejemplo son los virus influenza tipo A, cuyo reservorio ancestral son las aves acuáticas, a partir de las cuales han conseguido infectar a otros tipos de animales. Además, en las últimas décadas, en numerosos países, ha acontecido una retirada paulatina del apoyo financiero a los sistemas de salud pública. Esta situación ha diezmado la infraestructura esencial y necesaria para hacer frente a brotes epidémicos sorpresivos.

Debemos ser conscientes de que la preparación contra posibles futuras epidemias y pandemias requiere de un estudio profuso y concienzudo de los potenciales factores que facilitan la emergencia de enfermedades infecciosas. El conocimiento profundo de los microorganismos, sumado al análisis sosegado y crítico, permitirá diseñar futuras estrategias de previsión y prevención.

La historia de los microbios, para bien o para mal, ha estado, está y estará ligada a la historia de la humanidad, a la supervivencia del planeta, a los vaivenes de las sociedades, a los sollozos incontrolados y a las alegrías más arrebatadoras, pero también a la construcción del futuro y al progreso del ser humano. Lo queramos o no, la historia de los microbios es nuestra historia.

🕮 PARA LEER MÁS:

Carlson, Colin. 2022. «Climate change increases cross-species viral transmission risk». *Nature* 607: 555-562.

Kumar, Roshan. 2022. «The rising dominance of microbiology: what to expect in the next 15 years?». *Microbial Biotechnology* 15 (1): 110-128.

Li, Chunshun. 2022. «Discovery of unusual dimeric piperazyl cyclopeptides encoded by a *Lentzea flaviverrucosa* DSM 44664 biosynthetic supercluster». *Proceedings of the National Academy of Sciences* 119 (17): e2117941119.

Wang, Hui. 2022. «Clinical Microbiology in Detection and Identification of Emerging Microbial Pathogens: Past, Present and Future». *Emerging Microbes & Infections* 19: 1-27.